narr studienbücher

Nina Janich

Werbesprache

Ein Arbeitsbuch

4. Auflage

gn̅v   Gunter Narr Verlag Tübingen

Bibliografische Informationen der Deutschen Bibliothek

Die Deutsche Bibliothek verzeichnet diese Publikation in der Deutschen Nationalbibliographie; detaillierte bibliografische Daten sind im Internet über <http://dnb.ddb.de> abrufbar.

4., unveränderte Auflage 2005
3., unveränderte Auflage 2003
2., vollständig überarbeitete und erweiterte Auflage 2001
1. Auflage 1999

© 2005 · Gunter Narr Verlag Tübingen
Dischingerweg 5 · D-72070 Tübingen

Satz: Martin Fischer, Tübingen
Druck: Gulde, Tübingen
Verarbeitung: Nädele, Nehren
Printed in Germany

ISSN 0941-8105
ISBN 3-8233-4974-0

Inhalt

Vorwort 7

Eine Art Regieanweisung 9

1. Ein kurzer Forschungsüberblick: Die Werbung in der Wissenschaft . . 13

2. Der Rahmen: Markt und Kommunikation 18

  2.1 Was heißt hier eigentlich Werbung? 18
  2.2 Eine werbewissenschaftliche „Checkliste" für die Sprachwissenschaft . . . 19
    2.2.1 Werbeobjekte 19
    2.2.2 Werbeziele 21
    2.2.3 Werbewirkung 21
    2.2.4 Werbeplanung und Zielgruppenbestimmung 23
    2.2.5 Werbemittel – Werbeträger 25
  2.3 Werbung – eine inszenierte Form von Kommunikation 32
    2.3.1 Kommunikationsmodelle 32
    2.3.2 Werbesprache: eine Inszenierung 36
    2.3.3 Manipulation oder Information? 37
  2.4 Rezeption und Produktion – zwei Perspektiven 40

3. Mikrokosmos Anzeige: Bausteine der Werbung 43

  3.1 Schlagzeile 43
  3.2 Fließtext 47
  3.3 Slogan 48
  3.4 Produktname 51
  3.5 Besondere Formen von Textelementen 58
  3.6 Bildelemente 60
  3.7 Und der Fernsehspot? Versuch einer Übertragung 68

4. Sprachwissenschaftliche Forschungsfelder 71

  4.1 Eine methodenkritische Vorwarnung 71
  4.2 Die pragmatische Perspektive: Absicht – Inhalt – Form 73
    4.2.1 Textfunktion und Sprechhandlungen 73
    4.2.2 Persuasive Funktionen von Sprache 85
    4.2.3 Argumentation 87
  4.3 Die sprachliche Form: Vom Wort zum Text 101
    4.3.1 Lexik 101
      a) Wortarten und Wortbildung 102

      b) Fremdsprachiges 109

      c) Hochwertwörter – Schlüsselwörter – Plastikwörter 117

    4.3.2 Phraseologie 124

    4.3.3 Syntax 130

    4.3.4 Textgrammatik 134

  4.4 Besondere Werbestrategien 139

    4.4.1 Rhetorik in der Werbung 139

      a) Rhetorischer Textaufbau 139

      b) Rhetorische Figuren 141

      c) Sprachspiele 146

    4.4.2 Inszenierung von Varietäten 157

      a) Fachsprache 159

      b) Jugendsprache 164

      c) Dialekt 169

    4.4.3 Intertextualität 174

  4.5 Die äußere Form: Interpunktion und Typographie 182

  4.6 Text und Bild 188

5. Methodische Tipps 198

  5.1 Vorschlag für ein Analysemodell 198

  5.2 Aufbau eines Korpus – ein paar Anmerkungen 206

6. Der Blick über den Tellerrand 209

  6.1 Diachronie – ein Interpretationsproblem 209

  6.2 Interkulturalität – die kontrastive Perspektive 215

  6.3 Die Zukunft der Werbung – Unternehmenspräsenz im Internet 221

  6.4 Werbung und Werbesprache in der Kritik 229

Lösungsvorschläge zu den Aufgaben 235

Verzeichnis der Abbildungen 256

Verzeichnis der Schaubilder 256

Literaturverzeichnis 257

Register 267

Vorwort zur zweiten Auflage

Die zweite Auflage eines Arbeitsbuches sollte die Kritik derjenigen aufnehmen, die mit ihm arbeiten oder gearbeitet haben. Denn ein Arbeitsbuch trägt nicht nur Forschungsergebnisse zusammen, sondern soll auch Anleitung und Hilfe beim eigenständigen Arbeiten bieten. Wie praktikabel die Vorschläge wirklich sind, erweist sich oft genug nicht schon beim Schreiben (selbst wenn sie sich in den Antworten zu Übungsaufgaben bewähren müssen), sondern erst, wenn sie in Seminaren oder für Hausarbeiten von vielen an unterschiedlichen Materialien umgesetzt werden. All denen – Studierenden wie Dozierenden –, die die Vorschläge der ersten Auflage gelesen, erprobt und anzuwenden versucht haben und dem Verlag oder mir persönlich kritische Rückmeldungen haben zukommen lassen, sei an dieser Stelle herzlich gedankt. Ganz besonders die Regensburger Studierenden haben mit ihren Staatsexamens- und Magisterarbeiten wesentlich zum Gelingen dieses Buches beigetragen, und auch den Teilnehmerinnen und Teilnehmern am Werbeseminar an der finnlandschwedischen Åbo Akademi in Turku (Finnland) im April 2000 möchte ich für gemeinsame Diskussionen danken.

Den vielfältigen Anregungen entsprechend habe ich einiges in der zweiten Auflage geändert und ergänzt. Neu hinzugekommen ist ein Kapitel zur Internetwerbung (6.3). Stark geändert habe ich das frühere Kapitel 6.3, jetzt 6.4, zum Thema „Werbung in der Kritik" (vormals nur zur Sprachkritik). An wichtigen Stellen geändert und ergänzt wurden

Kap. 2.2.3 zur Werbewirkung,

Kap. 3.5 zu den besonderen Formen von Textelementen (speziell zu den Additions),

Kap. 3.6 zu den Bildelementen (speziell zur semiotischen Klassifikation),

Kap. 4.2.3 zur Argumentation,

Kap. 4.3.3 zur Syntax (speziell zum unvollständigen Satz),

Kap. 4.4.2 zur Inszenierung von Varietäten und

Kap. 6.2 zur interkulturellen Perspektive.

An verschiedenen Stellen ist einiges an neuer und neuester Literatur hinzugekommen. An dieser Stelle soll kurz darauf hingewiesen werden, dass das Arbeitsbuch keine vollständige Bibliographie an sprachwissenschaftlicher Literatur zum Thema Werbung beinhaltet! Literatur, die vor 1997 erschienen ist, ist zum bedeutenden Teil in der Studienbibliographie „Sprache in der Werbung" (Greule/Janich 1997) versammelt und nachschlagbar. Sie wird in diesem Arbeitsbuch nur zitiert, wenn sie von zentraler Bedeutung für einzelne der hier besprochenen Aspekte ist oder die neuesten Erkenntnisse zum Thema repräsentiert. Auch von den sehr zahlreichen Titeln zur Werbesprache, die seitdem erschienen sind, konnte aus Gründen des Platzes und der Praktikabilität leider nur ein Bruchteil aufgenommen werden. Über die Literaturangaben der hier zitierten Literatur lassen sich aber sehr viele von ihnen erschließen.

Abschließend sei dem Gunter Narr Verlag, insbesondere Herrn Dr. Stephan Dietrich (Lektorat) und Herrn Joachim Schwarz (Herstellung), ganz herzlich für die gute Zusammenarbeit und all die „Fitzelarbeit" gedankt, die sie insbesondere mit dieser zweiten Auflage hatten.

Regensburg im Februar 2001   Nina Janich

Eine Art Regieanweisung

Werbung ist inzwischen in unserer Gesellschaft ein Phänomen, das nicht nur als Kulisse (auf Plakaten, an Bushaltestellen, an Litfasssäulen, als Transparent an Brücken usw.) überall präsent ist und beim Medienkonsum zwangsläufig mitrezipiert wird (in Zeitschriften, in Fernsehen, Kino oder Radio), sondern das auch immer mehr Kult- und Kunststatus und damit ausdrückliche Aufmerksamkeit erhält. Museen werden eingerichtet (z.B. das Deutsche Werbemuseum in Frankfurt am Main) oder bieten zumindest Ausstellungen und Fotobände zur Werbung an (wie z.B. das Münchner Stadtmuseum 1996 „Die Kunst zu werben"), auf Reklamebörsen kann man für teures Geld Werbeschilder, Werbefiguren, Anstecker und Utensilien mit Werbeaufdrucken erstehen, in Kneipen und Lokalen liegen kostenlos originell gestaltete Werbepostkarten zum Mitnehmen und Verschicken aus, im Fernsehen (z.B. „Die dicksten Dinger"/RTL 2, „Die witzigsten Werbespots der Welt"/SAT 1) und im Kino („Cannes-Rolle") laufen Sendungen und Filme, bei denen prämierte oder besonders witzige Werbespots gezeigt werden. Seit Neuestem dienen Werbespots sogar zum Wissenstest, mit dem sich Geld gewinnen lässt: z.B. in einer Dauerwerbesendung im Vorabendprogramm von SAT 1 mit einer virtuellen Moderatorin (!), bei der zwei Kandidaten an Hand von Standbildern eines Spots das beworbene Produkt, an Hand von Spotausschnitten das werbende Unternehmen oder gar Details aus Spots wie die Namen der Werbefiguren erraten müssen!

Ein paar Zahlen zur Werbewirtschaft: Das Budget, das in Deutschland jährlich für Werbung ausgegeben wird, wächst seit 1949 kontinuierlich an und betrug 1998 59,3 Milliarden Mark (18,2 Mrd. DM für Gehälter, Honorare und die Werbemittelproduktion, 41,1 Mrd. DM als Gegenleistung für die Medien, die als Werbeträger die Anzeigen und Spots drucken und senden). Damit liegt der Anteil der Werbeausgaben bei 1,58 % des Bruttoinlandsprodukts, ein Anteil, der in den letzten Jahren relativ stabil blieb (Werbung in Deutschland 1999: 9). Die werbestärksten Branchen sind in Deutschland der Auto-Markt, der seine Investitionen in die Werbung von 1997 auf 1998 sogar um 10 % auf gut drei Milliarden Mark erhöht hat, dann die Massenmedien, Handelsorganisationen, Telekommunikation, Schokolade/Süßwaren und die Pharmazie (alle noch mit über einer Million Mark jährlicher Werbeausgaben). Deutlich erhöht haben ihre Werbeinvestitionen die Buchverlage (um 157,0 %), die dekorative Kosmetik (um 90,7 %), die Telekommunikation (um 79,8 %), die Reise-Gesellschaften (um 63,4 %) sowie diverse andere Dienstleistungsbranchen wie Verkehrsbetriebe, Versicherungen, Finanzanlagen/Finanzberatung und die Banken und Sparkassen. Gekürzt wurden die Werbeausgaben dagegen vor allem bei der pflegenden Kosmetik (um 17,7 %), den Spirituosen (um 15,4 %), bei Spielzeug (um 15,2 %), bei der Tiefkühlkost (um 12,3 %) und Putz- und Pflegemitteln (um 11,9 %) sowie bei weiteren Produktbranchen wie Waschmittel, Foto und Optik, Haushalts-Elektrogeräten, Kaffee/Tee/Kakao oder der Haarpflege (Werbung in Deutschland 1999: 14f).

Werbung ist demnach ein Teil unserer Gesellschaft, unseres wirtschaftlichen Systems und unseres Alltags. Wer Werbung untersucht, kann viel über geltende Werte, Zeitströmungen und soziokulturelle Tendenzen erfahren.

Was will dieses Buch?

Dieses Arbeitsbuch zur Werbesprache bezweckt nicht, ausführlich über die derzeitige sprachliche Gestalt von Werbeanzeigen oder Werbespots zu informieren und die Ergebnisse der Forschung möglichst vollständig zusammenzutragen und zu rekapitulieren. In Kürze wären diese Ergebnisse veraltet, denn Werbung (und Werbesprache) reagiert schnell auf gesellschaftliche Veränderungen.

Stattdessen soll dieses Arbeitsbuch eine methodenkritische Hilfestellung für alle sein, die sich sprachwissenschaftlich mit Werbung beschäftigen und eigene Untersuchungen anstellen wollen. Eine anerkannte Methodik der Werbesprachenforschung existiert bislang nicht. Jeder forscht entsprechend seinem Interessengebiet und zieht Methoden aus benachbarten Forschungsdisziplinen heran. In vielen werbesprachlichen Forschungsarbeiten zeigt sich zudem die problematische Tendenz, Erkenntnisse und Thesen aus der älteren Literatur trotz der Kurzlebigkeit von Werbetrends ungefragt und unkritisch zu übernehmen (zu dieser Kritik auch Zielke 1991: 14f), z.B. zur Funktion von Werbung oder zur Rollenverteilung von Sprache und Bild. Gerade bei Seminar-, Examens- und Magisterarbeiten zeigt sich daher oft eine methodische Unsicherheit im Umgang mit Werbetexten: Werbung ist ein beliebtes und ergiebiges Thema, das nicht selten amüsantes Untersuchungsmaterial bietet und immer einen aktuellen gesellschaftlichen Bezug aufweist. Aber gerade weil jeder zu Werbung etwas zu sagen hat, ist die Versuchung groß, bei der Analyse unkritisch eigentlich problematische Fachausdrücke (wie *Fachwort, Assoziation, Argument* u.Ä.) zu übernehmen, ohne sie zu definieren und zu hinterfragen, und bei der Interpretation dann ins Blaue hinein zu spekulieren und zu assoziieren.

In den meisten Kapiteln liegt daher der Schwerpunkt eher auf der Diskussion und Klärung problematischer Fachbegriffe und auf Vorschlägen für Forschungsfragen und für mögliche Untersuchungskategorien (welche Argumentationstypen gibt es in der Werbung, worin unterscheiden sich Wortspiele, in welchem Verhältnis können Bild und Text zueinander stehen?) als auf der Präsentation von Forschungsergebnissen. Das Buch soll Anregungen zu eigenen Untersuchungen bieten, bei der Orientierung im Dschungel der linguistischen Fachsprache helfen und vor typischen Fallen der Werbesprachinterpretation warnen.

Aufbau und Textbausteine

Um dem unterschiedlichen Inhalt der einzelnen Kapitel gerecht zu werden und zugleich eine möglichst große Übersichtlichkeit zu gewährleisten, können die Kapitel aus verschiedenen Textbausteinen bestehen. In den Haupttext, der sich mit Grundbegriffen, Definitionen, Kategorienbildung, Beispielen aus der Werbung und neuesten Forschungsergebnissen beschäftigt, sind je nach Kapitelthema die mit Symbolen am Seitenrand kenntlich gemachten Textbausteine *Methodische Probleme* (Blitz) und/oder *Forschungsanregungen und Desiderate* (Glühbirne) eingebettet. Am Schluss von Teilkapiteln schließen sich dann zumeist noch die *Literaturtipps* (Buch) und die *Aufgaben* (Bleistift) an. Die Literaturtipps stellen nur eine Auswahl möglichst aktueller und für das jeweilige Kapitelthema empfehlenswerter Literatur dar – eine vollständige Bibliographie aller im Text zitierten Literatur findet sich alphabetisch geordnet am Schluss des Buches.

Die Aufgaben zerfallen in zwei Typen von Fragen: Zum Einen können sie der Anwendung und Veranschaulichung der methodischen Vorschläge dienen, die in den vorangegangenen Textabschnitten besprochen wurden. Sie bezwecken Verständnisvertiefung und eigene praktische Umsetzung, für sie finden sich Lösungsvorschläge im Anhang am Schluss des Buches. Zum Anderen werden Fragen gestellt, die weniger auf „die richtige Antwort" abzielen als vielmehr für methodische Probleme sensibilisieren sollen, die daher eher diskutiert werden müssen als beantwortet werden können (und für die sich im Anhang keine Lösungen finden). Die Fragen sind jeweils auf einzelne der abgebildeten Anzeigen bezogen. Prinzipiell können die Fragestellungen aber natürlich auch auf andere im Buch enthaltene oder selbst gewählte Anzeigen und Fernsehspots übertragen werden, so dass sich dadurch ein breiter Übungsspielraum ergibt.

Alles in allem versteht sich das Buch vor allem als Anregung, die vielen noch offenen interessanten Fragen zur Werbung und ihrer Sprache zu erforschen. Zugleich soll es ein Beitrag zur Etablierung einer methodischen Grundlage der Werbesprachenforschung sein.

1. Ein kurzer Forschungsüberblick[1]: Die Werbung in der Wissenschaft

Der folgende Überblick soll aufzeigen, zu welchen Themen im Bereich Werbesprache schon viel oder ansatzweise geforscht wurde. Daran schließen sich – als Anregung und Ideensammlung – einige Bemerkungen zu Forschungslücken und -desideraten an, die in den betreffenden thematischen Kapiteln in Form von konkreten Anregungen wieder aufgegriffen werden. Auf entsprechende Literatur wird an dieser Stelle nur in Ausnahmen verwiesen. Hinweise auf aktuelle, hilfreiche und ergiebige Aufsätze und Bücher finden sich jeweils am Schluss eines thematischen Kapitels, um eine themenzentrierte Suche zu erleichtern (für umfangreichere bibliographische Recherchen siehe die Studienbibliographie „Sprache in der Werbung" von Greule/Janich 1997).

Werbewirtschaft und Werbewissenschaft

Die wissenschaftliche Werbeforschung beginnt mit werbe- bzw. wirtschaftswissenschaftlicher Literatur. Bereits in den zwanziger Jahren dieses Jahrhunderts gibt es grundsätzliche Werke zu Formen und Grundprinzipien der Werbung. Ein erster Aufschwung der Werbeforschung setzt jedoch erst nach dem Zweiten Weltkrieg in Zusammenhang mit dem intensiven Auf- und Ausbau der Verkaufsaktivitäten und der Verbreitung von Markenartikeln ein. Inzwischen gibt es eine ganze Reihe von wirtschaftswissenschaftlichen Zeitschriften, die sich ausschließlich oder hauptsächlich mit der Konsumgüterwerbung beschäftigen (zum Beispiel „Absatzwirtschaft", „Die Anzeige", „Jahrbuch der Absatz- und Verbrauchsforschung", „Der Markenartikel", „Marketing", „Journal of Marketing", „Werbe-Rundschau", „Wirtschaft und Werbung"). Aktuelle werbewissenschaftliche Monographien erscheinen laufend, oft ausgerichtet an neuen Werbebedingungen oder als Neuauflagen klassischer Grundlagenwerke (dazu mehr in den Kap. 2 und 3).

Seit den fünfziger und sechziger Jahren entstehen zudem immer mehr Werbe- und Werbetextratgeber, die den Werbenden Ratschläge und Gestaltungsgrundsätze näher zu bringen versuchen. Diese Buch- oder Textsorte bleibt ebenfalls weiterhin aktuell und eröffnet für die Forschung zur Werbesprache die Möglichkeit, auch die Perspektive der Produzenten zu berücksichtigen, zumindest in idealtypischer Form. Dabei stellt das „Wörterbuch der Werbesprache" von Volker Rothfuss (1991) einen bislang einzigartigen Ausnahmefall dar, da es kein Fachwörterbuch, sondern ein alltagssprachliches Wörterbuch ist, dessen Worteinträge auf ihre Konnotationen, ihr Assoziationspotenzial und ihre Verwendungsmöglichkeiten, kurz: auf ihre Werbetauglichkeit geprüft werden.

---

1 Der folgende Forschungsüberblick stammt im Wesentlichen aus einem Forschungs- und Werkstattbericht für das Germanistische Jahrbuch Polen „Convivium" (hsg. vom DAAD), Janich 1997a.

Werbewirkungsforschung

Die Werbepsychologie und die Werbewirkungsforschung sind weitere, nicht sprachwissenschaftliche Untersuchungsfelder. Die Werbewirkungsforschung untersucht die Verständlichkeit von Werbung, Aspekte der Informationswahrnehmung und -verarbeitung, Methoden der Aufmerksamkeitserregung und wie diese sich auf Wahrnehmung von und Erinnerung an Werbung auswirken, die Abhängigkeit der Produktbeurteilung durch die Rezipienten von bestimmten Strategien sowie prinzipielle Einflüsse auf Einstellungen und gesellschaftliches Verhalten. Das Hauptproblem der meist empirisch ausgerichteten Werbewirkungsforschung ist dabei, wie die Wirkung von Werbung überhaupt zuverlässig gemessen werden kann. Es wirken so viele Parameter auf die Kaufentscheidung ein, dass es ausgesprochen schwierig ist, bestimmte Verhaltensweisen der Verbraucher der Werbung und nur der Werbung zuzuschreiben. Die Lektüre werbepsychologischer Einführungen, in denen es um Gestaltungsaspekte und deren Wirkungszusammenhänge geht, ist zu empfehlen, weil sie eine fachwissenschaftliche Orientierung bietet und vor zu schnellen, enthusiastischen Schlüssen aus rein sprachwissenschaftlicher Sicht bewahrt.

Was in der bisher besprochenen Literatur meist außerhalb des Blickfeldes liegt, ist die in der Werbung verwendete Sprache. Am ehesten wird sie Gegenstand der Untersuchung, wenn es um die Frage geht, ob Bild oder Sprache in der Werbung im Vordergrund stehen und welches Überredungs- und Überzeugungspotenzial diese beiden Ausdrucksformen jeweils besitzen.

Sprachwissenschaft und Werbesprache

Die germanistische Sprachwissenschaft meldet sich in den fünfziger Jahren erst sehr vereinzelt zur Werbesprache zu Wort. In den sechziger Jahren nimmt die Forschungsliteratur merklich zu: Sie beschäftigt sich – meist in Aufsätzen – mit Werbesprache an und für sich oder auch mit sprachlichen Elementen von Werbung wie Produktnamen und Slogans. Die sprachwissenschaftliche Forschung zur Werbesprache scheint dabei lange von der negativ-kritischen Haltung Vance Packards ("Die geheimen Verführer" 1992, erstmals 1957) gegenüber der Werbung beeinflusst gewesen zu sein; besonders die frühen Aufsätze bis in die siebziger Jahre zeigen die Tendenz zu Verurteilung und Warnung vor Werbung, sei es im Hinblick auf den der Manipulation ausgesetzten Menschen, sei es im Hinblick auf den drohenden Verfall der Sprache durch schlechtes Beispiel.

Das erste grundlegende Werk, das sich germanistisch mit der Werbesprache auseinandersetzt, ist Ruth Römers 1968 erstmals erschienene Monographie zur "Sprache der Anzeigenwerbung" (Römer [6]1980). Sie steht in ihrer Breite bis heute allein und wird daher gerne als Standardwerk zitiert, ist aber aufgrund ihres Alters und der Schnelllebigkeit einer Kommunikationsform wie der Werbung in vieler Hinsicht überholt. Manuela Baumgart legte mit ihrer "Sprache der Anzeigenwerbung" 1992 zwar eine auf Römer bezogene Aktualisierung vor, beschränkt sich in ihrer Textgrundlage allerdings weit gehend auf Slogans und damit auf die komprimierteste Form von Werbung. Der Slogan ist überhaupt das Element der Werbesprache, das wegen seiner zentralen Bedeutung für die Werbung lange Zeit im Mittelpunkt des sprachwissenschaftlichen Interesses stand und bis heute häufig die Textgrundlage werbesprachlicher Untersuchungen darstellt. Die methodische Eignung des Slogans als Untersuchungsgegenstand sollte jedoch nicht darüber hinwegtäuschen, dass er eben nur ein Element der Werbung unter anderen und zudem durch den Zwang zu Kürze und Prägnanz extremen Gestaltungsbedingungen unterworfen ist. Eine Untersuchung von Slogans kann daher kein umfassendes Bild über die „Werbesprache an sich" ergeben, weshalb es trotz Baumgarts Arbeit immer noch an einem neueren germanistischen Standardwerk zur Werbesprache mangelt. Neben dem Slogan sind auch die Produktnamen ein Untersuchungsfeld mit ausgesprochen langer Tradition und breiter Forschungsgrundlage; ihre Bearbeitung erfolgt jedoch traditionell eher aus den Reihen der Namenforscher als im Rahmen der Werbesprachenforschung.

In den siebziger Jahren nimmt die Forschungsliteratur, möglicherweise ausgelöst durch Römers viel beachtetes Werk, sprunghaft zu. Es entstehen zwar auch noch meist kleinere, allgemein gehaltene Arbeiten zur Werbesprache, die Spezialisierung auf einzelne werbesprachliche Aspekte überwiegt jedoch schnell. Erstmals geht es auch um Vorschläge zu Analysemöglichkeiten und Methoden; neben der Anzeige rückt der Fernsehspot stärker in den Blickpunkt des Interesses. Eine erste Berücksichtigung des Bildes in der Werbung schlägt sich in Arbeiten von Semiotikern nieder. In einer ganzen Reihe von Aufsätzen entdeckt die Schuldidaktik die Werbung als Unterrichtsmaterial.

In den achtziger Jahren entstehen stetig weitere werbesprachliche Titel, die Themenvielfalt wird größer. Die Komplexität des Themas führt im Folgenden allerdings weiter zu Spezialisierungen und immer engeren thematischen Einschränkungen bei den Analysen, so dass kaum mehr ganzheitliche Untersuchungen zur Werbesprache erscheinen. Bevorzugte Themen sind im Übergang von den siebziger zu den achtziger Jahren die Verwendung von Anglizismen in der Werbung und pragmatische und kommunikationstheoretische Aspekte. In den achtziger Jahren erscheinen diverse Arbeiten zu rhetorischen Mitteln und Werbestrategien, zum Bereich Wortarten und Wortbildung und erstmals auch diachronisch angelegte Studien. Auch das Bild wird von der sprachwissenschaftlichen Werbeforschung erstmals stärker mit einbezogen. Dass das Bild lange eine so untergeordnete Rolle spielte, lag neben methodischen Schwierigkeiten wohl vor allem daran, dass die meisten Sprachwissenschaftler den Standpunkt vertraten, die Sprache sei für Wirkungsmöglichkeiten und Erfolg der Werbung die wichtigere Ausdrucksform. In der werbewissenschaftlichen Forschung, wie sie beispielsweise Werner Kroeber-Riel (1993) betreibt, wird dagegen meist das Bild gegenüber der Sprache favorisiert.

Seit Ende der achtziger, Anfang der neunziger Jahren boomt die sprachwissenschaftliche Literatur über Werbung geradezu, wobei spezielle Fragestellungen weiterhin überwiegen, dabei jedoch alle möglichen sprachlichen Aspekte neu angegangen werden (wie Fremdsprachen- und Fachspracheneinfluss, Wortspiele, Intertextualität, Sprechhandlungsstrukturen). Erstmals ausführlich wird Werbung aus Sicht der Phraseologieforschung bearbeitet, als ganz neues Thema kommt die Analyse der ostdeutschen Werbung hinzu, entweder der vor oder der nach der Wende, häufig kontrastiv zur westdeutschen Werbesprache. In allerjüngster Zeit konzentrieren sich die Forschungsinteressen auf semiotisch-sprachwissenschaftlich untersuchte Bild-Text-Beziehungen und auf Anzeigen und Spots als ganzheitliche Kommunikate, auf die zugrunde liegenden Intentionen und ihr Persuasionspotenzial.

Die Werbung in anderen Wissenschaften

Werbung ist natürlich nicht nur aus sprachwissenschaftlicher Perspektive interessant. Als unübersehbarer Teil unserer Kultur und Gesellschaft ist sie Gegenstand von Fächern wie der Theologie (zum Beispiel im Zusammenhang mit Wertedarstellung, Menschenbildern und Medienethik), der Volks- und Landeskunde (zum Beispiel im Zusammenhang mit Darstellungen von Heimat und dem Aufgreifen gesellschaftlich zentraler Themen wie Sport oder Politik), der Sozial- und Wirtschaftsgeschichte (zum Beispiel als Spiegel sozialer und ökonomischer Veränderungen) sowie der Kunstgeschichte (zum Beispiel als neues Forum künstlerischer Ausdrucksfähigkeit). In einem interdisziplinären Ansatz bietet sich Werbung außerdem besonders als Gegenstand interkultureller Studien und der kontrastiven Sprachwissenschaft an.

Desiderate der sprachwissenschaftlichen Werbeforschung

Das Hauptdesiderat besteht darin, dass ein aktuelles Grundlagenwerk fehlt, das die Werbesprache in ihrer ganzen Vielseitigkeit und ihrem Facettenreichtum unter Berücksichtigung des Bildes und der verschiedenen Werbemedien behandelt. Dies könnte eine Basis schaffen für die Etablierung eines sprachwissenschaftlichen Teilfachs „Werbesprachenforschung", in dem größtmögliche Klarheit und weit gehende Einigkeit über grundlegende Begriffe und Untersuchungsmethoden herrschen. Die wünschenswerte Etablierung eines solchen Fachs bedeutet aber nicht, dass die Sprachwissenschaft nicht offen sein sollte für interdisziplinäre Forschungsansätze, die sich gerade bei der Werbung zusammen mit Semiotik, Mentalitätsgeschichtsforschung, Volkskunde, Kunstgeschichte, Fremdsprachenphilologien und Wirtschaftswissenschaften besonders anbieten.

An spezifisch sprachwissenschaftlicher Forschung fehlt es derzeit noch besonders an aktuellen Arbeiten zum Sprachsystem, d.h. zu Wortbildung, Syntax und Textgrammatik. Auch die diachronische Perspektive ist noch stark vernachlässigt, was zum einen wohl an der erschwerten Materialbeschaffung besonders bei Werbemitteln wie Fernseh- und Hörfunkspots liegt, zum anderen aber auch möglicherweise an dem gravierenden Problem der Interpretationskompetenz. Bei einer Kommunikationsform wie der Werbung, die stark auf Zeitströmungen und gesellschaftliche wie kulturelle Trends reagiert bzw. diese forciert, haben es Nicht-Zeitgenossen schwer, inzwischen historisch gewordene Anspielungen zu durchschauen und die Werbung vergangener Zeiten adäquat zu interpretieren (siehe 6.1). Ein interdisziplinäres Herangehen im Zusammenschluss mit Politik- und Kulturgeschichte könnte hier möglicherweise einige Hürden überwinden.

Der Fremdspracheneinfluss auf die Werbesprache ist für die Anglizismen inzwischen recht gut erforscht; was weit gehend fehlt, sind Untersuchungen zum Vorkommen weiterer Sprachen und die Erweiterung um einen umfassenderen interkulturellen Ansatz. Zwar ist Werbung auch in den anderen Philologien aktuelles Forschungsthema, doch finden sich erst einzelne Ansätze, die Werbesprache verschiedener Länder kontrastiv zu untersuchen.

Eine große Forschungslücke tut sich außerdem bei dem Themenfeld „Gegenseitiger Einfluss von Werbe- und Alltagssprache" auf. Bisher sind nur einzelne Arbeiten dazu entstanden, wie die Werbung Varietäten der deutschen Standardsprache wie Jugendsprache, Fachsprache oder Dialekte einsetzt bzw. inszeniert. Die umgekehrte, unter Umständen sprachkritische Perspektive, welchen Einfluss die Werbesprache auf die Alltagssprache hat, ist noch seltener berücksichtigt worden. Letzteres hängt wieder vor allem mit einem methodischen Problem zusammen, nämlich wie ein solcher Einfluss festgestellt werden könnte bzw. inwieweit Veränderungen in der Gegenwartssprache wirklich auf Sprachverwendung in der Werbung zurückgeführt werden können (siehe Janich 1999: 149f).

 Literaturtipps

Es liegt eine inzwischen leider schon nicht mehr ganz aktuelle Studienbibliographie zum Thema vor. Dort finden sich zahlreiche ältere, für die Forschungsgeschichte aber maßgebliche Literaturtitel (zum Beispiel von Dieter Flader und Bernhard Sowinski), die im Folgenden jedoch zugunsten aktueller, dort noch nicht erfasster Literatur nicht mehr erwähnt werden:
GREULE, Albrecht/JANICH, Nina (1997): Sprache in der Werbung, Heidelberg (Groos). (= Studienbibliographien Sprachwissenschaft 21).

Ein kritischer Forschungskommentar zur älteren Grundlagenliteratur bis 1979 findet sich bei:
BRANDT, Wolfgang (1979): Zur Erforschung der Werbesprache. Forschungsansätze. Neuere Monographien. In: Zeitschrift für Germanistische Linguistik 7, 66–82.

2. Der Rahmen: Markt und Kommunikation

2.1   Was heißt hier eigentlich Werbung?

„Werbung" umfasst aus wirtschaftswissenschaftlicher Sicht so viel, dass es notwendig ist, den Gegenstand der Arbeit (bzw. dieses Buches) genauer zu umreißen und zu beschreiben.

Das zugrunde liegende Verb *werben*, althochdeutsch *(h)werban*, mittelhochdeutsch *werben, werven* bedeutet ursprünglich ‚sich drehen, wenden, umkehren, einhergehen, sich bemühen' (8. Jahrhundert). Das „Etymologische Wörterbuch des Deutschen" schreibt dazu unter anderem:

> Bei der Bedeutungsentwicklung ist von ‚(sich) drehen' auszugehen, das über ‚sich hin und her bewegen, geschäftig sein' bereits früh die noch heute üblichen Verwendungen ‚sich um etw., jmdn. bemühen, zu erreichen, erlangen suchen, jmdn. für einen Dienst, eine Arbeit, ein Amt gewinnen wollen' entwickelt; vgl. ‚Soldaten anwerben' (17. Jh.), ‚Reklame machen' (Ende 19. Jh.). (Etymologisches Wörterbuch des Deutschen ³1997: 1557)

Aus dieser Bedeutungsbeschreibung geht bereits hervor, dass man sowohl für eine Sache als auch um eine Person werben kann. Alltagssprachlich versteht man unter *Werbung* vor allem ersteres, doch ist es für eine Untersuchung und Interpretation von Werbung nicht unwichtig, auch die zweite Bedeutung im Blick zu behalten – denn letztendlich sollen durch Werbung Menschen dazu bewegt werden, etwas Bestimmtes (im Sinne des Werbenden) zu tun. Auch eine sprachwissenschaftliche Untersuchung muss daher nicht nur fragen: wie wird für einen Gegenstand geworben (wie wird er dargestellt, mit welchen Attributen wird er versehen), sondern auch: wie werden die Rezipienten angesprochen, wie erreicht man bei einem Adressaten das erwünschte Verhalten?

Die Wirtschaftswissenschaften schlagen zum Beispiel folgende Definitionen von Werbung vor:

> In allgemeiner Form umfaßt die Werbung als sozialpsychologisches und soziologisches Phänomen alle Formen der bewußten Beeinflussung von Menschen im Hinblick auf jeden beliebigen Gegenstand. Werbung kann aus wirtschaftlichen, politischen oder kulturellen Gründen betrieben werden. (Tietz/Zentes 1980: 22)

> Werbung ist eine absichtliche und zwangfreie Form der Beeinflussung, welche die Menschen zur Erfüllung der Werbeziele veranlassen soll. (Behrens ²1975b: 4).

Was bei diesen Definitionen jedoch nicht deutlich genug betont wird und gerade für eine angemessene Interpretation von Werbung wichtig ist, ist die Tatsache, dass Werbung erst einmal **der Versuch** einer Beeinflussung ist, nicht schon Beeinflussung selbst! Die folgende Definition berücksichtigt dies und schließt weitere wichtige Aspekte mit ein, die bei der nachfolgenden Differenzierung von Werbung helfen werden:

Werbung wird die geplante, öffentliche Übermittlung von Nachrichten dann genannt, wenn die Nachricht das Urteilen und/oder Handeln bestimmter Gruppen beeinflussen und damit einer Güter, Leistungen oder Ideen produzierenden oder absetzenden Gruppe oder Institution (vergrößernd, erhaltend oder bei der Verwirklichung ihrer Aufgaben) dienen soll. (Hoffmann [2]1981: 10)

In diesem Arbeitsbuch geht es um Wirtschaftswerbung. Die in der Definition genannte „Gruppe oder Institution", also der Werbetreibende (als Auftraggeber nicht zu verwechseln mit einer zwischengeschalteten, ausführenden Werbeagentur, siehe 2.3.1) muss ein Wirtschaftsunternehmen sein. Vielleicht das ein oder andere Mal zum Vergleich herangezogen, aber nicht ausführlicher berücksichtigt wird in diesem Buch die Werbung für außerwirtschaftliche Zwecke, also beispielsweise politische Werbung von Parteien oder Verbänden (Propaganda), religiöse Werbung von Glaubensgemeinschaften, kulturelle Werbung von Städten, Museen oder Theatern oder Zwischenformen wie die um Teilnahme oder Unterstützung werbende Volksaufklärung über öffentliche Einrichtungen oder das Gesundheitswesen (z.B. für kostenlose Impfaktionen). Dass auch Wirtschaftswerbung mehr sein kann als nur der Spot für das jetzt noch bessere Waschmittel, wird das folgende Kapitel 2.2 zeigen. Dort sollen in der Art einer Checkliste die Aspekte genannt und kurz erläutert werden, die noch nichts direkt mit Werbesprache zu tun haben, sondern den Fragestellungen der Wirtschaftswissenschaften bzw. der Werbewirtschaft entspringen. Sie dienen einerseits der weiteren Eingrenzung des jeweiligen Forschungsgegenstandes (welcher Ausschnitt von Werbung soll konkret untersucht werden?) und können andererseits je nach gewählter Fragestellung eine Rolle für die Interpretation werbesprachlicher Ergebnisse spielen.

In Kapitel 2.3 werden die im Folgenden mehr stichwortartig genannten Punkte dann teilweise wieder auftauchen, eingebunden in ein Konzept von Werbung als Kommunikationsakt.

2.2 Eine werbewissenschaftliche „Checkliste" für die Sprachwissenschaft

2.2.1 Werbeobjekte

Betrachtet man obige Definition von *Werbung*, zeigt sich, dass auch innerhalb der Wirtschaftswerbung weiter differenziert werden kann, nämlich zum Beispiel nach dem Objekt der Werbung, nach „Gütern, Leistungen oder Ideen". Das folgende Schaubild, in modifizierter und erweiterter Form von Schweiger/Schrattenecker übernommen, zeigt die Vielfalt der Werbeobjekte. Wie alle Systematisierungen stellt auch diese eine gewisse Idealisierung dar, so dass Zwischenformen unter Umständen nicht ohne weiteres zuzuordnen sind.

Weitere Differenzierungsmöglichkeiten sind:

a) Regionalität – landesweite Werbung – internationale Werbung (zu letzterem siehe auch das Kapitel 6.2 zur Interkulturalität);
b) Einzelwerbung – Gemeinschaftswerbung/Werbeinitiativen.

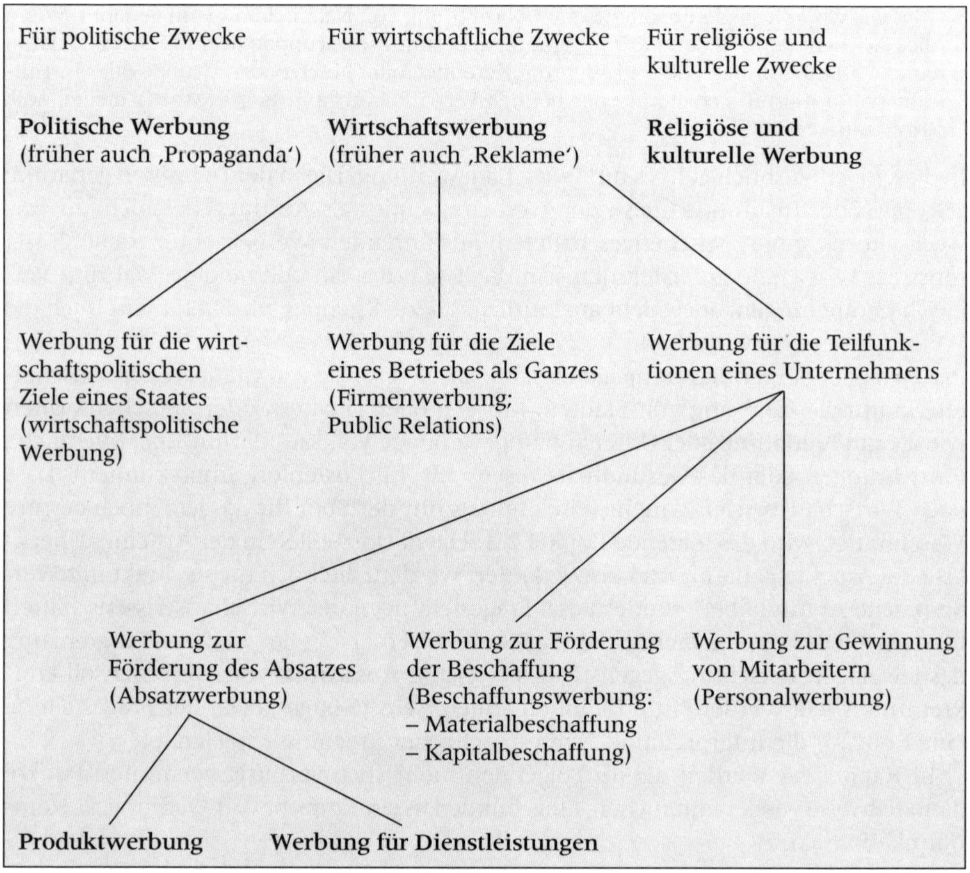

Für politische Zwecke   Für wirtschaftliche Zwecke   Für religiöse und
                                                             kulturelle Zwecke

Politische Werbung   **Wirtschaftswerbung**   **Religiöse und**
(früher auch ‚Propaganda')   (früher auch ‚Reklame')   **kulturelle Werbung**

Werbung für die wirt-   Werbung für die Ziele   Werbung für die Teilfunk-
schaftspolitischen   eines Betriebes als Ganzes   tionen eines Unternehmens
Ziele eines Staates   (Firmenwerbung;
(wirtschaftspolitische   Public Relations)
Werbung)

Werbung zur   Werbung zur Förderung   Werbung zur Gewinnung
Förderung des Absatzes   der Beschaffung   von Mitarbeitern
(Absatzwerbung)   (Beschaffungswerbung: (Personalwerbung)
                                – Materialbeschaffung
                                – Kapitalbeschaffung)

Produktwerbung   **Werbung für Dienstleistungen**

Formen von Werbung (etwas erweitert nach Schweiger/Schrattenecker [4]1995: 11)

Wird, wie so häufig, der Bereich der Produktwerbung gewählt, kann es Auswirkungen auf die Werbestrategie haben, ob es sich um preiswerte **Verbrauchs**güter (wie beispielsweise Lebensmittel) oder eher langlebige **Gebrauchs**güter (wie Autos, Computer usw.) handelt und welchen Stellenwert (Image) bzw. Verbreitungsgrad das Produkt in der Gesellschaft hat.

 Dass für Dienstleistungen von Banken, Versicherungen o.Ä. oft (zwangsläufig?!) mit ganz anderen Strategien geworben wird, hat leider noch nicht zu sprachwissenschaftlichen Analysen speziell der Dienstleistungswerbung angeregt. Dies ist umso mehr ein Manko, als in den letzten Jahren der Trend in der Wirtschaft vielfach zum so genannten „Outsourcing" geht, also zum Auslagern einzelner Tätigkeitsbereiche wie beispielsweise der Datenverarbeitung. Dadurch und auch durch die derzeitigen Privatisierungstendenzen bei staatlichen Dienstleistern werden Dienstleistungen eine immer größere Rolle spielen, was zum Beispiel am heiß umkämpften deutschen Telefon-Markt seit dem Monopolsturz der Telekom zu sehen ist (siehe auch die Zahlen zu den Werbeinvestitionen im Einleitungskapitel).

2.2.2 Werbeziele

Nicht jede Anzeige will einfach verkaufen. Die Werbewirtschaft unterscheidet verschiedene Werbeziele, die oft ganz unterschiedliche Strategien erfordern (Schweiger/ Schrattenecker [4]1995: 55):

a) EINFÜHRUNGSWERBUNG: Es soll über ein neu kreiertes Produkt informiert werden, die Bekanntmachung der Produktexistenz und der Aufbau eines Produkt- bzw. Markenimages stehen im Vordergrund.
b) ERHALTUNGS- ODER ERINNERUNGSWERBUNG: Ein eingeführtes, also bekanntes Produkt wird weiterhin beworben, um an seine Existenz zu erinnern und den Absatz zu erhalten und zu fördern.
c) STABILISIERUNGSWERBUNG: Der Absatz eines Produkts ist durch Konkurrenz bedroht und muss gegen ein Abrutschen gesichert und der Martkanteil gegen die Konkurrenz behauptet werden.
d) EXPANSIONSWERBUNG: Der Marktanteil eines Produkts soll ausgebaut und erweitert werden.

Ein übergreifendes Werbeziel ist das der IMAGEBILDUNG, das sich auf Produkte, aber auch auf Unternehmen beziehen kann und damit – je nach Marktsituation – meist zugleich der Erhaltung oder Stabilisierung dient. Imagewerbung spielt vor allem in Krisensituationen eine besondere Rolle, wenn das Ansehen und die Marktposition eines Unternehmens oder seine gesellschaftliche Rolle gefährdet sind. Beispiele dafür sind Anzeigen des Informationskreises für Kernenergie (*Genaugenommen ist Castor nur ein anderes Wort für Vertrauen. – Genaugenommen ist Castor nur ein anderes Wort für Sicherheit.*) oder eine Anzeige der Deutschen Post, die zunehmend unter Konkurrenzdruck durch private Zustelldienste gerät: (Schlagzeile:) *Von 100 Briefen kommen 95 am nächsten Tag an. Hier sind die anderen 5.* Abgebildet sind fünf Briefe, bei denen jeder sofort einsieht, dass ihre Zustellung Probleme macht (z.B. mit Adressen wie *Melanie Landwehr, Berlin (Kreuzberg?) ???* oder *Tante Betti, Henisiusstr. 11, Augsburg* oder einem falsch eingesteckten Formular, bei dem überhaupt keine Adresse zu sehen ist).

Innerhalb der Werbewirtschaft wird die Bestimmung der Werbeziele allerdings wesentlich kontroverser diskutiert, als es hier den Anschein macht (Schweiger/Schrattenecker [4]1995: 56f, Huth/Pflaum [6]1996: 99–101, Bidlingmaier [2]1975). Für eine sprachwissenschaftliche Analyse sollte eine grobe Zuordnung genügen und dabei bedacht werden, dass die unterschiedlichen Ziele in der Regel auch unterschiedliche Werbestrategien bedingen.

2.2.3 Werbewirkung

Die Werbewirkungsforschung ist ein eigener, umfangreicher Forschungsbereich. Selbst die Werbemacher und -forscher sind sich nicht einig darüber, ob und wie Werbewirkung wirklich gemessen werden kann. Wenn sich jemand entscheidet, ein bestimmtes Produkt zu kaufen, kann dies zwar an einer gelungenen Werbung liegen (oder auch daran, dass man durch die Werbung erst darauf gekommen ist, dass es dieses Produkt gibt), aber oft spielen wesentlich mehr Faktoren in solche Entscheidungen mit hinein (wie frühere Produkterfahrungen, Empfehlungen von Freunden, Beratungsgespräche etc.). Eine Analyse des Kaufverhaltens kann das Zusammenspiel dieser Gründe nur bedingt offen legen. Zudem wird dabei ein mechanistisches *Stimulus-Response*-Modell vorausgesetzt, bei dem davon ausgegangen wird, dass eine Äußerung eines Kommunikators bzw. Senders (= *Stimulus*) unabhängig vom Medium, der Person des Senders, dem situativen Kontext und der Person des Empfängers beim Empfänger ankommt und dort eine Wirkung (= *Response*) auslöst.

Oft zitiert, weil schon in den sechziger Jahren geprägt, wird die amerikanische AIDA-Formel, die die Wirkungsabsichten von Werbung auflistet: *Attention – Interest – Desire – Action*: Werbung soll Aufmerksamkeit erregen, um dann Interesse zu wecken, das zu Wünschen führt, die eine Kaufhandlung auslösen. Bei Schweiger/Schrattenecker findet sich ein demgegenüber ausgebautes, immer noch aber sehr vereinfachtes Stufenmodell zur Werbewirkung ([4]1995: 57, Hervorhebungen im Original):

Wirkungsstufe	Kriterium der Werbewirkung	Merkspruch
0. Ausgangslage	Soziodemographische Merkmale und *Motive* der Zielpersonen, Befriedigung durch die vorhandenen Produkte, usw.	
1. Wirkungsstufe	*Aufmerksamkeit* und Wahrnehmung	Gesendet heißt noch lange nicht empfangen!
2. Wirkungsstufe	Verstehen der Werbebotschaft (also Verarbeiten der Werbeaussage, *Markenkenntnis*, Produktwissen, usw.)	Empfangen heißt noch lange nicht verstanden!
3. Wirkungsstufe	*Einstellung*, Image, Kaufabsicht	Verstanden heißt noch lange nicht einverstanden!
4. Wirkungsstufe	*Handlung* (z.B. Kauf, Probierkauf)	Einverstanden heißt noch lange nicht getan!
5. Wirkungsstufe	*Handlungswiederholung* (Wiederkauf) auf Grund von Erinnerung und Präferenz	Getan heißt noch lange nicht dabeigeblieben!

Dieses Stufenmodell der Werbewirkung findet sich in der Literatur in zahlreichen Ausprägungen und Abwandlungen (Überblicke z.B. bei Schweiger/Schrattenecker [4]1995: 57–66 oder kritisch bei Derieth 1995: 80). Zu kritisieren ist an all diesen Modellen, dass sie „eine strenge Reihenfolge von Teilwirkungen, deren Ordnung jedoch realiter nicht zwingend vorgeschrieben ist", unterstellen (Derieth 1995: 81). Andererseits verdeutlichen sie zumindest, welchen Orientierungen die Werbetreibenden folgen und welche Wirkungen sie hervorrufen wollen. Und das kann auch für eine sprachwissenschaftliche Analyse anregend und nützlich zu wissen sein.

Der Erkenntnisanspruch der praktischen Werbewirkungsforschung läuft auf die Forderung hinaus, verschiedene Aspekte für jede Werbekampagne empirisch zu überprüfen (Huth/Pflaum [6]1996: 247f):

a) INFORMATIONSWIRKUNG[2] der Werbung: Wird die Werbung überhaupt wahrgenommen, verstanden und vor allem behalten?

b) MOTIVATIONSWIRKUNG: Kann die Werbung außer der Bekanntmachung des Produkts auch eine Aktivierung, Erregung und innere Bereitschaft beim Konsumenten auslösen?

c) VERHALTENSRELEVANTE LEISTUNG der Werbung: Löst die Werbung durch Motivation und Information ein bestimmtes Verhalten (z.B. Kauf) beim Konsumenten aus?

Wen die Methoden der Werbewissenschaft interessieren, mit denen diese Wirkungen in so genannten *Pretests* prognostiziert und in *Posttests* überprüft werden, findet einen knappen, praxisorientierten Überblick zum Beispiel bei Huth/Pflaum ([6]1996: 246–278) oder bei Schweiger/Schrattenecker ([4]1995: 256–289).

Eine solche Werbewirkungsforschung ist allerdings wie gesagt noch einer Kommunikationstheorie verpflichtet, wie sie in den Wirtschaftswissenschaften zwar verbreitet vertreten wird, die aber in Sprachwissenschaft und Medientheorie zugunsten pragmatischer und konstruktivistischer Ansätze als überholt gilt (ausführliche Kritik und alternative Vorschläge mit wirtschaftswissenschaftlichem Hintergrund finden sich z.B. bei Derieth 1995: 74–108; zu den Faktoren, die neben den eigentlichen Werbetexten/Werbekommunikaten in der Werbekommunikation eine Rolle spielen, siehe 2.3.1).

2.2.4 Werbeplanung und Zielgruppenbestimmung

Bei der Planung einer Werbekampagne müssen ein Unternehmen bzw. die beauftragte Agentur zahlreiche Aspekte beachten (Tietz/Zentes 1980: 46):

a) Wie sind die allgemeinen Marktbedingungen?
b) Wie sind die Gegebenheiten im werbenden Unternehmen?
c) Um welche Produkteigenschaften geht es?
d) Wer ist die Zielgruppe?
e) Wie könnte oder sollte der Werbeinhalt aussehen?
f) Welche Werbemittel und Werbeträger werden ausgewählt (zur Erklärung siehe 2.2.5)?
g) Wo und wann soll die Werbung eingesetzt werden und für wie lange?

Die zentralen Eckdaten, die auch für eine sprachwissenschaftliche Untersuchung von Interesse sein können, sind die Zielgruppenbestimmung (wer soll wann und wo angesprochen werden?) und eng damit zusammenhängend die Produktpositionierung (welches Image soll ein Produkt in Abgrenzung zu Konkurrenzprodukten bekommen?), da sprachliche Strategien und mögliche Kommunikationsprobleme davon abhängen können. (Eine sehr spezielle Arbeit zu diesem Thema ist die Monographie von

---

2 Achtung: Mit „Informationswirkung" ist in diesem Fall nur der grundsätzliche Aspekt der Wahrnehmung angesprochen und noch keine Aussage über die Qualität des Werbeinhalts gemacht! Ob Werbung informiert, also Wissenswertes über ein Produkt aussagt, wird in Abschnitt 2.3.3 ausführlich diskutiert.

Ulrike Bleicker über „Produktbeurteilung der Konsumenten. Eine psychologische Theorie der Informationsverarbeitung" (1983), in der der Produktbeurteilungsprozess und die Möglichkeiten der Werbung, bestehende Wertvorstellungen zu ändern oder zu beeinflussen, beleuchtet werden.)

Die Zielgruppe wird mit den Mitteln der Marktforschung aufgrund folgender Merkmale näher bestimmt (Huth/Pflaum [6]1996: 82, Zielke 1991: 106):

a) SOZIO-DEMOGRAPHISCHE MERKMALE (Alter, Geschlecht, Einkommen, Beruf etc.),
b) PSYCHOLOGISCHE MERKMALE (Denkweise, Fühlen, Vorurteile, möglichst auch aktive und passive Sprachkompetenz usw.),
c) SOZIOLOGISCHE MERKMALE (Gruppennormen, Gruppenmerkmale, Meinungsführer usw.), insbesondere Seh-, Lese- und sonstige Mediennutzungsgewohnheiten,
d) KONSUMDATEN (vorhandene Ausstattung mit Konsumgütern, Konsumbedürfnisse und reales Kaufverhalten).

Bei Huth/Pflaum findet sich eine „Check-List für eine Zielgruppenanalyse und -fixierung" ([6]1996: 85f), die die genannten Aspekte in einzelne detaillierte Fragen aufschlüsselt, die für unsere Zwecke meist zu weit gehen. Interessant für die Sprachwissenschaft wäre aber zum Beispiel, ob Käufer und Verwender des Produkts identisch sind (wie bei Kosmetik- und weit gehend bei Autowerbung) oder auseinander fallen (wie bei Spielzeugwerbung oder häufig bei Männerkosmetik- und Männermodewerbung). So muss letztere eine Strategie der **Mehrfachadressierung** verfolgen: Spielzeugwerbung soll einerseits bei Kindern Wünsche wecken, andererseits bei deren Eltern Interesse oder zumindest die Bereitschaft, den Kindern ihren Wunsch zu erfüllen und das Spielzeug zu kaufen.

Ein anderer wichtiger Aspekt ist die Frage, welche Bedeutung rationale Kaufgründe spielen, also wie wichtig produktbezogene Kriterien wie Preis, Qualität, Verpackung, Wartung/Pflege/Kundendienst sind, weil dies Auswirkungen auf die Art der Argumentation und damit auch auf Bewertungsmöglichkeiten von Werbung hat.

Folgende Fragen könnten also auch für eine sprachwissenschaftliche Untersuchung eine Rolle spielen:

a) Welche Zielgruppe wird angesprochen?
b) Lässt sich die Zielgruppe einer relativ fest umrissenen sozialen Gruppe zuordnen oder scheint sie breit gestreut zu sein (wichtig z.B. für die Wahl von Varietäten wie Dialekt oder Jugendsprache)?
c) Liegt Mehrfachadressierung vor, weil Käufer und Verwender auseinander fallen (wichtig für sprachliche Doppelstrategien z.B. bei der Anrede, der Wortwahl und der Argumentation)?
d) Ist aufgrund von Produktart und Zielgruppe eher rationale oder eher emotionale Werbung zu erwarten (wichtig für die Argumentationsweise)?

Der letzte Punkt hat in Werbewissenschaft und Werbewirtschaft zu einer Unterscheidung zweier grundlegender Werbeformen geführt: der Low-Involvement- gegenüber der High-Involvement-Werbung. Die erstere richtet sich an eher passive Rezipienten, die Werbung nur flüchtig wahrnehmen und kein bestimmtes Interesse an dem beworbenen Produkt haben. Letztere ist auf aktive Rezeption ausgerichtet, wendet sich also an Rezipienten, die ein subjektives Interesse am Beworbenen haben und daher gewillt sind, Werbung als ein Mittel zur Informierung zu nutzen (Zielke 1991: 117). Zielke nennt sechs Merkmale, nach denen Anzeigen eher der einen oder der anderen Gruppe zuzuordnen sind (Zielke 1991: 126) und die eine Rolle für die Gewichtung und Inhalte der Text- und Bildbausteine einer Anzeige spielen (siehe dazu Kap. 3):

a) LOW-INVOLVEMENT-ANZEIGEN zeichnen sich in der Regel dadurch aus,
• dass sie vorrangig visuell kommunizieren,
• dass sie Bildszenen übernehmen, die emotionsstimulierend wirken,
• dass sie den Bildinhalt in der Schlagzeile paraphrasieren,
• dass sie meist nur Kurztexte ohne typographische Gliederungsmerkmale verwenden (siehe 3.2),
• dass sie an das Gefühl des Lesers appellieren und
• dass sie positive Sinneseindrücke vermitteln sollen.

b) HIGH-INVOLVEMENT-ANZEIGEN unterscheiden sich von diesem Anzeigentyp dadurch,
• dass sie vorrangig sprachlich kommunizieren,
• dass sie mit sachlich erscheinenden Abbildungen Informativität suggerieren,
• dass sie in der Schlagzeile einen ausgewählten Sachverhalt thematisieren oder problematisieren,
• dass sie meist über längere Fließtexte verfügen, die mit Vorspann und Zwischenüberschriften versehen sind,
• dass sie an den Verstand des Lesers appellieren und
• dass sie argumentativ einem subjektivem Interesse entsprechen sollen.

2.2.5 Werbemittel – Werbeträger

Bei der Werbeplanung wurden Werbemittel und Werbeträger erwähnt, eine Unterscheidung, die sich in werbewissenschaftlichen Arbeiten findet. Werbemittel sind zum Beispiel Anzeigen, Hörfunkspots, Fernsehspots, Plakate, Kino-Werbefilme, Werbebriefe usw., die Werbebotschaften optisch und/oder akustisch umsetzen. Diese Werbemittel werden durch bestimmte (Massen-)Medien, die so genannten Werbeträger, wie Zeitungen und Zeitschriften, Rundfunk- und Fernsehanstalten bzw. -sender, Plakatwände oder Schaufenster verbreitet. Werbemittel sind also die konkreten Ausgestaltungen von Werbung, Werbeträger sind die sie vermittelnden Medien (Tietz/Zentes 1980: 57–59, 215).

Welche Werbeträger gewählt werden, hängt von verschiedenen Faktoren wie Reichweite, Nutzung durch bestimmte Zielgruppen, Eignung des Werbeobjekts, angestrebten Inhalten der Werbebotschaft, Trägerverfügbarkeit und ganz besonders von den jeweiligen Kosten ab (Huth/Pflaum [6]1996: 111–117, Tietz/Zentes 1980: 161–164).

Bestimmte Medien eignen sich besser für bestimmte Strategien: Fernsehen und Publikumszeitschriften werden als wichtige Werbeträger der so genannten strategi-

	Tageszeitung	Publikumszeitschrift	Fernsehen	Film	Plakat	Direktwerbung
Reichweite a) quantitativ	Hohe Reichweite bei Gesamtbelegung; wenig Überschneidungen zwischen d. Zeitungen.	Hohe Reichweite möglich, aber teilweise starke Überschneidungen.	Hohe Reichweite möglich.	Geringe Reichweite	Hohe Reichweite bei breiter Standortbelegung.	Nahezu vollständige Durchdringung möglich.
b) qualitativ (wer wird erreicht?)	Breites Publikum, aber gute regionale Selektion möglich.	Selektion nach Zielgruppen möglich, insbesondere Interessengruppen.	Breites Publikum; grobe Zielgruppenselektion durch Senderwahl.	Vorwiegend junges Publikum; gute regionale Selektion möglich.	Breites Publikum, aber gute regionale Selektion möglich.	Sehr genaue Zielgruppenselektion möglich.
Belegbarkeit a) zeitlich	Sehr gut, da schnelle Belegung möglich: ein bis drei Tage vor Erscheinungstermin.	Vorlauf ist von Erscheinungsweise abhängig. Schlußtermin meistens 4 bis 10 Wochen vor Erscheinungstermin.	Langfristige Planungen notwendig. Durch die privaten Fernsehanstalten hat sich die Belegbarkeit aber verbessert.	Unterschiedlich, aber in neuen Filmtheatern schnelle Belegung möglich, wenn Filmmaterial vorliegt.	In einigen Bereichen Engpässe. Daher in der Regel langfristige Planung notwendig.	Sehr schnell einsetzbar, wenn die gedruckten Werbeinformationen vorliegen.
b) regional	Gute regionale Abgrenzungen möglich.	Einige Zeitschriften ermöglichen eine grobe regionale Teilbelegung.	Regionale Steuerung nur sehr beschränkt, wenn Regionalprogramme vorhanden sind.	Über die Belegung der einzelnen Filmtheater ist eine sehr genaue lokale Teilbelegung möglich.	Sehr gute regionale und teilweise auch lokale Teilbelegungen möglich.	Individuelles Medium, das über die regionale Abgrenzung hinaus genaue Zielgruppenselektion ermöglicht.
Funktion a) Grundfunktion	Aktuelle Informationen, vor allem auch regionale und lokale Nachrichten.	Unterhaltung und Informationen, insbesondere auch über Trends und soziale Ereignisse.	Unterhaltung, Berichte, aktuelle Informationen	Unterhaltung	Werbung	Werbung
b) werbliche Funktion	Vorwiegend sachliche Produktinformationen. Häufig Unterstützung von Aktionen des Handels.	Schaffung und Pflege von Images.	Veranschaulichung von Produkteigenschaften, breite Erhöhung Bekanntheitsgrad und imagebildend.	Zur Veranschaulichung von Produkteigenschaften geeignet, aber mehr zum Imageaufbau verwendet.	Zur Erhöhung des Bekanntheitsgrades und imagebildend. Ein unterstützendes Zusatzmedium.	Persönliche Ansprache und Appelle. Umfassende Produktinformationen.
Darstellungsmöglichkeit	Text und Bild. Farbe möglich, aber keine gute Qualität.	Vor allem farbige Bilder, aber auch Text. Gute Farbqualität möglich.	Multisensorische Ansprache: bewegte Bilder in guter Farbqualität und vielfältige akustische Möglichkeiten.	Durch Bildgröße und Klangfülle ist eine besonders eindrucksvolle multisensorische Ansprache möglich.	Farbiges Großbild mit wenig Text.	Genaue Textdarstellung mit Bildunterstützung.

Leistungsprofil einiger Werbeträger (Behrens 1996: 169)

schen Werbung angesehen, Hörfunk und Tageszeitungen (sowie in kurzfristigem Einsatz auch hier das Fernsehen) als die der taktischen Werbung.

Mit STRATEGISCHER WERBUNG ist eine langfristige Strategie gemeint, die der Erhaltungs- und Erinnerungswerbung dient und sozusagen die Grundlage einer Werbekampagne bildet. TAKTISCH können mit parallel zur strategischen Werbung laufenden Einzelaktionen oder kleineren Zusatzkampagnen Akzente gesetzt werden, zum Beispiel bei einer Einführungswerbung oder auch bei einer Bedrohung des Marktanteils. So ist die klassische Automodellwerbung strategisch, einzelne Anzeigen oder Spots zur Bekanntmachung und Einführung des Airbags als neuem Produktdetail oder mit Reaktionen auf den „Elchtest"-Skandal bei der A-Klasse von Mercedes-Benz sind ergänzende taktische Werbung. Die taktische Werbung ist zwar unabhängig von der Modellwerbung, strahlt aber auf diese aus und soll kaufunterstützend wirken.

Obwohl sich Publikumszeitschriften aufgrund ihrer sonstigen Gestaltung eher für die Vermittlung von Atmosphäre und Stimmungsgehalten eignen, die Tageszeitungen dagegen mehr für argumentative, rationale und aktuelle Information (zum Beispiel bei Einführungswerbung), finden sich Anzeigen nicht selten in derselben Gestaltung sowohl in Publikumszeitschriften als auch in Tageszeitungen. Das Fernsehen ermöglicht rasche Verbreitung und ist aufgrund der medialen Möglichkeiten (Text, Bild und Ton) für emotionale Werbung besonders gut geeignet (und damit für Einführungswerbung wie für den Imageaufbau), der Hörfunk kann dagegen vor allem für rasche Bekanntmachung und Reaktivierung vergessener Werbebotschaften genutzt werden (zum neuen Webeträger Internet siehe 6.3).

Untersucht man Werbeanzeigen oder Fernsehspots, kann je nach Fragestellung interessant werden, ob sie zu einer strategisch langfristigen oder einer taktisch kurzfristigen Kampagne gehören, welche Werbemittel aus welchen Gründen ausgewählt wurden und von welchen weiteren Werbeaktionen diese flankiert werden.

Für die Gestaltung von Anzeigen kann es unter Umständen eine Rolle spielen, in welcher Zeitschrift sie „geschaltet" werden sollen (bzw. für Spots, zu welcher Tageszeit in welchem Programm während welchen Films sie gesendet werden sollen). In der Regel ist es zu teuer, ein ganzes Anzeigenspektrum zu entwickeln, um sozusagen Maß geschneiderte Anzeigen für SPIEGEL, STERN, FRANKFURTER ALLGEMEINE ZEITUNG, SÜDDEUTSCHE ZEITUNG, FIT FOR FUN, ELLE o.a. vorweisen zu können, die sich spezifisch am redaktionellen Stil und Umfeld des jeweiligen Werbeträgers orientieren. Stattdessen bemüht man sich um eine zielgruppenorientierte Werbung dadurch, dass man bestimmte Produkte der Produktpalette nur in der einen, andere nur in einer anderen Zeitschrift bewirbt. SPIEGEL-Leser sprechen teilweise auf andere Autotypen an als FAZ-Leser oder AUTO MOTOR UND SPORT-Leser. In Frauenzeitschriften werden Kosmetika besonders stark beworben, in Autozeitschriften dagegen nicht. Kennt man die Meinungsführer einer bestimmten Zielgruppe, also diejenigen, an deren Verhalten und Stellungnahmen sich der alltägliche Konsument besonders orientiert, versucht man diese gezielt zu erreichen, zum Beispiel indem Anzeigen in entsprechenden Special-Interest-Zeitschriften geschaltet werden (Behrens 1996: 330f). Der einzige Fall, bei

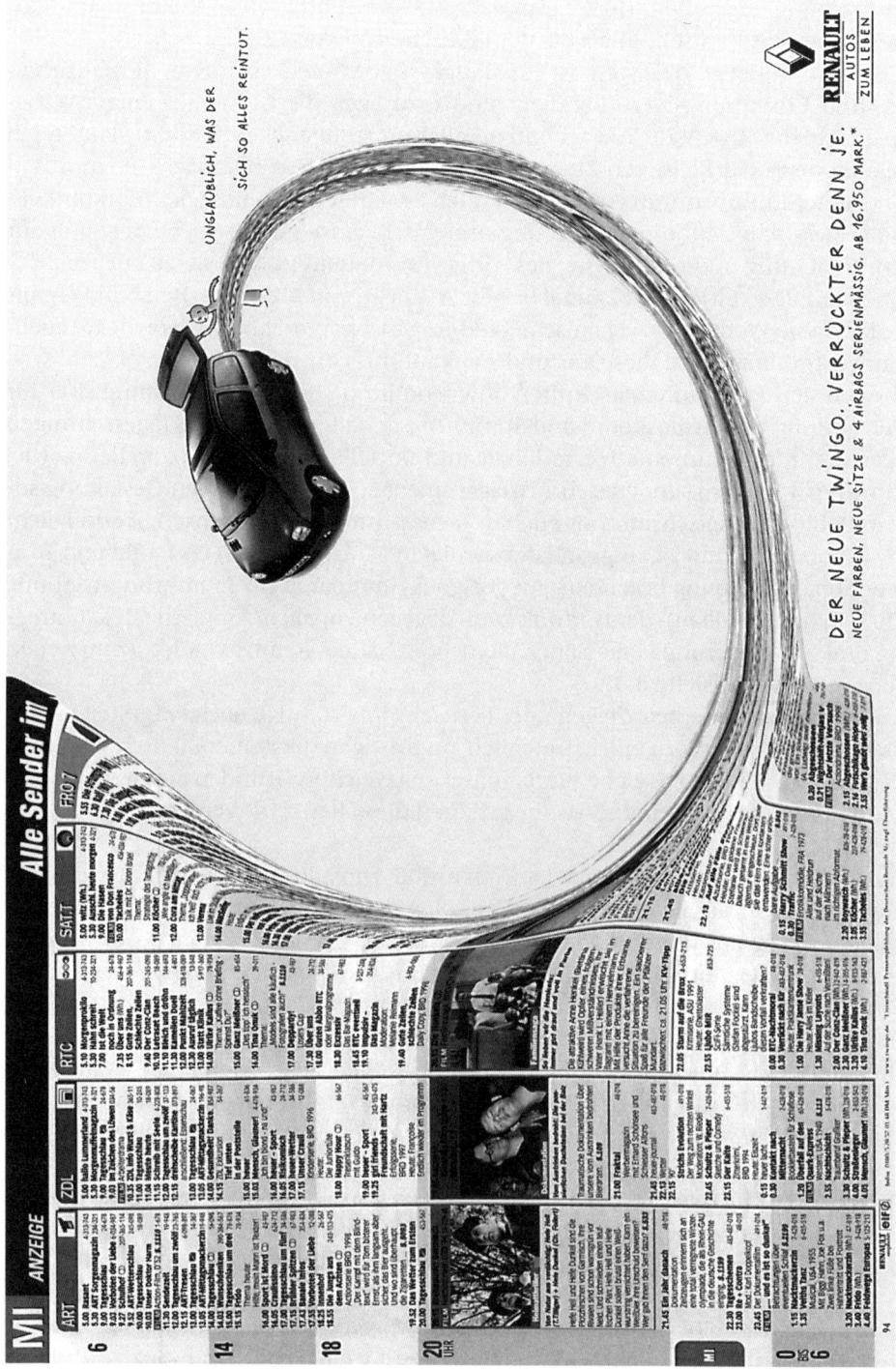

Abbildung 1: Renault Twingo

dem derzeit zum Teil noch unterschiedliche Anzeigenkampagnen für dasselbe Produkt entworfen werden, ist die Bewerbung im Westen gegenüber der im Osten Deutschlands, weil beispielsweise bestimmte Automarken im Osten mit einem anderen Image verbunden sind als im Westen. Für welche Produkte dies zutrifft – und wie lange noch – müsste aber im Einzelfall geprüft werden (siehe dazu die Studie von Hennecke 1999 zur Ostwerbung, die unter 6.2 ausführlicher besprochen wird).

Trotzdem ist bei einigen Werbemitteln durchaus eine Anpassung des Werbeinhalts an das kontextuelle Umfeld festzustellen. So gibt es Werbeplakate, die an Bushaltestellen hängen und auf die Situation des Auf-den-Bus-Wartens anspielen: *Kaum brennt die Camel, schon kommt der Bus.* Bei Fernsehzeitschriften scheint eine inhaltliche Anpassung an das Zeitschriftenumfeld besonders häufig zu sein: Spee Megaperls lässt in TV MOVIE, einer Fernseh-Programmzeitschrift, eine Anzeigenkampagne laufen, bei der die Schlagzeilen auf Fernsehsendungen anspielen: *Statt schlapper Talkshows: Schlaue Seifenopern! – Statt Fortsetzung folgt: Schlau ohne Ende! – Statt Tagesschau: Das Schlauste vom Tage! – Statt wahrer Liebe: Schlaue Ware!* (Anspielung auf den TV-Report „Wa(h)re Liebe"). Die auffälligste Form, den Kontext mit einzubeziehen, liegt bei der hochgradig intertextuellen Anzeige für den Renault Twingo aus TV MOVIE vor, bei der scheinbar eine Programmseite in die Anzeige integriert ist (siehe Abb. 1).

Sprachwissenschaftlich noch nicht untersucht wurde bislang das Wechselspiel verschiedener Medien innerhalb derselben Kampagne, das so genannte „Media-Mix": Welche Medien werden wie miteinander kombiniert? Welche Elemente einer Werbebotschaft tauchen beispielsweise im Fernsehspot wie in Anzeigen auf? In welcher Form rekurrieren Hörfunkspots auf die übrige Werbung? Wann und um welche Informationen werden Spots gekürzt, wenn sie nur mehr Erinnerungs-, nicht mehr Einführungsfunktion haben? Wie spielen die Werbemittel aufeinander an und in welcher Weise ergänzen sie sich bei der Vermittlung des Werbeinhalts? (Ein intermediärer Vergleich in Bezug auf verschiedene sprachliche Mittel (nicht kampagnengebunden!) findet sich bislang nur bei Bajwa 1995.) Auch die Metakommunikation in der Werbung über Werbebedingungen, z.B. in Form spielerischer Bezugnahmen auf den betreffenden Werbeträger, die Rezeptionssituation und die Produktionsbedingungen, stellen ein viel versprechendes und sprachwissenschaftlich noch nicht betretenes Forschungsterrain dar (man denke z.B. an die Schlagzeile einer Mercedes-Anzeige *Dieses eine Mal verzichten wir auf die Abbildung der neuen E-Klasse. Sonst liest das ja doch wieder keiner.* oder an die Anzeige von British American Tobacco, Abb. 17: 181).

 Literaturtipps

Relativ knappe, aber recht umfassende Überblicke über die werbewissenschaftlichen Grundlagen bieten die folgenden Titel, wobei Huth/Pflaum und Schweiger/Schrattenecker am stärksten praxisorientiert, also auch als Hilfestellung für Werbetreibende angelegt sind:

BEHRENS, Gerold (1996): Werbung. Entscheidung – Erklärung – Gestaltung. München (Vahlen). (= Vahlens Handbücher der Wirtschafts- und Sozialwissenschaften).

HUTH, Rupert/PFLAUM, Dieter ([6]1996): Einführung in die Werbelehre. 6., überarbeitete und erweiterte Auflage. Stuttgart/Berlin/Köln (Kohlhammer).

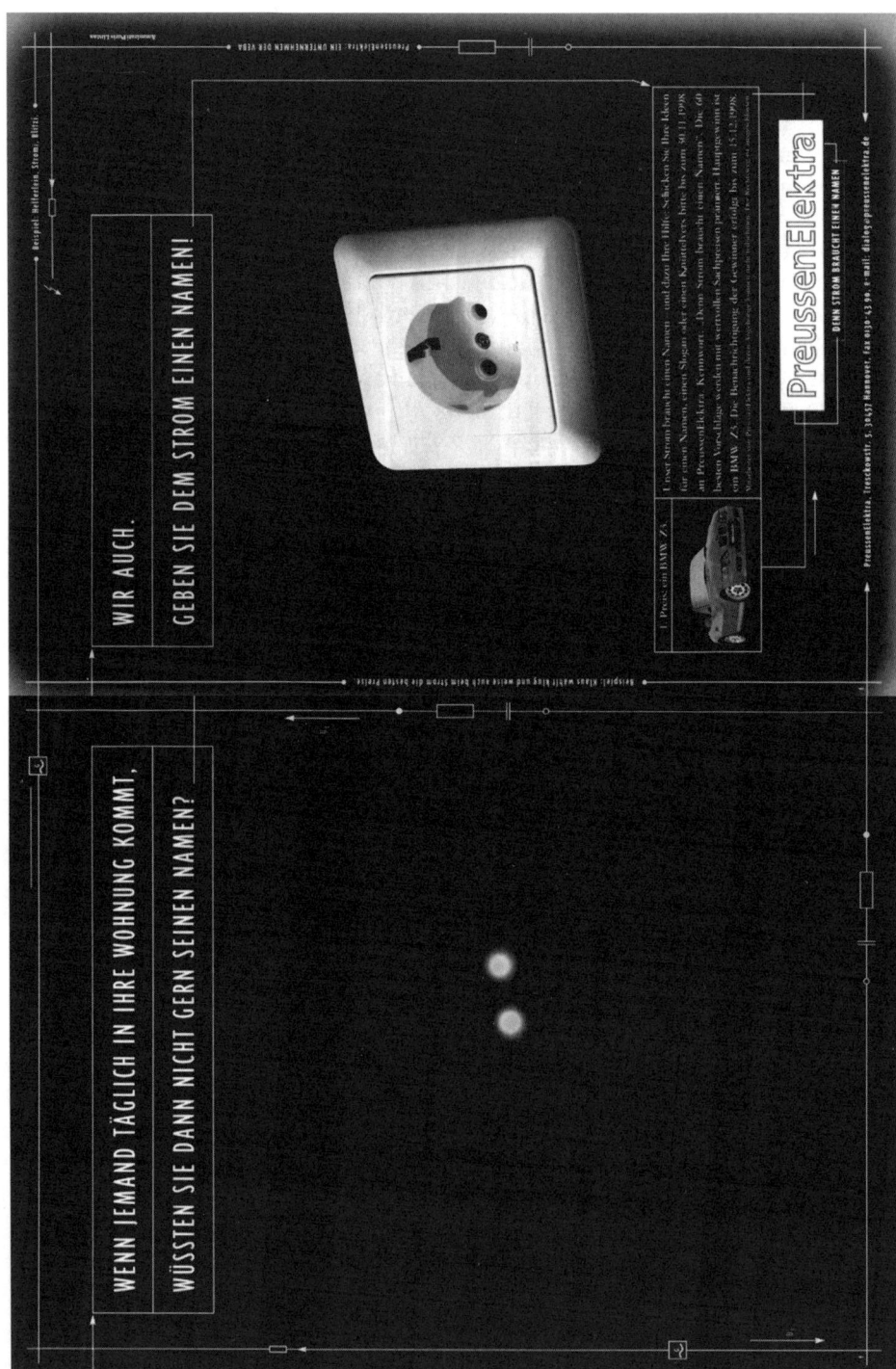

Abbildung 2: PreussenElektra

SCHWEIGER, Günter/ SCHRATTENECKER, Gertraud (⁴1995): Werbung. Eine Einführung. 4., völlig neu bearbeitete und erweiterte Auflage. Stuttgart/Jena (Fischer). (= UTB 1370).
TIETZ, Bruno/ZENTES, Joachim (1980): Die Werbung der Unternehmung. Reinbek bei Hamburg (Rowohlt).

Ganz aus Perspektive der Werbetreibenden und mit dem Schwerpunkt auf Werbepsychologie/ Werbewirkung sind die in den Wirtschaftswissenschaften oft zitierten Grundlagenwerke von Werner Kroeber-Riel gehalten; kürzer, aber anschaulich ist die Einführung von Moser:

KROEBER-RIEL, Werner (⁶1996): Komsumentenverhalten. 6., überarbeitete und ergänzte Auflage. München (Vahlen).
KROEBER-RIEL, Werner (³1991): Strategie und Technik der Werbung. Verhaltenswissenschaftliche Ansätze. 3. Auflage. Stuttgart/Berlin/Köln (Kohlhammer).
MOSER, Klaus (1990): Werbepsychologie. Eine Einführung. München (Psychologie-Verlags-Union).

Kritisch zu dem in den Wirtschaftswissenschaften vertretenen Kommunikationsansatz und den daraus resultierenden Thesen zu Werbewirkung und Persuasionspotenzialen äußert sich

DERIETH, Anke (1995): Unternehmenskommunikation. Eine theoretische und empirische Analyse zur Kommunikationsqualität von Wirtschaftsorganisationen. Opladen (Westdeutscher Verlag). (= Studien zur Kommunikationswissenschaft 5).

Lesenswert ist das Fischer-Taschenbuch von Eva Heller, in dem sie sich kritisch mit dem Mythos der unterschwelligen Werbung auseinander setzt:

HELLER, Eva (1984): Wie Werbung wirkt: Theorien und Tatsachen. Frankfurt am Main (Fischer).

Aktuelle Informationen und Datenmaterial zur Werbung in Deutschland sind beim Zentralverband der deutschen Werbewirtschaft (ZAW) in Bonn in Form eines relativ preiswerten Jahrbuchs „Werbung in Deutschland 19**/20**" erhältlich: Verlag edition ZAW, Postfach 20 14 14, 53144 Bonn, Telefax (0228) 357583.

Eine weitere aktuelle Quelle für Daten und Orientierungen der Werbewirtschaft ist zum Beispiel die Fachzeitschrift „werben & verkaufen".

 (1) Bestimmen bzw. diskutieren Sie das Werbeziel (siehe 2.2.2) der Anzeigen vom Renault Twingo (Abb. 1: 28), von PreussenElektra (Abb. 2), von Sixt Budget (Abb. 4: 61) und von Lucky Strike (Abb. 14: 158). Bei letzterer sollten Sie zwischen a) der Gesamtanzeige und b) den verschiedenen abgebildeten Teilen unterscheiden.

(2) Handelt es sich bei den Anzeigen für den iMac von Apple (Abb. 8: 100), für den Nike Air Max (Abb. 12: 133) und für die Dynax von Minolta (Abb. 15: 165) um Low-Involvement- oder High-Involvement-Anzeigen (siehe 2.2.4)? Begründen Sie Ihre Ansicht.

(3) Wer ist die jeweils angesprochene Zielgruppe (siehe 2.2.4) in der Anzeige für Kéralogie (Abb. 5: 67), United Airlines (Abb. 16: 173) und einer Anzeige für das Postbank-Giro-plus-Konto (*Das Nulltarif-Konto*) mit der Abbildung eines jungen Mädchens mit Ohrringen und gepiercter Augenbraue und der Schlagzeile: „*Warum Postbank Giro? Weil die mehr Filialen haben als McDonald's*"?

2.3   Werbung – eine inszenierte Form von Kommunikation

Ausführungen zur Werbung als Kommunikationsmittel bzw. als Kommunikations-
handlung finden sich sowohl in den meisten werbewirtschaftlichen als auch in vielen
sprachwissenschaftlichen Arbeiten. Zu bemerken ist dabei, dass ein werbewirtschaft-
liches Buch oft das Ziel hat, so über Werbung zu informieren, dass es Werbetreibenden
bei der Verfolgung ihrer Ziele nützt: Es wird also versuchen, Kommunikationsprozesse
in einer bestimmten Weise transparent zu machen, um erfolgreiches (Werbe-)Handeln
zu ermöglichen. Für die sprachwissenschaftliche Forschung ist es dagegen wichtig,
bereits erfolgte Werbung, also ein vorliegendes Korpus von Anzeigen oder Spots, in
ihrer Einbindung in einen Kommunikationsprozess zu verstehen. Dazu genügt es nicht,
den Aspekt Kommunikation im einleitenden Teil einer Arbeit kurz theoretisch abzu-
handeln – wichtiger ist, bei der Interpretation von Werbung bzw. der Untersuchungsergebnisse die für Werbung ganz spezifischen Kommunikationsbedingungen im Auge
zu behalten, um Fehldeutungen zu vermeiden. Fragen wie die nach dem Informationsgehalt, der Verständlichkeit oder dem Einsatz von Dialekt, Fachsprache oder Jugendsprache müssen berücksichtigen, dass Werbung ganz anderen kommunikativen
Gesetzen folgt als Sach- oder Fachtexte oder Alltagsgespräche.

Hilfreich nicht nur für die Interpretation, sondern auch schon für die Auswahl und
Gestaltung von Forschungsfragen ist die so genannte Lasswell-Formel (*Who says what in
wich channel to whom with what effect*, Fischer Lexikon Publizistik 1989: 100f), die je nach
Fragestellung modifiziert und erweitert werden kann und geeignet ist, alle wichtigen
Aspekte der Werbekommunikation zu berücksichtigen. Ob nun Anglizismen, Fachspra-
che oder Schlüsselbegriffe untersucht werden – zu fragen ist nach dem *Wer*, nach dem
Was (also nach der genauen Ausprägung des Untersuchungsgegenstandes), nach dem
Wie (wobei dies neben dem Kanal bzw. dem Werbemittel auch die konkrete sprachliche
und bildliche Ausgestaltung berücksichtigen sollte), nach der *Zielgruppe* (wer wird eigentlich angesprochen?) und nach dem *Warum*, dem Ziel, der kommunikativen Absicht.

2.3.1   Kommunikationsmodelle

Die meisten Kommunikationsmodelle in der Forschungsliteratur gehen von dem in-
formationstheoretischen Sender-Kanal-Empfänger-Modell von Claude Shannon aus.
Dieses Modell berücksichtigt zwar bereits die wichtigen Einflussgrößen Sender, Empfänger und Kanal bzw. Medium, greift jedoch in seiner Grundform bei Werbung zu
kurz. Im Folgenden werden zwei Kommunikationsmodelle aus der Forschung vorgestellt, die zusammengenommen geeignet sind, die wichtigsten Aspekte der Werbekommunikation zu verdeutlichen.

Schweiger/Schrattenecker entwerfen auf der Basis von Shannons Modell ein Struk-
turmodell der Marktkommunikation (siehe unten).

Es zeigt, dass es sich bei Werbung (weiter gefasst als eine Einzelanzeige oder ein Ein-
zelspot!) nicht nur um die Übermittlung von Information über einen bestimmten und
isolierten Kanal von einem genau bestimmbaren Sender an einen erwartungsvollen

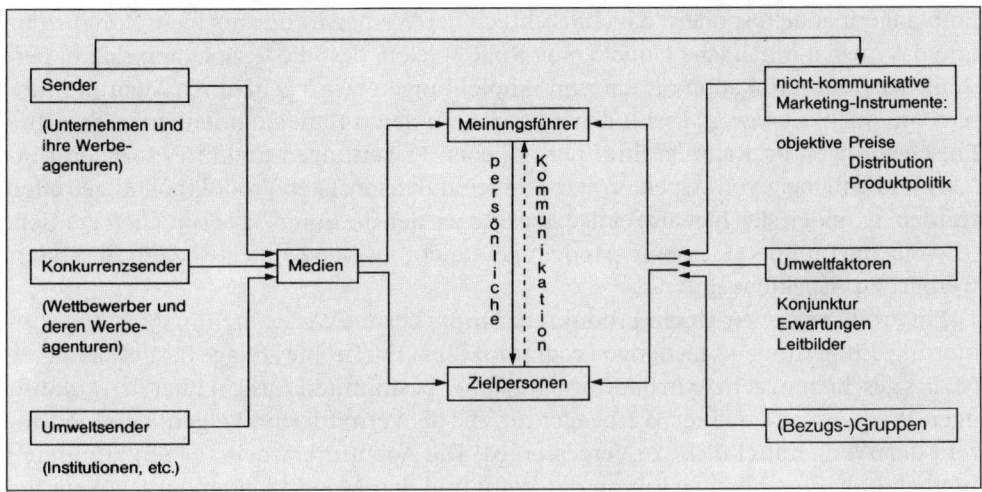

Werbung als Kommunikation nach Schweiger/Schrattenecker ([4]1995: 24)

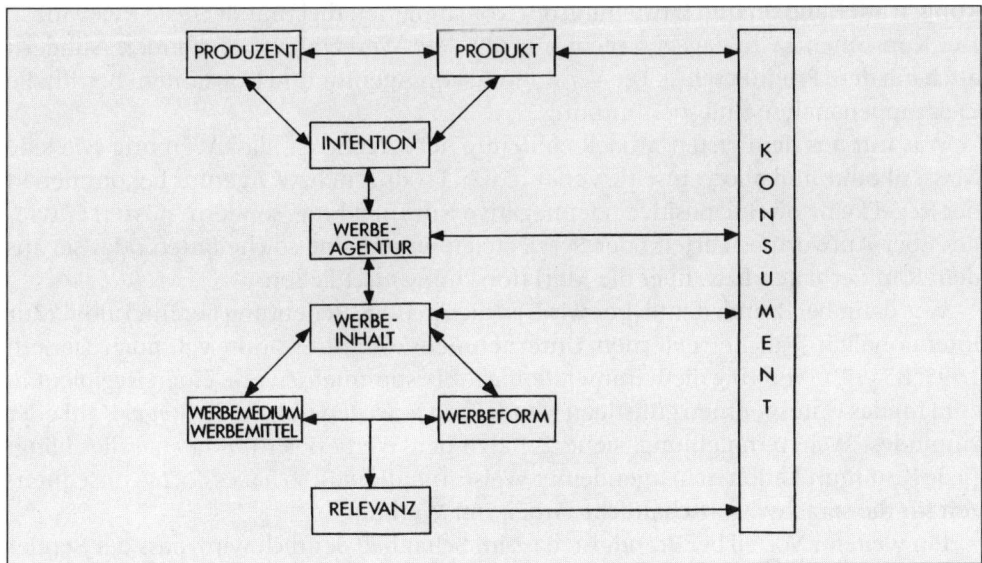

Das „Elemente-Modell" – Werbung als Kommunikation nach Brandt (1973: 110)

Empfänger handelt, sondern dass hinsichtlich der Werbewirkung auch die Konkurrenz und das medial-inhaltliche Umfeld eine Rolle spielen, dass die Rezipienten sich in persönlicher Kommunikation oft Rat und Empfehlungen bei so genannten Meinungsführern (oft auch: *opinion leaders*) holen oder sich an deren Handeln orientieren, dass ihre Entscheidungen im Rahmen ihrer persönlichen Erwartungen und ihres sozialen Umfelds und abhängig von Aspekten wie Preis und der sonstigen Produktpolitik getroffen werden. Es finden sich hier also einige Aspekte wieder, die unter 2.2 besprochen wurden.

Wolfgang Brandts „Elemente-Modell" geht mehr ins Detail und lässt dafür die außerwerblichen Aspekte weg.

Ein Produzent entwirft ein Produkt und muss bei der Werbeplanung Marktpositionierung, Einbettung ins bisherige Programm und angestrebtes Image berücksichtigen. Ist dies geschehen, geht er in der Regel mit einer bestimmten Absicht über den zukünftigen Werbeinhalt zu einer Werbeagentur, die als Vermittler und eigentlicher Produzent der Werbemittel nicht zu vergessen ist! Die Agentur erarbeitet einen konkreten Werbeinhalt, der abhängig ist von der Wahl und den Möglichkeiten der Werbemittel und Werbeträger (bei Brandt: „Werbemedium") und daher in eine spezifische Werbeform gebracht wird. Die sich daraus ergebende „Relevanz" meint sowohl die mögliche Werbewirkung (bei Brandt „potentielle Relevanz") als auch die tatsächlichen Auswirkungen auf Handeln und Einstellung des Konsumenten (bei Brandt „reale Relevanz"). Der Konsument wird dagegen nicht nur mit dem Werbeinhalt konfrontiert, sondern auch mit dem Produkt selbst. Die Verbindung von Agentur und Konsument betrifft die Zielgruppenanalyse und -bestimmung.

Was nur aus dem ersten Modell eindeutig hervorgeht, ist, dass Werbung wie jede Massenkommunikation einseitig verläuft, d.h. Produzent bzw. Agentur bekommen in der Regel keine direkte positive oder negative Rückmeldung, sondern müssen entweder über Antwortpostkarten oder Servicetelefone um eine solche bitten oder sie aus dem Kaufverhalten bzw. über die Marktforschung erschließen.

Was dafür bei Brandt deutlicher wird, ist die wichtige Bedeutung der Intention. (Zur Intentionalität jeglicher externen Unternehmenskommunikation vgl. auch Derieth 1995: 85–97.) Werbung dient immer dem ganz bestimmten Zweck, einen Rezipienten zum für das Unternehmen günstigen Handeln zu bewegen (d.h. in der Regel Kauf oder zumindest Weiterempfehlung; siehe 2.2.2 zu den Werbezielen). So banal dies klingt (jede Kommunikation ist in irgendeiner Weise intentional), so hat es doch Konsequenzen für die sprachwissenschaftliche Arbeit mit Werbung.

Ein weiterer Vorteil bei Brandt ist, dass im Schaubild deutlich wird, dass der Sender in der Werbekommunikation nicht einfach als der Produzent des Produkts zu bestimmen ist, sondern schon in der Werbeplanung in Produzent und Agentur zerfällt. Hinzu kommt für den Rezipienten möglicherweise noch eine dritte, dann im Vordergrund stehende Senderpersönlichkeit, nämlich der- oder diejenige, der/die im Spot oder in der Anzeige als Sprecher auftritt. Brandt schlägt daher eine Differenzierung in Primär- und Sekundärsender vor (Brandt 1973: 149): Primärsender ist das werbende Unternehmen im Zusammenhang mit der Agentur; Sekundärsender ist die Person oder Figur, die in der Anzeige/dem Spot als Sprecher auftritt.

Zusammengefasst weisen die beiden Modelle auf folgende Punkte hin, die bei der Interpretation von Werbung im Rahmen ihrer kommunikativen Bedingungen beachtet werden sollten:

a) WER IST DER SENDER?
- Wer ist das werbende Unternehmen (Primärsender)?
- Was ist die konkrete Intention des Unternehmens, die es mit einer bestimmten Kampagne verfolgt?
- Ist eine Werbeagentur dazwischengeschaltet?
- Was ist über den Werbeplanungsprozess und die Kommunikation zwischen Agentur und Auftraggeber herauszubekommen (siehe 2.4)?
- Tritt in der Werbung ein Sekundärsender auf?
- Kommt auch der Primärsender in der Werbung zu Wort (Verhältnis zum Sekundärsender)?
- Inwiefern ist der Sender besonders glaubwürdig (bekannte Persönlichkeit, fachliche Autorität, Primärsender als Garant für Versprochenes)?

b) WAS IST DER GEGENSTAND DER KOMMUNIKATION (WERBEINHALT UND PRODUKT)?
- Inwiefern bestimmt das Produkt den Werbeinhalt (emotional oder rational; langfristig oder kurzfristig angelegt)?
- Inwiefern könnten die Marktlage, das allgemeine Unternehmensprogramm (z.B. Verhältnis Marke – Produkt) und die Konkurrenz den Werbeinhalt beeinflusst haben?
- Welches konkrete Ziel wird mit dem Werbeinhalt verfolgt?

c) WAS IST DAS MEDIUM?
- Welches Medium wurde gewählt?
- Wie ist das Verhältnis zwischen dem Image des gewählten Mediums (Werbemittel und Werbeträger) und dem Image des Senders bzw. dem vermittelten Werbeinhalt (siehe 2.2.5 zur unterschiedlichen Eignung von Werbemitteln und Werbeträgern)?
- Ist der Werbeinhalt auf das Umfeld des Werbemittels abgestimmt (z.B. die Anzeigengestaltung auf das redaktionelle Umfeld der Zeitschrift/Zeitung; die Spotpositionierung auf die gerade laufenden Filme)?
- Von welchem Media-Mix wird die einzelne Anzeige/der einzelne Spot flankiert (weitere ähnliche Anzeigen, Plakate, Sonderaktionen; Zusammenwirken von Spots und Anzeigen in einer Kampagne)?

d) WER IST DER EMPFÄNGER?
- Wer ist die Zielgruppe? Zerfällt sie eventuell in Meinungsführer, Käufer und Nutzer?
- Lässt sich die Zielgruppe (in Abhängigkeit vom Produkt) eher mit rationaler oder mit emotionaler Werbung ansprechen?
- Welche Umweltfaktoren, Erfahrungswerte, Kontakte mit dem Produkt oder der Marke könnten bei der Zielgruppe für die Aufnahme der Werbung eine Rolle spielen?

2.3.2 Werbesprache: eine Inszenierung

In der Soziolinguistik gibt es ein Varietätenmodell (siehe z.B. bei Löffler [2]1994: 86ff), das davon ausgeht, dass die Gesamtsprache Deutsch in verschiedene so genannte Varietäten zerfällt. So gibt es zum Beispiel Varietäten, die bestimmt werden

a) nach dem MEDIUM, in dem sie realisiert werden (gesprochen oder geschrieben, erweitert durch die Differenzierung „konzeptionell mündlich" oder „konzeptionell schriftlich", vgl. Koch/Oesterreicher 1985),
b) nach ihrer FUNKTION (Darstellung, Ausdruck, Appell) bzw. ihren Anwendungsbereichen (Funktiolekte wie Alltagssprache, Fachsprache, Literatursprache u.a.),
c) nach ihrer REGIONALEN GEBUNDENHEIT (Dialekte),
d) nach ihrem GESELLSCHAFTLICH UND SOZIOÖKONOMISCH BESTIMMTEN GELTUNGSBEREICH (Soziolekte wie Schichtensprachen, Gruppensprachen, Sondersprachen),
e) nach ihrer BINDUNG AN ALTER ODER GESCHLECHT (Frauensprache, Männersprache, Jugendsprache u.a.) (siehe dazu ausführlicher Kap. 4.4.2).

In der Werbesprachenforschung stellt sich die Frage, wo in diesem Varietätenmodell die Werbesprache (gemeint ist immer die Sprache in der Werbung, nicht die Fachsprache der Werbetreibenden!) angesiedelt ist und wie ihr Verhältnis zur Alltagssprache ist. Mit Alltagssprache ist die Sprache des Alltags gemeint, die mehr durch die Gebrauchssituation als durch eine festgelegte Sprachform bestimmt ist, weil sie je nach Sprecher auch Elemente anderer Varietäten beinhalten kann (wie Dialektelemente, sozial determinierte Formen, durch Alter und Geschlecht bestimmte Redeweisen).
   Auch wenn Werbesprache schon als Sondersprache und „Anti-Sprache" (Januschek 1976) bezeichnet wurde, so ist man sich doch weit gehend einig, dass folgende Merkmale auf Werbesprache zutreffen (z.B. Stave 1973: 212, Sauer 1998: 19):

- Werbesprache hat zwar besondere, als spezifisch beschreibbare Merkmale, aber deren Besonderheit liegt mehr in ihrer Häufigkeit als in einem der Alltagssprache prinzipiell fremden Charakter. D.h. Werbesprache wählt ihre sprachlichen Mittel weit gehend aus der Alltagssprache aus, verwendet sie aber so häufig, dass man geneigt ist, sie als werbetypisch aufzufassen.
- Werbesprache bedient sich auch anderer Varietäten wie der Dialekte, Fachsprachen oder der Jugendsprache, um geeignete Zielgruppen anzusprechen und bestimmte Assoziationen hervorzurufen.
- Werbesprache weist zwar auch Wortschatz und Formen des Sprachgebrauchs auf, die werbetypisch, also weit gehend auf die Werbung beschränkt sind. Sie dient aber weder der Kommunikation innerhalb eines fest umgrenzten Personenkreises noch weist sie eine soziale Abgrenzungsfunktion wie die Sondersprachen auf, die bewusst esoterisch sind, um Gruppenidentifikation zu ermöglichen.
- Werbesprache ist trotz ihrer Anleihen aus der Alltagssprache und ihrer Bemühungen um Spontanität artifiziell und besitzt keine Sprechwirklichkeit, sondern ist auf eine ganz bestimmte Wirkung hin gestaltet.

- Werbesprache greift Tendenzen der Alltagssprache auf, beeinflusst diese aber umgekehrt, indem sie neuen Wortschatz und Redewendungen liefert, die sich dann beispielsweise als Trend-Sprüche auf Postkarten wiederfinden (z.B. *Nicht immer, aber immer öfter; Da weiß man, was man hat; Aus Erfahrung gut; Is cool man; Ich bin doch nicht blöd; Sind sie zu stark, bist du zu schwach* usw.).

Manuela Baumgart fasst dies so zusammen:

> Also läßt sich resümieren, daß die Sprache der Werbung keine Sondersprache im eigentlichen Sinne ist, sondern lediglich eine instrumentalisierte, zweckgerichtete und ausschließlich auf Anwendung konzipierte Sonderform der sprachlichen Verwendung darstellt, die naturgemäß eigenen Gesetzmäßigkeiten unterliegt, aber dennoch aufs engste mit der Alltagssprache verwoben ist. (Baumgart 1992: 34)

 Der artifizielle und zweckorientierte Charakter von Werbesprache hat Auswirkungen auf die sprachwissenschaftliche Analyse und bringt je nach Fragestellung methodische Probleme mit sich. Wird beispielsweise die Verwendung von bestimmten Varietäten wie Fachsprache, Jugendsprache, Dialekt untersucht, können die Varietäten nicht mehr ohne weiteres im Rahmen ihrer sonstigen Gebrauchsbedingungen gesehen werden: Jugendsprache in der Werbung ist keine spontan gesprochene Varietät mehr, Fachsprache hat nicht mehr zwangsläufig die Funktion, konnotationsfrei Aussagen über fachliche Inhalte zu machen, und Dialekte kommen in der Werbung selten in ihrer authentischen Form vor (siehe 4.4.2). Varietäten in der Werbung sind immer inszeniert, die Kommunikationssituation wird imitiert, man „tut so als ob". Sie müssen daher auf ihre möglicherweise veränderte, in die Werbeintention eingebundene Funktion hinterfragt werden. Genauso verhält es sich mit der Hausfrauenumfrage, dem Produkttest auf der Straße, dem Auftreten von Fachleuten: Zu beachten ist der Inszenierungscharakter, der aus einer sehr differenziert geplanten Text-Bild-Konstruktion eine alltägliche und authentische Kommunikationssituation zu machen scheint.

 Literaturtipps

> Außer den zitierten Belegstellen siehe zum Status der Werbesprache auch
> HANTSCH, Ingrid (1973): Zur semantischen Strategie in der Werbung. In: Sprache im technischen Zeitalter 42, 93–114. Wiederabgedruckt in: Nusser, Peter (Hsg.) (1995): Anzeigenwerbung. Ein Reader für Studenten und Lehrer der deutschen Sprache und Literatur, München (Fink). (= Kritische Informationen 34). 137–159.
> JANUSCHEK, Franz (1976): Sprache als Objekt. „Sprechhandlungen" in Werbung, Kunst und Linguistik. Kronberg im Taunus (Scriptor). (= Monographien Linguistik und Kommunikationswissenschaft 25).

2.3.3 Manipulation oder Information?

Spätestens seit der Diskussion über unterschwellige Werbung, ausgelöst durch Vance Packards Buch „Die geheimen Verführer" (1957/1992) und Ernest Dichters tiefenpsychologische Werbedeutung „Strategie im Reich der Wünsche" (1961), liest und hört man immer wieder, dass Werbung manipuliere, mit den Emotionen und verborgenen

Wünschen der Verbraucher spiele, sie suggestiv zu etwas eigentlich Ungewolltem bewege und alles in allem doch schmerzlich ihren Auftrag der Verbraucherinformierung vernachlässige. Auch wenn die Legende der unterschwelligen Werbung inzwischen widerlegt ist (siehe das lesenswerte Buch von Eva Heller „Wie Werbung wirkt" 1984), findet sich doch besonders in sprachwissenschaftlichen Arbeiten der Vorwurf, die Werbung vernachlässige ihren Informationsauftrag zugunsten einer Verbraucherverführung (siehe auch Gipper 1979 oder Eicke 1991: 93–106):

> Somit wird dem Käufer eine Scheinwelt vorgegaukelt, die mit dem realen Warennutzen nicht mehr viel gemein hat, obwohl die primäre Aufgabe der Werbung eigentlich in der Produktinformation liegen sollte. Sie soll Wegweiserfunktion erfüllen und dem Konsumenten die Bildung seiner alltäglichen Wertsysteme erleichtern; sie soll ihn über Realnutzen und Nebennutzen der Produkte aufklären, damit er weiß, von welcher Ware er was zu erwarten hat. Und sie soll Kaufentscheidungen herbeiführen sowie diese gleichzeitig rechtfertigen, damit der Käufer unbelastet und ohne schlechtes Gewissen einkaufen und konsumieren kann. (Baumgart 1992: 28)

Werbewissenschaftliche Arbeiten gehen dagegen sehr häufig von einem Informationsgehalt in der Werbung aus und untersuchen die Art der Verarbeitung beim Rezipienten, warnen gar vor einer drohenden Informationsüberlastung (z.B. Bleicker 1983). Wieder andere konstatieren, Werbung könne per se nicht informieren: „‚Informative Werbung' ist eine contradictio in adjecto." (Lindner 1977: 122)

Diese Diskrepanz kommt durch verschiedene Auffassungen von „Information" zustande. Denken die einen an Information im Sinne von umfangreicheren sachlichen Angaben über Produkteigenschaften (siehe die Zitate von Baumgart und Lindner), so liegt den werbewissenschaftlichen Arbeiten meist ein informationstheoretischer Begriff zugrunde, der alle optischen und akustischen Reize als zu verarbeitende Informationen versteht. Dieser informationstheoretische Ansatz spielt für die sprachwissenschaftliche Interpretation von Werbung selten eine Rolle.

Wer an Werbung den Anspruch erhebt, sie müsse mit dem Ziel größtmöglicher Markttransparenz umfassend über das Produkt informieren, verkennt Wesen und Ziel der Werbung (siehe dazu das amüsante Gedankenexperiment bei Januschek 1976: 138–140, bei dem zwei Professoren von Werbeanzeigen wie von Fachartikeln reden). Werbung dient nicht und diente nie der marktwirtschaftlichen Aufklärung, sondern ist ein Instrument, um den Umsatz zu erhalten oder zu steigern. Gelingt dies mit Hilfe von nachprüfbaren und sachlichen Produktinformationen, dann werden diese eingesetzt. Eignet sich eine solche „informative" Strategie nicht aufgrund der Produktgattung oder des zu ähnlichen Konkurrenzangebots, werden stattdessen emotionale Strategien gewählt.

Information in der Werbung gibt es also in eingeschränktem Maß (z.B. über Preise, Inhaltsstoffe, technische Details) – sie ist aber immer ausgesprochen selektiv und zweckorientiert und oft kombiniert mit nur scheinbar informativen Angaben, die näherer Nachprüfung nicht standhalten (weil sie zum Beispiel nichts Besonderes, sondern etwas Selbstverständliches benennen) (siehe auch Brandt 1973: 122f).

Statt vor Manipulation zu warnen, vergeblich Information einzufordern und nichtinformative Werbung moralisch zu verurteilen, könnte sprachwissenschaftlich begründete

Aufklärung darin liegen, möglichst wertungsfrei die werbesprachlichen Überzeugungsstrategien zu beschreiben, den intentionalen Charakter von Werbung zu betonen, die Inszeniertheit ihrer Sprache bewusst zu machen und auf die Selektivität und Subjektivität der Produktinformation hinzuweisen. Der emanzipierte Umgang mit Werbung aber muss Sache des Rezipienten selbst sein, der nicht so hilflos manipulierbar ist, wie es in sprachwissenschaftlichen Interpretationen mitunter unterstellt wird (siehe dazu auch die Wissenschaftskritik bei Zielke 1991: 14–18).

Ganz im Gegenteil ergeben sich ganz neue Interpretationsmöglichkeiten, wenn man davon ausgeht, dass den Werbetreibenden bewusst ist, dass auch die Verbraucher wissen, dass die Werbung vor allem den Zweck hat, Wünsche zu wecken und Produkte zu verkaufen:

> Werbung ist prinzipiell als solche zu erkennen und niemals unparteiisch. Sie offenbart dem aufgeklärten Konsumenten ihre Intention, nicht nur informieren oder unterhalten, sondern die beworbenen Produkte und Dienstleistungen letztlich verkaufen zu wollen. Diese Erkenntnis schafft ein grundsätzliches Problem der Glaubwürdigkeit. (Wehner 1996, 152; Hervorhebung im Original)

 Wie diese Glaubwürdigkeit trotz der offensichtlichen Werbeintention zu erreichen versucht wird, ist eine auch aus sprachwissenschaftlicher Sicht ergiebige Frage (siehe z.B. 4.2.3 zur Argumentation oder 4.4.2 zu Varietäten). Ein in neuerer Zeit oft gewähltes Mittel der Werbenden ist die Selbstthematisierung, d.h. das ausdrückliche Ansprechen ihrer eigenen Situation (siehe dazu die Forschungsanregung unter 2.2.5: 29).

Dass Werbung Strategien nutzt, die rein auf emotionale Wirkung bedacht sind und tief sitzende Wünsche und Ängste ansprechen, dass scheinbar wissenschaftliche Fachwörter auftauchen, die sich bei genauerem Hinsehen als Wortschöpfungen ohne konkrete Bedeutung entpuppen (zum Beispiel *probiotisch*), oder dass Angaben informativ wirken, aber nichts Neues bieten oder ungenau sind und daher verschleiernde Funktion haben, soll nicht abgestritten werden (siehe dazu ausführlicher 6.4). Es wird aber dafür plädiert, Werbung nicht unkritisch und vorschnell wegen mangelnder Information den Vorwurf von Manipulation und Irreführung zu machen, sondern die gewählten Mittel aus der Perspektive ihrer Zweckorientierung zu bewerten (Janich 1998a: 232–235).

 Literaturtipps

Zum Problem der Information und Manipulation und der besonderen Kommunikationssituation der Werbung finden sich kritische und ergiebige Ansätze bei folgenden Autoren:
BRANDT, Wolfgang (1973): Die Sprache der Wirtschaftswerbung. Ein operationelles Modell zur Analyse und Interpretation von Werbungen im Deutschunterricht. In: Germanistische Linguistik 1–2, 117–125.
JANUSCHEK, Franz (1976): Sprache als Objekt. „Sprechhandlungen" in Werbung, Kunst und Linguistik. Kronberg im Taunus (Scriptor). (= Monographien Linguistik und Kommunikationswissenschaft 25).

Eine Forschungs- und Methodenkritik (zur positiven oder negativen Voreingenommenheit gegenüber Werbung, zur Vorgehensweise) findet sich bei:
ZIELKE, Achim (1991): Beispiellos ist beispielhaft oder: Überlegungen zur Analyse und zur Kreation des kommunikativen Codes von Werbebotschaften in Zeitungs- und Zeitschriftenanzeigen. Pfaffenweiler (Centaurus). (= Reihe Medienwissenschaft 5). 9–37.

 (4) Bestimmen Sie den Sender der Daihatsu-Anzeige (Abb. 3: 44). Lassen sich Primär- und Sekundärsender unterscheiden?

(5) Vergleichen Sie die Daihatsu-Anzeige (Abb. 3: 44) mit der Kéralogie-Anzeige (Abb. 5: 67) hinsichtlich ihres Informationsgehalts. Schreiben Sie dazu stichpunktartig die einzelnen Informationen heraus, die jeweils in den Anzeigen enthalten sind, und vergleichen Sie sie mit der Textmenge der Anzeige. Diskutieren Sie dabei gegebenenfalls den unterschiedlichen Informationswert. Lassen sich Unterschiede zwischen den beiden Anzeigen feststellen? Wenn ja: Sind diese produktabhängig oder basieren sie auf verschiedenen Werbestrategien?

2.4   Rezeption und Produktion – zwei Perspektiven

Das methodische Dilemma der Sprachwissenschaftlerinnen und Sprachwissenschaftler bei der Untersuchung von Werbung ist die interindividuelle Gültigkeit ihrer Interpretationen. Werbung wird gesammelt und untersucht, und dann werden die sprachwissenschaftlich abgesicherten Ergebnisse hinsichtlich ihrer Werbewirkung, der geplanten wie der tatsächlichen, interpretiert. Zumeist stehen den Forscherinnen und Forschern dafür aber nur ihre eigenen Assoziationen zur Verfügung und nicht immer hat man die Zeit und die Möglichkeit, diese durch eine Umfrage abzusichern. Und ob sich die Werbetexter tatsächlich immer genau das dabei gedacht haben, was wir hinein- bzw. herausinterpretieren, oder ob nicht oft auch Sprachintuition auf der einen Seite, ganz bestimmte Vorgaben des Auftraggebers und werbegestalterische Rahmenbedingungen auf der anderen Seite eine Rolle gespielt haben, ist fraglich.

Das Dilemma lässt sich, besonders für Studienarbeiten, kaum endgültig lösen. Das Folgende soll jedoch eine Anregung sein, zum einen vorsichtig mit Assoziationen zu sein und die mögliche Wirkung sprachlicher Aspekte möglichst eng an den Ergebnissen zu interpretieren, zum Zweiten sich nach Möglichkeit auch mal bei anderen zu vergewissern, ob sie ähnliche Assoziationen mit der Werbung verbinden, und sich zum Dritten darum zu bemühen, Informationen über die Absichten und Arbeitsweise der Produzenten zu erhalten. Wie die einführenden Abschnitte bis jetzt gezeigt haben, gibt es eine Fülle von Rahmenbedingungen für die Werbewirtschaft, die die Gestaltung von Werbung und von Werbesprache beeinflussen. Werbung entsteht aus einem Kommunikationsprozess zwischen Agentur und beauftragendem Unternehmen. Die Werbegestalter haben die unterschiedlichsten Ausbildungen, Bild- und Textentwürfe werden von unterschiedlichen Kreativen gestaltet – und längst nicht alle Werbetexter sind Germanisten!

Achim Zielke skizziert den Produktionsprozess einer Anzeige und weist auf die außersprachlichen Gestaltungsfaktoren hin: Zuerst werden in einem so genannten

Briefing von einem auftraggebenden Unternehmen einer Werbeagentur die Rahmenbedingungen vorgegeben: der Zeitrahmen, in dem eine Kampagne entwickelt werden muss – der finanzielle Rahmen – Informationen über das Unternehmen, seine Wettbewerbssituation und die Produktpalette – Informationen über das Produkt, seine Vor- und Nachteile und mögliche Konkurrenz, über geplante Vertriebswege und angepeilte Käuferschaft – Regieanweisungen bezüglich der bisherigen Kommunikationspolitik des Unternehmens und allgemeine Vorstellungen über den umzusetzenden Werbeinhalt (Zielke 1991: 97f). Auf der Basis der Briefings erarbeitet die Werbeagentur eine Werbekonzeption, die in der Regel einen Ist-Soll-Vergleich zur Marktsituation, eine Zielgruppenselektion, eine Mediaplanung (welche Werbemittel in welcher Kombination?) und eine konkrete Strategie zur graphischen und sprachlichen Umsetzung des Werbeinhalts enthält (Zielke 1991: 101). In wechselseitiger Absprache wird eine solche Werbekonzeption dann vom Auftrag gebenden Unternehmen genehmigt bzw. als verbindlich erklärt. In einem letzten Schritt setzt die Agentur die Werbekonzeption in eine konkrete Werbemittelgestaltung um, indem Graphiker und Werbetexter im Rahmen der vorgegebenen Strategie Graphikelemente und Texte ausarbeiten, die in weiteren Entwicklungsstufen zu homogenen Gesamtentwürfen verbunden werden und aus denen das Unternehmen dann letztendlich auswählt (Zielke 1991: 138, 157).

Es gibt verschiedene Möglichkeiten, die Produzentenseite zu berücksichtigen: Informationen lassen sich am besten direkt bei kleineren und größeren Werbeagenturen einholen (z.B. über die konkrete Vorgehens- und Arbeitsweise, über spezifische Marktbedingungen, über den Grad der Reflektiertheit bezüglich der sprachlichen Gestaltung), die allerdings sehr unterschiedlich hilfsbereit sind. Aber Nachfragen kostet nichts, und Recherchen dieser Art machen zudem Spaß und erweitern den Horizont. Optimal ist es, wenn man Kontakt zu der Agentur bekommt, die für die jeweils untersuchte Werbung verantwortlich zeichnet. Eine andere Möglichkeit besteht darin, sich an den Gesamtverband Werbeagenturen GWA e.V. (Friedensstraße 11, 60311 Frankfurt) oder an ähnliche Verbände zu wenden, deren Adressen zum Beispiel in den Werbe-Jahrbüchern des Zentralverbands der Werbewirtschaft ZAW aufgeführt sind, der selbst eine sehr gute Adresse ist (siehe Literaturtipps bei 2.2: 29/31).

Auch ein Blick in die werbewissenschaftliche Literatur und in die zahlreichen Werberatgeber kann nützlich sein, um sich über mögliche Produktionsvorgaben und Idealvorstellungen von guter Werbung zu orientieren. Bei dieser Methode sollte allerdings der Abstand zwischen Empfehlung und tatsächlicher Befolgung kritisch gesehen und zum Beispiel nachgeprüft werden, ob solche Ratgeber von den entsprechenden Produzenten überhaupt herangezogen werden (zur Kritik aus der Praxis Zielke 1991: 158).

Auf jeden Fall ist Vorsicht bei der Interpretation von Intentionen und allgemeiner Wirkung angebracht und bietet die Berücksichtigung der Produzentenperspektive nicht selten erstaunliche Einblicke. Eine stärkere Einbindung der Produktionsperspektive könnte zudem langfristig zu einem befruchtenden Austausch zwischen Sprachwissenschaft und Werbewirtschaft bzw. -wissenschaft führen. Grundsätzliche und allgemeinere Aspekte, die mir selbst aus solchen Kontakten bekannt sind, fließen an den entsprechenden Stellen in dieses Buch ein.

Literaturtipps

Informationen über die Produktionsseite bekommt man außer über die unter 2.2 zitierte werbewissenschaftliche Literatur zum Beispiel von Werberatgebern wie den folgenden, die allerdings eine sehr idealisierte Sicht bieten:

HERZOG, Ulrich (1991): Text in der Praxis. Essen (Stamm).

JOLIET, Hans (1990): Anzeigen wirksam gestalten, texten, plazieren. Das aktuelle Standardwerk der Anzeigenwerbung. Landsberg am Lech (Moderne Industrie).

Ein Ratgeber besonderer Art ist das Rothfuss-Wörterbuch, das zu alltagssprachlichen Wörtern mögliche Konnotationen und Assoziationen auflistet, um Werbetextern die Wortwahl zu erleichtern:

ROTHFUSS, Volker (1991): Wörterbuch der Werbesprache. Stuttgart (Rothfuss).

Mit einer sprachwissenschaftlichen Ausrichtung kombiniert fließt der Produktionsaspekt aus eigener Berufserfahrung sehr stark ein bei:

ZIELKE, Achim (1991): Beispiellos ist beispielhaft oder: Überlegungen zur Analyse und zur Kreation des kommunikativen Codes von Werbebotschaften in Zeitungs- und Zeitschriftenanzeigen. Pfaffenweiler (Centaurus). (= Reihe Medienwissenschaft 5).

3. Mikrokosmos Anzeige: Bausteine der Werbung

 Prinzipiell kann man sich bei sprachwissenschaftlichen Untersuchungen auf einzelne Elemente der Werbung wie Produktnamen oder Slogans beschränken, was auch sehr häufig in der Forschung der Fall ist. Man sollte sich dieser Beschränkung aber bei der Interpretation der Ergebnisse bewusst bleiben (und übrigens auch beim Zitieren solcher Ergebnisse!). So halte ich es für problematisch, ein Buch „Die Sprache der Anzeigenwerbung" (Baumgart 1992) zu nennen, wenn sich die Materialgrundlage weit gehend auf Werbeslogans beschränkt. Auch wenn diese Einschränkung eindeutig im Untertitel thematisiert wird („Eine linguistischer Analyse aktueller Werbeslogans"), so ist doch die Versuchung bei Autorin und Zitierenden groß, die Ergebnisse zu verabsolutieren und als repräsentativ für „die Sprache" in Anzeigen zu sehen, sie gar uneingeschränkt mit Ergebnissen zu vergleichen, die auch den Haupttext und die Schlagzeile von Anzeigen einbeziehen. Unabhängig davon, welche Forschungsfrage an Werbung angelegt wird: Beim Heranziehen von Forschungsliteratur sollte kritisch die Vergleichbarkeit geprüft werden (die nicht nur von den analysierten werbesprachlichen Elementen, sondern bei einer so schnelllebigen Kommunikationsform wie der Werbung auch vom **Alter** der Forschungsergebnisse abhängt!) und bei der Fokussierung auf bestimmte Werbeelemente deren ganz spezifische Funktion innerhalb einer Gesamtanzeige/eines Werbespots bei der Anlage der Untersuchung berücksichtigt werden.

Da sich bei Anzeigen die einzelnen Text- und Bildelemente leichter isolieren lassen, wird eine Klassifizierung der Elemente zuerst auf die Anzeige bezogen. In einem anschließenden Abschnitt (3.7) wird versucht, diese Klassifizierung – soweit möglich – auf den Fernsehspot zu übertragen und anzupassen.

Literaturtipps

Die folgenden Ausführungen orientieren sich weit gehend an der Klassifikation von Zielke, die der Praxis des Werbetexters entstammt und pragmatisch an der Funktion der Elemente orientiert ist:
ZIELKE, Achim (1991): Beispiellos ist beispielhaft oder: Überlegungen zur Analyse und zur Kreation des kommunikativen Codes von Werbebotschaften in Zeitungs- und Zeitschriftenanzeigen. Pfaffenweiler (Centaurus). (= Reihe Medienwissenschaft 5). 65–93.

3.1 Schlagzeile

Die Schlagzeile (1)[3] ist der Aufhänger einer Anzeige. Sie ist neben dem Bild das zentrale Textelement, das beim flüchtigen Blättern Aufmerksamkeit und weiter gehendes Leseinteresse wecken soll.

---

3 Die Zahlen hinter den Anzeigenelementen beziehen sich auf die Beispielanzeige von Daihatsu (Abb. 3: 44), an der der Anzeigenaufbau veranschaulicht werden soll.

Abbildung 3: Daihatsu Cuore

Zu diesem Zweck vermittelt die Headline dem Umworbenen im Idealfall eine Information, die einen aufmerksamkeitserregenden Aspekt des Beworbenen ausschnitthaft und spektakulär thematisiert und insofern eine besondere Informationsqualität – häufig in Form eines Neuigkeitswertes – besitzt. (Zielke 1991: 67)

In der Fachsprache der Werbeleute heißt die Schlagzeile *Headline* und wird unterschieden von der *Subheadline* (einer Unterüberschrift) (2) und einer manchmal auftauchenden *Topline* (einer oberhalb der Headline befindlichen, kleiner gedruckten Anfangszeile) (Zielke 1991: 68f). Der Terminus Schlagzeile ist aber insofern treffender, als sich der große und fett gedruckte Aufhänger einer Anzeige nicht zwangsläufig über der Gesamtanzeige befindet, sondern möglicherweise zwischen Bild und Fließtext angesiedelt, über die Anzeigenfläche verteilt oder ins Bild integriert ist. Bei Plakaten existiert als Werbetext in der Regel überhaupt nur eine Schlagzeile, abgesehen vom Produktnamen und eventuell dem Slogan. Eine Differenzierung in Headline, Topline und Subheadline scheint mir daher bei den meisten Anzeigen und den meisten Fragestellungen überflüssig (weil wenig ergiebig) zu sein und ist oft schwierig vorzunehmen, wenn beispielsweise formal zwar zwei Schlagzeilen vorhanden sind, sich diese semantisch aber so ergänzen, dass man eher von einer zweiteiligen Schlagzeile als von zwei hierarchisch getrennten Textelementen sprechen möchte.

 Ein grundsätzliches Problem der Klassifizierung von Werbetextelementen, das bereits bei der Schlagzeilenbestimmung aufscheint, liegt darin, dass in der aktuellen Werbung der späten Neunziger immer mehr vom klassischen Anzeigenaufbau abgewichen wird und es daher bei vielen Anzeigen ausgesprochen schwer fällt, die hier vorgestellte Unterteilung auch sinnvoll anzuwenden. (So wird zum Beispiel unter Umständen ein Slogan zugleich als Schlagzeile eingesetzt oder es tritt ein optisch hervorgehobener Kurztext im Bild an die Stelle von Schlagzeile und Fließtext.) Für solche Fälle bietet es sich an, die Text- und Bildelemente entsprechend dem unter 5.1 vorgeschlagenen Analysemodell (2. Analysestufe) erst einmal zu isolieren und in einem zweiten Schritt zu versuchen, relativ unabhängig von klassischen Kategorien und Benennungen deren Funktion innerhalb der Anzeige zu bestimmen.

Wichtig zur Identifizierung der Schlagzeile ist ihre Funktion als sprachlicher (und typographischer) Blickfang. Sie ist außerdem das Textelement, das in der Regel den Aufmerksamkeit erregenden und produktspezifischen Zusatznutzen, der in der jeweiligen Anzeige im Vordergrund stehen soll, thematisiert. Dieser wird von Werbefachleuten *USP* (*unique selling proposition* = ‚einzigartige Verkaufsaussage') genannt. Über die *USP*/ den Zusatznutzen versucht die Werbung, das Problem der zunehmenden Produktähnlichkeit zu umgehen und auf irgendeine Weise das beworbene Produkt gegen Konkurrenzprodukte abzugrenzen, auch wenn kaum mehr tatsächliche Unterschiede vorhanden sind:

Hinter diesem Begriff [„emotionaler Zusatznutzen", N.J.] verbirgt sich eine Strategie, die gleichartige Produkte auf einer sachlich nicht mehr begründbaren Ebene mit distinktiven Merkmalen versieht. (Sauer 1998: 17)

Der Zusatznutzen kann zum Beispiel darin bestehen,

a) eine PRODUKTEIGENSCHAFT besonders hervorzuheben (z.B. Schlagzeile für die medizinische Salbe Mobilat: *Bei Prellungen, Zerrungen, Verstauchungen: Mobilat. Mit der 3-Wirkstoff-Formel.*; Schlagzeile für das Haarfärbemittel Poly Country Colors: *Die faszinierenden Farben des Indian Summer – so intensiv wie noch nie.*), zum Beispiel einfach nur die Neuheit des Produkts (Schlagzeile für ein Handy: *T-D1 Local. Die Revolution im Mobilfunk ist da.*),

b) eine besondere VERWENDUNGSSITUATION oder einen Verbrauchsaspekt aufzuzeigen (z.B. Schlagzeile für Schmerztabletten: *Die neue Thomapyrin* zum Kauen *ist da.* (typographische Hervorhebung im Original); Schlagzeile für das Palmolive Activating Duschgel „mit natürlichen Fruchtessenzen": *Das fruchtige Duschvergnügen*),

c) einen besonderen NUTZEN FÜR DEN KONSUMENTEN zu benennen (z.B. Schlagzeile für den Mazda 626 Turbodiesel-Direkteinspritzer: *So temperamentvoll, dass man kaum noch anhalten möchte. So sparsam, dass man kaum noch anhalten muss.*; Schlagzeile für TV- und Videogeräte von Toshiba: *Toshiba – einfach nur einstecken.*),

d) das Produkt in ALLGEMEINE WERTVORSTELLUNGEN einzubetten (z.B. Schlagzeile für den VW Polo: *Manche mögen's sicher*; Schlagzeile für AXA Colonia Versicherungen: *Die neue Kraft. Für Ihre Sicherheit. Für Ihr Vermögen.*).

Diese Liste ist nicht vollständig und es kann zu Überschneidungen bei der Zuordnung kommen, da zum Beispiel der Nutzen für den Konsumenten und der Hinweis auf eine spezifische Verwendungssituation zusammenfallen können. Oft genug lässt sich der Zusatznutzen in der Schlagzeile überhaupt nicht klar fassen bzw. dient die Schlagzeile durch ihre Typographie, ihre sprachliche Form oder gerade ihre inhaltliche Unbestimmtheit mehr der Aufmerksamkeitsweckung als einer tatsächlichen Werbeinformation (z.B. *Ein BMW ist ein BMW ist ein BMW …*). Dies ist z.B. auch der Fall, wenn sie den Aufhänger für bzw. eine Einleitung in eine Geschichte bietet, die die Anzeige erzählt (z.B. Schlagzeile für die Mercedes-Benz V-Klasse: *Laura freut sich auf die Affen, Johanna freut sich auf die Elefanten, Jakob und Stefan freuen sich auf die Strauße. Und Papa freut sich auf die Rückfahrt.*).

Trotzdem könnte man auf diese Weise versuchen, Schlagzeilen in einem ersten Schritt grob nach ihrem Inhalt zu klassifizieren. Interessanter sind allerdings gerade bei der Schlagzeile die sprachlichen Strategien, die zur Aufmerksamkeitserregung eingesetzt werden (Frage, Ausruf, Aufforderung, rhetorische Figur, intertextuelle Anspielung, Wortspiel, auffällige Interpunktion; siehe Kap. 4).

Eine sich anschließende bzw. mit der Sprachanalyse zu verbindende Frage wäre die nach dem Bildbezug der Schlagzeile. Zwischen der Schlagzeile und den Bildelementen einer Anzeige bestehen zumeist die engsten Wechselbeziehungen, was sich aus der gemeinsamen Funktion des Blickfangs und der Möglichkeit erklärt, durch spielerische Bezugnahmen witzige Effekte zu erzielen (siehe dazu 4.6 zu Text und Bild).

 Trotz der zentralen Funktion der Schlagzeile gibt es kaum Untersuchungen, die deren sprachliche Gestaltung, die Strategien der Aufmerksamkeitserregung und die Einbettung der Schlagzeile in die Gesamtanzeige untersuchen. Ausnahmen stammen weniger aus der eigentlichen Werbesprachenforschung, sondern kommen aus anderen Disziplinen wie vor allem der Phraseologieforschung (siehe 4.3.2).

 (6) Wird in folgenden Schlagzeilen ein Zusatznutzen propagiert? Wenn ja: welcher? Wenn nein: Was ist dann ihre Funktion bzw. ihre Werbebotschaft?

a) *Die Tür muss man schieben. Das Auto fährt selbst.* (Anzeige für den Renault Kangoo, bei dem die hinteren Seitentüren zum Schieben sind.)

b) *„Haben Sie schpn mal verszcht, auf einr zu kleinen Tasztatur eine Telrfonnummer einzutippen?"* (Anzeige für ein Handy von Alcatel: Bei der kleinen Produktabbildung sind die Maße angegeben. Anzeigentext: (groß vorweg:) *Idealformat* (dann in Versalien:) *Weniger als 20 Millimeter schmal, handlich-klein und sehr leicht. So viel Leistung wie möglich, aber nur so viel Grösse wie nötig. Ein extra grosses Display und Stummschaltung mit Vibrationsalarm. Hier stört einfach nichts. One Touch*™ *Pocket.*)

c) *Psssst.* (Subheadline:) *Die neuen Flüsterspüler sind da: beliebig beladen, immer sparen.* (Anzeige für Geschirrspülmaschinen von AEG. Im Bild steht ein Gerät im Wald, daneben ein äsendes Reh.)

d) *Während anderswo noch gedruckt wird, sind die neuen EPSON Stylus Drucker längst fertig.* (Anzeige für Farbdrucker von Epson. Im Bild ein „herkömmlicher Drucker", über dem *Villabajo* steht, neben einem Epson Stylus Drucker, über dem *Villarriba* steht. Im Gegensatz zu dem Bild aus dem unbenannten Drucker ist das Bild des Epson brillanter und bereits fertig ausgedruckt.)

e) *die nacht erfindet sich jeden abend neu. und der tag jeden morgen.* (Schwarz-Weiß-Anzeige für Herrenslips der Marke Moonday. Im Bild oben Kopf und Brustpartie eines Mannes, sehr dunkel, im Bild unten die grau-weiße Abbildung des Slips vor weißem Hintergrund.)

f) *Alter – du hast mehr verdient.* (Anzeige für die Investment-Vorsorge von Switch/Adig.)

g) (Dreiseitige Anzeige für den Opel Astra:) (1. Seite:) *Ein paar Tropfen, und das Geschrei ist groß.* (Im Bild der Kopf eines schreienden Kleinkindes bei der Taufe.) – (2. Doppelseite:) *Es sei denn, man ist vollverzinkt.* (Im Bild der Opel Astra, nass vor verwischtem Hintergrund.)

3.2 Fließtext

Der eigentliche Textblock oder Fließtext einer Anzeige heißt in der Werbefachsprache *Copy, Textbody* oder *Body Copy* (3). Seine Funktion ist es, den in der Schlagzeile thematisierten Aufhänger als Text-Thema aufzugreifen und in einer stilistisch und semantisch kohärenten Form[4] auszuführen bzw. das Bildmotiv der Anzeige sprachlich auszuformulieren oder mit weiteren Angaben zu ergänzen (Zielke 1991: 73, siehe auch 4.6 zu Text und Bild). Ob es wirklich seine Aufgabe ist, in einer informatorischen Funktion den Adressaten auf einer „rationalen Verstandesebene zu erreichen", wie Zielke schreibt (1991: 74), müsste im Einzelfall geprüft werden und hängt unter anderem von der Definition von „Information" in diesem Kontext ab (siehe 2.3.3). Auf jeden Fall wird im Fließtext mehr

---

4 Zum Begriff der Kohärenz siehe ausführlich das Kapitel 4.3.4 zur Textgrammatik.

über das Produkt ausgesagt als in Schlagzeile oder Slogan, so dass seine sprachliche Gestaltung auch anderen Prinzipien unterliegt und daher nicht ohne weiteres mit den
sprachlichen Merkmalen von Slogans und Schlagzeilen verglichen werden kann.

Da die Realität so aussieht, dass der Fließtext einer Anzeige nur in seltenen Fällen
(ganz) gelesen und daher oft gar nicht erst sehr inhaltsreich angelegt wird, kann der
Fließtext neben seiner informatorischen Funktion (in den unter 2.3.3 ausgeführten
Grenzen) auch eine eher suggestive übernehmen. Er kann nämlich allein durch sein
Vorhandensein (was offensichtlich bedeutet, dass es über das Produkt Wissenswertes
auszusagen gibt!) eine gewisse Glaubwürdigkeit zu erzeugen (Zielke 1991, 73–78: 161).
Tendenziell dienen laut Zielke die so genannten *Shortcopies* (Kurztexte, die nicht länger
sind als fünf Sätze und optisch nicht durch Absätze, Zwischenüberschriften oder Ähn-
liches gegliedert sind) meist mehr der Erzeugung von Glaubwürdigkeit als der Produktinformation, während *Longcopies* (Langtexte, die länger als fünf Sätze sind) eher
informatorischen Charakter aufweisen. Letztere sind auch häufig stärker optisch gegliedert, zum Beispiel durch Zwischenüberschriften (*Sublines*) oder einen ähnlich wie
bei Zeitungsartikeln typographisch hervorgehobenen Vorspann (*Intro(duction)*) **(3a)**,
wodurch die enthaltenen Informationen leichter rezipierbar sind (Zielke 1991: 79–81).

 An dieser Stelle soll kurz für einen sprachgebrauchskritischen Exkurs innegehalten werden. Wie
bisher an Ausdrücken wie *Topline, Headline, USP, Body Copy, Short-* und *Longcopy* deutlich
wurde, ist die Werbefachsprache, also die Sprache der Werbeagenturen, extrem stark vom
Englischen geprägt. Besonders für Germanistinnen und Germanisten stellt sich die Frage, ob
die Übernahme dieser „Fachwörter" notwendig und unvermeidbar ist oder ob sich deutsche
Äquivalente anbieten, die ebenso zutreffend und vielleicht besser verständlich sind. In diesem
Buch werden nach Möglichkeit deutsche Ausdrücke verwendet (wie *Schlagzeile, Zusatznutzen, Fließtext, Lang-* und *Kurztexte*), nachdem die englischen Entsprechungen der Vollständigkeit halber angeführt wurden.

3.3   Slogan

Der Slogan **(4)** ist das in der Werbesprachenforschung bislang am intensivsten erforschte Textelement, wenn auch viele Arbeiten ein inzwischen hohes Alter aufweisen
und daher mit Vorsicht zu genießen sind (z.B. Klotz 1963, Möckelmann/Zander [3]1975,
Baumgart 1992). Er wird sehr häufig als Abbinder bezeichnet, dem damit implizit oder
explizit die Funktion zugewiesen wird, abschließend in kurzer und prägnanter Form
die Werbeaussage zusammenzufassen (Baumgart 1992: 35f, Bajwa 1995: 67f). Dies ist
nicht ganz korrekt. Das Hauptmerkmal des Slogans besteht in seiner Funktion, die
Wiedererkennung eines Produkts, einer Marke oder eines Unternehmens zu ermöglichen und zu stärken und dabei imagebildend zu wirken (so etwa der Slogan von VW
Da weiß man, was man hat oder der des VW Polo *So groß kann klein sein*). Dies kann er nur,
weil er wiederholt wird und sich daher in allen Anzeigen zu einem Produkt bzw. einer
Marke bzw. einem Unternehmen findet. Da er anzeigen- und meist auch medienüber-
greifend eingesetzt wird, kann er nicht zugleich den konkreten Inhalt einer einzelnen

Anzeige zusammenfassen. Zielke unterscheidet daher – mit der Autorität der Berufserfahrung als Werbetexter – den Slogan vom Anzeigenabbinder *Claim*. Der Claim ist ein
Textelement, das im Unterschied zum Slogan keinen Wiederholungscharakter besitzt:

> Insofern sind Claims als Sinn- und Merksprüche zu verstehen, die ein Fazit der werblichen
> Ausführungen einer Body-Copy [des Fließtextes; N.J.] ziehen und als solches von ihren
> Lesern in Erinnerung behalten werden sollen. (Zielke 1991: 85)

Slogans beziehen sich dagegen sehr viel allgemeiner auf die Inhalte der Anzeigen, in
denen sie auftauchen, und haben durch ihre häufige Wiederholung und ihre oft sehr
lange Lebensdauer einen sehr viel größeren Wiedererkennungswert.

 An existierenden Forschungsarbeiten zum Slogan muss die These kritisiert werden, der Slogan
vereinige **sämtliche** Funktionen von Werbung in sich (und sei gerade deswegen das am besten
zur Untersuchung geeignete „Werbekonzentrat"; Baumgart 1992: 40f). Da er zumeist am
Schluss der Anzeige steht bzw. einen Fernsehspot beschließt, kann es zum Beispiel nicht in
erster Linie seine Aufgabe sein, Aufmerksamkeit zu wecken. Wäre dem so, dann wäre es sehr
kontraproduktiv, ihn an den Schluss eines Fernsehspots zu setzen: Die Aufmerksamkeit wäre
da, der Spot aber vorbei! Es fragt sich auch, ob die Werbefunktionen *Desire* und *Action* (siehe
2.2.3 und die AIDA-Regel) gerade von dem sehr knappen Slogan besonders gut erfüllt werden.
Die ausführliche Auflistung von Funktionen des Slogans bei Baumgart (1992: 42–44), die die
viel beschworene „Multifunktionalität" des Slogans belegen soll, mutet daher dem Slogan als
einem Werbebaustein unter vielen zu viel Verantwortung für das Gelingen der Werbehandlung
zu und vermischt andererseits Formen und Inhalte des Slogans.

Festzuhalten bleibt als zentrale Funktion des Slogans seine Identifikationsfunktion
(„‚Visitenkarte' der Ware/Marke"; Baumgart 1992: 42): Er soll fest mit einer Ware oder
einem Unternehmen verbunden werden und durch eine allgemeine und nicht selten
sehr unkonkrete Thematisierung positiver Aspekte (*Die Antwort* (Fiat Punto), *Freude am
Fahren* (BMW), *Da weiß man, was man hat* (Persil Waschmittel/Volkswagen), *Let's make
things better* (Philips), *Die zarteste Versuchung, seit es Schokolade gibt* (Milka Schokolade), *Mit
dem grünen Band der Sympathie* (ehemals Dresdner Bank) etc.) zu einem bestimmten
Firmen-/Marken-/Produktimage beitragen. Durch Wiederholung und eine knappe,
prägnante Form soll er sich beim Konsumenten einprägen und die Wiedererkennung
ermöglichen. Dass er diese Funktion in der Regel sehr gut erfüllt, zeigt sich daran, dass
Slogans als eine Art moderner ‚geflügelter Worte' Eingang in die Alltagssprache finden
(*Nicht immer, aber immer öfter* (Biermarke Clausthaler Alkoholfrei); *Ich bin doch nicht blöd*
(Media-Markt); *Da werden Sie geholfen* (Telefonauskunft Telegate)) und dass sie – wird
intertextuell auf andere Werbung angespielt – sehr häufig als Referenztexte dienen
(siehe 4.4.3, Janich 1997b: 305).
    Die Absicht der Werbetreibenden, einen Slogan in einer einprägsamen Form zu
gestalten, führt daher auch zu einer ganz speziellen Auswahl sprachlicher Mittel, die
sich notwendigerweise stark von der unterscheidet, die beispielsweise in einer auffälligen und zwei oder mehr Zeilen umfassenden Schlagzeile vorgefunden werden kann.
Zwar kommen z.B. rhetorische Figuren in allen Werbetextbausteinen vor, aber von der

Frequenz in Slogans auf die Frequenz in Werbetexten schlechthin zu schließen, ist nicht korrekt. Für den Slogan gilt daher dasselbe wie für andere Elemente der Anzeige: Er unterliegt einer spezifischen, funktionsabhängigen Gestaltung und ist daher nicht Vertreter der „Werbesprache an und für sich". Die Ergebnisse seiner Untersuchung sind damit nicht ohne weiteres auf sprachliche Ausformungen von Fließtexten, Bildtexten oder Schlagzeilen übertragbar.

Wie bei der Schlagzeile bieten sich auch beim Slogan die Untersuchungsaspekte Inhalt und Form an. Inhaltlich ist – wegen der imagebildenden Funktion des Slogans – zuerst nach der Thematisierung der Kommunikationsteilnehmer zu fragen, also ob und inwieweit das Produkt, der Werbende und/oder der Konsument thematisiert werden (Baumgart 1992: 45):

a) Beispiele für eine PRODUKTTHEMATISIERUNG wären der Slogan des Renault Twingo: *Der macht die Welt verrückt*, der Milka-Slogan: *Die zarteste Versuchung, seit es Schokolade gibt*, der Juvena-Slogan: *The Essence of Beauty* oder der Slogan von Paulaner-Bier: *Gut, besser, Paulaner.*

b) Das WERBENDE UNTERNEHMEN steht beispielsweise bei den Slogans von Opel: *Wir haben verstanden*, Audi: *Vorsprung durch Technik*, Ford: *Die tun was*, RoC: *Kosmetik mit Verantwortung* oder Marbert: *Schön ist uns zu wenig* im Vordergrund.

c) Der KONSUMENT wird dagegen ausdrücklich eingebunden oder implizit angesprochen in Slogans wie *Ich und mein Magnum* (Eis am Stiel von Langnese), *Mehr als Sie erwarten* (Citroën), *Jung, Schwung, Spannung – Yogurette* (Schokoriegel mit Erdbeer und Joghurt) oder *Natürlich schön bleiben* (Pflegeproduktserie Nivea Visage). Eine weitere Form der Konsumentenansprache stellen diejenigen Slogans dar, die auf eine Verwendungssituation anspielen (BMW – *Freude am Fahren*; Spee Megaperls – *Die schlaue Art zu waschen*).

Dass auch diese Klassifizierung nicht so starr angewendet werden kann, wie es auf den ersten Blick scheint, zeigen interpretationsbedürftige Slogans wie *Nicht immer, aber immer öfter* (Clausthaler Alkoholfrei), *Van schon, denn schon* (Peugeot 806 Van) oder *Er kann. Sie kann. Nissan* (Nissan) (siehe unten Aufgabe 7).

Die inhaltliche Füllung kann wie bei der Schlagzeile noch differenzierter beschrieben werden. Womit wird argumentiert (siehe 4.2.3 und 3.1 zum Zusatznutzen): mit allgemeinen Werten wie ‚Sicherheit', ‚Verantwortung', ‚Jugend', ‚Schönheit' oder mit einem anders beschreibbaren Zusatznutzen? Auffallend ist, dass die Slogans inhaltlich pauschaler und unkonkreter gehalten sind als ein Zusatznutzen in der Schlagzeile oder die dominierende Argumentationsstrategie der Gesamtanzeige, da sie sich für mehrere Anzeigen und Spots und für einen umfassenden Imageaufbau eignen müssen.

Formal ist das Hauptkennzeichen des Slogans seine relative Kürze und dass er häufig – aber längst nicht immer – den Produkt-, Marken- oder Firmennamen beinhaltet (und daher in den Anzeigen oder – wenn er als Schriftzug eingeblendet wird – in Fernsehspots in der Regel mit dem graphischen Firmenlogo kombiniert auftritt). Slogans haben meist eine ein-, zwei- oder dreiteilige Struktur (inhaltlich und syntaktisch), wie obige Beispiele zeigen. Ansonsten kann ihre sprachliche Ausgestaltung (Sprechakt,

Satzform, Wortwahl, Einsatz rhetorischer Figuren) anhand der folgenden sprachwissenschaftlichen Kapitel ebenso differenziert beschrieben werden wie die der Schlagzeile und der anderen Textelemente.

 Literaturtipps

Umfassende und neueste Untersuchung speziell zur sprachlichen Gestaltung des Slogans: BAUMGART, Manuela (1992): Die Sprache der Anzeigenwerbung. Eine linguistische Analyse aktueller Werbeslogans, Heidelberg (Physica). (= Konsum und Verhalten 37).

Seit Neuestem gibt es auch ein Lexikon zur Geschichte bekannter deutscher Slogans: HARS, Wolfgang (1999): Lexikon der Werbesprüche. 500 bekannte deutsche Werbeslogans und ihre Geschichte. Frankfurt am Main (Eichborn). (= Eichborn Lexikon).

 (7) Bestimmen Sie Inhalt und Form folgender Slogans. Zur detaillierteren formalen Analyse ziehen Sie gegebenenfalls die einschlägigen Abschnitte des 4. Kapitels heran (z.B. zu Satzbau, Phraseologie oder rhetorischen Figuren):

a) *Überraschend. Überzeugend. Anders.* (Daihatsu Cuore)

b) *Leidenschaft ist unser Antrieb* (Fiat)

c) *Und der Hunger ist gegessen* (Snickers Schokoriegel)

d) *Alles wird gut* (Minolta)

e) *Schwarzkopf. HauptSache schönes Haar.* (Schwarzkopf Haarpflegemittel)

f) *Nicht immer, aber immer öfter.* (Clausthaler Alkoholfrei)

g) *Van schon, denn schon* (Peugeot 806 Van)

h) *Er kann. Sie kann. Nissan.* (Nissan)

i) *Den Rest können Sie sich sparen.* (Jet Kraftstoff)

3.4 Produktname

Produktnamen sind bereits oft Untersuchungsgegenstand sprachwissenschaftlicher, vor allem onomastischer (= namenkundlicher) Untersuchungen gewesen, so dass sich hierzu reiche Literatur finden lässt. Einen Versuch, Produktnamen linguistisch in allen ihren Facetten zu beschreiben, hat Christoph Platen mit seiner Monographie „Ökonymie" (1997) vorgelegt.

Zuerst ist der Begriff des Produktnamens und sein lexikalischer Status zu klären: Produktnamen nehmen eine Zwischenstellung zwischen Eigennamen und Appellativen ein, da sie einerseits wie Eigennamen Einzelobjekte identifizieren (dieser *Peugeot 205* gegenüber diesem *Renault Twingo*), andererseits aber auch wie Appellative ganze Klassen von Gegenständen mit bestimmten Eigenschaften benennen (*Peugeot 205* steht für alle „Auto-Individuen" dieser Bauart) (Pohl 1994, 101). Bei genügend großer Bekanntheit des Produkts oder der Marke können deren Namen auch wie echte Appellative verwendet werden, gehen demnach ins alltagssprachliche Lexikon ein (*ein Tempo* für Papiertaschentücher schlechthin, *Uhu* für Klebstoff allgemein, *Tesa* für alle Arten von meist transparenten Klebestreifen). Einen solchen Vorgang nennt man allgemein (nicht nur auf Produktnamen bezogen) Deonymisierung, Platen schlägt für Produktnamen speziell den Ausdruck „Ökonomasie" vor (siehe bei Platen weitere Beispiele auch für andere Sprachen 1997: 121–129).

Produktnamen (5a) sollten von Marken- (5b) und Firmennamen (5c) unterschieden werden. So ist *Daimler-Chrysler* zum Beispiel der Firmenname, die Marke nennt sich *Mercedes-Benz* und das Produkt könnte *Mercedes-Benz Sprinter* heißen. Produktnamen können im Zusammenhang mit dem Markennamen auch den Namen einer Produktserie enthalten: So wäre *Nivea Visage Optimale 3* ein Produktname, in dem der Markennamen *Nivea* und der Name für die Produktserie *Nivea Visage* enthalten ist. Produkt- und Markennamen genießen in Deutschland einen ausgedehnten Rechtsschutz durch das Markengesetz:

> § 3. Als Marke schutzfähige Zeichen. (1) Als Marke können alle Zeichen, insbesondere Wörter einschließlich Personennamen, Abbildungen, Buchstaben, Zahlen, Hörzeichen, dreidimensionale Gestaltungen einschließlich der Form einer Ware oder ihrer Verpackung sowie sonstige Aufmachungen einschließlich Farben und Farbzusammenstellungen geschützt werden, die geeignet sind, Waren oder Dienstleistungen eines Unternehmens von denjenigen anderer Unternehmen zu unterscheiden. (Gesetz über den Schutz von Marken und sonstigen Kennzeichen vom 25.10.1995/ MarkenG)

Es gibt jedoch auch so genannte Schutzhindernisse, die in absolute und relative unterschieden werden. Es dürfen als Marke keinesfalls geschützt werden (absolute Schutzhindernisse):

a) Zeichen, denen jegliche Unterscheidungskraft fehlt,

b) Ausdrücke, die im allgemeinen Sprachgebrauch für die Bezeichnung von Waren oder Dienstleistungen üblich sind bzw. die normalerweise zur Bezeichnung von Art, Beschaffenheit, Wert, Menge oder Herkunft von Waren gebraucht werden,

c) Zeichen, die sich nicht graphisch darstellen lassen,

d) Zeichen, die zur Täuschung über Art, Beschaffenheit oder Herkunft der Ware geeignet sind,

e) Zeichen, die gegen die öffentlichen Sitten verstoßen,

f) staatliche Hoheitszeichen, Flaggen oder Wappen und amtliche Prüf- und Gewährzeichen (MarkenG § 8, Art. 1 und 2).

Relative Schutzhindernisse sind bereits angemeldete oder eingetragene Markenzeichen, mit denen das neu einzutragende Zeichen identisch oder denen es zu ähnlich ist (MarkenG § 9). Jedes Unternehmen kann daher neben der eigentlichen Marke eine gewisse Anzahl so genannter Defensivzeichen (ähnlich klingende Namen oder Ziffernfolgen, zum Teil sogar produkttypische Bildelemente) schützen und zukünftige „Vorratszeichen" reservieren lassen (Römer [6]1980: 55f, Platen 1997: 76).

Eingetragene Markenzeichen müssen übrigens in Nachschlagewerken als solche gekennzeichnet werden – ein Eintrag beispielsweise in ein Wörterbuch darf nicht den Eindruck erwecken, es handele sich um ein Appellativ (MarkenG § 16).

Produktnamen können näher klassifiziert und beschrieben werden nach ihren FUNKTIONEN, ihren FORMEN und ihren BENENNUNGSMOTIVEN bzw. Bezeichnungsinhalten.

Funktionen

Jedes sprachliche Zeichen hat entsprechend dem Bühler'schen Organon-Modell drei grundlegende Funktionen: eine Darstellungsfunktion in Bezug auf das Benannte, das Referenzobjekt; eine Ausdrucksfunktion für den das Zeichen benutzenden Sender; eine Appell- oder Signalfunktion gegenüber dem Empfänger. Eigennamen unterscheiden sich von (appellativischen) sprachlichen Zeichen dadurch, dass sie statt einer objektbezogenen Darstellungsfunktion eher eine Identifizierungsfunktion, statt einer senderbezogenen Ausdrucks- eher eine direkt hinweisende (= deiktische) Funktion und statt einer empfängerbezogenen Appell- eher eine Erkennungsfunktion haben. Während Appellative in jedem Fall eine Inhaltsseite, also eine Bedeutung aufweisen, steht beim Eigennamen die Referenz- und Identifikationsfunktion in Bezug auf ein einzelnes Objekt im Vordergrund. Daher wird die Frage, ob Namen Bedeutungen haben, in der Regel eher verneint.

Produktnamen können aufgrund ihres Werbekontextes Funktionen beider Klassen übernehmen (Herstatt 1985: 45f, Gallert 1998: 130): Sie identifizieren ein Produkt im Sinne einer Differenzierung von anderen Produkten, können demnach wie ein Name gehandhabt werden. Andererseits werden Produktnamen so kreiert, dass sie gewisse Informationen über das Produkt vermitteln können (so enthält der Name *Opel Astra Sunshine* in seinem letzten Teil die implizite Information, dass es sich um ein Modell mit Sonnenverdeck handelt, bei *bebe Creme Duschgel* lassen sich sowohl Konsistenz als auch Anwendungsbereich erschließen) oder zumindest konnotative Bedeutungen einbringen (z.B. bei den unterschiedlichen Sondermodellen der Mercedes E-Klasse *Elegance*, *Classic* und *Avantgarde*, die ganz andere Assoziationen hervorrufen als Autonamen wie *Renault Twingo* oder *Renault Kangoo*). Die Werbung, die einen Produktnamen nennt, will nicht nur auf das Produkt hinweisen, sondern auch durch die Produktnamengestaltung dazu beitragen, dass sich beim Rezipienten ein positives Image und ein bestimmtes Vorstellungsbild mit dem Namen verbinden. Produktnamen sollen dem Rezipienten nicht nur ein Wiedererkennen ermöglichen, sondern auch durch ihren Bezug zum Unternehmen Qualität und eindeutige Herkunft (also den Markenproduktcharakter gegenüber so genannten *No-name*-Produkten von Massenherstellern und Kaufhausketten) garantieren.

Folgende Funktionen können Produktnamen zusammenfassend zugewiesen werden:

produktbezogen	senderbezogen	empfängerbezogen
Identifikation (Abgrenzung zu anderen Produkten)	Identifikation (Handhabung als Name)	Identifikation (Wiedererkennung)
Aufwertung durch Konnotation/Assoziation	Werbefunktion, Imagefunktion	Signal-/Appellfunktion
Information über Produkt (-eigenschaften)	gesetzl. Schutzfunktion gegenüber anderen Produkten	Qualitäts- und Herkunftsgarantie

Um diese Funktionen übernehmen zu können, müssen Produktnamen originell, expressiv, aufwertend und gegebenenfalls informativ sein (Platen 1997: 45–68). Eine ganz besondere, in der Forschung noch nicht berücksichtigte Funktion übernehmen Produkt-, Marken- und Firmennamen übrigens innerhalb der Internetadresse von Unternehmens- und Produkt-Homepages: die Kontaktfunktion. Mit der Internetadresse wird auf ein weiterführendes Informationsangebot verwiesen, so dass sie neben der bloßen Identifikation auch zu einer aktiven Kontaktierung der entsprechenden Homepage durch den Rezipienten führen soll. Je nach Positionierung und Größe lässt sich die Internetadresse sogar als eigener Textbaustein werten, wobei sie dann auch Auswirkungen auf das gesamte Werbeziel der Anzeige haben kann (siehe 6.3).

Formen

Platen unterscheidet drei große Gruppen von Formen, die Übernahmen, die Konzeptformen und die Kunstwörter, die er weiter differenziert (Platen 1997: 39–45).

1) Übernahmen

> Übernahmen sind vollständige Eigennamen, Wörter oder Morpheme, die aus natürlichen Sprachen bzw. aus dem allgemeinen Namenbestand entlehnt und zur Bezeichnung von Produkten umfunktioniert werden. (Platen 1997: 39)

Weiter differenziert werden kann demnach in

a) Lexikalische Übernahmen (Übernahmen von Appellativen oder appellativischen Morphemen: *Golf, Camel, Elle* (‚sie‘), *Mirácoli* (‚Wunder‘, Plural), *Merci* (‚Danke‘), *Lord, Krone*) und

b) Onymische Übernahmen (Übernahmen von geographischen oder Personennamen: *Brigitte, Wasa, Chloé, Clio, Ascona, Capri, Mont Blanc*).

Platen kann anhand von Beispielen nachweisen, dass im Grunde alle Wortarten sowie Ziffern als Produktnamen herangezogen werden können, wodurch sich eine weitere formale Klassifizierungsmöglichkeit der lexikalischen Übernahmen ergibt.

2) Konzeptformen

Als Konzeptformen klassifiziert Platen alle die Produktnamen, die sich durch ein zumindest leicht verändertes Erscheinungsbild von einer entsprechenden lexikalischen oder onymischen Vorlage distanzieren, die gegenüber den reinen Übernahmen also in irgendeiner Weise abgewandelt oder verfremdet sind. Er untergliedert sie in

a) Deformierte Formen (Veränderungen im An-, In-, oder Auslaut (*Smild, Rama, Wella, Schauma*), graphische Veränderungen (*Ra(h)ma*), Kurzformen (*Rei* aus *rein/ Reinigungsmittel*)),

b) Derivative (abgeleitete) Formen (gebildet durch Anhängen eines natürlichsprachigen oder künstlichen Suffixes: *Yogur-ette, Nut-ella, Ragu-letto, Sun-il*),

c) Zusammengesetzte Formen (zu denen auch so genannte *blends*/Wortkreuzungen und graduell erweiterte Mehrwort-Formen zählen: *Dentagard, Dolormin, Sinalco* aus *sine alcohol, Ultra Pampers, Ultra Pampers plus*) und

d) KOMPLEXE FORMEN (Satznamen: *Du darfst, Nimm zwei*).

 Abgrenzungsprobleme:

Warum Platen die komplexen Formen, auch wenn sie nicht verfremdet sind (wie *After Eight, Post-it, Nimm zwei, Du darfst*), zu den Konzeptformen statt zu den Übernahmen zählt, wird nicht klar. Übernahmen und Konzeptformen lassen sich sinnvoll nur dann unterscheiden, wenn die Verfremdung/Abwandlung das entscheidende Kriterium ist. Nicht verfremdete Satznamen sollten demnach den lexikalischen Übernahmen zugerechnet werden, in Lautung, Schrift oder Konstruktion abgewandelte Formen wie *Vileda* (‚wie Leder') oder *Uneeda Biskuit* (‚you need a biscuit') gelten dagegen als Konzeptformen.

Dementsprechend handelt es sich auch bei den Ableitungen und Komposita nur dann um Konzeptformen, wenn diese Wörter nicht in dieser Form schon als Appellative existieren, sondern wenn durch den Vorgang einer ungewöhnlichen Ableitung oder Zusammensetzung ein neues Wort aus bekannten Teilen entsteht (= verfremdete Übernahmen).

Außerdem fällt bei den Beispielen Platens zu 2c) und 2d) auf, dass die Abgrenzung zwischen (komplexen) zusammengesetzten Formen („Kompaktkomposita") wie *Vidal Sassoon Wash & Go, Dr. Koch's Trink 10* oder *Zewa wisch und weg* und komplexen, satzartigen Typen eher vage ist. Da es sich in diesem Fall jedoch um zwei Kategorien des Typs Konzeptformen handelt, können Übergangsformen akzeptiert werden, sofern sie als solche erkannt und markiert werden.

Ein weiteres Abgrenzungsproblem könnte sich bei der Trennung zwischen deformierten und derivativen Formen ergeben, da Deformationen im Auslaut (Beispiele bei Platen: *Schauma, Wella*) auch als Anhängen von Suffixen interpretiert werden können (*Schaum-a, Well-a*). Dieses Problem lässt sich vermeiden, wenn man den Auslaut prinzipiell den Derivationen zurechnet, was aus Sicht der Wortbildung wohl auch das konsequenteste wäre.[5]

3) KUNSTWÖRTER

Kunstwörter unterscheiden sich von den beiden bisher behandelten Produktnamenkategorien durch einen besonders hohen Grad der Verfremdung; Prägungen dieser Art sind weder aus natürlichen Sprachen noch aus dem allgemeinen Namenbestand übernommen und transportieren keine klar konturierbaren semantischen bzw. onymischen Konzepte. (Platen 1997: 44)

Platen unterscheidet grob zwischen

a) MODULAREN FORMEN (= Kurzwörter, die segmentierbar sind in Silben oder Initialen: *Haribo* aus ‚Hans Riegel Bonn', *Adidas* aus ‚Adi Dassler', *Fiat* aus ‚Fabbrica Italiana Automobili Torino') und

b) KOMPAKTEN FORMEN (*Elmex, Kodak, Twingo*).

---

5 Es ergibt sich aus Sicht der Wortbildung auch kein Problem, wenn bei Anhängen des Suffixes ein zur Basis gehöriger Laut wegfallen würde wie bei *Well(e)-a* (vgl. reguläre Wortbildungen wie *Abenteu(e)r-er, sprach(e)-lich*). Um sie als Deformation zu charakterisieren, müsste man diese Fälle als (regelwidrige) Ersetzungen klassifizieren, was wegen der Häufigkeit des Phänomens in der Wortbildung des Deutschen nicht sinnvoll erscheint.

Grundsätzlich verhilft die Grobgliederung in Übernahmen, Konzeptformen und Kunstwörter zu einer ersten formalen Sortierung. Mischformen können besonders dadurch entstehen, dass Produktnamen häufig aus mehreren Elementen bestehen (s.o.: Marke, Produktserie, Modell-Name), die unterschiedlichen Bildungsweisen/Formen zuzurechnen sind.

Benennungsmotive

Ist die Form bestimmt, kann nach den Benennungsmotiven gefragt werden, die grundsätzlich Gegenstand namenkundlicher Forschung sind. Bei Produktnamen beschränkt sich diese Frage aufgrund ihrer werbenden und bedingt informativen Funktion nicht auf die Frage, wie das Produkt zu seinem Namen gekommen ist, sondern beinhaltet auch die Suche nach möglichen Botschaftsinhalten und Bedeutungselementen, die der Produktname aufweist. Herstatt listet eine ganze Reihe von Möglichkeiten solcher Botschaftsinhalte auf (Herstatt 1985: 38), die aber – wie schon bei den Formen – oft nur Produktnamensegmente oder eben Firmen- und Markennamen betreffen. Daher ist in einem ersten Schritt zu fragen, aus welchen Elementen der untersuchte Produktname besteht:

a) Ist das Unternehmen genannt?
b) Ist die Marke genannt?
c) Ist die Bezeichnung einer Produktserie Teil des vollständigen Produktnamens?
d) Welche auf genau ein Produkt bezogenen Bestandteile weist der Namen außerdem auf? Lassen sich diese im Vergleich mit Konkurrenzprodukten derselben Produktgattung klassifizieren? (Bei Autos gibt es zum Beispiel häufig neben dem Serien- und dem Modellnamen noch Buchstaben- und Ziffernelemente, die technische Informationen enthalten (*16V, TDI, VR6*), Angaben zur Bauart (*Fließheck, 5-Türer*) oder Namenelemente für Sondermodelle (*Christmas, de Luxe, Sporting*).)

Ist der Produktname segmentiert und in seiner Zusammensetzung klassifiziert, können die Werbebotschaften und Produktinformationen bestimmt werden, die er (eventuell in Kombination) vermitteln soll (in modifizierter Form nach Herstatt 1985: 38):

a) PRODUKTHERKUNFT (*Siegsdorfer Petrusquelle/Selters*: Mineralwasser),
b) PRODUKTHERSTELLER (*Miele-Bodenstaubsauger S323i*),
c) explizite Nennung der PRODUKTGATTUNG (*Miele-Bodenstaubsauger S323i*),
d) PRODUKTBESTANDTEILE (*Nuts*: Schokoriegel mit Nüssen, *Yogurette*: Schokolade mit Joghurt, *Milchschnitte*: Pausensnack mit Milchcreme),
e) PRODUKTEIGENSCHAFTEN (wie Farbe, Form, Größe, Gewicht, Konsistenz, Geschmack u.Ä.) (*Knirps*: Taschenregenschirm, *Fruchtzwerge*: klein portioniertes Fruchtjoghurt, *Vileda*: Fensterwischtuch aus lederähnlichem Material),
f) PRODUKTNUTZEN (*Überraschungsei*: Süßigkeit mit Inhalt zum Spielen, *Doppelherz*: Kreislaufmittel, *Meister Proper*: Reinigungsmittel, *Slim Fast*: Diätnahrung),
g) PRODUKTVERWENDUNG (Verwendungsbereich, -ort, -dauer, -zeit u.Ä.) (*Nimm zwei*:

Bonbons, *Doktor Koch's Trink 10*: Fruchtsaftgetränk mit zehn Vitaminen, *Jacob's Night and Day*: entkoffeinierter Kaffee),

h) ZIELGRUPPENNENNUNG (*Kinderschokolade*: Schokoriegel).

 Je unmittelbarer beschreibend ein Produktname ist (wie z.B. *Abflußfrei*), desto leichter lassen sich die Benennungsmotive erschließen. Schwieriger wird es bei symbolischen Übertragungen (*Fiat Panda, Milky Way, Jacob's Krönung*) und fast unmöglich bei Kunstwörtern (*Twix, Twingo*), so dass sich oft nur mit angemessener Vorsicht Assoziationen herstellen lassen, aber keine konkreten Inhalte angegeben werden können.

 Mögliche, noch nicht ausgeschöpfte Fragestellungen zu Produktnamen sind, inwieweit bestimmte Formen (z.B. auch bestimmte Herkunftssprachen; Platen 1997: 56–62) oder Inhalte produktgruppenspezifisch verwendet werden und warum (intensiv erforscht sind bislang vor allem Medikamentennamen; siehe Literaturhinweise bei Platen 1997 oder Greule/Janich 1997). Diese Fragestellung kann diachron und interkulturell erweitert werden, nämlich ob sich solche Namenmoden oder Bennungstendenzen innerhalb einer Produktgruppe ändern bzw. je nach Land die Namenmoden unterschiedlich sind. Inwieweit hängt die Namengebung von gesellschaftlichen Gegebenheiten bzw. Veränderungen ab bzw. wie äußern sich solche in Produktnamen? So zeigt sich derzeit in Deutschland zum Beispiel verstärkt der Trend, wissenschaftlich klingende Produktnamen, die bislang für Kosmetika oder Medikamente vorbehalten waren, auch in der Lebensmittelbranche einzusetzen: Joghurts heißen da auf einmal *Actimel, Probiotic plus Oligofructose, LC1* oder *Pro 3+*, eine Limonade nennt sich *Bionade pur* und Eier *Omega DHA* (Janich 1998b).

Um Produktnamen nicht nur isoliert zu betrachten, können Produktnamen auch in Beziehung mit einer Werbekampagne gesetzt werden: Inwiefern orientieren sich Werbekonzeptionen für ein Produkt am Produktnamen bzw. stärkt die Werbekonzeption gezielt ein mit dem Namen verbindbares Image? Sind dies einmalige Aktionen zur Einführung oder lassen sich langfristige Strategien beobachten? Wie werden neue Namen eingeführt (z.B. die in den 90er Jahren kreierte Automarke *Daewoo*) und wie werden Namenwechsel einzelner Produkte etabliert (z.B. beim Schokoriegel *Raider* zu *Twix*)? Es eröffnet sich selbst bei den schon oft behandelten Produktnamen noch ein weites Forschungsfeld, wobei auch in diesem Fall die funktionelle Betrachtung der Namen (Produktnamen als Symptome für Sender-Intentionen bzw. Rezipienten-Erwartungen) im Vordergrund vor rein System beschreibenden Ansätzen stehen sollte.

 Literaturtipps

Der derzeit aktuellste Versuch einer sprachwissenschaftlichen Methodengrundlegung zur übereinzelsprachlichen Produktnamenforschung, in dem sich zahlreiche Verweise auf speziellere namenkundliche Literatur und Beispiele aus verschiedenen europäischen Ländern finden:

PLATEN, Christoph (1997): „Ökonymie". Zur Produktnamen-Linguistik im Europäischen Binnenmarkt. Tübingen (Niemeyer). (= Beihefte zur Zeitschrift für Romanische Philologie 280).

Aus der Produzentenperspektive werden Kreation und Tests von Produktnamen erläutert bei

HERSTATT, Johann David (1985): Die Entwicklung von Markennamen im Rahmen der Neuproduktplanung. Frankfurt am Main/Bern/New York (Lang). (= Europäische Hochschulschriften. Reihe V: Volks- und Betriebswirtschaft 597).

Ein Nachschlagewerk der Produktnamen, in dem besonderer Wert auf deren Entstehungsgeschichte als Teil der Firmengeschichte gelegt wird:
ROOM, Adrian (²1984): Dictionary of Trade Name Origins. London (Routledge).

 Zum Thema Produktnamen siehe auch Frage **(23)**: 107.

(8) Ein Sondermodell des Renault Twingo heißt *Renault Twingo Helios* und besitzt ein „Panorama-Glasschiebedach". Analysieren Sie diesen dreiteiligen Namen hinsichtlich seiner Form, seines Benennungsmotivs und seines Konnotations- und Assoziationspotenzials.

(9) Bestimmen Sie die Zusammensetzung und die Form folgender Produktnamen und geben Sie an, welche Informationen diese Namen über das Produkt mitliefern:
a) *Lucky Strike* (Zigaretten)
b) *Clausthaler Alkoholfrei* (Bier)
c) *Alcatel One Touch™ Pocket* (Handy in besonders kleinem Format von Alcatel)
d) *TelDaFax* (Telefon-Anbieter)
e) *Langematik* (Armbanduhr von A. Lange & Söhne)
f) *Orbit ohne Zucker* (zuckerfreier Kaugummi)
g) *Nivea Hair Care Styling Gel* (Haargel von Nivea)

3.5 Besondere Formen von Textelementen

Zielke unterscheidet noch weitere, kleinere Textelemente. Hierfür gilt, was schon zur Schlagzeile gesagt wurde: Viele Anzeigen lassen sich nicht in ein solches klassisches Aufbauschema zerlegen, und nicht für jede Fragestellung ist eine solch detaillierte Differenzierung sinnvoll.

a) ADDS (= *Additions*) sind die „erläuternden Hinzufügungen zu einem Produkt- oder Markennamen" (Zielke 1991: 71). Damit sind Angaben wie *Trademark ᵀᴹ, registriertes Warenzeichen* ® oder *Europäisches Patent ᴱᴾ* gemeint, die im Übrigen nicht nur bei den Produktnamen auftauchen, sondern auch bei Bezeichnungen für Produkteigenschaften, wenn es sich beispielsweise um ein besonderes technisches Prinzip in der Unterhaltungselektronik oder Computertechnik (z.B. *Secure Sleep™, Pentium II*® *Prozessor*) oder einen im Labor entwickelten geschützten Wirkstoff (z.B. *Aminexil*®) handelt. Zum größten Teil sind diese Anmerkungen rechtlich bedingt. Sie erfüllen aber auch die Funktion, die Argumentation der Werbung glaubwürdiger erscheinen zu lassen:

Zusammengefaßt erfüllen Adds folgende Teilfunktionen: 1. Sie geben eine rechtsstatusbezogene Zusatzinformation zum Produkt- oder Markennamen ab (Denotat), 2. indizieren sie das Vorhandensein besonderer Produktqualitäten (Konnotat), 3. erhöhen sie als mittelbarer (Schein-)Beweis für die Produktqualitäten die Glaubwürdigkeit der produktbezogenen Werbeaussage (Suggestion). (Zielke 1991: 72f)

Zielke äußert sich nicht ausdrücklich dazu, ob er z.B. auch die Angabe der verantwortlichen Werbeagentur zu den Additions zählen würde. Diese findet sich nämlich bei vielen Anzeigen (meist vertikal) oben am linken oder rechten Anzeigenrand (z.B. *Wirz*) – nicht selten in Form eines logoähnlichen Kürzels (z.B. *Y&R, S&J, JvMs, H₂e HoehneHabannElser*) oder als Internetadresse (z.B. *omspecial.de*). Für Zigarettenwerbung in Deutschland ist z.B. der Zusatz *Die EG-Gesundheitsminister: Rauchen gefährdet die Gesundheit. Der Rauch einer Zigarette dieser Marke enthält nach ...* gesetzlich vorgeschrieben, für Pharmawerbung dagegen der Textbaustein: *Zu Risiken und Nebenwirkungen fragen Sie Ihren Arzt oder Apotheker.* Absichernden Charakter haben außerdem Fußnoten wie *zum Patent angemeldet* und *Unverbindliche Preisempfehlung* oder Garantiehinweise, die ebenfalls oft gesondert vom Fließtext stehen. Diese Textelemente gehen natürlich eindeutig über Informationen zum Markennamen hinaus, haben aber ähnlich wie Copyright- oder Trademarkzeichen eine rechtliche Funktion und nicht selten sogar Rechtsverbindlichkeit. Die Definition des Adds muss also entweder erweitert werden in dem Sinne, dass alle Textbausteine mit Rechtscharakter darunter fallen, oder sie bleibt auf Namen-„Beigaben" beschränkt – dann aber gibt es neben Adds noch weitere ZUSÄTZE MIT RECHTSCHARAKTER **(6)**.

b) CLAIMS (= Abbinder): zur Definition und Abgrenzung zum Slogan siehe dort (3.3).

c) INSERTS (= Einklinker) **(7)** sind Texteinschübe an nicht zentralen, frei gelassenen Stellen, die Mitteilungen mit aktuellem Orts- und Zeitbezug beinhalten (Zielke 1991: 87f). Dies können Zusatzinformationen zu Preisen, Sonderaktionen oder Öffnungszeiten einzelner Verkaufsstellen, zu Messen, Veranstaltungsorten oder Beratungsangeboten usw. sein. Ist ein solches *Insert* an einer zentralen Stelle der Anzeige platziert und unterbricht es gezielt die Gesamtwahrnehmung zum Beispiel durch Verdecken eines Bildelements, nennt der Werbefachmann es *Deranger:*

Er soll das optische Gesamterscheinungsbild einer Anzeige disharmonisieren, damit der Leser sein Augenmerk besonders intensiv auf ihn als ‚Störer' lenkt. (...) Derartige Deranger werden zumeist dann eingesetzt, wenn eine nachträglich in eine Anzeige aufzunehmende aktuelle Werbebotschaft bzw. Information die Headline und das Copy-Thema hinsichtlich ihrer Bedeutung übertrifft. (Zielke 1991: 88)

d) Auch ANTWORT-COUPONS zum Abschneiden oder in Form von Postkarten zum Herausnehmen können Elemente von Werbeanzeigen sein, die eine Kontaktaufnahme der Rezipienten mit den Werbetreibenden ermöglichen und anregen sollen (Zielke 1991: 92).

e) Was bei Zielke fehlt, aber bei Anzeigen und Plakaten nicht selten ist, sind BILDTEXTE **(8)**, also erläuternde Unterschriften zu Bildern oder in Bilder integrierte Textbausteine, die auf bestimmte Bildelemente hinweisen oder sie ähnlich einer Legende erläutern sollen.

Wolfgang Brandt führt eine Unterscheidung ein, die dann nötig wird, wenn man auch sprachliche Elemente berücksichtigt, die nicht im engeren Sinn Textbausteine der Werbung sind, die aber für die Werbebotschaft trotzdem eine gewisse Rolle spielen (Brandt 1972: 147f): Neben den bislang besprochenen Texten, die vom Werbetexter als An-

zeigenbausteine kreiert werden und die Brandt PRIMÄRE TEXTE nennt, finden sich
sprachliche Elemente beispielsweise auch auf dem abgebildeten Produkt oder seiner
Verpackung oder auf Bildelementen, die den situativen Rahmen der Anzeige bilden
(Aufschriften auf einem Haus, Verkehrsschild, einer herumliegenden Zeitung o.Ä.).
Diese klassifiziert Brandt nach ihrer Bedeutung für die Werbebotschaft in

- SEKUNDÄRE TEXTE, die für die Botschaft wichtig sind, da sie im Rahmen ihres Bild-
kontextes eine eigenständige Werbefunktion erfüllen (z.B. Aufschriften auf dem
Produkt oder seiner Verpackung);
- und TERTIÄRE TEXTE, die „nur" Teil des situativen Kontextes sind, die also keine für
den Werbeinhalt wichtigen Aussagen treffen, sondern als Szenerie im Hintergrund
stehen.

 Ein Klassifizierungsproblem ergibt sich bei Anzeigen, die (scheinbare) Ausschnitte aus Zeitungen und Zeitschriften mit positiven Stellungnahmen zum Produkt quasi als Bildelemente verwenden, um deren Zitatcharakter zu nutzen. Ließe sich deren Echtheit verifizieren, müsste man
sie als sekundäre Texte klassifizieren, die trotz Übernahme in die Anzeige einen eigenständigen
Charakter behalten und „nur" zitiert werden. Bei nicht authentischen Ausschnitten könnte
eine Inszenierung vorliegen, die nur die Form als Gestaltungselement zitathaft nutzt (siehe
4.4.3 zur Intertextualität). Die Texte selbst wären dann aber als Primärtexte zu werten, da sie
von den Gestaltern der Anzeige als Teil derselben verfasst wurde (z.B. die Briefköpfe in der
Anzeige für Sixt-Budget, Abb. 4).

3.6   Bildelemente

Auch wenn es in diesem Arbeitsbuch um die sprachwissenschaftliche Erforschung der
Werbesprache geht, kann doch das Bild in der Werbung aufgrund seiner zentralen
Bedeutung für die werbliche Kommunikation nicht ausgeklammert bleiben. Bilder
dienen laut Werbepsychologie als wichtiger Blickfang, werden auch beiläufig meist
zuerst wahrgenommen und schneller als Texte inhaltlich erfasst. Sie können besser
emotionale Inhalte vermitteln, erhöhen – gerade wenn sie assoziationsreich sind und
eine persönliche Betroffenheit auslösen – die Erinnerungswirkung und eignen sich bei
entsprechender Gestaltung andererseits besonders dafür, den Eindruck der Objektivität zu erwecken, weswegen sie oft leichter akzeptiert werden als ein entsprechender
Textinhalt (Behrens 1996: 52f). Bilder sind daher notwendig, wenn Aufmerksamkeit
erregt, emotionale Inhalte vermittelt oder Produkte präsentiert werden sollen. Sie eignen sich im Fernsehspot außerdem dazu, Verläufe, Ereignisse und räumliche Verhält-
nisse darzustellen (Behrens 1996: 111).

   Durch gezielte Werbestrategien mit Bildern können so genannte Gedächtnisbilder
entstehen, durch die Firmen und Marken mit klaren bildlichen Vorstellungen verbunden werden (wie z.B. Marlboro mit dem Cowboy, Milka mit der lila Kuh oder die
Volks- und Raiffeisenbanken mit bildlichen Umsetzungen des Slogans *Wir machen den
Weg frei*, wenn sich nämlich in einem Spot in einer schwierigen Situation dann doch ein

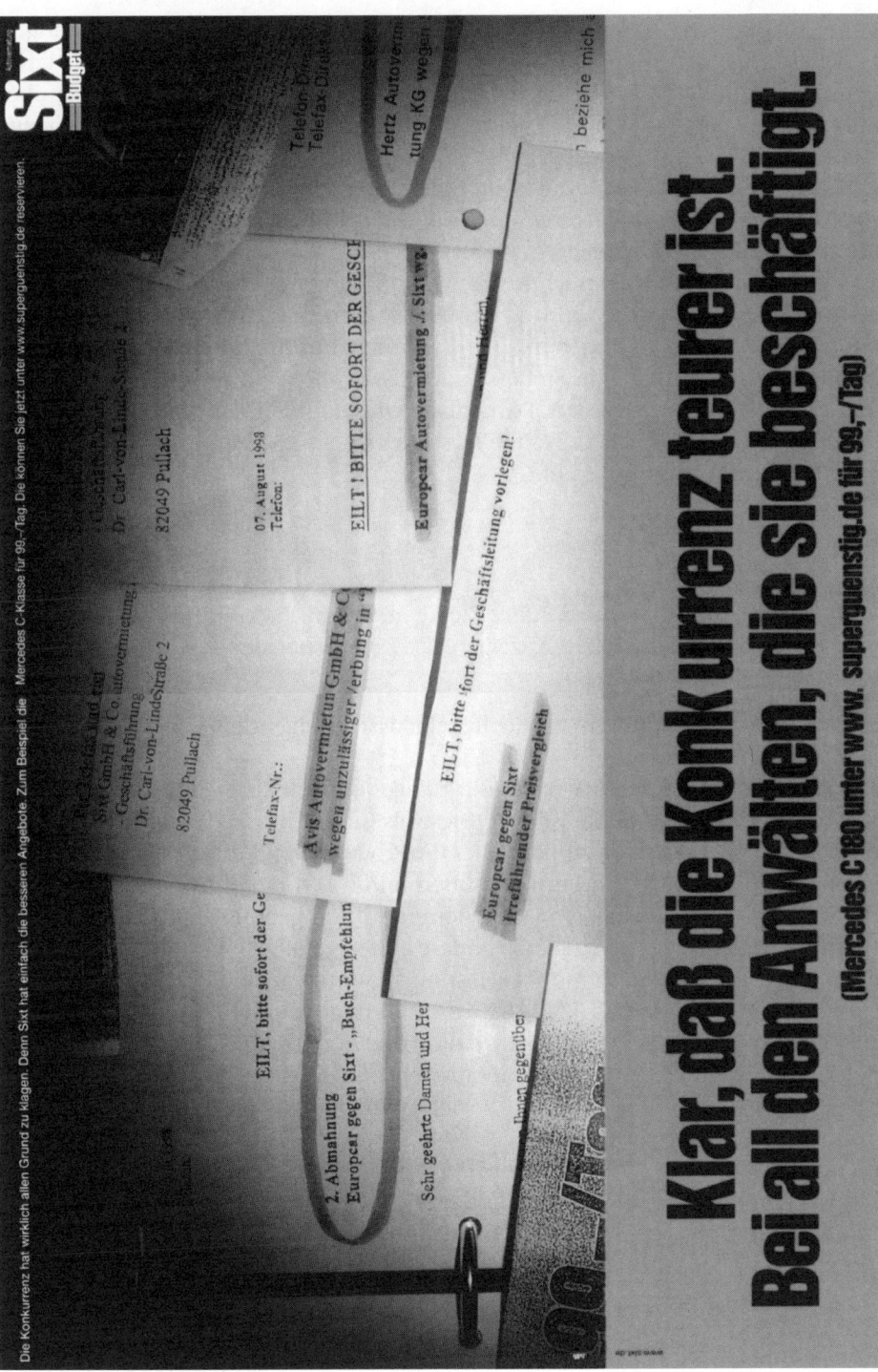

Abbildung 4: Sixt Budget

Weg, eine Brücke zeigt, ein Durchgang öffnet). Voraussetzungen für das Gelingen einer solchen „Imagery-Strategie" (ausführlich bei Kroeber-Riel 1993) sind eine langfristige und kontinuierliche Kampagne, ihre originelle Eigenständigkeit gegenüber Konkurrenzstrategien, bildliche Prägnanz und leichte Verständlichkeit sowie ein eindeutiger Bezug zum Produkt (Behrens 1996: 114f).

An dieser Stelle soll einerseits eine Differenzierung von Bildern entsprechend ihrer Funktion in der Anzeige, andererseits eine auf der Semiotik basierende knappe Klassifizierung von Bildtypen als Zeichentypen vorgeschlagen werden. Das Bild wird dabei quasi als eigenständiger Kode, noch isoliert von der sprachlichen Umgebung betrachtet. Da aber für Bilder in der Werbung dasselbe wie für Sprache in der Werbung gilt, dass sie nämlich oft erst zusammen mit dem Text ein kommunikatives Ganzes ergeben, sollten Bildanalysen nicht alleine stehen, sondern vor allem zur Aufklärung von Text-Bild-Beziehungen genutzt werden. Dementsprechend finden sich alle weiteren Ausführungen zum Wechselspiel der beiden Ausdruckssysteme Bild und Text im entsprechenden Abschnitt weiter unten (4.6).

Funktionale Klassifizierung

Der Werbefachmann unterscheidet laut Zielke aufgrund ihrer Funktion idealtypisch drei verschiedene Bildelemente in Anzeigen: das Key-Visual, das Catch-Visual und das Focus-Visual (Zielke 1991: 81–84).

a) Das KEY-VISUAL oder deutsch: das Schlüsselbild ist die eigentliche Produktabbildung (9).

b) Das CATCH-VISUAL oder deutsch: der Blickfänger ist nach Zielke die Bildumgebung, in die das Produkt eingebettet ist (10). Diese als Blickfänger zu bezeichnen, scheint ein Widerspruch zu sein, da zumeist eher die Produktabbildung als der stimmungshafte Rahmen die Blickfang-Funktion übernimmt. Das Benennungsproblem klärt sich, wenn mit Catch-Visual ein Detail der Produktumgebung gemeint ist (z.B. die attraktive Frau neben dem Auto oder andere auffällige Bildelemente). Der Blickfänger lenkt den Blick auf das Produkt selbst und dadurch auch die Interpretation der Werbeaussage. Ohne den Blickfang bzw. die Bildumgebung stünde das Produkt kahl und – je nach Produkt – womöglich wenig anziehend im Mittelpunkt. Ein Produkt bekommt dagegen bestimmte Konnotationen und Assoziationen zugewiesen, indem es in eine bestimmte Umgebung versetzt wird oder mit bestimmten Accessoires in Verbindung gebracht wird.

c) Unter den FOCUS-VISUALS werden einzeln stehende, kleinere Bildelemente zusammengefasst, die ein wichtiges Element oder eine wichtige Eigenschaft des Produkts herausgreifen und nochmals zur Verdeutlichung visualisieren (11). Diese Strategie ist zum Beispiel bei Auto- und Kosmetikanzeigen beliebt: Neben der Autoabbildung wird der Motor als eigene Abbildung herausgehoben, die Spurtreue wird durch eine kleine Funktionszeichnung erläutert, die Auswirkungen einer Creme auf den Feuchtigkeitshaushalt der Gesichtshaut werden als Kurve in einer Graphik veranschaulicht, die Zusammensetzung einer Wasser-Öl-Wasser-Emulsion im Bildmodell erklärt. Focus-Visuals können daher als optische Wiederholungen von bereits Gesagtem oder Gezeigtem gelten und werden meist ohne graphisch gestalteten Hintergrund abgebildet. Ihre Funktion geht jedoch – wie an obigen Beispielen ersichtlich – wesentlich weiter, als nur dem Rezipienten die assoziative Verbindung zwischen verfremdeten Produktabbildungen und der vertrauten Realität zu erleichtern (Zielke 1991: 84). In Auto- und Kosmetikanzeigen beispielsweise liegt die Funktion solcher Bildelemente darin, bestimmte sprachlich beschriebene Funktionsweisen und Abläufe auch visuell zu veranschaulichen und dadurch die Glaubwürdigkeit (z.B. durch die Übernahme wissenschaftlicher Darstellungsmuster wie Graphen und chemischer Molekülmodelle) zu stärken (Janich 1998a: z.B. 173–181).

Diese drei funktionalen Bildtypen decken die drei wichtigen Funktionen ab, die Kroeber-Riel (1993: 3. Teil) Werbebildern zuweist: Aktivierung erzeugen (also durch einen Blickfang Aufmerksamkeit erregen), Informationen vermitteln (durch die Produktabbildung oder ein ergänzendes Focus-Visual), Emotionen auslösen (durch die Bildumgebung oder Motivkombination). Allgemein sollen Bilder die Erinnerung an Werbebotschaften erleichtern.

Bilder als semiotischer Kode

Bezog sich die vorhergehende Unterscheidung auf die Funktion der Bildelemente in der Anzeige, so geht es jetzt um eine Klassifikation von Bildern entsprechend ihrem Verhältnis zum Abgebildeten bzw. entsprechend der vom Rezipienten zu erbringenden Interpretationsleistung.

Die Semiotik unterscheidet nach Charles S. Peirce traditionell drei Zeichenklassen: Index (= „Anzeiger"), Ikon (= „(stilisiertes) Abbild") und Symbol (= „Kennzeichen, Zeichen").

Indexikalische Zeichen sind „hinweisende (auf Erfahrung beruhende) Zeichen", die in einer direkten kausalen Beziehung zum Bezeichneten stehen (Bußmann [2]1990: 330). Demgegenüber stehen ikonische Zeichen in einer Abbild- oder Ähnlichkeitsrelation zum Bezeichneten, während Symbole konventionalisierte Zeichen sind, die in keinerlei logischer Beziehung zum Bezeichneten stehen, sondern als solche verabredet sind.

 Verwirrenderweise wird in der sprachwissenschaftlichen Terminologie oft von *(Sprach-)Zeichen* statt von *Symbol* gesprochen, während man mit *Symbol* ähnlich wie im alltäglichen Sprachgebrauch oft das bezeichnet, was in der semiotischen Terminologie *Ikon* heißt (z.B. Saussure [2]1967: 79f). Daher wird im Folgenden der Ausdruck *Symbol* ganz vermieden, stattdessen sprechen wir von *konventionalisierten* gegenüber *ikonischen Zeichen*. Man sollte sich dieser unterschiedlichen Terminologien aber bewusst sein, wenn man entsprechende Forschungsliteratur zum Thema liest.

Rudi Keller, der eine gut lesbare Einführung in die Zeichentheorie geschrieben hat (1995), weist darauf hin, dass sich die Zeichentypen eigentlich nicht – wie oben beschrieben – durch ihre Relation zum Bezeichneten unterscheiden, sondern vor allem nach dem Verfahren, wie sie vom Rezipienten interpretiert werden (ausführliche Begründung bei Keller 1995: 115–117). Danach ergeben sich folgende Zeichenklassen:

a) SYMPTOME (nach Keller 1995: 118–123): Symptome unterscheiden sich von ikonischen und konventionalisierten Zeichen dadurch, dass sie nicht intentional sind, d.h. dass es keinen Sender gibt, der mit ihnen bewusst jemandem etwas mitteilen will. Sie sind einfach „da" – sind der Fall – und stehen in einer natürlichen Beziehung zu dem, was aus ihnen geschlossen werden kann: Dunkle Wolken können z.B. ein Symptom für ein heraufziehendes Gewitter sein. Wir sprechen erst dann von Symptomen, wenn wir von etwas, was der Fall ist, kausal auf etwas anderes schließen (weil Symptom und Schlussfolgerung zueinander in einer Teil-Ganzes-Beziehung, einer Zweck-Mittel-Beziehung oder einer Ursache-Wirkung-Beziehung stehen). Das Symptom-Sein ist also keine Eigenschaft eines Dings, sondern wird ihm erst durch Interpretation zuteil. Keller erläutert dies an einem Beispiel: Sein linker Fuß sei nicht an und für sich ein Symptom seiner selbst. Sollte er aber von einer Lawine verschüttet werden und nur der linke Fuß aus dem Schnee ragen, hoffe er sehr, dass jemand den Fuß (aufgrund der natürlichen Teil-Ganzes-Beziehung) als ein Symptom seiner selbst interpretieren und dementsprechende Maßnahmen ergreifen werde.

b) IKONISCHE ZEICHEN (Keller 1995: 123–128): Ikone sind „echte" Zeichen, weil sie von einem Zeichenbenutzer als Kommunikationsmittel benutzt werden und sich an einen Adressaten richten. Das Verhältnis zwischen Ikon und Gemeintem beruht auf Ähnlichkeit. Zu ikonischen Zeichen zählen demnach viele Piktogramme und manche Verkehrszeichen (wie die Strichmännchen auf den Toilettentüren, die Piktogramme für die olympischen Disziplinen, die Schilder für ‚Sackgasse' oder ‚Radweg'). Die Ähnlichkeit kann dabei von unterschiedlicher Art und Intensität sein. Wichtig ist die Art der Interpretation:

> Der Zeichenproduzent mutet dem Adressaten mit der Verwendung eines Ikons zu, vom graphischen, lautlichen oder gestischen Ausdruck eines Zeichens auf dem Wege der Assoziation eine sinnvolle Interpretation dieses Zeichenvorkommens zu erschließen; d.h. zu versuchen, assoziativ herauszubekommen, was plausiblerweise gemeint sein könnte. (Keller 1995: 125)

Da dieses Schließen auf der Ähnlichkeitsbeziehung beruht (und nicht auf besonderen Regeln oder Kenntnissen), sind Ikone oft (aber nicht immer) sprach- und kulturunabhängig verstehbar.

c) KONVENTIONALISIERTE ZEICHEN (Keller 1995: 128–132): Konventionalisierte Zeichen sind ebenfalls bewusst und intentional verwendete Kommunikationsmittel, die sich zum Gemeinten arbiträr und abstrakt verhalten. Die Beziehung zwischen dieser Art von Zeichen und Bezeichnetem ist dementsprechend konventionell von einer Gemeinschaft von Zeichenbenutzern (z.B. einer Sprachgemeinschaft) festgelegt. Nur bei konventionalisierten Zeichen (bei Keller: Symbolen) spricht man von „Bedeutung": „Zu wissen, was ein Symbol bedeutet, heißt wissen, zur Realisierung welcher Intentionen es unter welchen Bedingungen verwendbar ist." (Keller 1995:

129) Die abstrakten Verkehrsschilder (wie ‚Vorfahrt', ‚Vorfahrt gewähren' u.Ä.) sind demnach genauso konventionalisierte Zeichen wie Wörter.

d) DEIKTISCHE ZEICHEN: Eine Zeichenklasse, die bei Keller ganz fehlt, in der Semiotik aber mit den Symptomen zusammen zu den indexikalischen Zeichen gezählt wird, sind die deiktischen Zeichen, die auf etwas zeigen, also zum Beispiel Zeigegesten, Pfeile, ein zeigender Finger u.Ä. Im Unterschied zu den Symptomen, die als nicht-intentionale „Zeichen" in der Werbung überhaupt nicht vorkommen, spielen deiktische Zeichen dort eine wichtige Rolle. Von den Symptomen unterscheiden sie sich dadurch, dass sie immer intentional verwendet werden, d.h. sie werden von jemandem verwendet, um damit gezielt auf etwas hinzuweisen/hinzuzeigen. Das Bild eines Pfeils oder eines Fingers steht zwar in einer Ähnlichkeitsbeziehung zu einem realen, in eine Richtung fliegenden Pfeil bzw. einem tatsächlich auf etwas zeigenden Finger – dass auf etwas hingewiesen werden soll, erschließt der Rezipient daher wahrscheinlich auch durch Assoziation. Trotzdem unterscheiden sich deiktische von ikonischen Zeichen, da sie nicht selbst schon einen bestimmten Inhalt haben, sondern immer auf Anderes verweisen.

Diese Unterscheidung ist idealtypisch, d.h. sie versucht prinzipiell unterschiedliche Zeichenvorkommen aufzuzeigen. In der tatsächlichen Kommunikation kommen aber sehr häufig Übergangsformen vor. So sind streng genommen schon die Strichmännchen auf Toilettentüren konventionalisierte Ikone: Sie zeigen zwar aufgrund einer Ähnlichkeitsrelation mit dem Bezeichneten, welche Tür für Frauen, welche für Männer ist. Dass es sich bei ihnen aber auch um den Hinweis handelt, dass sich hinter den Türen Toiletten (oder Umkleiden) befinden, muss gelernt werden. Genauso stellen Verkehrsschilder häufig Übergänge dar: Das Fahrrad-Bild verweist ikonisch auf echte Fahrräder. Was es aber bedeutet, wenn ein Fahrrad weiß auf blauem Grund (= ‚Radweg') oder auf weißem Grund in rotem Kreis (= ‚Radfahren verboten') abgebildet ist, beruht wiederum auf Konvention. Selbst ein Pfeil kann neben seiner deiktischen Funktion konventionellen Charakter bekommen, wenn er z.B. – weiß auf grünem Grund – für den Notausgang steht. Auch je stilisierter ein eigentlich ikonisches Zeichen ist, man denke an die „Menü-Icons" am Computerbildschirm, desto stärker kann es hinsichtlich seiner Bedeutung konventionalisiert sein.

In der Werbung spielen diese Übergänge (oder Zeichenmetamorphosen, vgl. Keller 1995: 160–218) eine wichtige Rolle. Ist ein Kronkorken im Alltag unter Umständen ein Symptom für Bier oder eine geöffnete Bierflasche, so wird die Abbildung eines Kronkorkens in einer Bier-Anzeige zu einem „ikonifizierten Symptom" (Keller), weil der Symptomcharakter imitiert, das Zeichen aber mit einer bestimmten Intention verwendet wird. Ein anderes Beispiel ist die lila Kuh von Milka. Zwar kann von der Kuh assoziativ auf Schokolade geschlossen werden (d.h. ikonisch über eine metonymische Ähnlichkeitsbeziehung: Kuh als Milchproduzent, Milch als wesentlicher Bestandteil von Schokolade), doch als farblich verfremdetes Sinnbild für eine bestimmte Schokoladenmarke hat die lila Kuh eher konventionellen Zeichencharakter (nach Keller ist sie dann ein „symbolisiertes Ikon").

Gerade die Grenzziehung zwischen ikonischen und konventionalisierten Zeichen fällt oft schwer. Regelmäßig in der Werbung vorkommende Ikone sind die Produktabbildungen, die eine große Ähnlichkeit mit dem Gemeinten aufweisen, solange sie originalgetreue Abbildungen (z.B. Fotos) sind. Konventionalisierte Zeichen sind dagegen beispielsweise – neben der Sprache – graphische Firmenlogos und Markenzeichen wie der Mercedes-Stern oder die Audi-Ringe. Die Frage ist aber, ob z.B. visuelle Metaphern eher ikonischen oder eher konventionalisierten Charakter haben: Wenn ein Werbespot für eine Hautcreme mit dem Bild eines ausgetrockneten, rissigen Erdbodens beginnt, sollen die Rezipienten über die bildliche Analogie Assoziationen zu trockener und rissiger Haut herstellen, die ähnlich wie die Erde durch Zufuhr von Feuchtigkeit von diesem Zustand befreit werden kann. Trockenheits-Metaphern haben in der Werbung für Gesichtspflege aber fast schon konventionellen Charakter, da sie zu dem Schluss führen sollen, dass das gerade beworbene Kosmetikprodukt Abhilfe schafft. Wenn in einer Autoanzeige Rehe mit übergroßen, gespitzten Ohren im Wald direkt neben einer Straße stehen, obwohl gerade ein Auto kommt, dann sind zwar alle Bildteile ikonisch interpretierbar. Ob aber eine assoziative Interpretation ausreicht, um von Rehen mit großen Ohren auf den leisen Motor des Autos zu schließen, ist fraglich. Zumindest hat das Reh als besonders scheues und geräuschempfindliches Tier in unserer Kultur inzwischen Symbolwert, so dass man Bildern von Rehen damit einen konventionellen Zeichencharakter zugestehen könnte.

Formale Beschreibung der Bilder

Wolfgang Brandt schlägt in seinem Analysemodell (1973: 140) außerdem folgende Typisierungskategorien vor, mit denen Bilder hinsichtlich ihrer Abbildungsform näher beschrieben werden können:

a) Ist ein Bild dynamisch oder statisch, d.h. handelt es sich um eine Filmsequenz oder ein Foto/stehendes Bild? Dies ließe sich noch differenzieren, denn auch Fotos können einen dynamischen Eindruck machen, indem sie durch die Aufnahmetechnik (Unschärfe oder Verwischen) Bewegung suggerieren. Andererseits können auch Fernsehspots durchaus einen statischen Eindruck erwecken, wenn beispielsweise der Bildausschnitt konstant gehalten wird und in diesem keine Bewegung stattfindet.

b) Ist ein Bild bunt oder schwarz-weiß?

c) Ist ein Bild formreal oder formabstrakt, bildet es die Realität also fotografisch und äquivalent ab oder stattdessen künstlerisch verfremdet bzw. stilisiert wie in einer Zeichnung? (Diese Trennung, die schon bei Brandt nicht ganz eindeutig ist, wenn dort nur pauschal zwischen Foto und Zeichnung unterschieden wird, wird angesichts zunehmender Computeranimationen und im Computer bearbeitbarer Fotografien immer schwerer nachzuvollziehen sein.)

d) Sind die Bildinhalte wirklich oder fiktional – werden also tatsächlich existierende Lebewesen oder Gegenstände abgebildet oder stattdessen fiktionale Fabelwesen (wie die Fee von Underberg, der dschinnverwandte Meister Propper oder die sprechenden Klos der Putzmittelwerbung) oder Traumlandschaften (wie das Paradies in der Jeans- und Autowerbung)?

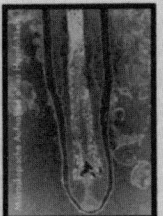

Abbildung 5: Kéralogie Specifique

Literaturtipps

Zur Einführung in die Semiotik allgemein liest sich anregend und gut verständlich: KELLER, Rudi (1995): Zeichentheorie. Zu einer Theorie semiotischen Wissens. Tübingen/Basel (Francke). (= UTB 1849).

Das normalerweise wegen des Werbebezugs häufig zitierte Grundlagenwerk von Umberto Eco (1972, siehe Literaturverz.), halte ich für schwer verständlich und schwierig umzusetzen.

Ein praxisbezogenes Standardwerk zu Bildern in der Werbung und ihren wahrnehmungspsychologischen Grundlagen bietet: KROEBER-RIEL, Werner (1993): Bildkommunikation. Imagerystrategien für die Werbung. München (Vahlen).

Zum Thema des Textbezugs von Bildern siehe weiter unten Kap. 4.6 und die dort angegebene Literatur.

 (10) Zerlegen Sie die Anzeige von Kéralogie Specifique (Abb. 5: 67) in ihre einzelnen Bausteine.
a) Bestimmen Sie die Textbausteine jeweils funktional. Ist hier eine Unterscheidung in Primär-, Sekundär- und Tertiärtexte ergiebig?
b) Beschreiben Sie die Bildelemente funktional, semiotisch und formal.

(11) In der Twingo-Anzeige (Abb. 1: 28) ist ein Teil einer Fernsehprogrammseite abgebildet. Handelt es sich um einen Primär-, Sekundär- oder Tertiärtext? Welche Funktion hat dieser Textbildbaustein für die Anzeige?

(12) Diskutieren Sie (z.B. in der Gruppe) die Anwendbarkeit der hier gemachten Klassifikationsvorschläge zum Aufbau von Anzeigen an den Anzeigen von PreussenElektra (Abb. 2: 30) und Herkules (Abb. 6: 83).

3.7   Und der Fernsehspot? Versuch einer Übertragung

Bedingt lassen sich diese Ausführungen auch auf Fernsehspots übertragen – so gibt es auch dort Produktnamen und Slogans, nur lässt sich keine Schlagzeile im eigentlichen Sinn isolieren und der Text zerfällt nicht wie bei der Anzeige in optisch isolierbare Teiltexte (wie Fließtext, Bildtexte, Inserts), sondern in gesprochenen Text, geschriebenen Text und möglicherweise gesungenen Text. Der gesprochene Text lässt sich unterteilen in Sequenzen aus dem *Off* (aus dem Hintergrund, kein Sprecher im Bild) und *on*-gesprochene Passagen (Sprecher sichtbar). Beim geschrieben eingeblendeten Text könnte man zumindest nach derselben Klassifikation wie bei den Anzeigentexten in primäre, sekundäre und tertiäre Texte verfahren. Inwieweit eine weiter gehende funktionale Unterscheidung ähnlich den Textbausteinen in Anzeigen möglich ist, hängt vom konkreten Spot und dem Zusammenspiel mit dem gesprochenen und gesungenen Text ab.

An gesungenem Text unterscheidet Behrens (1996: 67) den Jingle, der einem gesungenen Slogan entspricht, und das Werbelied, das quasi einen gesungenen Werbetext darstellt. Jingles sind zum Beispiel der gesungene Slogan von Milka (*Die zarteste*

Versuchung, seit es Schokolade gibt), von McDonald's (*McDonald's ist einfach gut*) oder von Daewoo (*Daewoo – Daewoo und Du*). Beispiele für Werbelieder sind die Werbung für Jacob's Krönung light, Du darfst-Produkte, Schoko Crossies oder Erdnüsse von Ültje:

> *Kaum steh ich hier und singe, kommen sie von nah und fern, und fangen an zu knabbern, sie ham halt Ültje gern. Sie singen und sie tanzen, sie lachen und sie schrei'n und wollen noch mehr Ültje, die lecker'n Knabbereien. Komm auch du, greif zu!*

Hinzu kommen bei Hörfunk und Fernsehen noch die musikalische und die Geräuschkulisse als „Bausteine", die – analog zur Textklassifikation – in primäre, sekundäre und tertiäre Elemente unterschieden werden können. Primär ist die Musik als Begleitung zum Werbelied oder Jingle oder als Kennmelodie, die im Vordergrund eingespielt wird; sekundär könnte Musik sein, die vom Produkt selbst kommt, also wenn beispielsweise durch ein Musikbeispiel demonstriert werden soll, wie rein der Klang eines CD-Spielers ist (auch wenn der tatsächliche Klang im Spot nicht von dem beworbenen Produkt, sondern natürlich vom eigenen Fernseher abhängt); tertiär wäre Hintergrundmusik, die atmosphärische Funktion hat. Ebenso die Geräusche: Primär sind Geräusche in den Spots, in denen sie eine Werbeaussage belegen oder stützen sollen, wobei eine beliebte Strategie ist, an einer solchen Stelle mit dem Stilmittel der Stille zu spielen, beispielsweise wenn demonstriert werden soll, wie leise ein Auto fährt oder eine Waschmaschine wäscht. Sekundär sind Geräusche, die beispielsweise durch die Produktverwendung und -demonstration entstehen (Fahrgeräusch, Staubsaugerton etc.), als tertiär gelten alle Geräusche im Hintergrund (Stimmengewirr am Flughafen, Verkehrslärm, Kindergeschrei im Garten usw.).

 Es ist methodisch nicht einfach, bei einem Fernsehspot alle Elemente angemessen in ihrem Zusammenspiel zu berücksichtigen. Einer Untersuchung von Spots muss außerdem in jedem Fall eine Transkription vorausgehen, die die verschiedenen Ausdrucksformen im Zeitablauf berücksichtigt und verschriftlicht (dafür bietet sich zum Beispiel Spaltenschreibung an, bei der Filmsequenzen, Sprach- und Musik-/Geräuschelemente parallel notiert werden können). Trotzdem ergeben sich gerade aus diesem Zusammenspiel besondere Effekte, weshalb die erst allmählich zunehmend untersuchten Fernsehspots immer noch ein lohnenswertes Untersuchungsmaterial abgeben. (Hörfunkspots waren bislang kaum Gegenstand der Forschung.)

 ### Literaturtipps

Eine der wenigen umfassenderen Untersuchungen zur Fernsehwerbung, dafür jedoch schon recht alt, ist die von:
BRECHTEL-SCHÄFER, Jutta (1972): Analyse der Fernsehwerbung in der BRD – anhand einer Untersuchung der Werbeeinblendungen im ZDF und im Hessischen Regionalprogramm in der Zeit vom 12.2.–7.3.1970. Dissertation Universität Marburg.

Eine sehr eng am Brandt'schen Modell vorgenommene neuere Untersuchung von Fernsehwerbung bietet:
SEYFARTH, Horst (1995): Bild und Sprache in der Fernsehwerbung. Eine empirische Untersuchung der Bereiche Auto und Kaffee. Münster/Hamburg (LIT). (= Marburger Studien zur Germanistik 18).

(13) Verschriftlichen Sie im Seminar verschiedene per Video aufgezeichnete Fernsehspots. Probieren Sie dazu die Spaltenschreibung aus. Suchen Sie bei der Gesprächsforschung oder z.B. bei Störiko (1995) oder Muckenhaupt (1986) nach anderen Vorschlägen zur Verschriftlichungs- methode und diskutieren Sie, welche für die von Ihnen gewählten Fragestellungen die ange- messenste ist.

4. Sprachwissenschaftliche Forschungsfelder

4.1 Eine methodenkritische Vorwarnung

Nicht umsonst gibt es nur wenige Forschungsbeiträge zur „Sprache der Werbung", die den Anspruch erheben, eine ganzheitliche Beschreibung der Werbesprache zu leisten. Erfolgreiche Werbung lebt davon, dass sie sich durch immer wieder Neues aus der Konkurrenz heraushebt, dass sie trotz der Masse an alltäglichen Werbereizen als einzelne herausfällt und auffällt. Es ist demnach fraglich, ob es überhaupt „die Werbesprache" als einen ganz bestimmten Textsortenstil gibt, der sich aufgrund seiner stilistischen Eigenheiten eindeutig als solcher charakterisieren lässt. Achim Zielke beispielsweise verneint dies:

> Zusammenfassend läßt sich festhalten, daß die zu Beginn dieses Kapitels aufgeworfene Frage, ob Werbeanzeigen anhand ihrer Sprache insofern beschrieben werden können, als es einen textsortentypischen Sprachstil gibt, der es erlaubt, etwas Geschriebenes als der Werbesprache zugehörig zu identifizieren, in letzter Konsequenz verneint werden muß. Denn die Sprache der Anzeigen präsentiert sich in multivariater Gestalt – stets abhängig von multivariaten und oftmals diffusen Zielgruppen, deren passive Sprachkompetenz mediengerecht und in zum jeweils zu Bewerbenden passender Weise imitiert wird. Dabei ist der sprachliche Anzeigenteilcode sowohl unter ökonomischem als auch unter kreativem Aspekt determiniert durch einen Kontrast- bzw. Neuigkeitszwang, der zu einer ständigen Veränderung der Sprachcodierung führt – worin sich die ‚Baldanders-Charakteristik' der Anzeigensprache manifestiert. (Zielke 1991: 183f)

Zielke kritisiert damit systemorientierte Beschreibungen der Anzeigensprache, die beispielsweise syntaktische Phänomene und ihre Häufigkeit untersuchen, um sie dann als typische Merkmale der Werbesprache festhalten zu können (Zielke 1991: 179–181). Andererseits ist die völlige Verneinung eines werbesprachlichen Textsortenstils insofern problematisch, als sich Werbetexte zumindest durch eine gemeinsame Grundintention und – je nach Medium – eine gemeinsame Kommunikationssituation (im Sinne eines Wahrnehmungskontextes) auszeichnen. Zudem wird Neues und Ungewöhnliches nur dann als solches erkannt, wenn „das Übliche" zumindest in Form einer bestimmten Erwartung existiert. Ulla Fix hat dies treffend am Beispiel der Intertextualität in der Werbung erläutert:

> Auflösung des Kanons [Kanon hier im Sinne einer allgemein anerkannten Textsortenunterscheidung; N.J.] dominiert, wenn es um Wirksamkeit geht. Zugleich aber sehen wir auch: Auflösung des Kanons hat nur Sinn vor dem Hintergrund des Kanons. Mustermischen und -brechen wird erst zeichenhaft vor dem Hintergrund der immer mitgedachten Musterhaftigkeit. Damit sind der Auflösung der Konturen, der Unbestimmtheit, der Relativität Grenzen gesetzt. (…) Anders gesagt: Indem man Regeln bewußt bricht, hat man ihre Existenz immer schon bejaht, und sei es nur die Existenz der einen, nämlich der, daß

Regeln dazu da sind, eingehalten zu werden. Und man zieht aus diesem Bruch stilistischen Gewinn, z.B. den Ausdruck von Respektlosigkeit. (Fix 1997, 104f)

Die Regeln, die in der Werbung durchbrochen werden, sind meist die Regeln der Alltagssprache. So widerspricht der Slogan der Telegate-Auskunft *Da werden Sie geholfen* den deutschen Kasusregeln beim Verb *helfen*, *Deutschlands meiste Kreditkarte* den Regeln der Verwendung von Wortarten im Satz. Aber es können auch die Regeln der Werbung selbst sein, wenn eine Anzeige beispielsweise nicht mehr aussieht wie eine Anzeige, sondern wie ein redaktioneller Artikel oder ein Brief (siehe 4.4.3 zur Intertextualität).

Der Rezipient hat demnach bestimmte, wenn auch zum Teil vage Erwartungen, wie Werbung auszusehen und wie Werbesprache zu sein hat, und durch den Bruch mit diesen Erwartungen kann es Werbung gelingen, auffällig zu sein und infolgedessen wahrgenommen zu werden.

Dies sollte aber – um Zielkes Hinweis ernst zu nehmen – bei denjenigen, die Werbesprache untersuchen, nicht zu der irrigen Vorstellung führen, man könne also doch angeben, wie häufig bestimmte Wort- oder Satzarten in „der" Werbespache verwendet werden und welche rhetorischen Figuren typisch für Werbung seien. Es lassen sich bestimmte Rahmenbedingungen angeben, ähnlich denen, die unter 2.3.2 zum allgemeinen Charakter von Werbesprache angeführt wurden. Es lassen sich vielleicht auch, wie es Zielke tut, bestimmte Maximen für das Werbetexten (wie Orientierung an der Alltagssprache, hierarchische Abfolge werblicher Informationen, pro Satz nur eine werbliche Aussage, Bindestrichschreibung bei zentralen Komposita u.Ä., Zielke 1991: 159–167) angeben. Aber „die Sprache der (Anzeigen-)Werbung" lässt sich nicht als festgelegter und allgemein gültiger Stil beschreiben. Dies würde dem ständigen Bestreben der Werbung nach Originalität und Auffälligkeit und der damit zusammenhängenden raschen Veränderlichkeit von Werbetrends im Zeitverlauf widersprechen. (Keinesfalls sollte man daher zum Beispiel Römers Standardwerk zur Werbesprache der 60er Jahre immer noch so behandeln, als könne man daraus den Status quo der heutigen Werbesprache entnehmen und zitieren, und selbst Baumgarts Untersuchung von Slogans der späten 80er Jahre kann in Teilen bereits als veraltet gelten!) Die Schwierigkeiten beginnen ja schon beim Versuch, einen einheitlichen Text- und Anzeigenaufbau zu konstatieren, wie im vorangegangenen Kapitel deutlich wurde.

Lohnen sich dann werbesprachliche Untersuchungen überhaupt?

Ja – wenn die Relevanz der Ergebnisse angemessen eingeschätzt und die Untersuchungen auf funktionale Fragestellungen ausgerichtet sind (denn auch die Verwendung sprachlicher Mittel in der Werbung erfolgt unter funktionalen Gesichtspunkten). Es ist durchaus möglich, Produktbranchen oder Werbemittel hinsichtlich der unterschiedlichen Eignung bzw. des unterschiedlichen Einsatzes bestimmter sprachlicher Strategien zu vergleichen, die Werbestrategie innerhalb einer Kampagne oder für ein Unternehmen zu beschreiben oder die Beliebtheit einer Strategie im Zeitverlauf zu beobachten. Sobald man jedoch allgemein die Verwendung von Anglizismen oder die Art des Satzbaus in der Werbung beschreibt, sollte kritisch geprüft werden, inwieweit die Ergebnisse wirklich spezifisch für Werbung sind, ob nicht ähnliche Phänomene in der gesprochenen oder geschriebenen Alltagssprache auftauchen. Allgemeine Aussagen über die Werbesprache an sich sind demnach problematisch und die Aussagekraft statistischer Aussagen muss abhängig von der Fragestellung geprüft werden (siehe dazu auch die Forschungskritik bei Bendel 1998: 6).

Im Folgenden werden daher auch keine „Tatsachen" über die Gestalt der derzeitigen Werbesprache angeführt, sondern Beschreibungskategorien und allenfalls Tendenzen vorgestellt.

4.2   Die pragmatische Perspektive: Absicht – Inhalt – Form

Vor einer Untersuchung einzelner sprachlicher Elemente (wie Wortwahl, Satzformen u.Ä.) sollte zuerst eine ganzheitliche Betrachtung der Anzeige bzw. des Spots stehen. Wie im Kapitel zu den Rahmenbedingungen ausgeführt, sollte versucht werden, die untersuchte Werbung einem größeren Werbeziel zuzuordnen, um die Hauptabsicht festzustellen. Dies kann oft nicht allein aufgrund der Gestaltungsweise erfolgen, es müssen auch die ganze Kampagne, die Marktsituation und die Art der Konkurrenz in den Blick genommen werden.

Die dominante Funktion einer Anzeige sowie die Funktionen einzelner Textbausteine lassen sich sprachwissenschaftlich am besten mit Hilfe der Sprechakttheorie beschreiben. Auf einer solchen Basis können Anzeigen auch als Textsorte näher bestimmt werden. Dieser grundsätzlichen Bestimmung ist daher der erste Abschnitt dieses Kapitels gewidmet (4.2.1). Der zweite Abschnitt (4.2.2) nimmt die persuasiven Funktionen sprachlicher Elemente in der unmittelbaren Rezeptionssituation in den Blick, geht demnach pragmatisch stärker ins Detail und bleibt dabei eng an die sprachliche Gestaltung gebunden. Eine etwas andere Perspektive auf den Anzeigentext bietet dagegen die inhaltliche und formale Beschreibung der Argumentationsweise (4.2.3). Sie lässt sich mit der intentionalen Untersuchung der Textfunktionen (unter 4.2.1) verknüpfen, kann aber auch aufgrund einer eigenen Fragestellung erfolgen.

4.2.1 Textfunktion und Sprechhandlungen

Einzelne Arbeiten beschäftigen sich inzwischen kritisch mit der Frage, ob und inwiefern Anzeigen als Textsorte anzusprechen sind, zum Beispiel aufgrund welcher Textfunktion und welcher pragmatischen Struktur. Es würde zu weit führen, die ausgiebigen und sehr kontroversen Diskussionen der Textsortenlinguistik zum Textbegriff, zur Aufstellung von Texttypologien und zur Differenzierung von „Textsorte", „Textklasse", „Texttyp" usw. zu rekapitulieren (siehe einführend Heinemann/Viehweger 1991 und Forschungsüberblick bei Lage-Müller 1995: Teil I). Stattdessen sollen aus der Menge der Forschungsbeiträge diejenigen textsortenlinguistischen und sprechakttheoretischen Beschreibungsvorschläge herausgegriffen werden, die speziell für die Untersuchung von Werbung viel versprechend klingen.

Sprechakte

Die Sprechakttheorie stammt aus der britischen *ordinary language philosophy* der 60er und 70er Jahre und wurde von John Austin und John R. Searle entwickelt (Austin 1962/²1979, Searle 1969/⁵1992; zu den folgenden Ausführungen siehe die knappe Einführung von Brinker, ⁴1997: 81–121, und die dortigen weiter führenden Literaturhinweise). Sprechen wird dabei als kommunikatives und damit grundsätzlich soziales Handeln verstanden und aus diesem Grund aus der pragmatischen anstelle der bis dahin vorherrschenden sprachstrukturellen Perspektive untersucht. Ein Sprechakt lässt sich (abstrakt) beschreiben als Zusammenwirken dreier Teilakte, die nicht zeitlich hintereinander, sondern gleichzeitig ablaufen:

a) der ÄUSSERUNGSAKT: es erfolgt eine Äußerung von Wörtern bzw. Sätzen;

b) der PROPOSITIONALE AKT: diese Äußerung hat einen Inhalt, d.h. es erfolgt eine Proposition (nach Searle besteht die Proposition aus Referenz und Prädikation: es wird auf ein außersprachliches Objekt referiert, indem ihm Eigenschaften zugewiesen werden);

c) der ILLOKUTIONÄRE AKT: mit dem Inhalt der Äußerung und der Äußerung selbst wird eine bestimmte Intention (= Illokution) verfolgt/der Äußerung und ihrem Inhalt lässt sich eine bestimmte illokutionäre Rolle zuschreiben (in linguistischen Arbeiten meist in Großbuchstaben gesetzt: WARNEN, AUFFORDERN, VERSPRECHEN).

Von diesen drei Teilakten lässt sich als besonderer Fall der PERLOKUTIONÄRE AKT unterscheiden, nämlich die beabsichtigte Wirkung: Durch WARNEN kann man *erschrecken* oder *alarmieren*, durch AUFFORDERN jemanden *dazu bringen, etwas zu tun*, durch VERSPRECHEN *beruhigen* oder jemanden *eines Sachverhalts vergewissern*.

Sprechakte sind weitgehend konventionell:

> Die Kommunikationspartner besitzen also ein gemeinsames Wissen darüber, unter welchen Bedingungen und nach welchen Regeln bestimmte sprachliche Handlungen in Kommunikationssituationen ausgeführt werden können. Nur aufgrund dieser konventionell geltenden Regeln und Bedingungen kann der Rezipient bei einer Äußerung oder einem Text die vom Emittenten [= Sprecher/Produzenten; N.J.] erstrebte Verstehensweise herausfinden, d.h. erkennen, als was er die Äußerung auffassen soll […]. (Brinker ⁴1997: 84)

Die Kommunikationspartner wissen beispielsweise, was unter einem Ratschlag, einem Versprechen oder einer Drohung (= Sprechhandlungstypen/illokutive Typen) zu verstehen ist, in welchen Situationen diese sprachlichen Handlungstypen in welcher Weise realisiert werden können und mit welchen Signalen (wie Partikeln, Satzform, sog. performativen Verben (*versprechen, raten, fragen*), Intonation u.Ä.) die Intention vom Sprecher zusätzlich kenntlich gemacht werden kann. Eine von mehreren Voraussetzungen für das Gelingen von Sprechakten ist, dass beide Kommunikationspartner aufrichtig handeln. Schwieriger wird die Kommunikation einerseits bei den so genannten indirekten Sprechakten, bei denen eine Intention mittels einer unkonventionellen Form verfolgt wird (z.B. *Es zieht.*, wenn der Aussagesatz nicht der Information oder einer Feststellung dient, sondern als Aufforderung gemeint ist, das Fenster zu schließen). Andererseits kann zwischen der scheinbaren, konventionell erkennbaren Intention und der „wahren" Absicht eine Kluft bestehen, wenn der Sprecher nämlich nicht aufrichtig ist und seine tatsächliche Intention verbergen will.

Die Perlokution, also die Wirkung der Äußerung, ist eingeschränkt konventionell: Bei den jeweiligen Sprechakten werden konventionell bestimmte Wirkungen erwartet (bei einer Warnung, dass sich der Rezipient gewarnt fühlt und entsprechend handelt; bei einer Aufforderung, dass der Rezipient sie erfüllt etc.) – ob ein Rezipient dann wirklich so reagiert, wie der Sprecher dies beabsichtigte, ist vom Individuum und von der Situation abhängig.

 Searle hat in seiner auf Austin aufbauenden Sprechakttheorie die Perlokution allerdings eher stiefmütterlich behandelt und wurde dafür auch kritisiert. Wird der Begriff der Intention auf die Searle'sche Illokution begrenzt (also z.B. Feststellung, Frage, Bitte, Drohung, Versprechen, Dank, Gruß, Ernennung usw.), können auch nur die unmittelbaren (und bei verdeckten Intentionen nur die oberflächlichen, scheinbaren) Wirkungsabsichten als Perlokution gefasst werden. Sprachliches Handeln kann jedoch sehr komplex sein. Um beispielsweise zu ÜBERREDEN oder zu ÜBERZEUGEN, sind in der Regel mehrere Sätze und Äußerungen nötig (im Gegensatz z.B. zu VERSPRECHEN oder DANKEN), die innerhalb der Hauptintention ganz verschiedene Teilintentionen (wie AUFMERKSAMKEIT ERREGEN, EMOTIONEN WECKEN) verfolgen können (Sauer 1998: 252, 272). Zudem können neben der unmittelbaren Wirkungsabsicht, dass sich beispielsweise jemand zu einer positiven Bewertung eines Produkts überreden lässt, auch weitere Ziele verfolgt werden, nämlich dass er das Produkt kauft, dem ganzen Unternehmen gegenüber positiv eingestellt ist, Freunden davon erzählt, auch andere Produkte der Marke kauft etc.

Nicole Sauer, die Werbeanzeigen unter dem Aspekt der Perlokution untersucht, schlägt daher den Begriff der Strategie vor, um die Komplexität sprachlichen Handelns besser beschreiben zu können:

> Mit dem Begriff der Strategie wird ein Handlungsplan bezeichnet, der mit Blick auf ein bestimmtes Ziel aus einer verfügbaren Menge von Handlungen diejenige[n] auswählt und ausführt, deren Erfolg am *wahrscheinlichsten* ist. (Sauer 1998: 241f; Hervorhebung im Original)

Der Strategiebegriff ist sinnvoll, wenn man davon ausgeht, dass einer sprachlichen Handlung häufig mehrere Intentionen zugrunde liegen und der Sprecher/Schreiber zur Erreichung eines Hauptziels zuerst verschiedene Zwischenziele verfolgt. Eine Strategie kann demnach mehrere Sprechhandlungen umfassen, denen verschiedene Teilintentionen zugrunde liegen, die im gesamten Handlungsplan einen unterschiedlichen Stellenwert einnehmen: Sie können sich auf die unmittelbare Rezeptionssituation (z.B. Aufmerksamkeitserregung, Unterhaltung; siehe 4.2.2) oder auf verschiedene Folgeerscheinungen mit zeitlichem Abstand (z.B. Kaufakt) beziehen. Eine Strategie kann ebenso wie die einzelne Sprechhandlung selbst erfolgreich oder nicht erfolgreich sein, wenn nämlich Auswahl oder Form der Sprechhandlungen für das Erreichen des strategischen Ziels nicht angemessen waren.

Die Sprechakttheorie lässt sich nutzen, um Werbeanzeigen als Textsorte näher zu bestimmen:

Textsorte und Textfunktion

Unter Textsorten werden in der Regel die am stärksten spezifizierten Textklassen im Rahmen einer Texttypologie verstanden (Bußmann ²1990: 781), also beispielsweise Kochrezept, Gebrauchsanweisung, Interview, Todesanzeige. Dabei wird versucht, entweder auf induktivem Weg vorhandene Texte aufgrund gemeinsamer textinterner und textexterner Merkmale zu Textsorten zusammenzufassen oder auf deduktivem Weg eine theoretische Texttypologie aufzustellen, in die sich authentische Texte dann einordnen lassen. (Von daher findet sich in der Forschung häufig eine terminologische Unterscheidung von vortheoretisch angenommenen und an konkreten Texten aufgezeigten „Textsorten" und den theoretisch hergeleiteten und beschriebenen „Texttypen".[6])

Da sich zunehmend durchsetzt, Textsorten handlungstheoretisch zu bestimmen, bietet sich folgende Definition an:

> Textsorten sind konventionell geltende Muster für komplexe sprachliche Handlungen und lassen sich als jeweils typische Verbindungen von kontextuellen (situativen), kommunikativ-funktionalen und strukturellen (grammatischen und thematischen) Merkmalen beschreiben. Sie haben sich in der Sprachgemeinschaft historisch entwickelt und gehören zum Alltagswissen der Sprachteilhaber; sie besitzen zwar eine normierende Wirkung, erleichtern aber zugleich den kommunikativen Umgang, indem sie den Kommunizierenden mehr oder weniger feste Orientierungen für die Produktion und Rezeption von Texten geben. (Brinker ⁴1997: 132)

 Bisher existiert allerdings noch keine allseits anerkannte und die Vielfalt existierender Texte angemessen beschreibende oder integrierende Typologie, da nur wenige Textsorten so stark normiert sind, dass sich eine verbindliche Liste von Merkmalen aufstellen ließe (wie vielleicht bei Kochrezept, Todesanzeige oder Vertrag). Probleme machen vor allem unkonventionelle Erscheinungsformen von postulierten Textsorten, bei denen die meisten angenommenen Merkmale eben nicht zutreffen. Grundsätzliche Zweifel an der Möglichkeit einer solchen Typologie (oder in unserem konkreten Fall: an der Möglichkeit, die ja sehr variablen Werbeanzeigen als eine Textsorte zu fassen und zu beschreiben) werden einleuchtend mit dem Argument widerlegt, dass beim Sprachbenutzer ein vortheoretisches Wissen über Textsorten vorhanden ist, mit dem es ihm beispielsweise gelingt, Werbeanzeigen sehr schnell als solche zu identifizieren (Adamzik 1994: 173; siehe zu dieser Problematik grundsätzlich auch 4.1). Für Werbung bietet sich wegen der Vielzahl unkonventioneller Erscheinungsformen daher der induktive Ansatz an, der von einem oder mehreren Prototypen von Werbeanzeigen ausgeht und zu beschreiben versucht, inwiefern auch stark davon abweichende, unkonventionelle Anzeigen als Subtypen erkannt werden.

Bei Klaus Brinker findet sich eine Aufstellung und Hierarchisierung textsortenbestimmender Merkmale, wobei er das Alltagsverständnis von Textsorte zugrunde legt (Brinker ⁴1997: 133–141):

---

    6 Zur Diskussion um die Definitionen von Textsorte gegenüber Textyp siehe den Forschungs-
überblick bei Lage-Müller 1995: 10–12, 58–60.

a) Eine Bestimmung der grundsätzlichen TEXTFUNKTION erlaubt die Einordnung in grobe Textsortenklassen: Informationstexte (wie Bericht, Rezension), Appelltexte (wie Werbeanzeige, Antrag), Obligationstexte (wie Vertrag, Garantieschein), Kontakttexte (wie Ansichtskarte, Kondolenzschreiben) und Deklarationstexte (wie Testament, Urkunde).

b) Eine Beschreibung von Kommunikationsform (monologisch oder dialogisch, Art des räumlichen und zeitlichen Kontakts, gesprochen oder geschrieben) und Handlungsbereich (privat, offiziell und öffentlich) legt die KONTEXTUELLEN MERKMALE fest. Die Werbeanzeige und der Werbespot, die zu den Appelltexten zählen, gehören durch ihre Vermittlung über Massenmedien dem öffentlichen Handlungsbereich an, sind monologisch und mit räumlicher und zeitlicher Distanz angelegt, da Werbung zumeist keine *face-to-face*-Kommunikation darstellt (mit Ausnahme des Verkaufsgesprächs), und sind im Fall der Anzeige auf die geschriebene, im Fall des Fernsehspots weit gehend auf die gesprochene Sprache festgelegt.

c) Ein nächster Schritt wäre nach Brinker die Beschreibung der STRUKTURELLEN MERKMALE, d.h. Art des Textthemas und der Themenentfaltung (narrativ, deskriptiv, explikativ oder argumentativ) sowie textsortenspezifische lexikalische und syntaktische Merkmale (siehe 4.3.4 zur Textgrammatik). An diesem Punkt stößt man bei Anzeigen und Spots aufgrund der Gestaltungsvielfalt jedoch auf die ersten größeren Schwierigkeiten. Über das Textthema lassen sich dabei am ehesten Subtypen bestimmen: klassische Produktanpreisung/Dienstleistungswerbung, verkaufsfördernde Werbeaktionen (Preisausschreiben, Aktionswochen etc.), Imageumprägung (Einführung einer Umbenennung oder neuen Verpackung), erinnernde Bezugnahme auf einen Werbespot/eine Werbeanzeige, Imagewerbung für das ganze Unternehmen oder eine Marke, Gruppenwerbung etc.

Sylvia Bendel fasst die prototypischen Rahmenbedingungen der Textsorte Werbeanzeige folgendermaßen zusammen:

> Werbeanzeigen sind
> a) kürzere, in sich geschlossene Texte, die
> b) in einem Printmedium erscheinen,
> c) durch typografische Massnahmen vom redaktionellen Text abgetrennt sind, in denen
> d) über Produkte und Dienstleistungen informiert wird, welche
> e) in grösserer Quantität oder über längere Zeit zu haben sind und
> f) einem potenziell unbegrenzten Kundenkreis angeboten werden, mit dem Ziel,
> g) die Empfänger zum Kauf bzw. zur Benützung des Angebotenen zu bewegen. (Bendel 1998: 16)

Aufgrund ihrer diachronen Auswertung von Werbeanzeigen kommt sie jedoch zu dem Schluss, dass neben einer gewissen diachronen Konstanz von Prototypen von Anfang an ein relativ weiter Spielraum in der konkreten Realisierung der konventionellen Muster herrscht (Bendel 1998: 201f).

Um verschiedene Prototypen und deren Subtypen von Anzeigen herauszuarbeiten, bietet sich anstelle der von Brinker vorgeschlagenen Themenbeschreibung eine differenziertere Analyse des strategischen Ziels und seiner Teilziele an (s.o.). Die wenigen textsortenlinguistischen Monographien zur Werbung (bezeichnenderweise diachrone Studien!) arbeiten daher auch mit der Sprechakttheorie (Adam-Wintjen 1998, Bendel 1998).

Kathrin von der Lage-Müller (1995) schlägt folgendes Handlungsmodell am Beispiel der Textsorte Todesanzeige vor, wobei die Anzeige bzw. ein Text dabei nicht selbst als Handlung, sondern als Mittel zum Vollzug einer bestimmten Handlung gilt, quasi als „Handlungsträger" (Lage-Müller 1995: 50f):

a) Die TEXTHANDLUNG(EN) erfassen die Gesamtfunktion bzw. die übergeordnete Handlungsintention einer Textsorte (bei der Todesanzeige obligatorische Texthandlung: ‚den Tod von x bekannt geben'; weitere fakultative Texthandlungen können sein: ‚Kontaktherstellung und -verweigerung', ‚Handlungsanweisung', ‚Ehrung und Würdigung', ‚Danksagung' usw.).

b) Diese Texthandlung(en) werden durch TEILHANDLUNGEN realisiert, das Verhältnis zwischen Texthandlung und Teilhandlung lässt sich mit einer „indem"-Relation beschreiben. (Die Teilhandlungen für die dominante Texthandlung bei Todesanzeigen können sein: ‚den Tod von x bekannt geben' <indem> ‚Name der verstorbenen Person nennen', ‚Ableben explizit erwähnen', ‚Namen der Hinterbliebenen erwähnen'.)

c) Die Teilhandlungen können von (fakultativen, ergänzenden, spezifizierenden) ZUSATZHANDLUNGEN begleitet sein, die für die Texthandlung nicht wesentlich sind und daher zu Text- und Teilhandlung in einer „wobei"-Relation stehen (Lage-Müller 1995: 61). (Für die Teilhandlung ‚Ableben explizit erwähnen' steht z.B. als Inventar von Zusatzhandlungen zur Verfügung: ‚Ursache nennen', ‚Zeit nennen', ‚Ort nennen', ‚Umstände nennen'.)

 Sylvia Bendel wendet Lage-Müllers Handlungsmodell auf historische Werbeanzeigen an, um sie als Textsorte zu fassen und ihre Entwicklung als eine sich verändernde Kombination der realisierten Teilhandlungen zu beschreiben. Dabei fasst sie allerdings die acht von ihr konstatierten Texthandlungen schon so eng auf (= ‚explizite Mitteilung', ‚Verkaufsort nennen', ‚explizit anbieten', ‚Produkt nennen', ‚Produktbeschreibung', ‚Verkaufsargumente anführen', ‚Preis nennen', ‚Verkaufsmodalitäten beschreiben'; Bendel 1998: 106), dass die Teil- und Zusatzhandlungen zum Teil wie Wiederholungen, zum Teil nicht als Handlungen erscheinen (z.B. weist sie der Texthandlung ‚explizite Mitteilung' die Teilhandlungen ‚mitteilen' und ‚Empfänger ansprechen' und die Zusatzhandlungen ‚Adjektive zur Nachricht', ‚Adjektive und Zusätze' und ‚Empfänger spezifizieren' zu; Bendel 1998: 55–57.) Die von Bendel herausgearbeiteten „Texthandlungen" lassen sich viel passender als Teilhandlungen zu Texthandlungen wie ‚über die Existenz des Produktes informieren' (indem das Produkt genannt und beschrieben wird) oder ‚zum Kauf des Produkts bewegen wollen' (indem Preis und Verkaufsort genannt und Verkaufsargumente angeführt werden) beschreiben. Erst wenn man die Texthandlung in diesem Sinne weiter fasst, lassen sich Unterschiede bei den Anzeigen wie klassische Produktwerbung, Aktionswerbung, Imagewerbung u.a. in das Handlungsmodell integrieren und auf dieser Basis unterscheiden. Dementsprechend halte ich auch die bei Bendel aufgestellten Prototypen historischer Anzeigen (ebd.: 114) für zu eng – im Prinzip handelt es sich nicht nur um Prototypen, sondern bereits um die Erfassung aller möglichen Abweichungen vom Prototyp „Am Ort X ist das Produkt P/die Dienstleistung D zu haben" (Bendel 1998: 105).

Welche handlungstheoretisch begründeten Prototypen lassen sich also für Werbeanzeigen feststellen?

Der ursprüngliche, wichtigste und häufigste Prototyp scheint mir die Anzeige zu sein, die die obligatorischen Texthandlungen ‚über Existenz und Beschaffenheit des Produktes informieren' und ‚zum Kauf/zur Nutzung des Produkts bewegen wollen' kombiniert. Ersteres ist die informative Voraussetzung für Letzteres, Letzteres kennzeichnet Werbeanzeigen als appellative Texte (also Kombination aus informatorischer und appellativer Textfunktion). Aus werbewirtschaftlicher Sicht handelt es sich bei diesem Prototyp um die klassische Produktwerbung (wobei in diesem Fall Dienstleistungen unter „Produkt" mitzuverstehen sind). Fakultativ kann seit der Zulassung vergleichender Werbung in Deutschland als weitere Texthandlung ‚ein anderes Produkt durch Vergleich in negatives Licht rücken' auftreten.

Andere Prototypen werden von Texthandlungen wie ‚das werbende Unternehmen positiv vorstellen' (= Imagewerbung) oder ‚zur Teilnahme an einer Werbeaktion bewegen wollen' (= taktische Aktionswerbung) dominiert. Andererseits können diese Texthandlungen fakultativ auch zum ersten Prototyp hinzutreten.

Kehren wir zum ersten Prototyp zurück: Die beiden obligatorischen Texthandlungen können durch verschiedene Teilhandlungen realisiert werden:

1) Texthandlung ‚**über Existenz und Beschaffenheit des Produktes informieren'**
   Mögliche Teilhandlungen:
   a) ‚Produkt explizit nennen'
   b) ‚Produkt beschreiben'
   c) ‚Anwendungsmöglichkeiten aufzeigen'

2) Texthandlung ‚**zum Kauf/zur Nutzung des Produkts bewegen wollen'**
   Mögliche Teilhandlungen:
   a) ‚Verkaufsargumente aufführen'
   b) ‚Verkaufsmodalitäten nennen'
   c) ‚Emotionen ansprechen'
   d) ‚Werte ansprechen'
   e) ‚Autoritäten zitieren'

 Ein Abgrenzungsproblem ist an dieser Stelle nicht ganz von der Hand zu weisen. Die Teilhandlung ‚Verkaufsargumente nennen' kann durch Zusatzhandlungen realisiert werden, zu denen zum Beispiel die Produktbeschreibung (als Teilhandlung b) der Texthandlung 1 angeführt) oder das Aufzeigen von Anwendungsmöglichkeiten (als Teilhandlung c) der Texthandlung 1 angeführt) gehören kann. Auch Werte und Emotionen werden nicht nur angesprochen, sondern sollen zumeist ja gerade als indirektes Verkaufsargument genutzt werden. Es kann also durchaus sein, dass verschiedene Textelemente polyfunktional sind: Sie dienen einer (gewissen) Information und zugleich immer auch der Persuasion.

Mögliche Zusatzhandlungen zu den oben genannten Teilhandlungen:

1a) ‚**Produkt explizit nennen**‘
- ‚Produktname anführen‘
- ‚Hersteller nennen‘
- ‚Produkt einer Marke zuweisen‘

1b) ‚**Produkt beschreiben**‘
- ‚Produkteigenschaften aufzählen‘
- ‚Produkt bildlich zeigen/Aussehen beschreiben‘
- ‚Inhaltsstoffe nennen‘
- ‚Verpackung beschreiben‘

1c) ‚**Anwendungsmöglichkeiten aufzeigen**‘
- ‚Verwendungsweise beschreiben‘
- ‚Verwendungsweise demonstrieren‘
- ‚Verwendungssituationen nennen/beschreiben‘

2a) ‚**Verkaufsargumente aufführen**‘

An dieser Stelle ist auf das Kapitel zur Argumentation (4.2.3) zu verweisen, da alle inhaltlichen Argumentationsmöglichkeiten als Zusatzhandlungen beschreibbar sind, wie z.B.

- ‚Herkunft nennen‘
- ‚auf Tradition verweisen‘
- ‚bestimmte Produkteigenschaften herausstellen‘
- ‚bestimmte Verwendungsmöglichkeiten herausstellen‘
- ‚Produkt in Abgrenzung zu anderen Produkten aufwerten‘
- ‚Testergebnisse zitieren‘
- ‚auf Qualitätskontrollen verweisen‘ etc.

2b) ‚**Verkaufsmodalitäten nennen**‘
- ‚Preis nennen‘
- ‚Verkaufsort nennen‘
- ‚Verkaufskonditionen anführen‘

2c) ‚**Emotionen ansprechen**‘
- ‚Emotion durch Bild oder Musik hervorrufen‘
- ‚Emotionale Werte explizit ansprechen/nennen‘
- ‚Emotionen an Produkt binden‘

2d) ‚**Werte ansprechen**‘
- ‚Werte explizit thematisieren‘
- ‚Werte mit Produkt verbinden‘
- ‚Wert-Assoziationen durch Sprache/Bild hervorrufen‘

2e) ‚**Autoritäten zitieren**‘
- ‚fachliche Autorität sprechen lassen‘
- ‚fachliche Autoritäten zitieren‘
- ‚andere Medien zitieren‘
- ‚firmeneigene Fachleute auftreten lassen‘

An der Vielfalt der angeführten Teil- und Zusatzhandlungen lässt sich ersehen, dass durch unterschiedliche Kombinationen zahlreiche Subtypen möglich sind, die trotz großer Unterschiede zumindest die obligatorischen Texthandlungen gemein haben und daran auch als Anzeigen erkennbar sind. Das vorgestellte Handlungsmodell dürfte sich mit seinen Prototypen problemlos auf Fernseh- und Hörfunkspots übertragen lassen, nur fallen möglicherweise einzelne Teil- und Zusatzhandlungen weg und/oder es kommen weitere hinzu.

 Denken wir nochmals an die Ausführungen zu den Sprechakten zurück, so ergibt sich hinsichtlich der Aufrichtigkeit und dem Problem der indirekten Sprechakte ein Paradoxon: Die Werbetreibenden wollen beim Rezipienten ein ganz bestimmtes Verhalten erreichen. Um erfolgreich zu überreden, sollten sie ihre Überredungsabsicht eigentlich verbergen, um glaubwürdiger zu wirken. Andererseits weiß der Rezipient, was die Werbung von ihm will, und die Werbetreibenden wissen auch, dass der Rezipient dies weiß. Entweder verbergen sie also ihre Überredungsabsicht trotzdem und akzeptieren, dass die meisten Rezipienten auch diese Taktik durchschauen und quasi als ein gemeinsames Spiel mehr oder weniger akzeptieren. Oder sie verbergen ihre Absicht aus der eben genannten Durchschaubarkeit nicht, sondern stilisieren sie durch ausdrückliche Thematisierung womöglich zum Werbeinhalt. Im ersten Fall wird die erste Texthandlung (‚über Existenz und Beschaffenheit des Produktes informieren‘) als die eigentliche und dominante ausgegeben, während die zweite (‚zum Kauf/zur Nutzung des Produkts bewegen wollen‘) zu verbergen versucht wird. Im zweiten Fall steht die zweite Texthandlung ganz offensichtlich im Vordergrund, während die erste implizit in ihr enthalten ist.

In einer Anzeigenanalyse müssen jedem Textbaustein (und eigentlich auch Bildelementen und der Geräusch-/Musikgestaltung) seine entsprechenden Funktionen zugewiesen werden, d.h. welche Zusatz-/Teilhandlung damit jeweils realisiert wird.

Was die Perlokution, also die Wirkungsabsicht betrifft, so lassen sich einzelnen – durch konkrete Textbausteine realisierten – Zusatzhandlungen Perlokutionen zuweisen, die an die unmittelbare Rezeptionssituation gebunden sind (siehe dazu den folgenden Abschnitt 4.2.2). Die beiden Texthandlungen verfolgen das strategische Gesamtziel, ein Produkt auf dem Markt zu positionieren und seinen Absatz zu halten bzw. steigern. Über welche Strategie (und welche Teilziele) die Erreichung dieses Hauptziels angestrebt wird, zeigt die konkrete Werbegestaltung, d.h. die entsprechende Kombination der Teil- und Zusatzhandlungen.

 Die hier entworfenen Prototypen von Anzeigen müssten in größerem Umfang empirisch überprüft werden: Lassen sich Anzeigen diesen Prototypen zuordnen? Gibt es weitere Prototypen mit ganz anderen dominanten Texthandlungen? Lassen sich Subtypen ausmachen, die sich durch eine ganz bestimmte, musterhafte Kombination von Teilhandlungen bestimmen lassen?

Eine erweiterte Forschungsfrage ist die nach dem Zusammenhang von handlungstheoretisch definierten Subtypen und strukturellen Kriterien: Werden bestimmte Teilhandlungen mit Hilfe spezifischer lexikalischer, syntaktischer und textgrammatischer Merkmale realisiert? Ähneln sich Anzeigen mit den gleichen Teilhandlungen also auch zumindest teilweise in Wortwahl, Syntax und der Wahl sprachlicher Besonderheiten (dazu anregend Adamzik 1994)?

 ## Literaturtipps

Einführend und übersichtlich zur Textanalyse und zur Textlinguistik (zugleich hilfreich für das Kapitel zur Textgrammatik 4.3.4):
BRINKER, Klaus (^{4}1997): Linguistische Textanalyse. Eine Einführung in Grundbegriffe und Methoden. 4., durchgesehene und ergänzte Auflage. Berlin (Schmidt). (= Grundlagen der Germanistik 29).
HEINEMANN, Wolfgang/VIEHWEGER, Dieter (1991): Textlinguistik. Eine Einführung. Tübingen (Niemeyer). (= Reihe Germanistische Linguistik 115).

Einen Versuch der Neubestimmung von Perlokution am Beispiel von Sprachspielen in der Werbung leistet, allerdings nicht immer leicht lesbar und in Aufbau und Terminologie zum Teil etwas umständlich und verwirrend:
SAUER, Nicole (1998): Werbung – wenn Worte wirken. Ein Konzept der Perlokution, entwickelt an Werbeanzeigen. Münster u.a. (Waxmann). (= Internationale Hochschulschriften 274).

Das Handlungsmodell zur Textsortenbestimmung sowie ein Überblick zur Textsortenlinguistik findet sich übersichtlich und gut lesbar bei:
LAGE-MÜLLER, Kathrin von der (1995): Text und Tod. Eine handlungstheoretisch orientierte Textsortenbeschreibung am Beispiel der Todesanzeige in der deutschsprachigen Schweiz. Tübingen (Niemeyer). (= Reihe Germanistische Linguistik 157).

Die Umsetzung dieses Modells in Bezug auf historische Werbeanzeigen versucht
BENDEL, Sylvia (1998): Werbeanzeigen von 1622–1798. Entstehung und Entwicklung einer Textsorte. Tübingen (Niemeyer). (= Reihe Germanistische Linguistik 193).

 (14) Zerlegen Sie den Anzeigentext für den Herkules Splinter (Abb. 6) in einzelne Texthandlungen, Teilhandlungen und Zusatzhandlungen. Inwiefern weicht die Anzeige möglicherweise von Ihren Erwartungen an den Prototyp der Verkaufsanzeige (mit den obligatorischen Texthandlungen ‚über Existenz und Beschaffenheit des Produktes informieren' und ‚zum Kauf/zur Nutzung des Produkts bewegen wollen') ab? Belegen Sie dies, indem Sie eine Anzeige suchen, die Sie für typisch halten, und deren Texthandlungsstruktur der analysierten Anzeige gegenüberstellen.

(15) Bestimmen Sie die Text- und Teilhandlungen der PreussenElektra-Anzeige (Abb. 2: 30). Gehört Sie demselben Prototyp wie die oben genannte Anzeige an?

(16) Gegen die magenta-rote Anzeige der MobilCom (Abb. 7: 84) hat die Telekom 1998 rechtliche Schritte eingeleitet. Wieso? Begründen Sie Ihre Antwort, indem Sie die Text-, Teil- oder Zusatzhandlungen benennen, die die Telekom gestört haben werden, bzw. gegebenenfalls diejenigen, deren Fehlen so für Aufregung sorgte.

Abbildung 6: Herkules Splinter

Kein Sehfehler.

Die günstige Vorwahl für Telekom-Kunden

0 10 19

Mit der Vorwahl 0 10 19 können Sie Ihre Telekomrechnung für Ferngespräche ab 50 km drastisch senken. Ein Ferngespräch kostet nur noch 19 Pf/Min – egal wann und egal wohin Sie telefonieren. Einfach die 0 10 19 vor der ganz normalen Rufnummer wählen, ohne Anmeldung.

Oder noch einfacher: Lassen Sie Ihren Anschluß auf die 0 10 19 von der Telekom einstellen. Dann führen Sie automatisch alle Ferngespräche über die Vorwahl 0 10 19!

Ja, ich beauftrage die Deutsche Telekom AG, meinen Anschluß auf die Vorwahl 0 10 19 einzustellen.

A023

Name, Vorname

Geburtsdatum

Straße, Hausnummer

PLZ, Ort

Meine Rufnummer/n (Vorwahl/Nummer)

ISDN-Anschluß: ja   nein   (bitte alle Einzel-Nummern angeben. Bei Durchwahlanlagen bitte Stammnummer und alle Durchwahlen nennen)

1.

2.

3.

4.

(Ich beauftrage und bevollmächtige MobilCom/0 10 19 GmbH, meine oben aufgeführten Telefonanschlüsse bei der Deutschen Telekom AG für alle Ferngespräche auf die 0 10 19 einstellen zu lassen.

x

Datum, rechtsgültige Unterschrift des Auftraggebers

Coupon zur Weiterleitung einsenden an

**MobilCom GmbH
Postfach 1249
24822 Schleswig**

oder faxen an

0180 / 5 67 16 59

oder informieren unter

0180 / 519 19 19

Abbildung 7: MobilCom (oberer Teil in der Telekom-Farbe Magenta)

4.2.2 Persuasive Funktionen von Sprache

 Ein methodisches Problem bei der Untersuchung von Werbesprache ist die auf eine Analyse einzelner sprachlicher Phänomene folgende Interpretation ihrer Funktion und Wirkung. Häufig fehlt eine solche völlig, wenn nur Vorkommnisse und Häufigkeiten konstatiert werden, ohne daraus Schlussfolgerungen zu ziehen. Was aber sagen uns Ergebnisse zu dem in Anzeigen bevorzugten Satzbau, zur Wahl und Häufigkeit der rhetorischen Figuren, zu den entdeckten Wortspielen und Anglizismen? In sprachwissenschaftlicher Terminologie ausgedrückt: Wie lassen sich die strukturell-systematischen Erkenntnisse über die „Gestalt" der Werbesprache funktional in Bezug auf die Werbeintention (oder symptomatisch für Zeitströmungen und die gesellschaftliche Situation) interpretieren?

Eine Möglichkeit besteht darin, die Ergebnisse mit der persuasiven Funktion der Werbetexte in Beziehung zu setzen. In Abschnitt 2.2.3 wurde erläutert, dass die beabsichtigte Werbewirkung in mehreren Stufen ablaufen kann: Es soll die Aufmerksamkeit auf die betreffende Werbung gelenkt werden, damit sie ausdrücklich wahrgenommen wird. Die Werbebotschaft soll verstanden werden und so auf die Einstellung des Rezipienten einwirken, dass ein Produktimage aufgebaut und verfestigt wird bzw. eine Kaufabsicht entsteht. Diese Kaufabsicht soll so ausgeprägt sein, dass sie tatsächlich zur Handlung und am besten zur Handlungswiederholung führt, wobei die Handlungswiederholung in der Regel weniger auf die Werbung als vielmehr auf die guten Erfahrungen mit dem einmal gekauften Produkt zurückgeht.

Um diese gestufte Wirkung zu erreichen, ist Werbesprache persuasiv gestaltet (wobei *persuasiv* ‚überredend, überzeugend' gegenüber *manipulativ* ‚jmd. ohne sein Wissen und oft gegen seinen Willen beeinflussend' vorzuziehen ist, weil es nicht so negativ konnotiert ist und mehr Spielraum für die Art der damit bezeichneten Strategien offen lässt). Um persuasiv wirken zu können, ist Werbesprache prinzipiell stark intentional, konstruiert und inszeniert, Merkmale, die ebenfalls unter 2.3 bereits besprochen wurden. Harmut Stöckl schlägt zur Interpretation einzelner stilistischer Elemente vor, deren konkrete Funktionen im Persuasionsprozess zu untersuchen, wobei einzelnen Elementen auch Mehrfachfunktionen zugeschrieben werden können.

> Wollen wir beschreiben, wie **Stilwirkungen** innerhalb eines persuasiven Textes **instrumentalisiert** werden, so muß der in einem Text ablaufende persuasive Prozeß in einzelne Teilschritte bzw. -funktionen aufgegliedert werden. Die verschiedenen Stilelemente, Struktur- und Sinntypen können dann in ihren Wirkungsdimensionen auf die unterschiedlichen persuasiven Funktionen bezogen werden. (Stöckl 1997: 68; Hervorhebungen im Original)

Stöckl schlägt folgende Teilfunktionen vor (Stöckl 1997: 71–77):

a) AUFMERKSAMKEIT UND INTERESSE AKTIVIERENDE FUNKTION: Bestimmte sprachliche und visuelle Elemente (wie Typographie oder auffällige Wörter) wecken das grundsätzliche Interesse am Kommunikationsvorgang und halten es (unterschiedlich stark) während des Lesens/Hörens der Werbebotschaft aufrecht. Es werden demnach die beiden AIDA-Funktionen *attention* und *interest* wie beim Stufenmodell der Werbewirkung zusammengelegt, da eine funktionale Trennung verschiedener sprachlicher

Merkmale sehr schwierig wäre. In Einzelfällen ließe sich hier aber möglicherweise noch weiter differenzieren (z.B. wenn zwar eine auffällige Schrift Aufmerksamkeit erregt, aber erst die ungewohnte Rezipientenansprache oder eine Frage das Interesse weckt, so dass der Text tatsächlich gelesen wird).

b) VERSTÄNDLICHKEITSFUNKTION: Hierzu zählen die Elemente, die sicher stellen sollen, dass die Werbebotschaft verstanden wird, und zwar zuerst einmal in ihrer Intention. Ein inhaltliches Verständnis aller Textaussagen kann unterschiedlich stark angestrebt sein, je nach beworbenem Produkt und entsprechender Sprachwahl (z.B. ist es bei der Verwendung fachsprachlicher bzw. pseudofachsprachlicher Ausdrücke selten das Ziel, dass deren Denotate und die damit getroffenen Aussagen im Einzelnen verstanden werden, sondern es geht eher um das allgemeinere Verständnis, dass Forschung und Wissenschaft glaubwürdig die Qualität des Produkts gewährleisten).

c) AKZEPTANZFUNKTION: Obiges Beispiel zeigt bereits, dass es auch Stilmittel (wie z.B. Fachwörter oder die Argumentation mit Autoritäten) gibt, die vor allem bewirken sollen, dass der dargestellte Sachverhalt annehmbar, glaubwürdig und akzeptabel erscheint. Nur was (zumindest auf den ersten Blick) glaubwürdig scheint und akzeptiert wird, kann die Einstellung zu einer Sache positiv und im Sinne des Senders beeinflussen.

d) ERINNERUNGSFUNKTION (bei Stöckl „Behaltens- bzw. Retentionsfunktion"): Hierzu zählen alle Stilelemente, die dazu geeignet sind, die Erinnerung an die Werbebotschaft und den Werbetext zu erleichtern und zu verstärken (wie z.B. Wiederholung, Reim und Alliteration).

e) VORSTELLUNGSAKTIVIERENDE FUNKTION: Wenn es durch bestimmte Formulierungen oder Gestaltungsweisen gelingt, die Vorstellungskraft des Rezipienten zu aktivieren und zu steuern, indem ihm z.B. die Möglichkeiten, die ihm mit dem Erwerb des Produkts plötzlich offen stehen, anschaulich vor Augen geführt werden, kann ihnen eine vorstellungsaktivierende Teilfunktion zugewiesen werden.

f) ABLENKUNGS- BZW. VERSCHLEIERUNGSFUNKTION: Diese Teilfunktion übernehmen diejenigen Stilelemente, die geeignet sind, die Persuasionsabsicht in den Hintergrund treten zu lassen. Je stärker der Rezipient von der Werbe- und Überredungsabsicht abgelenkt wird, desto weniger sträubt er sich wahrscheinlich gegen vorgebrachte Argumente.

g) ATTRAKTIVITÄTSFUNKTION: Mit Witz, Ironie oder Spannung kann es Werbung gelingen, dass die Rezeption intellektuelles Vergnügen und Unterhaltung einschließt und deswegen bewusst geschieht. Attraktive Werbung erfüllt häufig leichter die Teilfunktionen der Aufmerksamkeitserregung und der Erinnerungserleichterung, andererseits kann eine besonders witzige und originelle Gestaltung auch den nachteiligen Effekt haben, dass man sich zwar an den Witz erinnert, aber vom Produkt abgelenkt wird und sich daher nicht mehr erinnert, wofür eigentlich geworben wurde.

 Bei Stöckl werden bereits relativ detailliert bestimmte sprachliche Mittel aufgezählt, denen diese oder jene Teilfunktion zukommt. Eine solche Festlegung im Vorhinein ist riskant, wenn sie den Blick auf den Einzelfall versperrt und zu nachlassender Sorgfalt bei der Interpretation führt.

Erst im konkreten Zusammenwirken verschiedener sprachlicher (und übrigens auch visueller) Strategien können einzelnen Stilmitteln Teilfunktionen zugewiesen werden.

 Literaturtipps

STÖCKL, Hartmut (1997): Werbung in Wort und Bild. Textstil und Semiotik englisch-sprachiger Anzeigenwerbung, Frankfurt am Main u.a. (Lang). (= Europäische Hoch-schulschriften. Reihe XIV: Angelsächsische Sprache und Literatur 336).

 Eine Funktionszuweisung von werbesprachlichen Elementen im obigen Sinn sollte im Grunde bei allen Fragen vorgenommen werden, die in den folgenden Kapiteln gestellt werden. Daher an dieser Stelle nur zwei kurze Aufgaben:

(17) Welche persuasive Funktion übernimmt der linke Teil der Anzeige für den Herkules Splinter (Abb. 6: 83) (Text und Bild)?

(18) Versuchen Sie, den einzelnen Bausteinen der Anzeige für Kéralogie Specifique (Abb. 5: 67) jeweils eine dominante persuasive Funktion zuzuweisen (siehe dazu Frage **(10)**: 68).

4.2.3 Argumentation

Wer Werbesprache untersucht, befindet sich hinsichtlich der Argumentation in einem gewissen Dilemma: Werbung ist, wie oben (2.3.2) erläutert, eine inszenierte Form einer zudem einseitigen Kommunikation. Sie wird also aufgrund ihrer Ziele, Produkte und Dienstleistungen zu verkaufen, nicht unbedingt in rationalem Sinn argumentieren, wie wir das normalerweise von einem Gesprächspartner erwarten, und wir können auch keine Einwände gegen ihre Argumente vorbringen, aus der sich eine Diskussion ergeben würde. Trotzdem können Argumentationsstrategien in der Werbung herausgearbeitet werden, die allerdings entsprechend den zugrunde liegenden kommunikativen Bedingungen bewertet werden müssen.

Zuerst eine allgemeine Definition von „Argumentation":

Argumentation, eine Rede mit dem Ziel, die Zustimmung oder den Widerspruch wirklicher oder fiktiver Gesprächspartner zu einer Aussage oder Norm (‚für' bzw. ‚gegen' deren Wahrheit bzw. Gültigkeit dann argumentiert wird) durch den schrittweisen und lückenlosen Rückgang auf bereits gemeinsam anerkannte Aussagen bzw. Normen zu erreichen. Jede im Verlauf einer solchen Rede erreichte Zustimmung zu einer weiteren Aussage oder Norm (über die Ausgangssätze hinaus) kennzeichnet einen Schritt der A[rgumentation]; die einzelnen Schritte heißen die für (bzw. gegen) die zur Diskussion gestellte Aussage bzw. Norm vorgebrachten ‚Argumente'. (Enzyklopädie Philosophie und Wissenschaftstheorie 1980: 161)

In der Werbung geht es zwar mitunter um die Rechtfertigung der Gültigkeit von Aussagen (in Risiko- oder Krisensituationen zum Beispiel), aber meist doch eher um eine „Begründung", dass das Angebotene besser ist als das der Konkurrenz bzw. dass das Angebotene überhaupt wünschenswert, brauchbar und also zu haben notwendig ist. Es ist damit die wichtige Voraussetzung gemäß obiger Definition gegeben, dass der Produzent bei der Konzeption der Werbung davon ausgehen muss, dass diese Aussagen strittig sind, dass es für den Rezipienten bzw. potentiellen Konsumenten also noch keineswegs erwiesen ist, dass das betreffende Produkt das Beste ist und er es dringend braucht.

Argumentation in der Werbung ist immer monologische (oder konvergente) Argumentation, die im Gegensatz zur dialogischen Argumentation nicht in Form von Rede und Gegenrede aufgebaut ist, sondern die so beschaffen sein muss, dass mögliche Einwände schon prophylaktisch ausgeräumt werden. Dass die Begründung eine Scheinbegründung sein kann, da es dem Sender nicht auf Objektivität und vollständige Diskussion von Vor- und Nachteilen ankommt, ist hier insofern unwichtig, als sich auch der Rezipient von Werbung klar ist (oder doch klar sein sollte), dass eine persuasive (= überredende) Kommunikation vorliegt. Auch eine persuasive und in diesem Sinn einseitige Argumentation kann demnach zweckrational vernünftig sein, wenn mit ihr das intendierte Ziel, der Beeinflussungsversuch, am besten erreicht werden kann.

 Ein Problem bei der Untersuchung von Argumentation in der Werbung besteht offensichtlich in einer Vermischung von Inhalt und Form der Argumentation. Dies zeigt sich zum Beispiel bei Otto W. Haseloff, der speziell in Bezug auf Werbung die vier Argumentationstypen Plausibilitätsargumentation, moralische Argumentation, rationale Argumentation und taktische Argumentation unterscheidet (jeweils mit verschiedenen Untertypen; Haseloff 1968: 102–105). Dabei vermischt er inhaltliche und formale Kriterien: So sind eine Bezugnahme auf allgemein anerkannte Werte wie Sicherheit oder Verantwortung (= moralische Argumentation), das Anführen von Produkterfahrungen und -verwendungssituationen (= Plausibilitätsargumentation) oder die Angabe nachprüfbarer Daten (= rationale Argumentation, Untertyp 2) sachbezogen und **inhaltlich determiniert**, während die taktische Argumentation, zum Beispiel eine bestimmte Art der Auseinandersetzung mit Gegenargumenten, oder eine logische Beweisführung (= rationale Argumentation, Untertyp 1) **zweckorientierte Formen** sind.

So anregend einzelne Untertypen bei Haseloff sind, so sollten Form und Inhalt doch getrennt werden, weshalb im Folgenden versucht wird, auf der Basis verschiedener Anregungen aus der Forschung formale Besonderheiten und inhaltliche Typen von Werbeargumentation aufzulisten. Als knappe, aber gut verständliche Einführung bietet sich das Kapitel zu Argumentationslehre von Clemens Ottmers (1996: 67–117) an, dem hier weit gehend gefolgt wird; ausführlichere und komplexere Ausführungen finden sich bei Manfred Kienpointner (1992).

Argumentationsverfahren

Da die Werbung ihrer Argumentation keinen wissenschaftlichen Anspruch zugrunde legt, sondern wie in der Alltagskommunikation mit Wahrscheinlichkeiten operiert, um Entscheidungen und Handlungen herbeizuführen, kann das syllogistische Schlussverfahren ausgeklammert bleiben (Syllogismus = logisch vollkommener Schluss, der absolute und wahre Erkenntnis vermittelt).

Die beiden Argumentationsverfahren, die in Werbung wie Alltagskommunikation verwendet werden, sind die Enthymem- und die Beispielargumentation (siehe zum Folgenden ausführlicher Ottmers 1996: 73–85, auf Werbung angewendet bei Andersson 1997).

a) ENTHYMEMARGUMENTATION

Ein Enthymem ist ein dreigliedriger Argumentationsschritt: Der Geltungsanspruch einer strittigen Aussage wird mit Hilfe einer unstrittigen Aussage, also einem Argument, gestützt oder zurückgewiesen:

> Die dabei zur Hilfe genommene unstrittige Aussage fungiert als *Argument* (auch *Prämisse* genannt), das die strittige Aussage in die *Konklusion* überführen, sie also in einem nicht mehr strittigen ‚Schlußsatz' festschreiben soll. Anders ausgedrückt: In der Argumentation wird ein Argument (A) eingesetzt, um eine strittige Aussage glaubhaft, d.h. plausibel zu machen und sie so in eine Konklusion zu überführen (K). Bei diesem Prozeß wird vom Argument auf die Konklusion geschlossen, und zwar mittels eines bestimmten Schlußverfahrens, für das sich in der modernen Argumentationsforschung der Begriff *Schlußregel* (SR) durchgesetzt hat. (Ottmers 1996: 73)

Ein Beispiel: Wenn für ein Joghurt damit geworben wird, dass es Vitamine und Calcium enthält (z.B. für Fruchtzwerge von Danone), dann ist dies das Argument, das dafür spricht, genau dieses Joghurt zu kaufen (Konklusion), und zwar aufgrund der impliziten Schlussregel, dass der Verzehr von Vitaminen und Calcium gut (oder gar notwendig) für die Gesundheit ist.

Das Enthymem ist also ein Argumentationsverfahren, „bei dem deduktiv vom unstrittigen Allgemeinen auf die Plausibilität des besonderen Falles geschlossen wird" (Ottmers 1996: 74).

In seiner alltagssprachlichen Verwendung weist das Enthymem jedoch noch fünf weitere charakteristische Merkmale auf: Erstens ist es in seiner formalen Struktur nicht festgelegt, zweitens müssen nicht alle drei Enthymemkomponenten explizit aufgeführt werden, drittens zielt die enthymemische Argumentation auf Plausibilität und nicht auf letzte Gewißheit, viertens darf das herangezogene Argument selbst nicht strittig sein, und fünftens basieren solche Enthymemschlüsse auf spezifischen, teils alltagslogischen, teils konventionalisierten Schlußverfahren, die von der rhetorischen Argumentationstheorie in der sogenannten *Topik* gesammelt und analysiert worden sind. [Näheres dazu s.u., N.J.] (Ottmers 1996: 74)

Nicht zuletzt aufgrund dieser Merkmale bietet sich die Enthymemargumentation auch für die Werbekommunikation an: Sie basiert auf zumeist allseits anerkannten Schlussregeln; diese können wie die Konklusion implizit bleiben und erscheinen dadurch wie Selbstverständlichkeiten; zudem erlaubt die formale Offenheit des Verfahrens auch eine Häufung von Argumenten bzw. eine Kombination und Vermischung mehrerer Argumentationsfolgen. Das erschwert allerdings wiederum die Analyse, weil sich längst nicht in allen Anzeigen und Spots ein einzelner klarer Dreischritt herauskristallisieren lässt. Das von vornherein festgelegte Werbeziel und die sich daraus ergebende Inszeniertheit der Argumentation, die sich nicht selten in Scheinbegründungen äußert, haben zwangsläufig auch Auswirkungen auf die Folgerichtigkeit des Enthymems.

b) BEISPIELARGUMENTATION

Klassischerweise werden zwei Formen der Beispielargumentation unterschieden: das induktive und das illustrative Beispiel. Letzteres dient meist nur der Verstärkung einer enthymemischen Argumentation, indem es die Konklusion abschließend am besonderen Fall veranschaulicht. Beim induktiven Beispiel handelt es sich dagegen „um einen Schluß vom Besonderen auf das Allgemeine durch das Hinzuziehen ähnlich gelagerter Fälle" (Ottmers 1996: 82). Anders als bei einer Schlussregel, die aus dem allgemeinen Meinungs- und Erfahrungswissen hergeleitet werden kann, muss der Übergang vom Argument zur Konklusion mit Hilfe von Beispielen erst aufgebaut werden. Es fällt allerdings oft schwer, induktive (d.h. argumentativ einge-setzte) von illustrativen Beispielen (und damit von der Enthymemargumentation) zu trennen, „weil nicht immer deutlich wird, ob das Beispiel explizit die (meist implizite) Schlußregel stützen oder das Argument stärken soll" (Ottmers 1996: 84). Beide Formen der Beispielargumentation werden daher in der Topik unter dem „Topos aus dem Beispiel" zusammengefasst (siehe unter den alltagslogischen Schluss-verfahren unten).

Ein Beispiel aus der Werbung für induktive Beispielargumentation sind die Fernseh-spots für das Magnum-Eis von Langnese: Sie zeigen Menschen in für sie sehr wich-tigen Situationen, die sich spontan und gegen alle Vernunft für den Eiskauf statt für das eigentlich vorgesehene Handeln entscheiden, oft mit offenem Ausgang der Ge-schichte: So verwendet ein junger Mann, der – bei einer kurzen Unterbrechung gegenseitiger Zärtlichkeiten – eigentlich nur schnell ein Kondom für sich und seine Freundin aus dem Automaten ziehen wollte, das dafür vorgesehene Geldstück nach kurzem Zögern zum Kauf eines Magnum, das in einem daneben stehenden Auto-maten erhältlich ist. – Eine Einbrecherin, die in einem Museum in aufwendiger Konstruktion von der Decke schwebt, um keinen Alarm durch Bodenkontakt aus-zulösen, stiehlt aus einer Vitrine eine wertvolle Münze. Während sie sich eigentlich schon zurückzieht, entdeckt sie einen Magnum-Automaten und benützt nach kur-zem Zögern die gestohlene Münze dazu, ein Eis zu kaufen (dessen herunterbre-chende Schokoladenkruste dann wahrscheinlich doch den Alarm auslösen wird). Aus diesen Szenen lässt sich schließen, dass Magnum eine solche Versuchung bzw. einen solchen Genuss darstellt – belegt durch die extremen Beispiele –, dass man getrost alles andere zurückstellen kann.

Formen von Schlussregeln – Topik

Bei der Enthymemargumentation zeigt sich, dass wir nur eine bestimmte Anzahl fester Schlussmuster verwenden, um vom Argument auf die Konklusion zu schließen. Nach diesen Schlussmustern werden die meisten Argumentationen aufgebaut, ihre Plausibi-lität misst sich dann an der jeweiligen inhaltlichen Füllung. Dabei lassen sich zwei Typen von Schlussregeln unterscheiden: die quasi-logischen oder alltagslogischen Schlussver-fahren und die konventionalisierten Schlussverfahren, die auf Gemeinplätzen, allge-mein anerkannten Sätzen oder Autoritäten beruhen. (Das Folgende basiert auf der ausführlichen Darstellung von Ottmers (1996: 86–117); Spezialfälle, die für die Wer-bung keine Relevanz besitzen, wurden nicht berücksichtigt.)

1) ALLTAGSLOGISCHE SCHLUSSVERFAHREN

Die alltagslogischen Topoi beruhen auf logischen Gesetzen oder sind diesen zumindest ähnlich und werden deduktiv verwendet. Sie stehen für die Alltagskommunikation gleichsam schon bereit, weil sie zum allgemeinen Meinungs- und Erfahrungswissen gehören. Sie sind insofern kontextabstrakt, als sie zwar inhaltliche Bezüge aufweisen, aber **nicht mit den Inhalten der Argumentation identisch** sind. Kontextabstrakte Topoi bieten formale Muster der Bezugnahme, die im konkreten Fall ganz unterschiedlich inhaltlich gefüllt werden können. Zu unterscheiden sind

a) KAUSALSCHLÜSSE, „bei denen Kausalrelationen als Schlußregeln die Plausibilität der Argumentation gewährleisten" (Ottmers 1996: 93): Topos von Ursache und Wirkung – Topos von Grund und Folge – Topos von Mittel und Zweck.

b) VERGLEICHSSCHLÜSSE, bei denen verschiedene Größen (Dinge, Eigenschaften oder auch Wahrscheinlichkeiten) miteinander vergleichend in Beziehung gebracht werden: Topos der Gleichheit oder großen Ähnlichkeit – Topos der Verschiedenheit oder geringen Ähnlichkeit – Topos des Mehr oder Minder (= wenn x wahrscheinlich ist und eintritt, wird y, was wahrscheinlicher ist, erst recht eintreten u.Ä.).

c) GEGENSATZSCHLÜSSE, die als „Topoi der Widerspruchslosigkeit" bekannt sind, weil es um semantische Ausschlussverfahren geht (= wenn x gilt, kann nicht zugleich das Gegenteil von x gelten): Topos der absoluten (= absolut polaren) Gegensätze – Topos der relativen (= polaren, aber skalierbaren) Gegensätze – Topos aus alternativen Gegensätzen (= „Wenn zwischen [gegensätzlichen, aber sich nicht ausschließenden, N.J.] Alternativen entschieden werden muß, dann ist es wahrscheinlich, daß die Wahl auf die bessere und nicht auf die schlechtere Alternative fällt." Ottmers 1996: 103).

d) EINORDNUNGSSCHLÜSSE, bei denen von einem Teil auf etwas Ganzes, Umfassenderes oder umgekehrt vom Umfassenden auf den Teil geschlossen wird: Topos vom Teil und dem Ganzen – Topos von Gattung und Art.

e) TOPOS DES BEISPIELS, bei dem von einem Beispiel auf Allgemeines geschlossen wird.

2) KONVENTIONALISIERTE SCHLUSSREGELN

Diese Schlussregeln ähneln nicht logischen Gesetzen, sondern beruhen allein auf Konvention (z.B. normative Prämissen, ethische Präferenzregeln oder Klischees und Gemeinplätze). Sie sind im Gegensatz zu ersteren eine völlig offene Klasse, sind sehr viel stärker den Veränderungen im Meinungs- und Erfahrungswissen unterworfen und gewinnen ihre Aussagekraft zudem nur durch die jeweils damit verbundenen Inhalte. Sie sind also im Gegensatz zu den kontextabstrakten alltagslogischen Schlussverfahren kontextrelevant. Trotz der Offenheit dieser Klasse lassen sich wenigstens drei repräsentative Schlussverfahren unterscheiden:

a) TOPOS DER ANALOGIE: „Wenn eine Sache oder eine Person in einem bestimmten Verhältnis zu einer anderen Sache oder Person steht, dann ist dieses Verhältnis auf andere Relationen zwischen Sachen und Personen übertragbar, wenn Ähnlichkeiten zwischen beiden Relationen bestehen." (Ottmers 1996: 113) Ein Beispiel hierzu wäre eine Anzeige für das Tele-Aid-System von Mercedes-Benz mit der Schlagzeile: *Drei, die automatisch Hilfe holen, wenn Sie es nicht mehr können.* Abgebildet sind die Serienstars Flipper (Delphin) und Lassie (Collie-Hündin) und der SOS-Schalter des Notrufsystems Tele Aid. Flipper und Lassie sind als „Retter in der Not" aus dem Fernsehen bekannt – genauso wie sie wird Tele Aid im Notfall rettend reagieren, wenn man den SOS-Schalter betätigt.

b) TOPOS DER PERSON: „Wenn eine Person bestimmte Eigenschaften, Verhaltens- oder Handlungsweisen an den Tag legt, dann sind daraus (mit mehr oder weniger großer Wahrscheinlichkeit) andere Eigenschaften, Verhaltensweisen oder Handlungen dieser Person ableitbar." (Ottmers 1996: 115) Als ein Beispiel dafür kann man die Krönung-light-Werbung von Jacob's Kaffee ansehen, bei der sich aus der dynamischen Art der Protagonistin im Berufs- wie Privatleben unmittelbar ableiten lässt, dass sie gesundheitsbewusst ist und deshalb einen leichten, d.h. koffeinarmen Kaffee trinkt. Implizit bleibende Konklusion: Wer also ebenso dynamisch ist (bzw. sein will), trinkt ebenfalls Krönung light.

c) TOPOS DER AUTORITÄT: Dieses Schlussverfahren ist in der Werbung eines der häufigsten. Eine Möglichkeit der Autoritätsargumentation besteht darin, dass der Firmeninhaber oder eine andere Person aus dem werbenden Unternehmen als Sender auftritt. So werben bei Valensina Herr Dittmayer, bei Hipp Babynahrung Claus Hipp oder bei Idee Kaffee Albert Darboven höchstpersönlich für ihre Produkte und stehen damit mit ihrem Namen und Ruf für die Produktqualität ein. Das tun sie zwar automatisch dadurch, dass sie ein bestimmtes Produktprogramm in den Handel bringen, aber ein Auftritt in der Werbung scheint ihre persönliche Haftung zu erhöhen, weil der Verbraucher jetzt den Verantwortlichen zu kennen glaubt.

Als qualifizierte Mitarbeiter eines Unternehmens treten z.B. Fachleute aus den unternehmenseigenen Labors oder Entwicklungsabteilungen auf, wie beispielsweise die Ingenieure von Peugeot. Diese nehmen einen anderen Autoritätsstatus ein, sie sind nicht persönlich mit dem Produkt verbunden, sondern belegen seine Qualität aufgrund ihres Expertstatus. Wirksamer als firmeneigene Experten sind Außenstehende wie die berühmten Zahnärzte, die ein Produkt aufgrund ihrer Berufserfahrung empfehlen.[7] Dabei muss zwar der Inszenierungscharakter gesehen werden (handelt es sich tatsächlich um den Firmeninhaber/um einen Zahnarzt – oder „nur" um einen Schauspieler?), er spielt aber für die Gültigkeitswirkung der Autoritätsargumentation kaum eine Rolle, denn Autoritätsargumentation ist nicht nur in der Werbung, sondern selbst in den Wissenschaften sehr beliebt und wirkungsvoll. Ein solches Vorgehen ersetzt allerdings nicht die Argumente, sondern verschiebt die Begründungspflicht nur vom Sachverhalt auf die zitierte Instanz, denn auch Autoritäten widersprechen sich nicht selten. Wer also gilt als Experte und warum? Dass der Topos der Autorität eigentlich eine Schlussregel und nicht schon ein inhaltliches Argument ist, zeigt sich darin, dass die jeweilige Autorität ja ganz verschiede-

---

7 Die verschiedenen Bewertungen und der Geltungsanspruch der Autoritätsargumentation werden z.B. bei Schöberle 1984 (165–172) diskutiert.

ne Argumente für das Produkt anführen kann (die technische Leistung eines Autos, die wirkungsvolle Form der Zahnbürstenborsten, den guten Geschmack und die persönlich garantierte Qualität des Nahrungsmittels, die bewährte Tradition des Hauses etc.). Trotzdem ist der Glaubwürdigkeitsgewinn durch Autoritäten offensichtlich so groß, dass mitunter einfach nur eine Autorität angeführt/gezeigt und auf eine weitere inhaltliche Füllung verzichtet wird: Die Autorität selbst wird dann zum Argument. Ein der Autoritätsargumentation ähnlicher, aber doch etwas anders gelagerter Fall ist die so genannte TESTIMONIALWERBUNG. Hier bezeugt ein Verbraucher, der das Produkt ausprobiert hat, seine Qualität (man denke an die Waschmittelwerbung mit der klassischen Hausfrauenbefragung, die Kampagnen für Tempo-Taschentücher mit Nies- und Schnupftests auf der Straße, Babywindel- oder Perwollwerbung: *Ist der Pullover neu? – Nein, mit Perwoll gewaschen.*). Die Glaubwürdigkeit entsteht nicht durch die Autorität eines vorausgesetzten Mehr-Wissens ganz bestimmter Personen, sondern durch die Zustimmung eines Alltagsverbrauchers zum Produkt, die auf einer Probe oder der Alltagserfahrung basiert. Einen besonderen Status nehmen bei der Testimonialwerbung populäre Persönlichkeiten ein, deren persönliche Vorliebe für ein Produkt werbewirksam durch ihre Popularität unterstützt wird (z.B. Manfred Krug für die Telekom, Mika Häkkinen für TD1). Kann die bekannte Persönlichkeit zudem als Fachmann auf dem Gebiet des Produkts gelten (z.B. Michael Schumacher zuerst für Renault, inzwischen für Fiat), erhöht sich die Glaubwürdigkeit durch die Kombination aus Testimonial und fachlicher Autorität. Laut Derieth spielt für die Rezipienten das vermutete fachliche Wissen in jedem Fall eine größere Rolle als die bloße Prominenz (vgl. Derieth 1995: 82).

Zusammenfassend lassen sich demnach an Autoritäten im weitesten Sinne unterscheiden:

- der Firmengründer/-besitzer als haftbar zu machender Garant für Herkunft und Qualität,
- firmenexterne Experten (z.B. Wissenschaftler, Ärzte, Warenteststiftungen u.Ä.),
- firmeninterne Experten (z.B. aus Entwicklungsabteilungen und Labors),
- der prominente und zufriedene Verbraucher mit fachlichem Hintergrundwissen (= prominenter Experte oder Halbexperte),
- der prominente und zufriedene Verbraucher ohne Hintergrundwissen oder Produktbezug (= Testimonial),
- der „normale" zufriedene Verbraucher (= Testimonial).

Tendenziell nimmt die Glaubwürdigkeit dieser Autoritäten von unten nach oben gesehen zu; zu prüfen wäre dabei aber in jedem Fall auch die Qualität der von diesen Autoritäten gemachten Aussagen zum Produkt.

Die Argumentation in der Werbung darf aufgrund ihres monologischen, stark persuasiven und daher nicht selten inszenierten Charakters nicht uneingeschränkt mit den Regeln der Alltagsargumentation verglichen werden. Deshalb ist im Zusammenhang mit der Argumentationsform immer zu fragen, wie schlüssig die Argumentation ist:

a) Werden überhaupt, wenn auch implizit, Schlussregeln der vorgestellten Art verwendet?
b) Werden wirklich sachbezogene Argumente gebracht, oder wird hauptsächlich auf der emotionalen Ebene argumentiert?
c) Ist die Argumentation einseitig oder zweiseitig, werden also Gegenargumente ignoriert oder explizit thematisiert und ausgeräumt?

Argumentation in der Werbung ist zumeist einseitig, d.h. es werden nur die für das Produkt sprechenden Argumente gebracht und mögliche Gegenargumente weder angesprochen noch widerlegt. Zweiseitige Argumentation, bei der zuerst Gegenargumente angeführt, diese dann aber widerlegt oder durch die positiven Argumente aufgewogen werden, wirkt meist glaubwürdiger und interessanter, bietet sich für die Werbung aber nur unter bestimmten Bedingungen an: Langfristig wirksamer ist zweiseitige Argumentation, wenn die Rezipienten entsprechender Gegenpropaganda ausgesetzt sind, die sie – gestärkt durch die Vorwegnahme durch eine zweiseitige Argumentation – als solche dann erkennen und widerlegen können. Unabhängig von Gegenpropaganda bietet sich zweiseitige Argumentation an, wenn damit gerechnet werden kann, dass es einer starken Überzeugungsleistung bedarf, weil die Rezipienten von vornherein eine negative oder gegnerische Position zum Beworbenen einnehmen. Auf jeden Fall dürfen die angeführten Gegenargumente in beiden Fällen nicht zu trivial sein, da sonst die ganze Argumentation an Glaubwürdigkeit und Tiefe verliert (Behrens 1996: 102f).

 Argumentationsstrukturen (d.h. beispielsweise Produktabhängigkeit von bestimmten Schlussverfahren oder Argumenten) sind an und für sich noch nicht umfassend untersucht. Eine noch offene Frage ist z.B., wie Werbung versucht, die an sich höhere Glaubwürdigkeit einer zweiseitigen Argumentation taktisch für sich zu nutzen, indem so getan wird, als ob man Nachteile oder Negatives eingestehen müsste: Z.B. wirbt der MediaMarkt derzeit mit einer Fernsehspot-Kampagne, in der immer auf mehr oder weniger witzige Weise gezeigt wird, was die Verkäufer des MediaMarktes alles nicht können – um zu dem sloganartigen Schluss zu kommen: *Wir können nur billig.* Für Uncle Ben's Rispinos gibt es ein Gewinnspiel, das überschrieben ist mit *Die Nachteile von Uncle Ben's Rispinos.* Diese Nachteile (*Nichts passt mehr. – Jeder balzt rum. – Keine mag mich. – Alle wollen was.*) entpuppen sich im Text-Bild-Kontext als durchaus positiv, weil es um eine Frau geht, die durch die fettarmen Rispinos verführerisch schlank geworden ist und nun von Männern umworben und von Frauen beneidet wird. (Vgl. weiterführend zum Aspekt einer „inszenierten Negativität", wie sie sich in der Werbung zum Beispiel in phraseologischen Schlagzeilen niederschlägt, den Aufsatz von Sabban 1998.)

Kennzeichen der Werbeargumentation ist es außerdem, dass die Konklusion häufig implizit bleibt mit dem Ziel, dass der Rezipient selbst schlussfolgert, dadurch stärker involviert wird und den eigenen Schluss dann womöglich für glaubwürdiger hält. Der große Vorteil eines impliziten Schlusses in der Werbung ist, dass die Kaufaufforderung dadurch zumeist subtiler und weniger aufdringlich wirkt. Explizite Schlussfolgerungen haben dagegen den Vorteil, eindeutig zu sein und keinen Spielraum für Missverständnisse oder für von der eigentlichen Werbeintention abweichende Deutungen zu eröffnen.

Gerold Behrens zitiert aus den Ergebnissen einer Untersuchung, welche Gründe für eine implizite und welche für eine explizite Schlussfolgerung in der Werbung sprechen, rät dann aber aufgrund der Eindeutigkeit eher zum expliziten Schluss (Behrens 1996: 105). Dieser Ratschlag eignet sich meiner Meinung nach für Werbung nur bedingt (und wird auch zugunsten größerer Subtilität eher selten befolgt), da die Werbeintention und damit die Schlussfolgerung, das Produkt sei so gut/preiswert o.Ä., dass man es kaufen bzw. der Konkurrenz vorziehen solle, in der Regel offensichtlich ist und eine explizite Formulierung aufdringlich und kontraproduktiv wirken würde. Explizite Konklusionen innerhalb von Anzeigen- und Spottexten, die noch einen oder mehrere Argumentationsschritte **vor** der Kaufaufforderung liegen, sind dagegen häufiger.

Inhaltliche Strategien der Argumentation[8]

Wenn in der Forschung von Werbestrategien die Rede ist, wird darunter oft sehr Unterschiedliches verstanden. Mal sind es ganz allgemein semantische Strategien, unter die Formen, Inhalte und Intentionen zusammengefasst werden (z.B. Krüger 1978), mal Überzeugungsstrategien mit der Betonung der zugrunde liegenden Werte (Form und Inhalt der Argumentation, z.B. bei Wehner 1996), mal Strategien, die sich vor allem durch ihre sprachliche Form unterscheiden (z.T. bei Sowinski 1998). Im Folgenden meint „Werbestrategie" die inhaltliche Argumentationsstrategie, die in einer Anzeige, einem Spot oder einer ganzen Kampagne dominiert.

Die folgende Übersicht versucht dementsprechend die möglichen Inhalte der Argumentation festzuhalten, ist im Sinne der Vollständigkeit aber immer offen für neue Einfälle der Werbetreibenden. Bei einer Untersuchung von Werbestrategien und Argumentationsmustern können die folgenden Aspekte entweder als die jeweils dominante Werbestrategie einer Anzeige bzw. eines Spots identifiziert werden oder auch nur als ein einzelnes Argument, das mit anderen Argumenten kombiniert ist. Die Gliederung in produkt-, sender- und empfängerbezogene Argumente ist nicht als starre Zuordnung zu sehen, sondern als ein Versuch, etwas Ordnung in die Vielfalt zu bringen. Je nach konkreter Ausgestaltung der Argumentation kann beispielsweise der Verweis auf die Herkunft des Produkts neben dem Produktbezug (z.B. Verweis auf natürliche oder regionale Herkunft) auch einen Senderbezug aufweisen (z.B. Nennung des Unternehmens und des Herstellerlandes).

1) PRODUKTBEZOGENE ARGUMENTE:

a) VERWEIS AUF HERKUNFT DES PRODUKTS: Besonders in der Lebensmittelwerbung wird die regionale Herkunft häufig als Qualitätsmerkmal und Hauptargument für das Produkt herangezogen (z.B. im Slogan der Biermarke Jever: *Wie das Land, so das Jever. Friesisch herb.*, in Produktnamen wie *Almighurt* sowie in der Werbung für Milka-Produkte in Alpenatmosphäre). Neben der Herkunftsregion als besonderem Mar-

---

8 Anregungen zu inhaltlichen Argumentationsstrategien in der Werbung, die hier zum Teil aufgegriffen werden, finden sich z.B. bei Krüger 1978: 143–163, Herbig 1992: 92, 97, Wehner 1996: 33.

kenzeichen kann aber auch die natürliche Herkunft eines Produkts ohne regionale Eingrenzung schon als Argument genügen. Das Herkunftsargument ist ein offensichtlich persuasiv sehr wirksames Argument, da es bei geeigneten Produkten (wie Lebensmitteln) überaus häufig als Strategie eingesetzt wird.

b) NENNUNG VON PRODUKTEIGENSCHAFTEN: Zum einen können sachliche Argumente wie technische Details, technische Leistungsmöglichkeiten eines Produkts oder Informationen über die inhaltliche Zusammensetzung gebracht werden, wie das sehr häufig bei Autos (Twingo Air: *Oben offen, unten elektrisch.*) und technischen Geräten (*Grundig Megatron im 16:9 Breitwand-Format mit neuer PALplus Qualität.*) auf der einen Seite, Kosmetika (frei öl Intensiv-Creme: ... *mit natürlichen Wirkstoffen wie Comfrey- und Nachtkerzenöl sowie Jojobaöl* ...) und Medikamenten auf der anderen Seite geschieht. Diese Argumentation ist empirisch zumindest im technischen Bereich meist nachprüfbar und impliziert einen gewissen Grad an sachlicher Produktinformation. Zum anderen ist aber auch eine eher persuasive Strategie denkbar, wenn die Eigenschaften des Produkts mehr auf einer emotionalen Ebene angesiedelt und nicht im gleichen Maße nachprüfbar sind (etwas sei exklusiv, elegant, modisch oder einfach neu und revolutionär). Diese Vorgehensweise der emotionalen Aufwertung weist in der Regel zugleich einen Empfängerbezug auf (siehe dort).

c) BESCHREIBUNG ODER DEMONSTRATION DER WIRKUNGSWEISE DES PRODUKTS: Die Strategie, Produkteigenschaften zu nennen, ist sehr häufig gekoppelt mit der Beschreibung, wie das Produkt wirkt, welche Vorteile es also aufgrund seiner Inhaltsstoffe für den Konsumenten (oder seine Haut, Gesundheit etc.) hat: *Gewebefestigend und hautstraffend wirkt das transparente Gel Raffermissant* (Hautpflege von Chanel); *Hochwirksame, speziell kombinierte Arzneistoffe dringen tief in das geschädigte Gewebe ein und bekämpfen dort Schmerzen und Entzündung* (medizinische Salbe Mobilat).

d) BESCHREIBUNG ODER DEMONSTRATION TYPISCHER ODER BESONDERER VERWENDUNGSSITUATIONEN: Analog zur letzten Strategie, die geeignetermaßen eher bei Kosmetika, Arzneimitteln und zunehmend bei probiotischen Milchprodukten (Janich 1998b) zum Einsatz kommt, können auch eine bestimmte Verwendungssituation und die darauf bezogenen Leistungsmöglichkeiten des Produkts im Vordergrund stehen. Diese Strategie ist beispielsweise bei Autos sehr beliebt, wenn die Straßenlage oder das Bremsverhalten durch eine Filmsequenz bzw. ein Bildarrangement demonstriert oder zumindest beschrieben werden.

e) BEWEIS DURCH WARENTESTS: Das Anführen von Ergebnissen aus Produktkontrollen, der Beleg durch ein besonderes Gütesiegel, die Zitierung der Benotung durch die Stiftung Warentest oder andere Instanzen, die für die jeweilige Produktgattung als Autorität gelten (beim Auto z.B. ADAC-Crashtest o.Ä.), sind in der Werbung sehr beliebt und können wegen der zugrunde liegenden Produktüberprüfung eine relativ hohe Beweiskraft beanspruchen, je nachdem, als wie zuverlässig die zitierte prüfende Instanz gilt.

f) ANFÜHREN MARKTBEZOGENER ARGUMENTE wie Preis, Beschaffungssituation, Marktlage: Diese Strategie ist besonders dann schlüssig, wenn die gebrachten Argumente nachprüfbar und korrekt sind (z.B. ein günstiger Preis, Sonderangebot etc.). Hierzu könnte man jedoch auch typische Werbeaussagen wie *erstes, einziges, bestes, neuestes Produkt* in Abgrenzung zur Konkurrenz oder „Argumente" wie *noch mehr Geschmack, jetzt noch stärker, mit neuer …-Formel* in Bezug auf die Qualitätsverbesserung des eigenen Produkts zählen, die nur Behauptungsstatus aufweisen.

g) VERGLEICHENDE WERBUNG: Ein Sonderfall der Bezugnahme auf die Marktsituation ist die vergleichende Werbung, die neuerdings auch in Deutschland aufgrund einer EU-Richtlinie von 1997 zugunsten größerer Markttransparenz zugelassen ist, solange sie nicht irreführend ist oder gegen die „guten Sitten" verstößt. Sie nimmt eine Zwischenstellung zwischen Produkt- und Senderbezug ein. In diesem Fall ist das einzige inhaltlich fest zu machende Argument, dass das eigene Produkt besser oder billiger ist als ein ganz bestimmtes Konkurrenzprodukt. Oft ist vergleichende Werbung sehr vage gehalten und gar nicht auf Nachprüfbarkeit angelegt, wenn beispielsweise die Mineralölgesellschaft Jet mit einer Anzeige auf den langjährigen Slogan vom Konkurrenten Esso (*Pack den Tiger in den Tank*) anspielt, auf der ein Stofftiger im Einkaufswagen abgebildet ist: *Vielleicht sind wir so günstig, weil wir kein Geld in die Tierhaltung stecken.* (siehe auch die Sixt-Anzeige, Abb. 4: 61). Je konkreter der Vergleich wird, desto eher muss er dagegen überprüfbar sein, wie z.B. die Preisargumente im Duell der Telefongesellschaften Deutsche Telekom und MobilCom: *Drei Minuten Nahbereich können bei MobilCom ein kleines Vermögen kosten. Bei Telekom nicht. Deutsche Telekom.*

2) SENDERBEZOGENE ARGUMENTE:

a) VERWEIS AUF TRADITION UND ERFAHRUNG: Eine andere Möglichkeit, das Unternehmen in eine Werbekampagne argumentativ einzubringen, als den Firmeninhaber als Sender auftreten zu lassen (siehe oben: Topos der Autorität), ist das Anführen der Tradition und der Erfahrung. Ein Unternehmen, das schon lange existiert, muss zwangsläufig Erfahrung auf seinem Gebiet haben, und ein Produkt, das seit langem im Handel ist, muss sich als gut erwiesen haben. Es handelt sich hier also um die konventionalisierte Schlussregel, dass eine lange Tradition immer für die Sache spricht. Typische und schon lange ausgestrahlte Beispiele dafür sind der Fernsehspot für Dallmayer Kaffee, der im traditionellen Münchner Dallmayer-Haus spielt, oder Whiskey-Werbung, die mit traditionellen Herstellungsverfahren (und zusätzlich der regionalen Produktherkunft) wirbt (z.B. im Fernsehspot für Jack Daniels Tennessee Whiskey: *Wir stellen Jack Daniels immer noch genauso her, wie es Mister Jack persönlich im Jahre 1866 vorgegeben hat. Schon nach dem ersten Schluck werden Sie verstehen, warum das auch immer so bleiben wird.*).

3) EMPFÄNGERBEZOGENE ARGUMENTE:

a) APPELL AN ÜBERINDIVIDUELLE WERTE: Die Argumentation mit überindividuellen Werten ist in der Werbung sehr häufig anzutreffen, kann aber in ihrer Ausformung stark kulturabhängig sein. Eine Möglichkeit ist, hedonistische Werte, die die Lebensqualität des Einzelnen betreffen, anzuführen, wie beispielsweise ‚Freiheit', ‚Lebensfreude', ‚Genuss', ‚Erfolg', ‚Schönheit', ‚Jugend', ‚Gesundheit'. Solche Werte werden bevorzugt in der Werbung für Genussmittel, Kosmetika, Mode oder Reisen angeführt (Schütte 1996: 358). Ein Beispiel dafür ist eine Werbekampagne der Zigarettenmarke Peter Stuyvesant mit dem Slogan *find your world*, bei der meist ein Mann in einer positiv bewerteten Situation dargestellt wird(z.B. beim Drachensteigenlassen, kurz vor dem Bungee Jumping, am Strand in der Brandung stehend) und dazu nur jeweils ein Wort abgebildet ist: *lust, frei, glaube, wille*. Eine andere Möglichkeit stellt das Zitieren stärker altruistischer Werte dar, die die Gemeinschaft von Menschen betreffen, wie soziale oder körperliche ‚Sicherheit', ‚Verantwortung', ‚Partnerschaft', ‚Familie', ‚Umweltbewusstsein'. Solche Werte werden beispielsweise in der Autowerbung (*Verbrauch gesenkt, Emissionen gesenkt, Preis gefallen*. Mercedes Sprinter; *Wir möchten, dass sie dieses Lächeln behält*. Seat-Werbung für den Beifahrer-Airbag) oder für Versicherungen (*Der Unterschied zwischen geliefert haben und geliefert sein ist hauchdünn*. Werbung für eine Warenkreditversicherung von Hermes) als Argumente genutzt. Christa Wehner hat in ihrer Arbeit eine Längsschnittanalyse der Anzeigenwerbung des 20. Jahrhunderts versucht und dabei mit dem statistischen Auswertungsverfahren der Inhaltsanalyse untersucht, welche Werte zu welcher Zeit bei welchen Produktgattungen bevorzugt eingesetzt wurden (Wehner 1996: bes. 113–125). Das Werben mit Werten basiert in der Regel auf (zumindest vermeintlich) konventionalisierten Schlussregeln und ist dadurch besonders anfechtbar, wenn nämlich die Schlussregel oder der angebliche inhaltliche Zusammenhang zwischen Argument und Konklusion von den Rezipienten nicht akzeptiert werden. Nur Aspekte wie ‚Sicherheit' (aufgrund technischer Eigenschaften) oder ‚Umweltverträglichkeit' sind empirisch nachprüfbar. Die Argumentation mit allgemein als positiv anerkannten Werten hat persuasiv jedoch ein großes Wirkungspotenzial; man müsste schon zum fast unmöglichen Gegenbeweis antreten, um sie in Bezug auf ein bestimmtes Produkt ablehnen zu können.

b) EMOTIONALE AUFWERTUNG: Die Zitierung von Werten bezweckt eine emotionale Gestimmtheit und eine Verbindung des Produkts mit diesen positiven Werten; insofern handelt es sich auch bei der Werteargumentation um eine emotionale Aufwertung. Aufgewertet werden können Produkte allerdings auch mit allgemeiner gehaltenen und nicht unbedingt gesellschaftlich als Werte anerkannten positiven Aspekten, wenn beispielsweise dem Produkt bzw. dem Konsumenten durch dessen Genuss/dessen Benutzung ein erotisches, exotisches, snobistisches oder exklusives Image verliehen werden soll. Die Grenzen zur produktbezogenen Strategie sind dabei fließend, doch steht in diesem Fall meist der Konsument im Vordergrund, der das Image durch Kauf oder Konsum auf sich übertragen kann. Beispiele wären die After-Eight-Werbung, durch die der Genuss der Mintplättchen etwas vom Charme englischen Snobismus' bekommt, oder die Bacardi-Rum-Werbung, bei der ausgelassene junge Leute unter den Palmen einer Karibikinsel ihren Spaß haben.

 Besonders zum Aspekt der Argumentation bieten sich interkulturelle Vergleiche an, da nicht nur Werte stark kulturabhängig sind, sondern auch beispielsweise, wer als Autorität wofür zu gelten hat und welchen Stellenwert Autoritäten überhaupt für die Werbung haben können. Reizvoll (und längst nicht erschöpfend untersucht) bleibt das Spannungsverhältnis zwischen den Regeln einer schlüssigen Argumentation und der – eine solche von vornherein einschränkenden – Werbeintention. In diesem Sinne ließen sich Alltagsargumentation und Werbeargumentation vergleichen, z.B. wo und wann Schlussregeln und Konklusionen explizit ausgesprochen werden und wann nicht.

 Literaturtipps

Gut lesbar und knapp enthält alles Wichtige zur Argumentationstheorie das entsprechende Kapitel bei:
OTTMERS, Clemens (1996): Rhetorik, Stuttgart/Weimar (Metzler). (= Sammlung Metzler. Realien zur Sprache 283). 65–144.

Einen Überblick über Argumentationsformen im Alltag und ihre logische Struktur bietet sehr ausführlich und differenziert:
KIENPOINTNER, Manfred (1992): Alltagslogik. Struktur und Funktion von Argumentationsmustern. Stuttgart/Bad Cannstatt (frommann-holzboog). (= problemata 126).

Der Versuch einer Übertragung solcher logischen Argumentationsmuster auf die Werbung mit Beispielanalyse findet sich bei:
ANDERSSON, Bo (1997): Ist ein ‚Muh!‘ ein relevantes Argument? Überlegungen zur Argumentation in der Werbung. In: Ders./Müller, Gernot (Hsg.): Kleine Beiträge zur Germanistik. Festschrift für John Evert Härd. Uppsala (Uppsala University Library). 17–32.

Stärker bezogen auf die inhaltliche Füllung der Argumentation und diachron angelegt sind die inhaltsanalytischen Arbeiten von:
WEHNER, Christa (1996): Überzeugungsstrategien in der Werbung. Eine Längsschnittanalyse von Zeitschriftenanzeigen des 20. Jahrhunderts. Opladen (Westdeutscher Verlag). (= Studien zur Kommunikationswissenschaft 14).
CÖLFEN, Hermann (1999): Werbe*weltbilder* im Wandel. Eine linguistische Untersuchung deutscher Werbeanzeigen im Zeitvergleich (1960–1990). Frankfurt am Main u.a. (Lang).

Eine Verbindung von Argumentations- und Texttheorie (mit konkreten Analysebeispielen) versucht
FRITZ, Thomas (1994): Die Botschaft der Markenartikel. Vertextungsstrategien in der Werbung. Tübingen (Stauffenburg). (= Probleme der Semiotik 15).

Zum Problem Glaubwürdigkeit von Autoritäten und Inszeniertheit der Werbeargumentation findet sich ein Systematisierungsversuch bei
WILLEMS, Herbert/JURGA, Martin (1998): Inszenierungsaspekte der Werbung. Empirische Ergebnisse der Erforschung von Glaubwürdigkeitsgenerierungen. In: Jäckel, Michael (Hsg.): Die umworbene Gesellschaft. Analysen zur Entwicklung der Werbekommunikation. Opladen/Wiesbaden (Westdeutscher Verlag). 207–230.

 (19) Analysieren Sie detailliert die Argumentation der iMac-Anzeige (Abb. 8: 100) und der Anzeige für British American Tobacco (Abb. 17: 181).

a) Zerlegen Sie die Anzeigen in einzelne Enthymeme und geben Sie für jeden dieser Argumentationsschritte das Argument (A), die Schlussregel (SR) und die Konklusion (K) an. Welche der Elemente sind jeweils explizit, welche bleiben implizit?

b) Werden Gegenargumente thematisiert und ausgeräumt?

c) Vergleichen Sie die Anzeige für den iMac mit anderen Anzeigen für Computer. Welche Unterschiede stellen Sie in den inhaltlichen Strategien fest?

Hallo iMac.

Für alle, die immer noch denken, daß Computer kompliziert, teuer und häßlich sind: Jetzt gibt's den neuen iMac von Apple. Ein Computer, der Ihnen das Leben interessanter, aufregender und vor allem einfacher macht. Viel einfacher. Packen Sie Ihren iMac aus, und innerhalb kürzester Zeit surfen Sie schon weltweit durchs Internet*. Sein absolut cooles Design wird von seinem Innenleben noch übertroffen. Denn er ist schnell. Verdammt schnell. Also, sagen Sie Kompliziertem zum Abschied leise Servus. Sagen Sie der Langeweile für immer Lebewohl. Sagen Sie: Hallo iMac! Jetzt für DM 2.998,–** beim Apple Händler. Die Adresse eines Händlers in Ihrer Nähe erfahren Sie unter 01805/00 09 50. Weitere Informationen zum iMac gibt's im Internet unter www.apple.de

Think different.

Abbildung 8: iMac

(20) Eine Anzeige für den Ford Focus ist mit zwei kleinen Textblöcken überschrieben:

> *1. Audi TT*
> *2. Ford**Focus**.*
> *3. Mercedes S-Klasse*
> *Noch Fragen?*   *Der neue Ford**Focus**.*
>   *Zweiter in der Wahl zum „Auto 1".*

Welche inhaltliche Argumentationsstrategie wird hier verfolgt?

4.3 Die sprachliche Form: Vom Wort zum Text

4.3.1 Lexik

Bevor über Wörter und ihre Bedeutung geredet werden kann, muss klar sein, was unter der Wortbedeutung zu verstehen ist und wie Denotation, Konnotation und Assoziation voneinander abzugrenzen sind. 1900 löste eine Arbeit Karl Otto Erdmanns (Erdmann 1966; zur Diskussion Dieckmann 1981) eine noch heute andauernde Diskussion über die Wortbedeutung aus. Erdmann unterschied zwischen begrifflichem Inhalt, genannt das DENOTAT, und dem Nebensinn (Begleit- und Nebenvorstellungen, die ein Wort gewohnheitsmäßig in uns auslöst) sowie dem Gefühlswert bzw. Stimmungsgehalt, beides zusammengefasst unter der Bezeichnung KONNOTAT. Nach Erdmann sind Denotat und Konnotat die beiden konventionell festgelegten und damit interindividuell gültigen Teile der Wortbedeutung (Erdmann 1966: 106f). Diese Ansicht hat sich zwar weit gehend durchgesetzt, so dass die stärker individuell abhängigen Assoziationen selten zur Wortbedeutung gezählt werden, doch strittig bleibt weiterhin, was alles zum Konnotat zu zählen und wie dieses von der Assoziation abzugrenzen ist.

Heute werden unter dem Konnotat zumeist sowohl emotionale Eindrücke, die mit der Inhaltsseite verbunden sind, als auch stilistisch begründete Gebrauchsrestriktionen für die Ausdrucksseite (*Ross, Pferd* und *Klepper* haben z.B. unterschiedliche Stilwerte) zusammengefasst (Bußmann ²1990: 410). Unter ASSOZIATION wird in der Psychologie der „Vorgang der Bewußtseinsverknüpfung von zwei oder mehreren Vorstellungsaspekten" verstanden, der vor allem initiiert wird durch „bestimmte A[ssoziations]-Gesetze wie zeitliche und räumliche Berührung (= Kontiguität) sowie Ähnlichkeit und Kontrast zwischen den erlebten Inhalten" (Bußmann ²1990: 105f). Unter Assoziationen kann man in sprachwissenschaftlichem Sinn daher ein In-Beziehung-Setzen von Wörtern mit anderen Wörtern oder außersprachlichen Dingen und Sachverhalten verstehen. Der Unterschied zwischen Konnotat und Assoziation liegt demnach darin, dass es beim Konnotat um Begleitvorstellungen geht, die an den Begriff selbst bzw. die damit bezeichnete Sache gebunden sind (z.B. lässt das Wort oder die Figur *Mutter* nicht nur in der Werbung an Fürsorglichkeit und Liebe denken, ist also aus gesellschaftlicher Tradition positiv konnotiert). Assoziationen stellen dagegen schon Verknüpfungen zu anderen Begriffen, d.h. Sachverhalten und deren Bezeichnungen her (bei *Mutter* denkt man z.B. an Kind, Vater und Familie).

Unmittelbare Assoziationen zu einzelnen Wörtern, wie sie in psycholinguistischen Tests empirisch nachgeprüft werden, sind in der Regel interindividuell gültig und orientieren sich an oben genannten Assoziationsgesetzen (Blumenthal 1983: 6). Wird ein Wort jedoch in einen Kontext gestellt (d.h. in einen konkreten Text eingebettet und in einer bestimmten Kommunikationssituation benutzt), können sich die Assoziationen verschieben. Sie werden, besonders in ungewöhnlichen Kontexten, zunehmend subjektiv (Andringa 1979: 246f). Assoziationen sind damit besonders stark kontextabhängig und tragen zur „semantischen Dichte" von Texten bei (Blumenthal 1983: IX).

 Ein Problem, das sich im Zusammenhang mit Werbung stellt, ist folgendes: Wenn Assoziationen zu Wörtern in einem bestimmten Kontext tendenziell subjektiv und individuell sind, wie können sie dann untersucht bzw. in der Analyse festgestellt werden? Eine Gefahr bei der Untersuchung von Werbesprache ist daher das „fabulierende Assoziieren" der Analysierenden, dem die Leser schnell nicht mehr folgen können und wollen. Andererseits liegt es normalerweise im Interesse der Werbetreibenden, ganz gezielt Assoziationen hervorzurufen oder zu schaffen und nicht einen weiten, ganz individuellen Assoziationsspielraum zu eröffnen, in dem dann auch der Werbeintention zuwider laufende Assoziationen möglich wären. Trotzdem sollte man bei der Analyse und Interpretation immer besondere Vorsicht walten lassen, wenn man zum Thema Assoziationen kommt. Sich selbst immer wieder kritisch zu fragen, ob die aufgestellten Hypothesen im Rahmen des Kontextes vertretbar und nachvollziehbar sind, sollte selbstverständlich sein. Eine Kontrolle, bei der die vermuteten Assoziationen zumindest durch informelle Befragungen im Bekanntenkreis überprüft werden, schützt noch besser vor der Versuchung assoziativen Abschweifens.

 Literaturtipps

Zur Diskussion der Wortbedeutung und dem Problem der Assoziation siehe allgemein:
ANDRINGA, Els (1979): Text, Assoziation, Konnotation. Königstein im Taunus (Athenäum). (= Empirische Literaturwissenschaft 6).
DIECKMANN, Walther (1981): K. O. Erdmann und die Gebrauchsweisen des Ausdrucks ‚Konnotationen' in der linguistischen Literatur. In: Ders.: Politische Sprache – Politische Kommunikation. Vorträge, Aufsätze, Entwürfe. Heidelberg (Winter). (= Sprachwissenschaftliche Studienbücher. 1. Abteilung). 78–136.
NÖTH, Winfried (1975): Wortassoziationen als linguistisches Problem. In: Orbis 24, 5–37.

Bereits mit einem Bezug zur Werbesprache ist besonders folgende Arbeit interessant:
BLUMENTHAL, Peter (1983): Semantische Dichte. Assoziativität in Poesie und Werbesprache. Tübingen (Niemeyer). (= Konzepte der Sprach- und Literaturwissenschaft 30).

a) Wortarten und Wortbildung

In diesem Abschnitt wird es einführend kurz um die sprachstukturellen Fragen der Lexikologie gehen, d.h. um die Wortartenverteilung und die Wortbildungsmuster, die in der Werbesprache verwendet werden.

Wortarten

Alle Studien zur Werbesprache, die sich auch mit der Wortartenverteilung beschäftigen (Römer [6]1980: 77–81, Schuncke [2]1986, Baumgart 1992: 70f, 107–111), stellen eine deutliche Bevorzugung vor allem von Substantiven fest. Zweithäufigste Kategorie sind in der Regel die Adjektive, oft dicht gefolgt von den Vollverben. Römer und Baumgart begründen die Substantiv-Dominanz mit der allgemeinen Tendenz zum Nominalstil, den die Werbung aufgreife, die Häufigkeit der Adjektive dagegen mit ihrer Werbefunktion, den Produkten positive Eigenschaften zuzuschreiben. Zu den Verben äußert sich nur Baumgart: Sie dienten zur Personifizierung und Aktivierung, indem den Produkten Handlungen zugeschrieben würden.

Mir scheinen diese Erklärungsversuche als nicht ausreichend und zu oberflächlich. Zwar ist der Nominalstil tatsächlich ein Kennzeichen beispielsweise der Fachsprachen, der Verwaltungssprache und vielleicht auch der Alltagssprache, aber die grundlegende kommunikative Funktion von Substantiven ist die Referenz. Nur mit Substantiven kann autosemantisch auf Gegenstände (wie Produkte) oder Sachverhalte (wie die mit den Produkten zu verbindenden Werte) referiert, d.h. Bezug genommen werden. Von einer Mode des Nominalstils in der Werbung könnte man erst nach einem zweiten Untersuchungsschritt sprechen, nämlich wenn die ausgezählten Substantive überwiegend Nominalisierungen von Verben oder Adjektiven darstellen (was aber in der betreffenden Literatur nicht näher untersucht oder erläutert wird). Denn Nominalstil meint nicht einfach nur ein zahlenmäßiges Übergewicht von Substantiven, sondern dass Substantive deshalb überwiegen, weil sich der Bedeutungsgehalt durch Nominalisierung von den Verben in die Substantive verlagert (wie in Streckformen und Funktionsverbgefügen, z.B. *Besuch machen* statt *besuchen, zum Abschluss bringen* statt *abschließen* usw.).

Adjektive haben nicht nur die Funktion, den Produkten positive Eigenschaften zuzuweisen, wie dies noch bei Römer galt (die nämlich zwischen den in den 60er Jahren wesentlich häufigeren attributiven und den selteneren prädikativen Adjektiven unterscheidet, Römer [6]1980: 80). Eine weitere Funktion wird aus dem Ergebnis Baumgarts deutlich, dass Adjektive zumindest in Slogans entweder ganz alleine bzw. in Reihung stehen und immer häufiger auch als Prädikatsnomen (*x ist [Adj.]* = prädikative Ergänzungen, „Satzadjektive" nach der Duden-Grammatik) und als Modalangaben vorkommen (z.B. Slogan von Daihatsu: *Überraschend. Überzeugend. Anders.*).

 Bei der Wortartenbestimmung konkurrieren verschiedene Kriterien, z.B. morphologische mit syntaktischen. Daher werden je nach Standpunkt Wörter, die morphologisch zwar Adjektive sind, im Satzzusammenhang aber unflektiert als eigenständige Satzglieder gebraucht werden (z.B. die Modalangaben im Slogan für becel Margarine: **Gesünder** *leben.* **Bewusster** *genießen.*), unterschiedlich klassifiziert: als Adjektive in Adverb-Stellung, als Adjektiv-Adverbien oder als Adverbien. Bei Baumgart gilt offensichtlich prinzipiell das morphologische Kriterium, so dass ein Wort unabhängig von der syntaktischen Verwendung aufgrund der Flektierbarkeit als Adjektiv gezählt wird. Bei den Wortartauszählungen ist daher zu berücksichtigen, dass die Adverbien nicht zuletzt wegen des dominanten morphologischen Kriteriums häufig so schlecht wegkommen! Und wer selbst statistische Wortartenbestimmungen vornehmen will, sollte unbedingt der Klarheit wegen die zugrunde gelegten Klassifikationskriterien erläutern.

Die vielfältigen Verwendungsmöglichkeiten von (morphologischen) Adjektiven in der Werbung sollten daher nicht nur auf die Funktion, Produkte mit werbenden Eigenschaften zu verbinden, reduziert werden (auch wenn dies der grundsätzlichen Funktion des Prädizierens entspricht). Als Modalangaben bestimmen sie z.B. nicht nur die Eigenschaften der Produkte näher (z.B. *Genial gebaut.* Slogan für den Honda Civic), sondern vor allem Handlungen, Vorgänge und Zustände, die sich oft stärker auf den Rezipienten als auf das Produkt beziehen (z.B. *Natürlich schön bleiben.* Slogan der Pflegeproduktserie Nivea Visage). Stehen sie in Slogans oder auch in Schlagzeilen isoliert, also weder eindeutig attributiv noch eindeutig prädikativ, eröffnen sie alle Bezugsmöglichkeiten. Sie können als Aussage über die Eigenschaft des Produkts interpretiert werden, als Aussagen über den Rezipienten, der das Produkt kauft oder verwendet, oder als Qualität einer Handlung, eines Vorgangs oder eines Zustandes, die/der irgendwie mit dem Produkt zusammenhängt (z.B. *Aufregend vernünftig,* Schlagzeile für einen Chrysler Neon; *Einfach besser.* Slogan für den Renault Laguna).

Vollverben dienen schließlich nicht nur der Personifizierung von Produkten, indem Produkten Handlungen zugeschrieben werden (was allerdings häufig ist), sondern eröffnen auch rezipienten- und produzentenbezogen Handlungsmöglichkeiten. Vollverben sind trotz der Tendenz zum unvollständigen Satz (siehe 4.3.3) in der Werbesprache notwendig, um Werte dynamischer zu vermitteln (*leben, genießen* statt *Leben, Genuss*) oder um Verwendungsmöglichkeiten und Wirkungen aufzuzeigen (als Handlungen, Vorgänge oder Zustände: *pflegen, fahren, hören, glänzen*). Nach Baumgarts statistischer Auswertung liegt der Anteil der Verben an der Gesamtwörterzahl zwar nur bei 8,6 %, in den Slogans aber bei 36,3 % (Baumgart 1992: 109). Ein ähnlich hoher Anteil ist auch für Schlagzeilen zu vermuten.

 Was in der Forschung völlig vernachlässigt wird, ist die Verwendung von Gesprächs- und Abtönungspartikeln (wie *ja, mal, aber, eben, schon*). Mir sind keinerlei Untersuchungen zu diesem Thema bekannt (bei Römer und Baumgart sind die Partikeln immer unter der Rubrik „übrige Wörter" mit Pronomina, Hilfsverben und Artikeln zusammengefasst). Da Partikeln Sprechereinstellungen zum Ausdruck bringen können und ein wichtiger Bestandteil gesprochener Umgangssprache sind, wäre zu prüfen, ob sie sich nicht auch in der Werbung zum Auflockern und zur subjektiven Parteinahme eignen. Interessant wäre dabei z.B. die Frage, ob Partikeln in Fernsehspots eher in den Testimonial-Äußerungen befragter Benutzer (siehe dazu 4.2.3, Topos der Autorität) oder auch im Off-Text vorkommen, d.h. ob sie als ein Mittel erkannt und genutzt werden, die Inszeniertheit aller Werbesprache vergessen zu machen und den Eindruck spontan gesprochener Sprache zu verstärken.

Wortbildung

An dieser Stelle kann aus Gründen des Umfangs keine Einführung in die deutsche Wortbildungslehre gegeben werden (siehe z.B. Fleischer/Barz ²1995). Es wird vorausgesetzt, dass Termini und Klassifikationen wie „Morphem" (= kleinste bedeutungstragende Einheit der Sprache; Unterscheidung von Basis- und Wortbildungsmorphemen), „Komposition" (= Zusammensetzung; Unterscheidung zwischen Determinativ-, Kopulativ- und Possessivkompositum) sowie „Derivation" (= Ableitung; Unterscheidung zwischen explizit oder implizit) und die dazugehörigen Wortbildungsmuster weit gehend bekannt sind.

Eine Möglichkeit ist, die in der Werbesprache vorkommenden Wortbildungen allgemein zu betrachten und beispielsweise die statistische Verteilung von Komposita gegenüber Derivata zu überprüfen. Interessanter erscheint es aber, den Blick auf die Neologismen einzuengen und die zu untersuchenden Wortbildungen nach dem Grad der Lexikalisierung auszuwählen. Unter „Neologismus" versteht man einen „neugebildete[n], sprachliche[n] Ausdruck (Wort oder Wendung), der zumindest von einem Teil der Sprachgemeinschaft, wenn nicht im allgemeinen, als bekannt empfunden wird" (Bußmann ²1990: 520). Das heißt, dass Neologismen zwar noch einen Neuheitswert haben und in der Regel noch nicht im Lexikon (= lexikalisiert) zu finden sind, aber doch schon einen gewissen Bekanntheitsgrad erreicht haben und ihre baldige Lexikalisierung daher wahrscheinlich ist. Im Unterschied dazu gibt es die so genannten „Augenblicksbildungen" (auch „Ad-hoc-Bildungen" oder „Okkasionalismen"), die erstmalig oder auch einmalig in einem Text auftauchen und bei denen noch nicht abzusehen ist, ob sie sich durchsetzen, also sich zu Neologismen und damit in Richtung Lexikalisierung weiterentwickeln – oder ob sie auf die Verwendung in einem singulären Kontext beschränkt bleiben und damit nie den Weg in das Lexikon finden.

 Ein methodisches Problem ist dabei allerdings gerade die Bestimmung des Grades der Lexikalisierung. Denn da sich Neologismen eben noch nicht in Lexika finden, ist oft schwer zu entscheiden, ob sie sich etablieren werden oder wieder verschwinden. Daher sollte man – zumindest zur Unterscheidung von Neologismen und Ad-hoc-Bildungen – neben dem eigenen Urteil auch die Meinungen anderer Sprachbenutzer einholen, um sich zu vergewissern, ob ein Ausdruck schon einen gewissen Bekanntheitsgrad errreicht hat.

Die Werbung nutzt die Möglichkeit der Augenblicksbildungen sehr häufig für ihre Zwecke und kann damit unter anderem dem Anspruch der Originalität gerecht werden. Dabei wird allgemein das Wortbildungsmuster der Komposition bevorzugt, originelle Ableitungen sind seltener. Ein kurzer, aber ergiebiger Aufsatz zur Komposition in der Werbung ist der von Bernd Spillner (1985). Er stellt auch die Frage nach der Verständlichkeit und Funktion solcher Ad-hoc-Bildungen und kommt für die Werbesprache zu dem Ergebnis:

> Da bei Komposita die syntaktisch-semantischen Relationen nicht explizert zu werden brauchen, lassen sie sich leicht in all jenen Fällen verwenden, in denen solche Relationen unklar oder womöglich gar nicht vorhanden sind. Komposita werden daher oft in Redestrategien verwendet, in denen der Sender bestimmte sprachliche Zusammenhänge nicht angeben kann oder will. […] Die in Werbetexten der deutschen Gegenwartssprache sehr produktive Kompositabildung muß daher nicht immer zu terminologischer Exaktheit, zur kreativen Bedeutungsdifferenzierung oder zur sprachlichen Ökonomie beitragen, sondern kann im Gegenteil ein Verunklarung der semantischen Relationen und eine auf Auslösung von Einzelkonnotationen reduzierte Information bewirken. (Spillner 1985: 723)

Funktionen von neugebildeten Komposita in der Werbesprache sind nach Spillner prinzipiell die Sprachökonomie (Komposition als Einsparung einer umständlicheren syntaktischen Konstruktion) und die Demonstration von sprachlicher Kreativität und Originalität, evtl. mit witzigem oder poetischem Effekt.

Weitere Funktionen, die von der Motivation[9] und der Wortbildungsbedeutung[10] abhängen (wie muss das Wort paraphrasiert/seine Bedeutung umschrieben werden; in welcher Form beziehen sich die Morpheme aufeinander; kann die Wortbildungsbedeutung paraphrasiert werden oder wird sie erst durch den Kontext klar?), können sein (Beispiele von Spillner 1985: 719–722):

a) genauere Bestimmung eines Grundworts (= Determinativkompositum: *magenzärtlich* ‚zart für den Magen'). Ein Sonderfall ist dabei die Herstellung impliziter semantischer Vergleichsrelationen (*tabakwürzig* ‚würzig wie Tabak', *porentief* ‚so tief wie die Poren');

b) Kombination zweier positiver Aussagen (= Kopulativkompositum: *herbwürzig* ‚herb und würzig zugleich', *mildwürzig* ‚mild und würzig zugleich', *bitterfrisch* ‚frisch und bitter zugleich'). Häufiger Fall ist dabei die Zusammenrückung von nicht zusammenpassenden Wörtern, bei der es nur darauf ankommt, die positiven Konnotationen der einzelnen Konstituenten wahrzunehmen, ohne einen logischen Bezug zwischen ihnen herstellen zu wollen (*Frischeflirt, Vitaminversprechen, kussfrisch, streicheljunge Haut*). Solche Komposita können kaum mehr durch Paraphrase aufgelöst werden und dienen besonders in fremdsprachlicher/fachsprachlicher Form eher der Verunklarung als einer nachvollziehbaren inhaltlichen Aussage (*Biodynamik, aminofunktionelle Substanzen*).

Sind Form und Funktion untersucht, wären die Bekanntheit und Durchsetzungschancen zu diskutieren, die sowohl von der Originalität und damit der Auffälligkeit der Wortbildung als auch von ihrem semantischen Gehalt abhängen. Eine Ad-hoc-Wortbildung der Werbesprache, die in ihrer Konstruktion verständlich und sinnvoll ist, kann durchaus den Alltagswortschatz erweitern und bereichern, auch wenn sie ungewöhnlich oder irregulär gebildet ist (man denke z.B. an *unkaputtbar* aus der Coca-Cola-Werbung: *in der unkaputtbaren Mehrwegflasche*).

 Besonders bei den Wortschöpfungen der Werbesprache macht sich das Manko bemerkbar, dass die Beziehungen zwischen Werbe- und Alltagssprache noch nicht ausführlicher untersucht wurden. Die Werbe-Neologismen sind schon an sich noch nicht systematisch von der Forschung angegangen worden, geschweige denn, dass nach der Übernahmebereitschaft in den alltäglichen Gebrauch (z.B. mit empirischen Erhebungen) gefragt wurde.

---

9 „Eine Wortbildung gilt als motiviert, wenn sich ihre Gesamtbedeutung aus der Summe der Bedeutungen ihrer einzelnen Elemente ableiten läßt (…)." Bußmann ²1990: 507.

10 Mit Wortbildungsbedeutung ist das verallgemeinerbare semantische Verhältnis zwischen den Konstituenten einer Wortbildungskonstruktion gemeint (Fleischer/Barz ²1995: 19). Zur Wortbildungsbedeutung findet man am besten durch Paraphrasierung der Wortbedeutung (= Umschreibung mit Hilfe der Wortbestandteile).

Literaturtipps

Zu den Wortarten finden sich allgemeine Hinweise in allen Grammatiken. Zur Auszählung und Häufigkeit in der Werbung finden sich (allerdings recht alte) Ergebnisse bei: RÖMER, Ruth (⁶1980): Die Sprache der Anzeigenwerbung. 6. Aufl. (unveränderter Nachdruck der 2., revidierten Aufl.). Düsseldorf (Schwann). (= Sprache der Gegenwart 4). [1. Aufl. 1968].
BAUMGART, Manuela (1992): Die Sprache der Anzeigenwerbung. Eine linguistische Analyse aktueller Werbeslogans. Heidelberg (Physica). (= Konsum und Verhalten 37).

Zur Wortbildung allgemein:
FLEISCHER, Wolfgang/BARZ, Irmhild (²1995): Wortbildung der deutschen Gegenwartssprache. 2., durchgesehene und ergänzte Auflage. Tübingen (Niemeyer). (= Studienbuch).

Gut lesbar mit wichtigen Hinweise speziell zur Komposition in der Werbung:
SPILLNER, Bernd (1985): Zur Kompositabildung in der deutschen Werbesprache. In: Collectanea Philologica. Festschrift Helmut Gipper zum 65. Geburtstag. Hsg. von Günther Heintz und Peter Schmitter. Baden-Baden (Koerner). (= Saecula Spiritualia 15). Bd. 2, 715–723.

 (21) Untersuchen Sie den Wortschatz der Anzeige für die Dynax 505si von Minolta (Abb. 15: 165): Welche Rolle spielen die einzelnen Wortarten in den einzelnen Anzeigenbausteinen?

(22) Analysieren Sie Wortbildungsmuster, Wortbildungsbedeutung (durch Paraphrase) und Funktion folgender Ad-hoc-Bildungen aus der Werbung:
a) *super-nassreißfest* (Papier-Haushaltstücher der Marke Bounty),
b) *durchschnupfsicher* durch neuartige *Papierbrücken* (Tempo-Taschentücher),
c) *unkaputtbare Mehrwegflasche* (Coca Cola),
d) mit *Nass-Haftkraft* (Haftmittel der Marke Protefix für dritte Zähne),
e) *Antiker Tobleronismus?* (Anzeige für Toblerone-Schokolade, siehe Abb. 9: 108),
f) *Überallster.* (Im Bild ein gezeichneter Hund, der einen Haufen macht. Darunter steht: *Postbank Giro plus. Das einzige kostenlose Girokonto mit über 15.000 Filialen zum Geschäfte machen*).

(23) Diskutieren Sie in der Gruppe das im folgenden Zeitungsartikel besprochene Rechtsproblem. Sammeln Sie sprachwissenschaftliche Argumente für und gegen den Münsteraner Richterspruch, indem Sie auch die Entscheidung des Bundesverwaltungsgerichts diskutieren und überlegen, inwiefern die betoffenen Richter ihr Urteil besser begründen könnten. Informieren Sie sich dazu nach Möglichkeit im Markengesetz über die rechtliche Lage (z.B. als Beck-Text bei dtv/München erhältlich, siehe auch die Ausführungen zum Produktnamen unter 3.4). Kennen Sie andere, ähnliche Beispiele für Probleme mit der Durchsichtigkeit und Verständlichkeit von Produktbezeichnungen, die Sie diskutieren können?

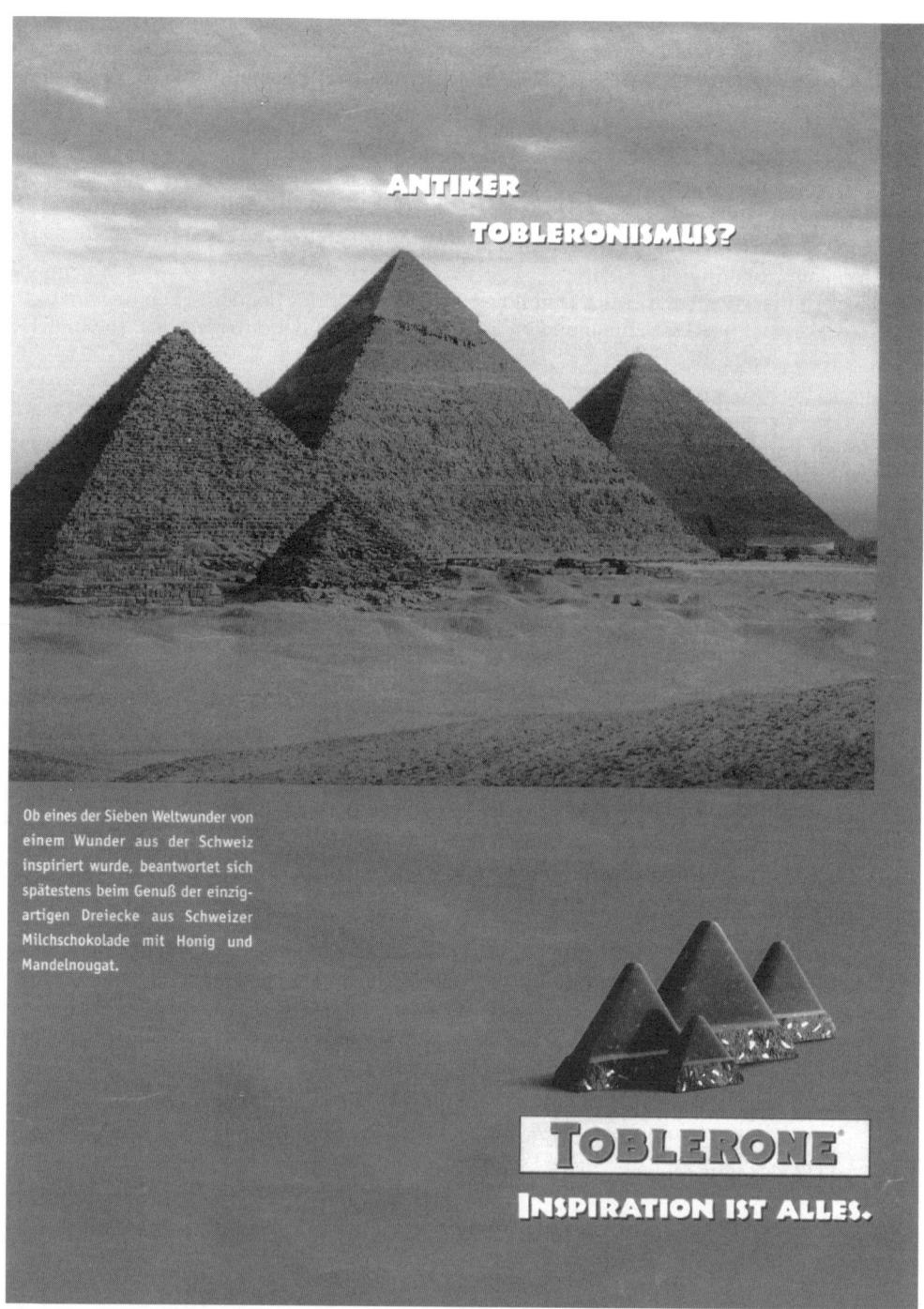

Abbildung 9: Toblerone

Quelle: Mittelbayerische Zeitung (Regensburg), 24. März 1999:

Bezeichnung irreführend?

Weiter Streit um Sechs-Korn-Eier

Berlin (dpa). Der seit zehn Jahren dauernde Rechtsstreit um die Bezeichnung „Sechs-Korn-Eier" geht in eine neue Runde. Der 1. Senat des Bundesverwaltungsgerichts hob am Dienstag in Berlin ein Urteil des Oberverwaltungsgerichts Münster auf, das die Bezeichnung als irreführend untersagt hatte (Az.: BVerwG 1 C 1.99). In einem neuen Verfahren müssen die Münsteraner Richter klären, ob die Bezeichnung tatsächlich einen „durchschnittlich informierten, aufmerksamen und verständigen Durchschnittsverbraucher" in die Irre führt. Für ein Verbot reiche die Begründung nicht aus, die Bezeichnung „Sechs-Korn-Ei" sorge bei einem „nicht unerheblichen Teil der Bevölkerung" in die Irre (sic).

b) Fremdsprachiges

Fremdsprachige Elemente in der Werbung – besonders Anglizismen – zählen zu den am intensivsten erforschten Aspekten der Werbesprache. In zwei neueren Arbeiten (Störiko 1995 und Schütte 1996) finden sich dazu umfassende Ergebnisse. Da die Untersuchung von Fremdsprachigem in der Werbung aber ein beliebtes Thema zu bleiben scheint, sollen an dieser Stelle Untersuchungsaspekte und einige Ergebnisse vorgestellt werden.

 Methodisch ergibt sich in Bezug auf fremdsprachige Ausdrücke ein Terminologieproblem: das der Abgrenzung von Fremdwort und Lehnwort. Traditionell wird unterschieden zwischen äußerem und innerem Lehngut – äußeres Lehngut zeichnet sich durch eine Übernahme von fremden

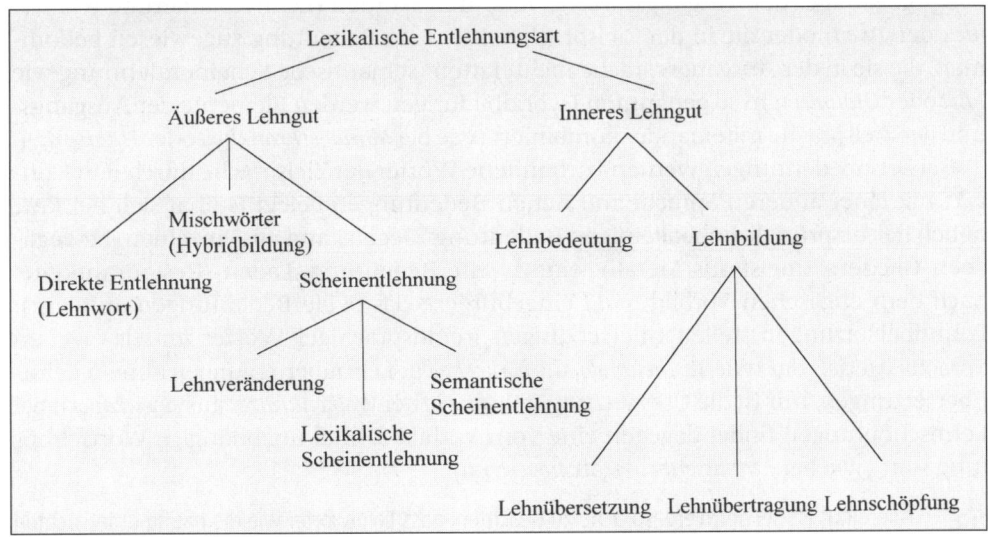

Formen der Entlehnung (modifiziert nach Yang 1990: 16; dazu auch ausführlich Steinbach 1984: 30–52)

Morphemen oder Lexemen aus, inneres Lehngut betrifft Wortbildungen, die aufgrund fremd-sprachiger Anregung auf der Ausdrucks- oder Inhaltsseite aus einheimischem Sprachmaterial gebildet werden. Das äußere Lehngut wurde und wird noch häufig unterteilt in Fremdwörter, die nicht an die Zielsprache assimiliert bzw. in sie integriert sind (auf Laut-, Schrift- oder Mor-phemebene), und Lehnwörter, die bereits integriert sind und zum Beispiel nach Zielsprachen-muster geschrieben, flektiert oder ausgesprochen werden. Diese Unterscheidung beruht je-doch auf einem subjektiv-psycholinguistischen Faktum, nämlich wie bekannt oder unbekannt einem einzelnen Sprecher ein entlehntes Wort ist (Greule 1980: 270). Deshalb sollte (wie hier) die Unterscheidung zwischen Fremdwort und Lehnwort aufgegeben werden.

Damit kann eine Definition eines Lehnwortes gegeben werden, auf die eine Übersicht über die Möglichkeiten der inneren und äußeren Entlehnung folgt:

> Als Folge des Kontaktes zweier Sprachen werden lexikalische Einheiten von einer in die andere Sprache transferiert. Solche Wörter nennen wir unterschiedslos *Lehnwörter*. Die Lehnwörter werden an die entlehnende Sprache assimiliert und so in ihren Wortschatz integriert. Je früher ein Wort entlehnt wurde, desto besser ist die Möglichkeit vollständiger Integration und desto größer sind seine Chancen, vom einzelnen Sprecher nicht mehr als fremd empfunden zu werden. (Greule 1980: 270f)

Was synchron als fremd empfunden wird, ließe sich zum Beispiel anhand der Befra-gung eines umfangreicheren Fremdwörterbuchs belegen, das ja den Zweck hat, die Lehnwörter zu erklären, bei denen eine allgemeine Kenntnis noch nicht vorausgesetzt werden kann.

Mit Scheinentlehnungen sind Ausdrücke aus fremdsprachigem Sprachmaterial ge-meint, die in der Ausgangssprache entweder als solche nicht existieren (lexikalische Scheinentlehnung wie *Dressman* oder *Showmaster*), die morphologisch (z.B. durch Kür-zung) gegenüber der Ausgangssprache verändert wurden (Lehnveränderung wie *Tee-nie* oder *Twen*) oder die in der Zielsprache eine neue Bedeutung zugewiesen bekom-men, die sie in der Ausgangssprache nicht hatten (semantische Scheinentlehnung wie *Flirt* oder *Oldtimer*). In so genannten Hybridbildungen werden Elemente der Ausgangs- und der Zielsprache miteinander kombiniert (wie bei *Managerkrankheit* oder *Haarspray*).

Bei Lehnbedeutungen werden vorhandene Wörter der Zielsprache durch den Kon-takt mit einer anderen Sprache mit neuen Bedeutungen belegt (so hat sich bei *Kette* neben der ursprünglichen, alleinigen Bedeutung ‚Gegenstand aus einzelnen, bewegli-chen Gliedern (meist aus Metall)‘ eine zweite Bedeutung ‚Laden-/Restaurantkette‘ nach dem englischen Vorbild *chain* eingebürgert, das beide Bedeutungen aufweist); Lehnübersetzungen stellen Übersetzungen fremdsprachiger Wörter mittels eigenen Sprachmaterials dar (wie *Taschenbuch* aus *pocket book*); Lehnübertragungen ähneln Lehn-übersetzungen, nur ist die Übersetzung freier (wie bei *Wolkenkratzer* aus *sky scraper*); bei Lehnschöpfungen findet dagegen eine vom Vorbild formal unabhängige Wortschöp-fung statt (wie bei *Luftkissenboot* statt *hovercraft*).

 Allerdings ist bei der Werbesprache zu beachten, dass Lehnwörter wie die häufig untersuchten Anglizismen oft gerade deshalb eingesetzt werden, weil sie fremd wirken und Assoziationen zu Fremdem wecken sollen. Ansätze zur Assimilation, zum Beispiel in der Schreibweise, werden bei bereits integrierten Wörtern daher in Werbetexten sogar wieder rückgängig gemacht (z.B. bei *Cigarette* statt *Zigarette*, *Attraction* statt *Attraktion* usw.), oder es werden integrierte Wörter durch neue, bedeutungsähnliche Ausdrücke ersetzt (man denke an den von Abnutzungserscheinungen geprägten Wechsel zwischen *Frisör – Friseur – Coiffeur – Haarstylist* u.a.). Die Fragerichtung kann demnach nicht die sprachhistorisch übliche sein, wie weit die Integration eines Lehnworts bereits gelungen ist, sondern – im Gegenteil – mit welchen Strategien Fremdheit als Eindruck aufrechterhalten wird. Insofern wird die Versuchung, in Bezug auf Werbetexte vom *Fremd*wort statt vom *Lehn*wort zu reden, groß sein. Zugunsten einer terminologischen Klarheit sollte ihr jedoch nicht nachgegeben werden. Eine Alternative bietet der Ausdruck *fremdsprachige Elemente*, der den Vorteil hat, den Blick nicht gleich auf das Wort einzuengen, sondern auch fremde Graphien, Morpheme sowie Syntagmen und Sätze zu umfassen.

Das innere Lehngut wird zwar in einigen Studien in die Untersuchung einbezogen (Steinbach 1984), ist jedoch eher dann interessant, wenn Werbesprache als Spiegel alltagssprachlicher Tendenzen untersucht wird. Unter Fragestellungen, die sich mit werbesprachlichen Funktionen von Fremdsprachigem (wie der Signalisierung von „Fremdheit" und „Internationalität") beschäftigen, kann es weit gehend vernachlässigt werden.

Richtet sich der Blick auf Fremdsprachiges in der Werbesprache, so sind folgende Fragen von Interesse:

a) AUSWAHL DES SPRACHMATERIALS
- Aus welchen Sprachen werden Ausdrücke übernommen?
- Welche Lexeme (Wortarten, Denotattypen) werden übernommen?
- Werden einzelne Morpheme, Ausdrücke oder ganze Sätze bzw. Texte übernommen?

b) VORKOMMEN UND VERTEILUNG
- Wie viele fremdsprachige Elemente werden übernommen bzw. in wie vielen Anzeigen/Spots finden sie Verwendung?
- In welchen Textbausteinen der Anzeige/des Spots finden sich die fremden Ausdrücke/Syntagmen?
- Kommen fremdsprachige Elemente in bestimmten Textbausteinen häufiger vor als in anderen?
- Lässt sich in der Verteilung der Wortarten und/oder Bezeichnungsinhalte eine Abhängigkeit von der Funktion des aufnehmenden Textbausteins feststellen?
- Hat die Produktgattung Einfluss auf Auswahl und Häufigkeit fremdsprachiger Elemente?
- Hat die Art des Werbemittels (Anzeige, Fernsehspot, Hörfunkspot) Einfluss auf Auswahl und Häufigkeit fremdsprachiger Elemente?

c) GRAPHISCHE UND PHONETISCHE FORM DER ÜBERNAHMEN
- Inwieweit werden die Übernahmen morphologisch, phonetisch und graphisch an die deutsche Sprache angepasst?
- Wird mit der Fremdheit auf phonetischer oder graphischer Ebene gespielt?
- Wird die Wortherkunft eines bereits ins Deutsche integrierten Lehnworts durch

fremde morphologische, graphische oder phonetische Merkmale wieder neu gekennzeichnet?

d) BEDEUTUNG
- Welche Bedeutungen haben die übernommenen Elemente (Denotat und Konnotat)?
- Lässt sich ein Bedeutungswandel gegenüber der Herkunftssprache oder gegenüber einer bereits in der Alltagssprache etablierten Entlehnung feststellen?

e) FUNKTIONEN
- Welche Funktion übernehmen die fremdsprachigen Elemente im jeweiligen Textbaustein?
- Welche stilistische Absicht wird mit ihnen verfolgt?
- Lassen sich funktionale Unterschiede je nach Sprache, Wortwahl und Art der Integration feststellen?
- Was sagt die Verwendung fremdsprachigen Materials über außersprachliche Aspekte wie Sprachwandel, Wertewandel, Akzeptanz und Assoziationsreichtum verschiedener Einzelsprachen in der Gesellschaft aus?

Damit der Fragenkatalog keine abstrakte Forschungsaufforderung bleibt, werden exemplarisch einige Ergebnisse der breit angelegten Studie Dagmar Schüttes zu Anglizismen in der Werbung referiert (mit neu hinzugefügten Beispielen aus der aktuellen Werbung). Schütte hat die Verwendung von Anglizismen in der deutschen Zeitschriftenwerbung diachronisch von 1951 bis 1991 untersucht und sie mit Hilfe der inhaltsanalytischen Methode mit dem gesellschaftlichen Wertewandel in Beziehung gesetzt. Die folgende Darstellung (Schütte 1996: 355–362, weitere Verweise dort) ist grob nach den Gliederungspunkten des Fragenkatalogs geordnet, um die Erkenntnisse nachvollziehbar obigen Fragen zuzuordnen. Es wird sich aber zeigen, dass bestimmte Aspekte aus den oben thematisch getrennten Gruppen (a–e) in der Untersuchung nicht voneinander isoliert werden können. So können beispielsweise Fragen nach der Integration und der Wortwahl nicht unabhängig davon beantwortet werden, in welchem Textbaustein die betroffenen Anglizismen vorkommen.

Zu a) AUSWAHL:
Hinsichtlich der Denotate, d.h. des jeweils bezeichneten Begriffs, konnte Schütte eine unterschiedliche Verteilung auf die Anzeigentextbausteine feststellen: In Slogans kommen häufiger englischsprachige Bezeichnungen für Produkteigenschaften und Werte vor (z.B. *Better answers*, Slogan von Compaq; *The touch of nature*, Slogan eines Palmolive-Duschgels; *A class of its own*, Slogan von Rover), in Fließtexten und Schlagzeilen sind es dagegen meist Produkt- und Firmennamen (z.B. *Nivea Hair Care, Poly Country Colors, West Ice* oder der Firmenname *ReSound*) sowie Fachwörter, die aus dem Englischen stammen (z.B. in der Werbung für Unterhaltungselektronik: *Equalizer, Dual Mode Shuttle, Long-Play-Funktion, Receiver, Loudness*).

Tendenziell werden zumeist Substantive übernommen – je mehr ganze Sätze jedoch Eingang in Anzeigen finden, desto mehr nehmen zwangsläufig auch Adjektive und Verben zu (beobachtbar besonders seit 1981; siehe die Beispiele im folgenden Abschnitt).

Zu b) Vorkommen und Verteilung:
Der durchschnittliche Anglizismen-Anteil pro Anzeige ist in der Zeit von 1951 bis 1991 gestiegen, tendenziell wiesen und weisen immer mehr Anzeigen Anglizismen auf. Seit 1981 hat besonders der Anglizismenanteil in den Slogans stark zugenommen, was unter anderem den Grund hat, dass Slogans immer häufiger vollständig in englischer Sprache gehalten sind (z.B. *Follow your instincts* für Jeans von Henry I. Siegel, *The essence of beauty* für Kosmetik von Juvena, *Let's make things better* für Unterhaltungselektronik von Philips).

Auch eine Abhängigkeit von der beworbenen Produktgruppe ist statistisch erwiesen: Es finden sich mehr Anglizismen in der Werbung für Mode, Technik, Reisen, Kosmetik, Alkoholika und Zigaretten als in der tendenziell anglizismenärmeren Werbung für Dienstleistungen, Arzneimittel und alltägliche Konsumgüter. (Schütte versucht auf dieser Basis eine noch differenziertere Unterscheidung nach Produktgruppe – stilistischer Anzeigentyp – Art der Anglizismenverwendung, die mir jedoch als zu starr erscheint; Schütte 1996: 292–297.) In den 80er und 90er Jahren nehmen besonders in der Imagewerbung sowie in der Werbung für Zigaretten, Autos und technische Produkte kaum integrierte Anglizismen zur Thematisierung hedonistischer Werte zu (siehe auch unter e) Funktionen) (z.B. in den Slogans von Marlboro *Come to where the flavor is.* (‚Genuss'), dem Jaguar XJR *Don't dream it. Drive it.* (‚traumhaftes Erlebnis') oder von Apple-Computern *Think different* (‚Individualität')).

Insgesamt erfolgt die Zunahme von Anglizismen in der Zeitschriftenwerbung nicht gleichmäßig, sondern schwerpunktmäßig bei einzelnen Produktgruppen und in den exponierten Textbausteinen Slogan und Schlagzeile.

Zu c) Graphische und phonetische Form:
Der Integrationsgrad von Anglizismen nimmt tendenziell ab. Ein Zusammenhang besteht dabei zwischen Häufigkeit und Integrationsgrad: Die Anzeigen, deren Anglizismen nur schwach phonetisch, graphisch und morphologisch ins Deutsche integriert sind, sind zugleich Anzeigen, die einen überdurchschnittlich hohen Anglizismenanteil aufweisen. Das liegt unter anderem daran, dass in diesen Fällen oft ganze Sätze oder Teiltexte in Englisch gehalten sind und sich die Frage der Integration somit gar nicht stellt. Der Integrationsgrad ist außerdem abhängig vom aufnehmenden Textbaustein: Am stärksten sind Anglizismen in Fließtexten an die deutsche Sprache angepasst, am wenigsten in Slogans; Schlagzeilen nehmen eine Mittelstellung ein.

Zu d) Bedeutung:
Der Bedeutungswandel einzelner Anglizismen und das Bedeutungsverhältnis zwischen Anglizismen und deutschen Wörtern wurde bei Schütte nicht ausdrücklich untersucht (als Anregung siehe dazu die auf die Pressesprache bezogene Studie von Yang 1990: 45–117). Zur Frage, für welche Denotate tendenziell Anglizismen eingesetzt werden, finden sich Anmerkungen unter a) und e).

Zu e) Funktionen:
Obige Erkenntnisse zur Wortwahl und Integration hängen mit der „Multifunktionalität von Anglizismen" zusammen (Schütte 1996: 356). In Fließtexten besteht häufig die

Notwendigkeit zur Benennung neuer Entwicklungen und Gegenstände, weshalb hierfür aus dem Englischen stammende, aber oft relativ stark integrierte Fachwörter vorkommen können. In Slogans (und zum Teil in Schlagzeilen) haben Anglizismen statt einer solchen Bezeichnungs- oder Darstellungsfunktion eher den Zweck, Modernität und Internationalität zu demonstrieren und überraschend zu wirken. (Der Überraschungseffekt zur Aufmerksamkeitssteigerung wird in Schlagzeilen zum Beispiel oft durch Wortspiele mit dem fremdsprachigen Material erreicht: z.B. *Fun-tastisch* in einer Handy-Anzeige von Swatch, bei der die Tastatur im Vordergrund steht, *Sixt kämpft gegen den Massenteurismus* für niedrige Autoverleihpreise oder *Have an Ice day* als Schlagzeile für West Ice-Zigaretten.)

Schütte kann aufgrund ihres Materials und der dort verwendeten Anglizismen einen „*Werteumbruch* seit den 60er Jahren sowie eine zunehmende *Wertepluralisierung*" nachweisen (Schütte 1996: 347; Hervorhebungen im Original). Hedonistische Werte und Werte wie ‚Umweltschutz' und ‚technischer Fortschritt' werden wichtiger zu Ungunsten traditioneller Werte wie ‚Familie' und ‚Sparsamkeit'. Anglizismen eignen sich (das zeigt ihre überdurchschnittliche Häufigkeit in argumentativ entsprechend aufgebauten Anzeigen) dabei offensichtlich besonders für die Bezeichnung, aber auch für die assoziative Illustration hedonistischer Werte sowie der Werte ‚technischer Fortschritt' und ‚Internationalität'. Dies kann unter anderem als ein Symptom dafür gewertet werden, dass sich immer mehr Deutsche in ihrem Lebensstil am ‚American Way of Life' orientieren.

Alles in allem lässt sich begründeterweise das Fazit ziehen, „daß Frequenzen und Funktionen von Anglizismen eng mit inhaltlichen Aspekten der Anzeigengestaltung verknüpft sind" (Schütte 1996: 357). Zur Gültigkeit der Aussagen über heutige Tendenzen sollte allerdings beachtet werden, dass der Untersuchungszeitraum der Schütte'schen Studie 1991 endet, dass sich also zum Beispiel hinsichtlich der Produktgruppen und der Häufigkeit von Anglizismen inzwischen wiederum einiges geändert haben könnte.

Ergebnisse zu anderen Fremdsprachen als dem Englischen

Ute Störiko beschränkt sich in ihrer Monographie „Wir legen Word auf gutes Deutsch" nicht auf englisches Sprachmaterial, sondern vergleicht die Übernahmen aus verschiedenen Einzelsprachen, und zwar getrennt nach den unterschiedlichen Werbemitteln und ihren Möglichkeiten in Schrift, Ton und Bild. Auch aus dieser Arbeit sollen einige der zentralen Thesen kurz vorgestellt werden.

Das Englische hat in der deutschsprachigen Werbung ein deutliches Übergewicht gegenüber anderen Sprachen. Am zweithäufigsten wird aus dem Französischen entlehnt, gefolgt vom Italienischen, wobei Störiko leichte Unterschiede in der Sprachverteilung je nach Werbemittel feststellt (Störiko 1995: 402–407). Die Sprachwahl hängt – wie es sich auch bei Schütte gezeigt hat – von kulturellen Kontakten und Orientierungen, aber auch von einzelnen politischen Ereignissen ab: So konnte Störiko z.B. im Zusammenhang mit „Glasnost" in der ehemaligen Sowjetunion Ende der 80er Jahre einen Anstieg russischsprachiger Elemente verzeichnen (Störiko 1995: 408f). Unbekanntere Sprachen, die sogar ein fremdes Schriftbild aufweisen, werden in der Regel seltener und vor allem mit einer anderen Funktion eingesetzt als das als weit gehend bekannt vorausgesetzte Englisch oder die „Schwellensprachen" Französisch, Italienisch und Spanisch. Besonders bei den unbekannteren Sprachen dominiert die Funktion, durch graphische oder phonetische Fremdheit und durch ihre Seltenheit in der Werbung Aufmerksamkeit zu erregen (Störiko 1995: 431).

Insgesamt hängen Fremdspracheneinsatz und Sprachwahl ganz entscheidend von der Produktgruppe ab, die beworben wird, wozu sich bei Störiko ausführliche Graphiken finden (Störiko 1995: 410–430). Die Nahrungs- und Genussmittelbranche weist nicht nur in allen Werbemitteln den bei weitem höchsten Anteil an fremdsprachigen Elementen auf, sondern auch – zusammen mit der Touristikbranche – die breiteste Palette von „zu Wort kommenden" Einzelsprachen. Die allgemeine Dominanz des Englischen wurde bereits erwähnt; das Französische steht gleichwertig neben dem Englischen nur in der Werbung für Kosmetik und Körperpflege und wird ansonsten relativ häufig noch in Werbung für Nahrungs- und Genussmittel sowie für Schmuck/Uhren/Brillen eingesetzt; das Italienische hat die stärkste Position dagegen in der Hörfunkwerbung für Haushaltsgeräte und Putzmittel!

Vollständig fremdsprachig gehaltene Textelemente oder Werbungen sind eher selten, übereinstimmend mit Schütte erwähnt Störiko vor allem die Slogans. Häufiger sind fremdsprachige Elemente in deutsche Texte integriert.

Problem Verständlichkeit: Erklärungsstrategien für fremdsprachige Elemente

Störiko skizziert unterschiedliche Strategien, mit denen die Werbetexter versuchen können, die Verständlichkeit zu gewährleisten. Störiko unterscheidet die folgenden formalen und inhaltlichen Möglichkeiten (Störiko 1995: 435–444), die sich in aktuellen Anzeigen oder Spots jedoch kaum finden lassen und eher zur Fachwort- als zur Fremdworterklärung herangezogen werden:

a) FORMAL:
• Erläuterung bzw. Lehnwort in Klammern;
• Markierung des Fremden in Anführungszeichen oder Kursivdruck;
• Trennung von Lehnwort und Erklärung durch Doppelpunkt;
• Erklärung in einer Fußnote, Kennzeichnung durch Asteriskus (*);
• Erklärung durch Kommata abgesetzt;

b) INHALTLICH:
• (meist kontextbezogene) Erklärung eines Ausdrucks (eingeleitet mit Ausdrücken wie *das heißt, mit anderen Worten* etc.);
• Definition;
• Übersetzung, die ohne Überleitung neben dem/den fremdsprachigen Element(en) steht;
• Übersetzung, die mit der fremdsprachigen Passage metasprachlich verbunden wird;
• freie Übersetzung in einem späteren Textabschnitt;
• unvollständige oder fehlerhafte Übersetzung.

Letztendlich ist es jedoch gar nicht immer das Ziel, verständlich im Sinne nachvollziehbarer Wort- und Textbedeutung zu sein. Die Werbung soll wirksam sein, indem die Werbebotschaft als Ganzes verstanden wird. Zu unterscheiden sind demnach Verständlichkeit und Wirksamkeit eines Werbetextes (Störiko 1995: 453). Deshalb haben die aufgezählten Strategien mitunter mehr die Funktion, das Bemühen um gute Verständlichkeit zu suggerieren, als tatsächlich einen Ausdruck treffend zu erklären:

> Fremdsprachiges in der Werbung bewegt sich ständig in der Polarität zwischen angestrebter Unverständlichkeit und Verständlichkeit. Unverständliches fördert die Konnotationen, Verständliches wirkt als Denotation. Dazwischen befindet sich immer ein Bereich des Halb- oder Teilverständlichen. (Störiko 1995: 453)

Bezüglich der Funktionen, die Fremdsprachiges in der Werbung übernimmt, stimmt Störiko weit gehend mit Schütte (s.o.) überein: Vermittlung von Internationalität und kultureller Authentizität sowie Unterhaltung – aus der Perspektive der Kommunikationsteilnehmer also einerseits eine spezifische Imagebildung für Produkte und Unternehmen sowie eine wirksame Zielgruppenansprache andererseits (Störiko 1995: 454–458).

 Es bleibt weiterhin ergiebig, nach dem Einsatz fremder Sprachen in der Werbung zu fragen, wenn man sich nicht allein auf das bereits intensiv erforschte Englisch beschränkt. Bei Störiko angerissene Fragen könnten weiter vertieft werden: Welchen Stellenwert nimmt die „Fremdheit" der Übernahmen ein (siehe auch 4.5 und 6.2)? Wird sie betont (z.B. durch fremde Schrift, Flexion o.Ä.) oder wird eine gewisse Integration angestrebt (entweder durch Assimilierung oder durch Erklärung z.B. der Aussprache, wie dies bei der Einführung der koreanischen Automarke *Daewoo* der Fall war)? Wie verhält es sich mit Fehlern: Könnten sie absichtlich gemacht worden sein (zur Aufmerksamkeitserregung oder zur leichteren Verständlichkeit/Aussprache) oder sind es versehentliche Fehler bzw. in der Alltagssprache bereits etablierte Fehler im Umgang mit einzelnen Lehnwörtern (Störiko 1995: 444–450)? Spannend bleibt zudem die Untersuchung von Sprachspielen mit fremdsprachigem Material, die auf allen sprachlichen Ebenen möglich sind und teilweise (z.B. bei McDonald's) zu einer konstanten Werbestrategie ausgebaut werden. Das Beispiel einer Prosecco-Werbung der Marke LineaVini (Plakate, aber auch Spots im Kino) zeigt, dass einzelsprachenbezogene Ver„fremd"ung (im wahrsten Sinn des Wortes) Stilmittel sein kann, ohne dass tatsächlich Lehnwörter übernommen würden: *Donna Wetta! – Senza tio nell!*, jeweils mit dem Untertitel *[Italienisch für Fortgeschrittene]*.

Noch kaum untersucht ist, inwiefern sich verschiedenen Einzelsprachen verschiedene Assoziationen oder Images im Deutschen zuweisen lassen und welche Folgen das auf ihren Einsatz in der Werbung hat (Caldéron 1998). Diese Frage wäre zudem ein guter Ansatzpunkt zu kontrastiver (interkultureller) Forschung (siehe 6.2).

 Literaturtipps

> Nicht nur umfassend und diachron über Verwendung von Anglizismen in der Werbung, sondern auch zur Veränderung deutscher Alltags- und Wertekultur seit den 50er Jahren siehe

SCHÜTTE, Dagmar (1996): Das schöne Fremde. Anglo-amerikanische Einflüsse auf die Sprache der deutschen Zeitschriftenwerbung. Opladen (Westdeutscher Verlag). (= Studien zur Kommunikationswissenschaft 16).

Weitere Studien zur zunehmend wichtiger werdenden Rolle des Englischen in der deutschen Werbung:
FINK, Hermann (1997): Von *Kuh-Look* bis *Fit for Fun*. Anglizismen in der heutigen deutschen Allgemein- und Werbesprache. Frankfurt am Main u.a. (Lang). (= Freiburger Beiträge zum Einfluß der angloamerikanischen Sprache und Kultur auf Europa 3).
GROSSER, Wolfgang/HUBMAYER, Karl (1998): „Wieso Sabine? – Time to think." Auswirkungen von ‚Global Advertising' auf den deutschen Werbediskurs. In: Kettemann, Bernhard/Stegu, Martin/Stöckl, Hartmut (Hsg.): Mediendiskurse. *verbal*-Workshop Graz 1996. Frankfurt am Main u.a. (Lang). (= Sprache im Kontext 5). 29–43.

Mit dem Schwerpunkt des Medienvergleichs sind sozusagen alle in der Werbung vorkommenden Einzelsprachen untersucht bei
STÖRIKO, Ute (1995): „Wir legen Word auf gutes Deutsch." Formen und Funktionen fremdsprachiger Elemente in der deutschen Anzeigen-, Hörfunk- und Fernsehwerbung. Viernheim (Cubus). [Diss.].

 (24) Analysieren Sie mit Blick auf die bildliche Unterstützung die zweiteilige Schlagzeile der WMF-Werbung für Eierbecher (Abb. 10a: 118): *Ei love you! – Ei too!*

(25) Analysieren Sie den folgenden Anzeigentext einer McDonald's-Anzeige hinsichtlich seiner englischsprachigen Elemente. Inwiefern unterscheidet sich diese Strategie von der üblichen Anglizismenverwendung in der Werbung, wie sie oben dargestellt wurde?

> (Über der Schlagzeile eine Art Schild:) *McMorning – All American Breakfast*
> (Schlagzeile:) *Look me in the eyes, Kleines, and danach we go frühstücken.*
>
> (Text:) *Was ist besser als frühstücken bei McDonald's? Zu zweit frühstücken bei McDonald's: Mit Egg McMuffin oder Sweet Breakfast oder McCroissant oder Big Breakfast oder Ham & Eggs. Für Frühstück im Bett oder gleich zum hier essen. Und wenn Sie wollen, auch jeden Morgen. Denn bei den müden Preisen kommt Sie der Spaß nicht mal teuer zu stehen. So go for Frühstück – schon zu haben ab 2,95 DM.*

(26) Suchen Sie Anzeigen oder möglicherweise auch Spots, an denen sich Erklärungsstrategien für fremdsprachige Ausdrücke, wie Störiko sie auflistet (s.o.: 115), nachweisen lassen. Diskutieren Sie in der Gruppe, warum gerade diese fremdsprachigen Ausdrücke erklärt werden.

c) Hochwertwörter – Schlüsselwörter – Plastikwörter

In der Werbeforschung wurde schon früh danach gefragt, wodurch sich denn die Werbesprache auszeichnet, was an ihr besonders auffällig ist. Dabei geht der Blick, wie bei den Varietäten Fachsprache oder Jugendsprache auch, meist zuerst auf den Wortschatz, weil Unterschiede zur Standardsprache in diesem Bereich am stärksten auffallen. Über auffällige Wortneubildungen und Lehnwörter wurde schon gesprochen. Wörter, die eine bestimmte Varietät signalisieren sollen (wie z.B. Fachsprache, Dialekt oder

Abbildung 10a: WMF

Abbildung 10b: WMF

Jugendsprache), werden weiter unten noch thematisiert. Gibt es weitere Auffälligkeiten im Wortschatz der Werbung?

Ruth Römer spricht in ihrer Monographie zur Werbesprache von Hochwertwörtern und Schlüsselwörtern. Mit Hochwertwörtern meint Römer zwar speziell nur solche Ausdrücke, die etwas Wertvolles bezeichnen **und als Warennamen verwendet** werden (Römer [6]1980: 99). Sie spricht dann aber auch bei attributiven Adjektiven wie *echt, ideal, genial, phantastisch, vollendet* etc. von „hoch-wertenden" Adjektiven (Römer [6]1980: 101–104).

Als HOCHWERTWÖRTER können demnach alle diejenigen Ausdrücke bezeichnet werden, die ohne die grammatische Struktur eines Komparativs oder Superlativs geeignet sind, das damit Bezeichnete (bei Substantiven) oder näher Bestimmte/Prädizierte (bei Adjektiven) aufgrund ihrer sehr positiven Inhaltsseite aufzuwerten.

SCHLÜSSELWÖRTER haben demgegenüber nicht nur aufwertende Funktion, sondern sie nehmen auch anzeigen- und produktübergreifend „eine Schlüsselstellung im Gedanken- und Sprachfeld der Werbung" ein (Römer [6]1980: 132). Schlüsselwörter und Hochwertwörter können sich daher überschneiden: Ein Hochwertwort wird zum Schlüsselwort, wenn es sehr häufig in ganz unterschiedlicher Werbung vorkommt **und** wenn seine Funktion nicht nur in der Aufwertung, sondern in einem entscheidenden Beitrag zur Argumentation liegt. Schlüsselwörter sind in ihrer Zugkraft damit auch stärker abhängig von gesellschaftlich relevanten Themen, der semantisch aufwertende Charakter eines Wortes bleibt von diesen dagegen meist (oder zumindest länger) unberührt.

 Das Kriterium zur Bestimmung von Schlüsselwörtern darf damit nicht nur die Häufigkeit sein, sonst kommt man zu Ergebnissen wie Römer und Baumgart, die auch Wörter wie *jetzt, mehr als/noch mehr, mit, noch nie/noch nicht/nie zuvor, ohne* (Römer 1980: 140–145), *gut, mehr, alle* (Baumgart 1992: 146) zu den Schlüsselwörtern zählen. Es sind dies zwar typische (im Sinne von: sehr häufige) Elemente der Werbesprache, aber sie liefern keinen „Schlüssel" der Interpretation, sie propagieren keine besonders auffälligen Werte und weisen nicht auf bestimmte Eigenschaften des Produkts, Anwendungsmöglichkeiten oder andere Verkaufsargumente hin. Neben häufigem Vorkommen sind also der aufwertende Inhalt und das für die Argumentation wichtige Assoziationsfeld relevant zur Bestimmung von Schlüsselwörtern, soll dieser Terminus einen Sinn haben.

Zu derzeitigen Schlüsselwörtern zählen meiner Erfahrung nach zum Beispiel in der Lebensmittelindustrie *probiotisch, natürlich* und das Morphem *Bio-*, in der Kosmetikwerbung *natürlich, Schutz* und *Pflege*, in der Autowerbung *Sicherheit, sicher, Technik, Komfort*. Allgemeine Schlüsselwörter, wie sie auch bei Baumgart näher beschrieben werden, sind sicherlich immer noch *Natur, Leben, Geschmack, Genuss, Gesundheit, Lust* und entsprechende Verben (*leben, schmecken, genießen*), *einfach* (vor allem in der Bedienung der Technik), *gesund, frisch* und *leicht* (Baumgart 1992: 123–156), aber auch *Abenteuer, Erlebnis, Zukunft* und *frei/Freiheit*.

Schlüsselwörter können zu Wort- und Assoziationsfeldern zusammengefasst werden, an denen sich Argumentationstrends und Produktkonnotationen wie Erotik, Exotik, Hedonismus, Individualität, Exklusivität, Wissenschaftlichkeit, Fortschrittlichkeit und

Natürlichkeit ablesen lassen (siehe auch 4.2.3) (Römer [6]1980: 150–157, Baumgart 1992: 158–170).

Baumgart vergleicht die Schlüsselwörter mit dem von Uwe Pörksen geprägten Begriff der „PLASTIKWÖRTER" (Baumgart 1992: 172–187). Man mag den von ihr gezogenen Parallelen zustimmen oder nicht – es sollte zuerst die Frage geklärt werden, ob sich die Plastikwörter nicht als sinnvolle Kategorie **neben** den Schlüsselwörtern anbieten. Als Plastikwörter bezeichnet Pörksen eine Erscheinung, die er als Symptom für die „wissenschaftliche Durchdringung des Alltags und seiner Sprache (…) in den letzten Jahrzehnten" (Pörksen [4]1992: 19) ansieht:

> Populäre, umgangssprachliche Begriffe werden in die Wissenschaft oder in eine andere höhere Sphäre übertragen, erhalten hier das Ansehen allgemein gültiger Wahrheiten und wandern nun, autorisiert, kanonisiert, in die Umgangssprache zurück, wo sie zu dominierenden Mythen werden und das Alltagsleben überschatten. (Pörksen [4]1992: 18)

Dabei verlieren sie ihre fest umrissene Bedeutung:

> Ungezählte diffuse Eindrücke werden auf einen Begriff gebracht, an einen Namen geheftet, und dieser Name gewinnt nun eine gewisse Selbständigkeit. (Pörksen [4]1992: 20)

Zu den Plastikwörtern zählt Pörksen zum Beispiel *Entwicklung, Fortschritt, Prozess, Strategie, Struktur, Substanz, System* oder *Zentrum*, ihre Existenz und Beliebtheit in der Alltagssprache sind seiner Meinung nach zugleich ein Indiz für das hohe Prestige des Expertentums in unserer Gesellschaft.

Vergleicht man nun die Wörter, die wir als Schlüsselwörter bezeichnen würden, mit den Pörksen'schen Plastikwörtern, so erweisen sich letztere eher als ein Sonderfall der ersteren: Ein Kennzeichen der Plastikwörter, das nicht allen Schlüsselwörtern schlechthin zugeschrieben werden kann, ist die wissenschaftliche Prägung und damit die besondere Aura, die sie umgibt. Auch wenn Plastikwörter wie Schlüsselwörter in gewisser Weise „Allgemeinplätze" sind und als „Imaginationsfreiräume und Projektionsflächen für die mitschwingenden Assoziationspotentiale werblicher Botschaften" (Baumgart 1992: 181) fungieren – bei den Plastikwörtern wird weniger die Imagination beflügelt, als vielmehr die Assoziation in eine ganz bestimmte Richtung, nämlich die fachsprachliche gelenkt. Die mit den Plastikwörtern verbundenen Konnotationen haben aufgrund ihrer fachsprachlichen Prägungsphase immer etwas mit ‚wissenschaftlich fundiert' und ‚Expertentum', mit ‚Sicherheit' und ‚geprüfter Qualität' zu tun. Sollen also Schlüsselwörter wie *Freiheit, Genuss, natürlich* oder *Leben* einen allgemein emotionalen, weiten und individuellen Assoziationsspielraum eröffnen, so ist die Funktion von Plastikwörtern wie *Dynamik, System, Substanz* und *Technik* eher die, dass auf den ersten Blick eine semantische Konkretheit und Bestimmtheit, eine Verlässlichkeit und Fundiertheit vorzuliegen scheint, die gar nicht besteht. Bei den emotional ausgerichteten Schlüsselwörtern wissen wir als Rezipienten, dass damit vieles gemeint sein kann, können aber in der Regel durchaus angeben, was sie für uns persönlich bedeuten. Bei den Plastikwörtern verlassen wir uns dagegen darauf, dass sie sach- und fachbezogen sind und einen genau definierten, nachprüfbaren Sinn haben, ohne aber im konkreten Fall immer angeben zu können, was sie bedeuten und worauf sie sich beziehen.

Wegen dieser Unterschiede halte ich es für sinnvoll, drei besondere, semantisch bestimmte Kategorien von Wörtern in der Werbung zu unterscheiden, die alle die grundsätzliche Funktion gemeinsam haben, zur semantischen Aufwertung des Beworbenen beizutragen:

1) HOCHWERTWÖRTER tun dies einfach durch ihr positives Denotat und stehen damit neben rein grammatischen Steigerungsformen.

2) SCHLÜSSELWÖRTER sind eine Untergruppe dieser Hochwertwörter und haben die zusätzliche Eigenschaft, (oft, aber nicht nur) individuelle und emotionale Imaginationen und Assoziationen anzuregen und damit eine Steuerungsfunktion in der Argumentation einzunehmen.

3) PLASTIKWÖRTER können zugleich Schlüsselwörter sein (z.B. *Technik, Sicherheit, Fortschritt, Entwicklung*) und zeichnen sich ebenfalls durch ihre eher vage Inhaltsseite aus, sind aber mit Konnotationen einer ganz bestimmten Art verbunden: Sie dienen nicht zum Wecken von Emotionen, sondern verstärken den Eindruck wissenschaftlicher Qualität und Fundiertheit, sie wirken verlässlich und entpuppen sich doch meist als Luftblasen.

Außerdem können unter dem Aspekt der semantischen Aufwertung natürlich noch die Adjektivkomparation, fachsprachliche Ausdrucksweisen und rhetorische Figuren wie Klimax, Personifizierung und das Phänomen der Entkonkretisierung betrachtet werden, was in diesem Buch jedoch anderen Kapiteln vorbehalten bleibt.

 Untersuchungen zu Schlüsselwörtern in der Werbung sind am stärksten „zeitanfällig", d.h. Schlüsselwörter wechseln abhängig von gesellschaftlichen Moden und Veränderungen. Auch aus diesem Grund wurden in diesem Kapitel keine inhaltlichen Forschungsergebnisse angeführt, sondern nur Kategorien diskutiert. Reizvoll bleiben solche Wortschatzuntersuchungen aber gerade wegen dieses gesellschaftlichen Bezugs. Sie bieten ein breites Forschungsfeld gerade bei interdisziplinären Fragestellungen. Die Untersuchung von Plastikwörtern sollte aufgrund ihrer besonderen Rolle im Zusammenhang mit fachsprachlichen Analysen stehen. Was in manchen Arbeiten anklingt, aber noch nicht systematisch betrachtet wurde, ist die diachrone Entwicklung von Hochwertwörtern: Wie schnell nutzen sich Hochwertwörter ab und müssen durch neue ersetzt werden (*super – mega – ...*)? Wie behilft sich Werbung überhaupt angesichts solcher Abnutzungserscheinungen?

 Literaturtipps

Zum Phänomen der Plastikwörter siehe die allerdings sehr kulturpessimistische Abhandlung von
PÖRKSEN, Uwe (⁴1992): Plastikwörter. Die Sprache einer internationalen Diktatur. 4. Auflage. Stuttgart (Klett-Cotta).

Sehr ausführlich – wenn auch methodisch nur mit gewissen Einschränkungen zu empfehlen – geht Baumgart (im Teil III. Auswertung) auf alle Formen der semantischen Aufwertung ein:
BAUMGART, Manuela (1992): Die Sprache der Anzeigenwerbung. Eine linguistische Analyse aktueller Werbeslogans. Heidelberg (Physica). (= Konsum und Verhalten 37).

Thermal S

Die reichhaltige Creme THERMAL S mit natürlichen

Pflegespeichern und der Kraft des Thermalwassers aus Vichy versorgt die Haut mit Feuchtigkeit und regt sie an, wieder **gesund und schön auszusehen.**

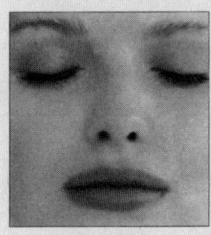

1zigartig.

Die spezifische, mineralreiche Zusammensetzung macht das Thermalwasser aus Vichy praktisch zu einem *einzigartigen, optimal hautverträglichen „Pflege-Wirkstoff"*. Keine „nachgebaute Labor-Version" war ähnlich wirkungsvoll.

50 ml DM 27,75
unverbindliche Preisempfehlung.
Bei Ihrem Apotheker.

Feuchtigkeits- 24 Stunden
versorgung   lang.*

Die Pflegewirkung einer Creme beginnt mit einer optimalen Regulierung des Feuchtigkeitshaushalts. Natürliche Pflegespeicher (NMS) verteilen und binden die Feuchtigkeit *innerhalb und zwischen den Zellen.* Die Enzymaktivität wird angeregt, und die Haut wird bis zu 24 Stunden lang mit Feuchtigkeit versorgt.

Regt den natürlichen Eigenschutz an.
der Haut

Die Pflege mit *THERMAL S* morgens und abends *stärkt den natürlichen Eigenschutz der Haut* und beugt Irritationen wirkungsvoll vor. *Spannungs- und Reizgefühle werden sofort gemindert.* Das Ergebnis: Die Haut erhält mehr Geschmeidigkeit und Ausstrahlung und ist langanhaltend geschützt. Dank der *nichtfettenden Konsistenz* zieht THERMAL S schnell ein. Für alle Hauttypen geeignet – auch für empfindliche Haut.

*Thermal S wurde mit 100 Frauen unter dermatologischer Aufsicht getestet.

VICHY
LABORATOIRES

VICHY. WEIL GESUNDHEIT AUCH HAUTSACHE IST.

Abbildung 11: Thermal S

(27) Suchen Sie im Anzeigentext für den Opel Corsa Viva alle Hochwertwörter heraus und begründen Sie die Auswahl durch kurze Beschreibungen der Bedeutungen oder damit verbundenen Assoziationen. Welche dieser Hochwertwörter würden Sie als Schlüsselwörter bezeichnen und warum?

> (Schlagzeile:) *Im Corsa Viva muß die Freiheit wohl grenzenlos sein.*
>
> (Fließtext:) *Jetzt wird's überirdisch. Denn der innovative 1.0 12V ECOTEC-Motor im Corsa Viva verleiht dem Fahrspaß schon auf der Straße Flügel. Die Stoßfänger, Außenspiegel und Heckspoiler in Wagenfarbe machen dabei schon den Start perfekt. Als nützliche Reisebegleiter dienen die Opel Full Size- und Seitenairbags für Fahrer und Beifahrer. Die peppigen Polster Viva Color in Rot und Blau, Servolenkung, Drehzahlmesser und das Stereo-Cassetten-Radio sorgen auch unter den Wolken für eine grenzenloses Vergnügen. Wer noch höher hinaus möchte, greift zum Open Air-Paket mit elektrischem Faltschiebedach und Leichtmetallrädern. Holen Sie sich den Himmel auf Erden, und schweben Sie zu Ihrem Opel Händler.*

(28) Untersuchen Sie den Wortbestand der Anzeige für Thermal S (Abb. 11: 123):
a) Welche Wörter würden Sie als Hochwertwörter klassifizieren? Begründen Sie dies kurz.
b) Welche Wörter würden Sie als Schlüsselwörter klassifizieren? Begründen Sie dies kurz.
c) Welche Wörter würden Sie als Plastikwörter klassifizieren? Begründen Sie dies kurz.
d) Welche weiteren Mittel der semantischen Aufwertung lassen sich in diesem Werbetext finden? Systematisieren Sie die gefundenen Beispiele.
e) Tauchen Probleme bei der Trennung der Wortkategorien auf? Diskutieren Sie diese in der Gruppe und machen Sie gegebenenfalls begründete Gegenvorschläge.

(29) Diskutieren Sie den Umgang mit Wörtern und ihren Bedeutungen in folgenden Beispielen aus der Werbung:
a) *Andere bauen Autos. Wir bauen Legenden.* (Schlagzeile einer Anzeige für den Citroën XM)
b) *Armbanduhr? Was für ein häßliches Wort. – Rado ,Integral'. High-Tech in Form. Rado Switzerland* (Schlagzeile und Slogan einer Uhrenwerbung, bei der sich neben der Abbildung einer Armbanduhr nur eine Bildunterschrift mit näheren Produktangaben und am unteren Anzeigenrand die Firmenadresse finden.) – Eine zweite Schlagzeile dieses Unternehmens lautet: *Uhren werden von Uhrmachern gemacht. Rado's von Wissenschaftlern und Designern. Wie Sie sehen.*

4.3.2 Phraseologie

Phraseologismen in der Werbung sind vergleichsweise gut untersucht, so dass sich hierzu viel Literatur finden lässt. (Ausführlichere Einführungen ins Thema, zu Definition, Klassifikation und Verwendungsmöglichkeiten von Phraseologismen und zur Phraseologieforschung finden sich beispielsweise bei Palm 1995 und Burger 1998.)

Die Terminologie der Phraseologieforschung differiert sehr stark, so dass man manchmal nur schwer einen Weg durch die Vielfalt an Bezeichnungen (wie *Phraseologismus,*

Phraseolexem, phraseologische Wendung, feste Wendung, Idiom, idiomatische Wendung) findet. Der Phraseologismus (für diesen Terminus entscheide ich mich hier) wird in der Forschung zudem unterschiedlich weit gefasst. Im weitesten Sinn ist es ein Oberbegriff für alle Syntagmen und Redewendungen, die sich durch ihren Wortgruppencharakter (= bestehen aus mindestens zwei Wörtern) und eine relative Stabilität (= Festigkeit) in struktureller und pragmatischer Hinsicht auszeichnen. Festigkeit meint, dass diese Syntagmen immer in einer ganz bestimmten Form gebraucht, gelernt und im Wortschatzgedächtnis als zusammenhängender Ausdruck gespeichert werden, dass sie z.B. nicht ohne weiteres durch Attribute ergänzt (**in Teufels heiße Küche kommen*) oder in ihrem Wortbestand verändert werden können (**in den Rasen beißen* statt *ins Gras beißen*). Nach diesem Verständnis fallen so genannte Kollokationen[11] (wie *Zähne putzen* statt *bürsten*) ebenso unter die Phraseologismen wie pragmatische Routineformeln (*Guten Tag, Herzlichen Dank*), Sprichwörter (wie *Morgenstund hat Gold im Mund*) oder die so genannten „Geflügelten Worte" (so genannt nach Georg Büchmanns berühmter Sammlung des deutschen Zitatenschatzes: z.B. *Sein oder nicht sein, das ist hier die Frage.*).

Phraseologismen im engeren Sinn weisen noch ein drittes Merkmal auf, nämlich die Idiomatizität (wehalb man dann oft von Idiomen oder idiomatischen Wendungen spricht). Ist eine Wortgruppe idiomatisiert, dann lässt sich ihre Gesamtbedeutung nicht aus der Summe der Bedeutungen ihrer einzelnen Elemente erschließen, d.h. sie ist nicht (mehr) motiviert (z.B. *in Teufels Küche kommen, jmd. ins Bockshorn jagen, jmd. aufs Kreuz legen, mit Kind und Kegel*). Es hat sich in der Phraseologieforschung herausgestellt, dass sowohl das Kriterium der Festigkeit als auch das der Idiomatizität skalierbar sind, d.h. dass es unterschiedliche Grade von Festigkeit und Idiomatizität gibt.

Phraseologismen werden in der Forschung nach unterschiedlichen Kriterien klassifiziert, z.B. nach syntaktischen (Satz, Satzglied(er), Satzgliedteil, Wortartenbeteiligung), nach dem schon erwähnten semantischen Kriterium des Motivationsgrades oder nach Kombinationen von morpho-syntaktischen und semantischen Merkmalen.

Die neueste und umfassendste Arbeit zur Phraseologie in der Werbung von Andrea Hemmi (1994) nutzt eine solche Mischklassifikation, die auf das Handbuch der Phraseologie von Burger/Buhofer/Sialm 1982 zurückgeht, die Hemmi aber im Hinblick auf werbespezifische Besonderheiten modifiziert. Dementsprechend untersucht sie Fernseh- und Radiospots sowie Anzeigen aus Schweizer (!) Medien auf folgende Phraseologismustypen hin (Hemmi 1994: 61–63; alle genannten Beispiele sind im Korpus von Hemmi nachgewiesen: 248–264):

a) VERBALE PHRASEOLOGISMEN (die einen festen Prädikatsverband mit festem Subjekt oder Objekt bilden wie *Augen machen, für jmd./etw. ein Kinderspiel sein, eine gute Figur machen, etwas im Griff haben, sich ein Herz fassen*);

---

11 Kollokationen sind im engeren Sinn „charakteristische, häufig auftretende Wortverbindungen, deren Miteinandervorkommen auf einer Regelhaftigkeit gegenseitiger Erwartbarkeit beruht" und demnach weit gehend semantisch begründet ist, im weiteren Sinn „syntaktisch-semantische Verträglichkeitsbedingungen" (Bußmann [2]1990: 391).

b) STRECKFORMEN (Nominalisierung eines Verbs und Ergänzung durch ein semantisch schwaches neues Verb, nicht idiomatisiert, z.B. *Auswirkungen haben, Pläne machen, ein Risiko eingehen, Interesse haben*);

c) NOMINALE PHRASEOLOGISMEN (die im Gegensatz zu den verbalen Phraseologismen kein prädikatfähiges festes Verb mit sich führen, wie *grauer Alltag, die Nr. 1, offenes Geheimnis, alte Schule, zu viel des Guten, fliegender Start*);

d) ADVERBIELLE PHRASEOLOGISMEN (die Hemmi ausschließt, weil sie kaum kreativ-bewusst eingesetzt würden, die aber erwähnt werden sollen, wie *schön und gut, über kurz oder lang*);

e) MODELLBILDUNGEN (Reihen bildende feste Wortverbindungen, die immer nach dem gleichen Muster gebildet werden, wie *ein x für alle Fälle, von x bis y, á la x, the best of x, rund um x, überall, wo's x gibt*);

f) PHRASEOLOGISCHE VERGLEICHE (wie *halten wie angewachsen, dumm wie die Nacht, Leute wie du und ich*[12], *sich fühlen wie neugeboren, zusammenhalten wie Pech und Schwefel, etw. aufsaugen wie ein Schwamm*);

g) ZWILLINGSFORMELN (auch Paarformeln genannt, wie *mehr oder weniger, über kurz oder lang, hin oder her, mit Rat und Tat, Tag für Tag, (mit) Haut und Haar, (bei) Wind und Wetter*);

h) SPRICHWÖRTER/SPRÜCHE (wie *Ende gut, alles gut!, In der Kürze liegt die Würze, Alte Liebe rostet nicht*);

i) GEFLÜGELTE WORTE (Übernahmen von bekannten Zitaten oder Titeln von Filmen, Büchern etc., die sich von den Sprichwörtern und Sprüchen dadurch unterscheiden, dass ihre Herkunft/ihr Autor bekannt ist, wie *Der Mensch lebt nicht vom Brot allein* (Martin Luther), *Zurück zur Natur* (geprägt in Sinn und Tendenz nach der Philosophie Jean-Jacques Rousseaus, kein echtes Zitat!), *Kleiner Mann, was nun?* (Hans Fallada));

j) ROUTINEFORMELN (auch Gesprächsformeln genannt, z.B. Grußformeln wie *Hallo*, sprechaktspezifische Formeln wie *Herzlich willkommen*, situations- und institutionsgebundene Formeln wie *Vorhang auf* oder *Nächster Halt: …*);

k) WERBESPRÜCHE (die sich entweder im Alltagsgebrauch wie Phraseologismen eingeprägt haben und so oder abgewandelt auch von anderen Firmen benutzt werden, ohne dass man sie schon im Lexikon finden könnte, oder Formulierungen, die traditionellen Phraseologismen nachgebildet sind, wie *Wenn's ums Geld geht – Sparkasse, After Eights – die feine englische Art, Mach mal Pause – Coca Cola*).

 Die Sprichwörter und Sprüche, die Geflügelten Worte und die Werbesprüche fallen nach der Systematik dieses Arbeitsbuches unter das Thema Intertextualität und werden dort näher untersucht (siehe 4.4.3). Was bei Hemmis Abgrenzung keine Erwähnung findet und sich auch nicht im Korpus spiegelt, sind die verbalen Phraseologismen, die **mehrere** Substantive und damit **mehrere Satzglieder** mit sich führen (wie *das Kind mit dem Bade ausschütten, keinen Hund hinter dem Ofen hervorlocken*). Die obige Einteilung nach verbalen, nomi-

---

12 Bei Hemmi bei den nominalen Phraseologismen eingeordnet; Hemmi 1994: 263.

nalen und adverbiellen Phraseologismen ist demnach eine recht grobe Unterscheidung. Die Struktur ließe sich je nach Bedeutung für die Fragestellung noch genauer differenzieren – z.B. in verbale Phraseologismen, die Streckformen beinhalten (*von Tuten und Blasen keine Ahnung haben*), die – wie oben erwähnt – mehrere Satzglieder mit sich führen oder die Teilsätze aufweisen (*wissen, was die Uhr geschlagen hat*). Neben Zwillingsformen fehlen die DRILLINGSFORMEN (wie *heimlich, still und leise – Wein, Weib und Gesang*), und bei den Streckformen wird nicht differenziert zwischen den Streckformen im echten Sinn (kein semantischer Unterschied zum zugrunde liegenden Verb) und den Reihen bildenden Funktionsverbgefügen, die neben der Nominalisierung einen semantischen Mehrwert gegenüber dem Grundverb aufweisen (meistens einen Hinweis auf die Aktionsart: bei Hemmi z.B. *zur Geltung kommen* (= inchoativ/drückt einen Beginn aus im Vergleich zu *gelten*) neben *zur Geltung bringen* (= kausativ/veranlassend, nicht im Korpus)) (zur Unterscheidung siehe Heringer 1989: 106–115).

Hemmi stellt fest, dass 78,7 % der von ihr untersuchten 148 Anzeigen mindestens einen Phraseologismus aufweisen, 62,8 % der insgesamt 118 Radiospots sowie nur 45,7 % der insgesamt 86 Fernsehspots (Hemmi 1994: 64). Sie überprüft die Häufigkeit und Verteilung der einzelnen Phraseologismentypen, die Möglichkeiten ihrer sprachkreativen Modifikation (womit wir bei den Sprachspielen wären, siehe 4.4.1c), ihre Sprachform (Standardsprache/Dialekt/Fremdsprache), ihre Position innerhalb der Werbung (Schlagzeile, Text, Slogan – Spotanfang, -mitte, -ende) sowie ihre Einbettung in den Werbetext (Off-Text, Monolog, Dialog). In einem zweiten Teil befragt sie 30 Probanden, die in ihrer Streuung dem Lesepublikum der untersuchten Zeitschrift entsprechen, inwiefern sie die vorkommenden Phraseologismen kennen, verstehen, ihre Modifikationen durchschauen und wie die phraseologischen Texte auf sie wirken. Die Befragung zeigt, „dass es für viele Personen sehr viel schwieriger ist als erwartet, Phraseologismen in einem Text zu erkennen und zu isolieren", selbst wenn ihnen erklärt wurde, was ein Phraseologismus ist, und sie direkt darauf hingewiesen werden, dass in einer Anzeige, einem Slogan, einem Werbetext eine feste Wendung oder Redensart enthalten ist (Hemmi 1994: 213f):

> Im Optimalfall, der allerdings selten eintritt, bemerken die Vpn [= Versuchspersonen, N.J.] den Phraseologismus und können ihn in direkter Form aus dem Text herauslösen. Bei einer Modifikation wissen sie, wie die Normalform lautet und was abgewandelt ist; sie realisieren das Spiel mit den verschiedenen Bedeutungsebenen und empfinden dessen Wirkung gemäss den Intentionen der Werbefachleute als aufmerksamkeitserregend, witzig, originell etc. Die Vpn können einen (modifizierten) Phraseologismus hingegen auch mehr unbewusst als vertraut empfinden, ohne dass sie seine Normalform, losgelöst vom Text, nennen können. Im schlechtesten Fall bezeichnen die Vpn den Phraseologismus, nachdem er ihnen in korrekter Form gesagt worden ist, als unbekannt […]. (Hemmi 1994: 213)

Die Ergebnisse des ersten Teils ihrer Arbeit werden hier nicht weiter referiert, da sie sich nur auf Schweizer Werbung beziehen, in der besonders der Dialekt eine ganz andere, bedeutendere Rolle als in der Bundesrepublik spielt, so dass sehr viele Phraseologismen in dialektaler Form vorkommen. Hemmis Auswertung ist demnach nur bedingt auf die bundesdeutsche Werbung übertragbar.

Phraseologismen in der Werbesprache sind vor allem deswegen interessant, weil sie sich besonders dazu eignen, sprachspielerisch verfremdet zu werden oder durch Mehrdeutigkeit zu überraschen oder zu amüsieren (wenn nämlich neben der regulären idiomatischen Bedeutung plötzlich auch eine wörtliche (re-)aktiviert wird: *Haben Sie daran gedacht, dass Ihre Füße den ganzen Tag auf den Beinen sind?* nach Hemmi 1994: 264). Die Vorschläge, die Hemmi zur Unterscheidung verschiedener Modifikationsverfahren macht (wie Erweiterungen, Substitutionen, Bezüge zum Text und zum Bild), sind sämtlich durch die Sprachspielklassifikation im entsprechenden Kapitel abgedeckt (siehe 4.4.1 c) bzw. beziehen sich auf intertextuelle Verfahren (siehe 4.4.3), weswegen an dieser Stelle nicht weiter darauf eingegangen wird.

 Literaturtipps

Eine allgemeine und gut verständliche Einführung ins Thema bieten
BURGER, Harald (1998): Phraseologie. Eine Einführung am Beispiel des Deutschen. Berlin (Schmidt). (= Grundlagen der Germanistik 36).
PALM, Christine (1995): Phraseologie. Eine Einführung. Tübingen (Narr). (= Narr Studienbücher).

Zur Phraseologie in der Werbung liegt eine neuere, umfangreiche und vor allem intermediale Arbeit vor, die auch mittels Umfrage Verständnis und Einschätzung der Rezipienten berücksichtigt, sich aber vor allem auf die Schweiz bezieht:
HEMMI, Maria (1994): „Es muß wirksam werben, wer nicht will verderben". Kontrastive Analyse von Phraseologismen in Anzeigen-, Radio- und Fernsehwerbung. Bern u.a. (Lang). (= Zürcher germanistische Studien 41).

Unter dem sprachspielerischen Aspekt werden Phraseologismen untersucht bei
DITTGEN, Andrea Maria (1989): Regeln für Abweichungen. Funktionale sprachspielerische Abweichungen in Zeitungsüberschriften, Werbeschlagzeilen, Werbeslogans, Wandsprüchen und Titeln. Frankfurt am Main u.a. (Lang). (= Europäische Hochschulschriften. Reihe 1: Deutsche Sprache und Literatur 1160).
EWALD, Petra (1998): Zu den persuasiven Potenzen der Verwendung komplexer Lexeme in Texten der Produktwerbung. In: Hoffmann, Michael/Keßler, Christine (Hsg.): Beiträge zur Persuasionsforschung unter besonderer Berücksichtigung textlinguistischer und stilistischer Aspekte. Frankfurt am Main u.a. (Lang). (= Sprache. System und Tätigkeit 26). 323–350.

Phraseologische Wörterbücher zum Nachschlagen:
DUDEN. Redewendungen und sprichwörtliche Redensarten. Wörterbuch der deutschen Idiomatik (1992). Bearbeitet von Günther Drosdowski und Werner Scholze-Stubenrecht. Mannheim u.a. (Dudenverlag). (= Duden Bd. 11).
RÖHRICH, Lutz (1991–1992): Das große Lexikon der sprichwörtlichen Redensarten. 3 Bde. Freiburg/Basel (Herder).

 (30) Analysieren Sie die beiden folgenden Anzeigentexte auf ihre Phraseologismen hin.
a) Sortieren Sie die vorkommenden Phraseologismen nach formalen Typen und nach modifizierten vs. nicht modifizierten Formen.
b) Diskutieren Sie den jeweiligen Motivationsgrad und die Festigkeit (z.B. durch Erweiterungs- und Ersetzungsproben).

Text 1 stammt aus einer Anzeige für das Office 95/Windows 95. Der Text ist in zwei Blöcken auf die Anzeige verteilt und von roten Rahmen umgeben. Auf dem Bild sind Max und Moritz von Wilhem Busch abgebildet, wie sie gerade die gebratenen Hähnchen aus dem rauchenden Kamin heraufziehen wollen:

(Moritz:) *Dieses ist der erste Streich …*

Was haben wir denn da? Ein appetitliches 32-Bit-Betriebssystem: Windows 95. Danach leckt sich jeder die Finger, der seinen PC endlich mal mit links bedienen möchte. Die intuitive Benutzeroberfläche erklärt sich von selbst. Dank Plug & Play lassen sich jetzt Peripherie-Geräte problemlos anschließen. Und mit mehreren Programmen kann man ab sofort gleichzeitig arbeiten, ohne einen Absturz zu riskieren. Gleichzeitig? Da war doch noch was …

(Max:) *… doch der zweite folgt sogleich. Schwuppdiwupp! Da ist ja auch schon Office 95, das köstliche 32-Bit-Büropaket, vollkommen neu überarbeitet und somit noch schmackhafter – sowohl als Professional- wie auch als Standardversion. Word und Excel wurden bis ins Detail verbessert, Access (nur in Office 95 Professional) und PowerPoint neu gestaltet. Hinzugekommen ist der Terminplaner Schedule+.*

Alle zusammen sind sie ein Herz und eine Seele: Inhalte können von einem ins andere Programm geschickt werden, Assistenten helfen Ihnen, egal in welcher Applikation Sie sich befinden. Die Sache hat nur einen Haken: Sie müssen sie sich schon kaufen. Stibitzen gilt nicht.

Text 2 stammt aus einer Anzeige für den Opel Corsa Viva. Auf dem Bild, das sich als breiter Streifen zwischen Schlagzeile und Fließtext befindet, sind links ein roter Corsa mit offenem Verdeck, rechts eine junge Frau in Schwarzweiß abgebildet, die mit träumerischem Blick und wehendem Haar in einem kurzen Kleid an einer Hafenmole zu sitzen scheint. Der Hintergrund ist blau, man sieht die verwischten Schatten von fliegenden Vögeln.

(Schlagzeile:) *Im Corsa Viva muß die Freiheit wohl grenzenlos sein.*

(Fließtext:) *Jetzt wird's überirdisch. Denn der innovative 1.0 12V ECOTEC-Motor im Corsa Viva verleiht dem Fahrspaß schon auf der Straße Flügel. Die Stoßfänger, Außenspiegel und Heckspoiler in Wagenfarbe machen dabei schon den Start perfekt. Als nützliche Reisebegleiter dienen die Opel Full Size- und Seitenairbags für Fahrer und Beifahrer. Die peppigen Polster Viva Color in Rot und Blau, Servolenkung, Drehzahlmesser und das Stereo-Cassetten-Radio sorgen auch unter den Wolken für eine grenzenloses Vergnügen. Wer noch höher hinaus möchte, greift zum Open Air-Paket mit elektrischem Faltschiebedach und Leichtmetallrädern. Holen Sie sich den Himmel auf Erden, und schweben Sie zu Ihrem Opel Händler.*

4.3.3 Syntax

Die Syntax ist ein in der Werbesprachenforschung eher vernachlässigter Bereich. In frühen Arbeiten wie denen von Joachim Stave (1963, 1973) stehen syntaktische Auffälligkeiten wie der unvollständige Satz im Vordergrund, und auch in Ruth Römers umfassender Untersuchung fehlt der Satzbau selbstverständlich nicht (Römer [6]1980: 164–172). Auskünfte über bevorzugte Satzarten und Satzlängen gibt ansonsten aber allenfalls die Sloganforschung (z.B. Baumgart 1992: 67–70, 87–100). Möglicherweise ist die Syntax, Schwerpunktbereich strukturalistischer Sprachbetrachtung, deshalb vernachlässigt worden, weil sie ohne eine Bezugnahme zu Sprachspielen, Sprechakten oder funktional herausgehobenen Werbetextelementen nur wenige Erkenntnisse über das Funktionieren und Wirken von Werbesprache vermittelt. Sie soll daher im Folgenden eher kurz behandelt werden, sozusagen als Grundlage für darauf aufbauende Kapitel zu Rhetorik, Sprachspielen und Sprechakten.

Was unter einem Satz zu verstehen ist, ist in der Forschung in den unterschiedlichsten Definitionen festzuhalten versucht worden. In der Regel versteht man unter „Satz" den Verbalsatz, d.h. eine inhaltlich und strukturell relativ abgeschlossene und vollständige Aussageeinheit, in der Satzglieder nach bestimmten grammatischen Regeln um ein Prädikat angeordnet sind. Untersucht werden können die in einem Werbetext vorkommenden inhaltlichen und formalen Satzarten/Satztypen und die Satzlängen.

Die SATZLÄNGE ist ein häufig herangezogenes Kriterium der Verständlichkeit von Texten. In der Werbesprachenforschung werden Satzlängen der Werbung oft mit Satzlängen anderer Textsorten und Kommunikationsbereiche verglichen (bei Römer z.B. mit Satzlängen in Filmdialogen, Römer [6]1980: 172). Yahya Bajwa hat einen syntaktischen Medienvergleich angestellt (allerdings bezogen auf Schweizer Werbung des Jahres 1995, aktuelle bundesdeutsche Vergleichsdaten fehlen): Tendenziell werden von der durchschnittlichen Satzlänge her in der Hörfunk- und Fernsehwerbung längere Sätze als in Anzeigen verwendet, in etwa der Hälfte der untersuchten Beispiele fanden sich die längsten Sätze jedoch in Printanzeigen (Bajwa 1995: 28). Das überrascht eigentlich nicht, wenn man bedenkt, dass besonders in der Printwerbung der unvollständige Satz sehr beliebt ist (s.u.), andererseits durch das Medium der geschriebenen Sprache längere Sätze möglich sind, ohne gleich die Verständlichkeit in dem Maße zu gefährden, wie dies bei gesprochener Sprache der Fall wäre. 88,4 % aller Sätze (der 37 untersuchten Anzeigen, TV- und Radiospots) enthielten weniger als 15 Wörter, 64,2 % sogar weniger als sieben Wörter (Bajwa 1995: 28). Diese Ergebnisse decken sich mit denen von Römer und Baumgart. Nach Baumgart überwiegt bei den Slogans eine Satzlänge von 4–6 Wörtern (wobei es sich dabei nur selten um vollständige Verbalsätze im obigen Sinn handelt) (Baumgart 1992: 68f, 96, 99f). Das verwundert beim Textelement Slogan auch nicht, da dessen dominante Funktion die Erinnerungs- und Wiedererkennungsfunktion ist. Daher dürfen Ergebnisse zur Syntax des Slogans auch keinesfalls mit Ergebnissen zur Textsyntax verglichen werden, wie Baumgart dies mit Römers Ergebnissen tut, um damit Entwicklungstendenzen nachzuweisen (Baumgart 1992: 98). Römer, deren 100 untersuchte Anzeigen allerdings aus den 60er Jahren stammen, differenziert sehr sorgfältig nach textarmen und textreichen Anzeigen[13] sowie nach vollständigen und unvollständigen Sätzen, kommt aber tendenziell zu ähnlichen Ergebnissen wie Bajwa (Römer [6]1980: 171f)[14]:

	1–6 Wörter	7–14 Wörter
vollständige Sätze in textreichen Anzeigen	27,3 % (= 134 Sätze)	45,7 % (= 224 Sätze)
unvollständige Sätze in textreichen Anzeigen	59,9 % (= 166 Sätze)	30,7 % (= 85 Sätze)
vollständige Sätze in textarmen Anzeigen	45,8 % (= 60 Sätze)	45,0 % (= 59 Sätze)
unvollständige Sätze in textarmen Anzeigen	66,7 % (= 108 Sätze)	26,4 % (= 46 Sätze)

Die SATZARTEN können entweder inhaltlich beschrieben werden: Aussagesatz, Fragesatz, Ausrufesatz, Befehlssatz – oder formal: einfacher Satz, Satzreihe, Satzgefüge, Satzperiode, Ellipse, Setzung. Eine formale Klassifikation kann ebenfalls zu einer Interpretation der Textverständlichkeit dienen, die inhaltliche Klassifikation ist vor allem dann interessant, wenn man sie im Zusammenhang mit der Sprechakttheorie interpretiert. Man kann nach der Rezipienteneinbindung (durch direkte Anrede, Frage und Ausruf) fragen sowie nach indirekten Sprechakten: Ist ein augenscheinlicher Aussagesatz tatsächlich ein Aussagesatz, d.h. als solcher gemeint? Was ist die Illokution eines Satzes, der die Form einer Frage hat, aber nicht als solche gemeint ist?

Nach Bajwas Ergebnissen spielen Ausrufe-, Aufforderungs- und Fragesätze gegenüber dem Aussagesatz eine eher untergeordnete Rolle, wobei Ausrufesätze häufiger seien als Fragen und Aufforderungen (Bajwa 1995: 42; Schweizer Werbung!). Römer dagegen äußert sich überhaupt nicht zu den inhaltlichen Satzarten, bei Baumgart wird dieser Aspekt nur beim Thema Interpunktion kurz gestreift.

Bajwa stellt außerdem fest, dass der UNVOLLSTÄNDIGE SATZ in den Printmedien überwiegt (in 59 % aller Sätze), während in Fernsehspots 43 % der Sätze und in Radiospots nur 24 % der Sätze unvollständig sind. Bei Römer ist der Anteil unvollständiger Sätze noch nicht so hoch: In textreichen Anzeigen findet sie nur 36,1 % unvollständige Sätze (277 von insges. 767 Sätzen), in textarmen Anzeigen immerhin 55,3 % (162 von insges. 293 Sätzen) (Römer [6]1980: 168). Welche Funktionen der so häufige unvollständige Satz allerdings hat, bleibt bei diesen statistischen Auszählungen leider unbeantwortet. Dazu finden sich jedoch interessante Ausführungen bei Ulrich Schmitz: In einem Aufsatz zum Verlust der Flexionsfähigkeit betrachtet er unvollständige Sätze nicht nur in einem sprachhistorischen Zusammenhang (nämlich hinsichtlich der Tendenz des Deutschen vom synthetischen zum analytischen Sprachbau), sondern zeigt auch auf, wie Flexionsverzicht und Ellipsen in der Werbung gezielt zur Aufmerksamkeitserregung und Komprimierung von Information genutzt werden (vgl. Schmitz 1999: 160–168).

---

13 Textreiche Anzeigen sind in Römers Material 50 Anzeigen mit jeweils 100 bis 250 Wörtern, textarme Anzeigen 50 Anzeigen mit jeweils bis zu 70 Wörtern (Römer [6]1980: 79).

14 Römer schlüsselt die Satzlängen noch feiner auf in 1–3 Wörter, 4–6, 7–9, 10–14, 15–20, mehr als 20 Wörter, doch wurden hier die Ergebnisse zu größeren Gruppen zusammengefasst, damit sie sich besser mit Bajwas Ergebnissen vergleichen lassen.

Der Wert statistischer Auszählungen zur Syntax in der Werbung liegt darin, dass sich allgemeine Tendenzen aufzeigen lassen, die mit den Ergebnissen zu anderen Textsorten verglichen werden können. Ähneln z.B. Länge und Komplexität der Sätze in fachwortreichen Kosmetikanzeigen dem Satzbau in Fachtexten? Lässt sich die Sprache der Anzeigen syntaktisch eher mit geschriebener oder mit gesprochener Alltagssprache vergleichen? Ein Problem dabei ist, dass sich auch für andere Textsorten und Kommunikationsbereiche immer nur Tendenzen und Näherungswerte ermitteln lassen (z.B. unterscheiden sich medizinische Fachtexte sicherlich von literaturwissenschaftlichen). Vergleichbarkeit und Aussagekraft solcher Vergleiche sind demnach anfechtbar.

Was bislang noch kaum – außer von Stave 1973 und Schmitz 1999 – unternommen wurde, ist eine Einbettung syntaktischer Untersuchungen in pragmatische Fragestellungen: z.B. der oben angesprochene Vergleich der Satzart mit der tatsächlichen illokutionären Funktion der Äußerung. Da die Tendenz zum unvollständigen Satz (derzeit) als erwiesen gelten kann und in Anzeigen auch gut zu beobachten ist, ließe sich umgekehrt fragen, wann und warum manche Sätze nicht nur vollständig, sondern in ihrer Form sogar erstaunlich komplex sind. Daneben sind aber auch die strukturellen Fragen noch längst nicht alle untersucht, z.B. das Verhältnis von Aktiv- und Passivkonstruktionen in Werbetexten sowie die Häufigkeit verschiedener Satzbaupläne.

 Literaturtipps

Hilfen zur Satzbestimmung finden sich in allen Grammatiken.

Die aktuellsten Ergebnisse zur Syntax in der Werbung finden sich im Rahmen eines intermediären Vergleichs, allerdings auf die Schweiz bezogen, bei
BAJWA, Yahya Hassan (1995): Werbesprache – ein intermediärer Vergleich. Dissertation Universität Zürich.

Interessante Hinweise zur Funktion und Rolle des unvollständigen Satzes in der Werbung finden sich bei
SCHMITZ, Ulrich (1999): AUSFAHRT waschen. Über den progressiven Untergang der Flexionsfähigkeit. In: Osnabrücker Beiträge zur Sprachtheorie (OBST) 60, 135–182, bes. 160–168.

(31) Analysieren Sie detailliert die Syntax der Nike-Anzeige (Abb. 12) (Satzart, Satzbau). Inwiefern ist diese Anzeige auffällig? Diskutieren Sie, welche persuasiven Funktionen die einzelnen Sätze übernehmen sollen (siehe dazu 4.2.2)?

(32) Suchen Sie einen Anzeigentext mit auffällig vielen unvollständigen Sätzen und diskutieren Sie in der Gruppe die These von Joachim Stave (1973), zu viele unvollständige Sätze wirkten wie atemloser Hackstil (siehe dort). Vergleichen Sie den Anzeigentext dazu unter ästhetischen Gesichtspunkten zum Beispiel mit einem Text der BILD-Zeitung.

Hast Du schon mal versucht, länger durchzuhalten, als die Batterien in Deinem Walkman*?

Haben Dir danach die Beine so weh getan, daß Du
Deine Laufkarriere beenden wolltest, um lieber Minigolf
zu spielen?
Ist es nicht gemein, daß jeder Profi von Masseuren verarztet
wird, und Du Dich mit einem Eisbeutel begnügen mußt?
Wären ein paar anständige Schuhe nicht die beste Medizin
für Deine armen Gelenke?
Wußtest Du, daß Du den Nike Air Max rezeptfrei
kriegen kannst?
Willst Du Deinen Füßen nicht endlich ein ordentliches
Luftpolster gönnen – und dem harten Boden einen
Dämpfer verpassen?
Wirst Du den Batterien endlich zeigen, wer länger läuft?

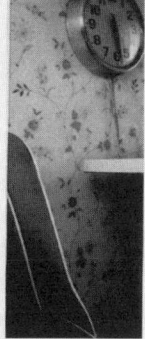

Abbildung 12: Nike Air Max

4.3.4 Textgrammatik

Die Textgrammatik, die einen Teilbereich der Textlinguistik umfasst (siehe 4.2.1), untersucht die so genannten transphrastischen (= satzübergreifenden) verbalen und semantischen Verflechtungsmittel, die aus einzelnen Sätzen einen Text machen.

 Bei der Werbesprache ergibt sich dabei sofort das Problem der Satzdefinition und Satzabgrenzung. Die Interpunktion stellt in der Werbung ein wichtiges Gestaltungsmittel dar (siehe 4.5) und wird dazu genutzt, meist relativ unabhängig von grammatischen und orthographischen Regeln Sinneinheiten zu markieren, die in ihrer Form oft keine vollständigen Sätze bilden (Satz hier als Verbalsatz aufgefasst = regelgemäße Konstruktion von Satzgliedern, die sich auf ein Prädikat beziehen). Um dieses Problem zu lösen, ist es angebracht, statt von Sätzen von textgrammatischen (Analyse-)Einheiten zu sprechen und deren Grenzen so zu ziehen, dass ihnen abgeschlossene Aussageeinheiten zugrunde liegen – auch entgegen der Interpunktion, wenn beispielsweise parataktisch koordinierte Hauptsätze vorliegen. Die Gliederung eines Textes in solche textgrammatischen Einheiten (TE) ist demnach ein erster Analyseschritt und bedarf im Einzelfall durchaus der Diskussion.

Zentrale Termini der Textgrammatik sind KOHÄRENZ und KOHÄSION. Kohäsion bezeichnet den mit grammatischen und syntaktischen Mitteln hergestellten Zusammenhang von Sätzen an der Textoberfläche. Mit KOHÄRENZ ist in einem engeren Sinn der semantische Sinnzusammenhang eines Textes gemeint, der sich aus der Kohäsion ergibt (Bußmann ²1990: 389f). Die enge Auffassung von Kohärenz führt jedoch zu Abgrenzungsschwierigkeiten gegenüber der Kohäsion, denn die formale Satzverknüpfung geht untrennbar mit einer thematischen Verknüpfung auf der semantischen Ebene einher. Kohärenz sollte demnach weiter gefasst werden als ein umfassenderes pragmatisches Phänomen: Eine Ansammlung von Sätzen wird unter anderem aufgrund der Kommunikationssituation als Text aufgefasst, ist also pragmatisch kohärent aufgrund von Art und Ort der schriftlichen Fixierung oder des Äußerungszusammenhangs und aufgrund der Sender-Rezipienten-Konstellation. Kohärenz umfasst demnach alles, wodurch ein Rezipient eine Ansammlung von Sätzen als einen Text erkennt: die kommunikative Gesamtfunktion, die auf eine Senderintention zurückzuführen ist, die grammatischen und verbalen Mittel sowie die semantischen Zusammenhänge, die auf satzübergreifender Ebene Teile zu einem Ganzen verknüpfen.[15]

Es sind verschiedene Vertextungsmittel zu unterscheiden (siehe dazu ausführlich Greule 1991, Langer 1995, zur Wiederaufnahme auch Brinker ⁴1997: 27–44):

1) Wiederaufnahme/Rekurrenz:

a) EXPLIZITE WIEDERAUFNAHME: Mehrere Ausdrücke eines Textes beziehen sich auf dasselbe außersprachliche Referenzobjekt, d.h. zwischen ihnen herrscht Referenzidentität. Die explizite Wiederaufnahme mit Referenzidentität wird auch Koreferenz genannt. Eine Koreferenzkette beginnt mit einem Bezugsausdruck, der nor-

---

15 Albrecht Greule verzichtet z.B. gänzlich auf den Terminus der Kohäsion (Greule 1991). Der erweiterte Kohärenz-Begriff findet sich auch bei Bußmann als Alternative (²1990: 389).

malerweise autosemantisch und mit einem unbestimmten Artikel versehen ist, und setzt sich mit Verweisausdrücken fort; diese können synsemantische Pronomen (*Jetzt gibt's den neuen iMac von Apple. – Sein absolut cooles Design …/Denn er ist schnell.*)[16], Wortwiederholungen (= identische Repetition: *den neuen iMac von Apple – Packen Sie Ihren iMac aus – Hallo iMac!*) oder (echte oder häufiger textgebundene) Synonyme sein (*Jetzt gibt's den neuen iMac von Apple. Ein Computer, der …*). Der bestimmte Artikel signalisiert, was der Autor an welcher Stelle im Text als bekannt voraussetzt (aufgrund textimmanenter Einführung oder aufgrund kontextuellen Wissens beim Rezipienten). In der Werbung ist der Bezugsausdruck allerdings sehr häufig bereits mit einem bestimmten Artikel versehen, da sofort auf ein ganz bestimmtes Produkt hingewiesen werden soll. Um Spannung zu erzeugen, lässt sich die typische anaphorische Verweisrichtung (*ein Computer – der Computer – er*) umkehren in eine kataphorische (*er – der Computer*). Lassen sich mehrere einzelne Referenzobjekte zu einer Gruppe zusammenfassen, was in der Werbung nur bei so genannter Kollektivwerbung vorkommt, sind Phänomene wie Referenzvereinigung (*Petra und Eva spielen. Sie …*) bzw. Referenzauflösung (*Die beiden gehen. Klaus geht nach links, Peter nach rechts.*) oder Referenzerweiterung (*Hunde und Katzen sind gezähmt. Alle Haustiere …*) bzw. Referenzverkürzung (*Fünf Kinder spielten gestern. Heute sind es nur drei.*) möglich.

b) IMPLIZITE WIEDERAUFNAHME: In diesem Fall herrscht zwischen Bezugs- und Verweisausdruck keine Referenzidentität, sondern nur eine logische, ontologische oder kulturelle Kontiguität (logisch: *Sieg – Niederlage*; ontologisch: *Elefant – Rüssel*; kulturell: *Straßenbahn – Schaffner*). Die ontologisch motivierte implizite Wiederaufnahme ist in der Werbung besonders häufig, wenn nämlich Details herausgegriffen und beschrieben werden: *Jetzt gibt's den neuen iMac von Apple. – Sein absolut cooles Design wird von seinem Innenleben noch übertroffen.*

c) STRUKTUR-REKURRENZ: Mit Struktur-Rekurrenz sind alle Wiederholungen struktureller Merkmale gemeint, die dem Text Kohärenz verleihen können, also Rekurrenz der Tempus- und Modusformen, Wiederholung syntaktischer Konstruktionen (z.B. durch Parallelismus) oder phonologische Rekurrenz wie Reim und Alliteration (siehe unter 4.4.1b).

2) **Deixis:** Deiktika sind Ausdrücke, die auf Zeit-, Raum- und Personenstrukturen hinweisen. In mündlichen Texten findet zumeist eine Situierung des Äußerungsinhaltes gegenüber der so genannten *Ego-hic-nunc-Origo* statt, d.h. alles wird von der Perspektive des *ich/hier/jetzt* aus gesehen. In schriftlichen Texten kommt neben temporaler, lokaler und Personendeixis vor allem auch Textdeixis vor, also der Hinweis auf Textelemente (*Wie oben beschrieben …*).

3) **Konnexion:** Durch Konnektoren werden logisch-grammatische Verknüpfungen zwischen den Sätzen hergestellt. Sie gliedern den Text in seiner logischen Abfolge. Zu den Konnektoren zählen transphrastisch eingesetzte Konjunktionen (*aber, denn*), Partikeln mit gliedernder Funktion (*auch, nur*), Konjunktionaladverbien (*daher, des-*

---

16 Beispiele zum großen Teil aus der iMac-Anzeige, Abb. 8: 100.

wegen), inhaltlich aufzufüllende Ausdrücke wie *das Argument, die Tatsache, der Grund dafür* etc. oder auch der Doppelpunkt.

4) Isotopie: Unter Isotopie versteht man eine Verknüpfung auf der semantischen Ebene durch die Rekurrenz semantischer Merkmale. Die Isotopie geht damit weit über Koreferenz (da keine Referenzidentität herrschen muss) und über Formen der impliziten Wiederaufnahme (da keine Kontiguität nachweisbar sein muss) hinaus, kann aber mehrere Koreferenzketten beinhalten. Ein weiterer Vorteil ist, dass auch Verben Elemente von Isotopieketten sein können, während Referenz nur über Nomina möglich ist. Zu einer Isotopiekette zählen demnach alle Ausdrücke, die ein gemeinsames semantisches Merkmal aufweisen, das so genannte Klassem der jeweiligen Isotopiekette. Verweisrichtung und -abstand sind bei der Isotopie weniger wichtig. Wird ein Text von mehreren Ketten dominiert (= Isotopienetz), ist die Frage interessant, wo sie sich wie überschneiden bzw. wie sie in ihrer Verteilung miteinander kombiniert werden. (Zu Isotopieebenen in der Werbung siehe weiter unten noch detaillierter.)

 Die Abgrenzung zwischen der auf Kontiguität basierenden impliziten Wiederaufnahme und und der Isotopie erscheint mir problematisch. Im Prinzip kann man auf die Kontiguität verzichten, wenn man das Isotopiemodell ernst nimmt, denn dann werden alle Fälle von impliziter Wiederaufnahme durch die Isotopie abgedeckt (z.B. gehören zu einer Isotopiekette in einer Autoanzeige alle Ausdrücke, die Produktdetails bezeichnen, weil sie alle das semantische Merkmal ‚zum Auto gehörig' aufweisen). Der zentrale und beachtenswerte Unterschied zwischen den verschiedenen Formen von Wiederaufnahmen (denn auch die Isotopie kann ja als eine solche aufgefasst werden, da semantische Merkmale wieder aufgenommen werden) liegt darin, dass mit dem Phänomen der Koreferenz der Fall der Referenzidentität abgedeckt ist, während über die Isotopie alle weiteren Ausdrücke in den Blick kommen, die semantisch lockerer und eben nicht aufgrund gemeinsamer Referenz zusammenhängen. Der einzige Vorteil, den die Kontiguität als eigene Form beanspruchen kann, ist, dass sie im Gegensatz zur Isotopie bereits etwas über die Art der Beziehung zwischen den Ausdrücken aussagt.

In größerem Umfang wurde das oben dargestellte textgrammatische Analysemodell bislang noch nicht auf Werbung angewandt, sei es aufgrund der Satzproblematik, sei es aufgrund der Kürze der Texte, sei es aufgrund der Vielfältigkeit der Anzeigengestaltung.

Es liegen aber zum Beispiel zwei Staatsexamensarbeiten an der Universität Regensburg vor, in denen Vertextungsstrategien (Sabinsky 1996) und Isotopie (Kemmeter 1997) in Anzeigen untersucht wurden. Markus Sabinsky, der detailliert und exemplarisch fünf Anzeigen analysiert, kommt zu folgendem Ergebnis (Sabinsky 1996: 83, 85f): Am markantesten und häufigsten ist das Prinzip der Wiederaufnahme, das in den Werbetexten meist in Form von Koreferenzketten (besonders durch die sehr häufige Wiederholung von Produkt- und Herstellername) umgesetzt wird. Auf der semantischen Ebene werden die Koreferenzketten durch Isotopieketten ergänzt. Weitere markante Verflechtungsmittel sind kataphorische Verweise (zum Beispiel in Form von Fragen, denen eine Antwort folgt) und indirekte Deiktika (*Jetzt* können *Sie* beim Arbeiten *richtig Gas geben.* Schlagzeile einer Anzeige für Toshiba Notebooks), die zur Inszenierung einer Gesprächssituation dienen, während Konnektoren weniger von Bedeutung sind und zunehmend ganz weggelassen werden.

Versucht man den einzelnen Vertextungsstrategien Funktionen innerhalb der beabsichtigten Werbewirkung zuzuweisen, so dienen Koreferenzketten vor allem der Einprägsamkeit, die verschiedenen Isotopieebenen dem Aufbau eines Produktimages und der Weckung von Interesse und Wünschen. Die kataphorischen Verweise erzeugen eine gewisse Spannung und dienen damit vor allem der Aufmerksamkeitserregung und dazu, die Rezipienten bei der Stange zu halten, während die Deixis das Leseinteresse durch die Gesprächsinszenierung aufrechterhalten bzw. zur Glaubwürdigkeit beitragen soll.

Karin Kemmeter hat die fünf Produktgattungen Auto, Lebensmittel, Kosmetika, Arzneimittel und langlebige Gebrauchsgüter anhand von jeweils fünf Anzeigen auf ihre Isotopieebenen untersucht und kommt zu dem Ergebnis, dass die Anzeigen durchschnittlich drei bis vier Isotopieebenen aufweisen. Bis auf die langlebigen Gebrauchsgüter weisen die Produktgruppen produktspezifische Isotopieebenen auf: Anzeigen zu Autos z.B. die Ebenen ‚Auto‘ und ‚Sicherheit‘, Kosmetikanzeigen die Ebenen ‚entgegenwirkende Hilfe‘ und ‚Haut betreffend‘, Arzneimittelwerbung die Ebene ‚wirken/heilen‘ und die Anzeigen für Lebensmittel eine Ebene ‚Qualität‘ (Kemmeter 1997: 123). Auffällig ist aber weiterhin, dass in fast allen Anzeigen für Autos und Lebensmittel und in allen Anzeigen für langlebige Gebrauchsgüter mindestens eine Isotopieebene vorkommt, die sich nur schwer mit dem Produkt in Verbindung bringen lässt: Sie ist die Grundlage einer produktfernen „Story", die Leseanreiz schafft (Kemmeter 1997: 124).

Kemmeter stellt aufgrund ihrer Analyse eine dreifache Funktion der Isotopie in der Werbung fest:

> Durch bestimmte originelle semantische Ebenen, die sich auch im Bildmaterial wiederfinden, soll die Aufmerksamkeit (Attention) des Rezipienten erregt werden. Zweitens setzen die Isotopieebenen inhaltliche Schwerpunkte, die in den Augen des Werbetexters für die jeweilige Zielgruppe von besonderem Interesse sind. Drittens dienen Isotopieebenen der Betonung und Hervorhebung besonderer, positiver Produkteigenschaften. (Kemmeter 1997: 125).

 Die beiden zitierten Staatsexamensarbeiten greifen in einem ersten Schritt zentrale textgrammatische Aspekte auf, behandeln diese aber jeweils nur an einem sehr kleinen Korpus. Um die Ergebnisse als repräsentativ ansehen zu können, müssten diese Fragestellungen unterstützend an weiteren Anzeigen und anderen Produktgruppen untersucht werden. So könnte man Analysen von Textverknüpfungsmitteln sowohl an Anzeigen mit wenig Text als auch an solchen mit umfangreicheren Texten kontrastiv vornehmen und sie mit den möglicherweise ganz anders vorgehenden Fernseh- und Hörfunkspots vergleichen. Bezüglich der Isotopie lässt sich fragen, welche Isotopieketten im Media-Mix als die zentralen angesehen und daher in jeder Werbeform aufgegriffen werden: Weist eine Anzeige dieselben Isotopieketten in ähnlichem Umfang auf wie ein dasselbe Produkt bewerbender Fernsehspot? Funktioniert die Bezugnahme zwischen Spots und Anzeigen zum selben Produkt über textgrammatische Mittel?

Literaturtipps

Umfassend wird ein textgrammatisches Analysemodell vorgestellt und an Gebrauchstextsorten erprobt bei
LANGER, Gudrun (1995): Textkohärenz und Textspezifität. Textgrammatische Untersuchung zu den Gebrauchstextsorten Klappentext, Patienteninformation, Garantieerklärung und Kochrezept. Frankfurt am Main u.a. (Lang). (= Europäische Hochschulschriften. Reihe 21: Linguistik 152).

Zur Textanalyse einführend, aber zur Textgrammatik recht knapp:
BRINKER, Klaus ([4]1997): Linguistische Textanalyse. Eine Einführung in Grundbegriffe und Methoden. 4., durchgesehene und ergänzte Auflage. Berlin (Schmidt). (= Grundlagen der Germanistik 29).

Das Thema Isotopie in der Werbung wird im Rahmen einer umfassenderen Fragestellung behandelt bei
HENNECKE, Angelika (1999): Im Osten nichts Neues? Eine pragmalinguistisch-semiotische Analyse ausgewählter Werbeanzeigen für Ostprodukte im Zeitraum 1993 bis 1998. Frankfurt am Main u.a. (Lang). (= Kulturwissenschaftliche Werbeforschung 1).

(33) Arbeiten Sie bei folgendem Anzeigentext die satzübergreifenden Formen der Textverknüpfung (ohne Isotopie) heraus, nachdem Sie ihn dazu in textgrammatische Analyseeinheiten zerlegt haben:

(Schlagzeile/zweigeteilt:) *Macht nichts. – Es gibt ja den 406 Break.* (Unter dem ersten Teil stehen drei Männer, die stolz einen mehrere Meter langen Hecht halten. Unter dem zweiten Teil ist der 406 Break (= Kombi) abgebildet.)

(Text:) *Dank seines großzügigen und variablen Innenraumes ist er das ideale Auto für große Fische; dank seiner durchzugsstarken Motoren von 66 kW (90 PS) bis zum 6-Zylinder mit 140 kW (191 PS) und serienmäßiger Klimaanlage kommen diese auch frisch zu Hause an: der PEUGEOT 406. Damit Sie dem nächsten großen Fang gelassen entgegensehen können.*

(Slogan mit Firmenlogo:) *406 Peugeot Mit Sicherheit mehr Vergnügen.*

(34) Arbeiten Sie die zentralen Isotopieebenen in der Hercules-Splinter-Anzeige (Abb. 6: 83) und der Kéralogie-Anzeige (Abb. 5: 67) heraus.
a) Welche Ausdrücke würden Sie aufgrund welchen gemeinsamen Merkmals zu einer Isotopiekette zusammenfassen?
b) Vergleichen Sie die Ergebnisse: Wie steht es mit dem Produktbezug und der Produktspezifität der jeweiligen Isotopieketten?

(35) Prüfen Sie gemeinsam an Beispielen der Auto-, Kosmetik-, Lebensmittel-, Arzneimittel- und Gebrauchsgüterwerbung, ob sich die Ergebnisse Kemmeters zur Isotopie auch für die aktuelle Werbung bestätigen lassen.

4.4   Besondere Werbestrategien

4.4.1   Rhetorik in der Werbung

Als rhetorische Strategien könnte man im Grunde die meisten sprachlichen Mittel bezeichnen, die im Großkapitel 4 besprochen wurden und werden. Schließlich soll die sprachliche Gestaltung die Überzeugungswirkung des Textes verstärken – genauso wie die Lehre der klassischen Rhetorik dazu dient, persuasiv wirksame Reden und Texte zu verfassen. Dieses Teilkapitel ist demnach sozusagen der Rhetorik im engeren Sinn gewidmet und umfasst eine kurze Besprechung der Lehre vom rhetorischen Textaufbau und der rhetorischen Figuren.

Außerdem ist der Bereich der Wort- und Sprachspiele in dieses Kapitel aufgenommen worden, und zwar aufgrund eines methodischen Abgrenzungsproblems. Rhetorische Figuren sind in der Regel sprachliche Erscheinungen, die sich entweder durch eine bestimmte (auffällige) Form auszeichnen (z.B. Chiasmus, Dreierfigur, Alliteration) oder – wie die rhetorischen Ersatztropen (z.B. Metapher, Metonymie) – eine besondere Semantik aufweisen. Sprachspiele lassen sich am besten als Abweichungen von Normen oder zumindest von Erwartungen (siehe 4.4.1 c) charakterisieren, doch auch rhetorische Figuren stellen nicht selten Normverstöße dar:

> Curieusement, la plupart des figures rhétoriques désignent des déviations linguistiques; au lieu de collaborer étroitement, la rhétorique et le bon usage entretiennent des relations plutôt hostiles. (Todorov 1965, 301) – Eigenartigerweise stellt die Mehrzahl rhetorischer Figuren linguistische Abweichungen dar; anstatt eng zusammenzuarbeiten, verhalten sich Rhetorik und richtiger Gebrauch recht gegensätzlich zueinander. (Übersetzung N. J.)

 Das Problem der Abgrenzung liegt darin, dass ein Sprachspiel häufig dadurch zustande kommt, dass wir eine rhetorische Figur in einer bestimmten Weise einsetzen: Rhetorische Figuren können demnach Mittel zum Sprachspiel sein, aber nicht alle Sprachspiele basieren auf einer rhetorischen Figur (siehe die Beispiele bei Förster 1982/1995). Eine mögliche Abgrenzung ließe sich treffen, wenn man Sprachspiele sehr eng als die sprachlichen Strategien definiert, die einen komischen oder witzigen Effekt erzielen sollen (so dass also nur **die** rhetorischen Figuren dazu zählen, die im Einzelfall **in einer solchen Weise gebraucht** sind). Eine andere Möglichkeit wäre, ganz auf eine Abgrenzung zu verzichten und je nach Erkenntnisinteresse und Problemstellung entweder die rhetorische Tradition oder den sprachspielerischen Impetus in den Vordergrund zu stellen.

a) Rhetorischer Textaufbau

Die antike Rhetorik stellt einen differenzierten Regel- bzw. Empfehlungsapparat zum Abfassen persuasiv erfolgreicher Texte zur Verfügung, indem sie über Redegattungen, Intentionen bzw. Aufgaben des Autors, die jeweils angemessene Ermittlung und Gliederung der Redegegenstände sowie über die sprachlichen Umsetzungsmöglichkeiten belehrt.

An Redegattungen sind für die Werbung vor allem die Lobrede (*genus demonstrativum*), allenfalls noch die Beratungsrede (*genus deliberativum*) interessant. Zu den Aufgaben des Redners bzw. seinen Zielen zählen das Belehren (*docere*), das Beweisen (*probare*), das Für-sich-Gewinnen (*conciliare*), das Erfreuen (*delectare*), das emotionale Bewegen (*movere*) und das Anstacheln (*concitare*) – größtenteils Funktionen, die sich unterschiedlich stark ausgeprägt auch in der Werbung finden lassen (siehe 4.2.2).

Die Rhetorik lehrt nun nicht nur, wie ein Text aufgebaut und sprachlich gestaltet sein sollte, sondern auch, wie man bei der Textproduktion sinnvoll vorzugehen habe (dazu Spang 1987: 43–52): Die *inventio* ist der erste Schritt, nämlich das Sammeln von Gedanken und Argumenten, die zum Thema, dem Publikum und der Redeintention passen, d.h. die angemessen und publikumswirksam erscheinen. In der *dispositio* soll zu einer wirksamen Anordnung dieser Argumente gefunden werden, was Hand in Hand mit der *elocutio*, der sprachlichen Ausgestaltung, stattfindet. In den nächsten Schritten, der *memoria* und der *actio*, wird die äußerlich fertige Rede dann eingeübt und mit Blick auf eine wirksame Präsentation geprobt. Besonders für *dispositio* und *elocutio* stellt die Rhetorik eine ganze Reihe von Hilfen und Regeln bereit: zum Redeschema bzw. Textaufbau einerseits (= *dispositio*), zu sprachlichen Qualitätskriterien (= *elocutio*) andererseits, zu denen Angemessenheit in Bezug auf den Redegegenstand (*aptum*), Sprachrichtigkeit (*puritas*), Klarheit und Verständlichkeit (*perspicuitas*) und die Ästhetik des sprachlichen Ausdrucks (*ornatus*) zählen. Zum *ornatus* gehören beispielsweise die rhetorischen Figuren (siehe weiter unten).

Werbetexter folgen dieser Anleitung normalerweise zumindest im ersten Teil – dem Auffinden, Ordnen und der sprachlichen wie bildlichen Ausgestaltung der Argumente (Spang 1987: 73–79). Inwieweit allerdings die sprachlichen Qualitätskriterien der *elocutio* für den Sonderfall der Lobrede, wie er in der Werbung vorliegt, Geltung haben, ist zu diskutieren. Zwar würde die Werbung sicherlich nicht an Wirkungskraft verlieren, wenn sie sich prinzipiell an die rhetorischen Grundtugenden halten würde, doch folgen manche Anzeigen und Spots durchaus auch einer Strategie, die zum Beispiel die Sprachrichtigkeit bewusst verletzt (z.B. Verona Feldbusch in einem Spot für die Auskunft von Telegate: *Da werden Sie geholfen!*) oder statt auf Verständlichkeit auf *obscuritas* (Unverständlichkeit) bzw. *ambiguitas* (Mehrdeutigkeit) setzt, zum Beispiel durch Einsatz von Fach- und Pseudofachsprache bzw. Sprachspielen (siehe jeweils dort).

Das Redeschema der *dispositio*, d.h. die Anleitung zu einem optimalen Aufbau eines persuasiven Textes, ist in seiner Grundform viergliedrig: *exordium – narratio – argumentatio – peroratio* (siehe dazu den Überblick bei Ottmers 1996: 54–60 und die Übertragung auf die Werbung bei Spang 1987: 76 und Fischer 1968: 7f):

a) Das *exordium* ist der Redeanfang, in dem die Kontaktaufnahme mit dem Publikum erfolgt: Die Aufmerksamkeit soll geweckt (*attentum parare*) und das Publikum positiv gestimmt werden (*captatio benevolentiae*), z.B. indem sich der Redner als besonders glaubwürdig erweist. Die Funktion des *exordium* übernimmt in der Werbeanzeige zumeist die Schlagzeile, oft in Kombination mit dem Bild. Elemente, die der *captatio benevolentiae* dienen, können allerdings auch im Text oder im Spotaufbau immer wieder eingestreut sein (z.B. wenn ein Fachmann oder der Firmengründer als Sprecher auftreten).

b) Die *narratio*, die oft mit der *argumentatio* verschmilzt, umfasst die Schilderung eines Sachverhalts/des Rede- bzw. Textthemas. Die *argumentatio* dagegen bezeichnet den Abschnitt der Rede, in dem die Argumente *pro* und *contra* vorgebracht werden. In der Werbung lassen sich *narratio* und *argumentatio* dann trennen, wenn der Fließtext in eine Produktvorstellung und -beschreibung sowie in eine Aufzählung von Kaufargumenten (wie z.B. Anwendungsmöglichkeiten) zerfällt. Häufig wechseln sich jedoch beschreibende und argumentative Textteile ab bzw. sind wirksam miteinander kombiniert.

c) Die *peroratio* ist der Redeschluss, in dem das Vorherige wirksam wiederholt und zusammengefasst wird, um die Emotionen der Zuhörer zu wecken. Der *peroratio* entspricht in der Werbung im Prinzip der Slogan, auch wenn er zumeist nicht als inhaltliche Zusammenfassung einer einzelnen Werbeanzeige, sondern eher als eine prägnante Formulierung der anzeigenübergreifenden Werbebotschaft angesehen werden muss (siehe 3.3).

Zusammenhänge zwischen rhetorischem Redeschema und Anzeigenaufbau sind bislang erst ansatzweise Thema der Forschung gewesen (Spang 1987, Fischer 1968), Studien zum rhetorischen Aufbau des Fernsehspots fehlen ganz. In einer Magisterarbeit an der Universität Regensburg wurde anhand der Empfehlungen von Werbetextratgebern untersucht, inwieweit zumindest in der Werbelehre Elemente der traditionellen Rhetorik aufgegriffen werden:

> Die inhaltlichen Ähnlichkeiten zwischen Rhetorik und Werbetextproduktion reichen von den Rede- bzw. Anzeigenteilen bis zur *elocutio* bzw. den Sprachempfehlungen und darüber hinaus. Das *attentum parare* im *humile genus* [= schlichter Stil; N.J.] trifft ebenso auf die Ratgeberempfehlungen zur Schlagzeile zu wie die Argumentationstopik auf die Erschließung eines USPs bzw. weiterer Verkaufsvorteile, oder die zusammenfassende, appellative Funktion der *peroratio* auf den Slogan. Klare Entsprechungen haben die Ansprüche an Redner und Werbetexter besonders in den Forderungen der ersten beiden Tugenden, der Sprachrichtigkeit und Verständlichkeit. Beim *ornatus* bzw. den sprachlichen Mitteln wird beiderseits der vorsichtige und gezielte Einsatz von Archaismen, Fremdwörtern und Neologismen oder die Bedeutung der kunstvollen Anordnung der Wörter im Satz durch geeigneten Rhythmus (*compositio*) betont. Sogar die Auffassung, den Stil am Redegegenstand und nicht am Textproduzenten auszurichten, teilen sich Rhetorik und Werbetext. [... Aber:] Zwar sind die Empfehlungen zur Abfassung wirksamer Werbetexte ziemlich genau den rhetorischen Stadien zuzuordnen – ihre Präsentation in den Ratgebern aber ist es nicht. Die Einzelaspekte werden in sich geschlossen abgehandelt, es mangelt in den allermeisten Fällen an einer inneren, aufeinander aufbauenden Verbundenheit, die an das didaktisierte, systematische Vorgehen der Rhetorik erinnern könnte. (Hübner 1996: 101–103)

b) Rhetorische Figuren

Im Folgenden sollen kurz die wichtigsten rhetorischen Figuren dargestellt werden. Ihre Verwendung in der Werbung, ihre unterschiedliche Beliebtheit und Häufigkeit sowie ihr Persuasionspotenzial sind in Arbeiten zu Sprachspielen (siehe dort) und zum persuasiven Sprachgebrauch in der Werbung recht ausführlich behandelt (z.B. Förster 1982/1995, Spang 1987: 2. Teil, Stöckl 1997; zur Definition und Übersicht über rhetorische Figuren allgemein siehe Ottmers 1996: 155–198 und Sowinski 1991: 104–108). Der folgende Überblick orientiert sich an Kurt Spang (1987: 91–239), da sich dort auch Beispiele aus der Werbung finden. Da Spang trotz übersichtlicher Gliederung sehr viele Figuren beschreibt, wurde die folgende Auflistung um alle eher seltenen Figuren oder um Phänomene, die bereits in den Kapiteln Syntax und Argumentation besprochen wurden, gekürzt. Soweit möglich, wurden aktuelle Beispiele zur Illustration gewählt.

1) Positionsfiguren

- ANASTROPHE = ungewöhnliche Wortstellung: *Es gibt Dinge, die kann man nicht kaufen.* (statt *die man nicht kaufen kann*) (aus einem Anzeigentext für Eurocard). – *So klein, Sie werden die Welt mit anderen Augen sehen.* (statt: *..., dass Sie die Welt mit anderen Augen sehen werden*; zugleich elliptisch, s.u.) (Schlagzeile einer Anzeige für ein Ericsson Handy).

- PARALLELISMUS = parallele Konstruktion zweier oder mehr Sätze oder Syntagmen: *Doofe Idee: das Mebel. Messer plus Gabel in einem. – Gute Idee: Der Plusbrief. Umschlag plus Marke in einem.* (Haupttext einer Anzeige der Post: auch typographisch parallel angeordnet mit entsprechender Illustration) – *Schützt unter Wasser. Schützt im All. Schützt auf der Erde.* (zugleich Anapher, s.u.) (dreiteilige Schlagzeile in einer Anzeige für den Renault Laguna, jeweils mit drei unterschiedlichen Bildern versehen: Mann im Tauchanzug, Mann im Raumfahrtanzug, Mann im Renault).

- CHIASMUS = spiegelbildliche Konstruktion zweier Sätze oder Syntagmen, bei der die Satzglieder quasi über Kreuz stehen. Auch wenn es sich hierbei nicht um Sätze handelt, könnte man doch bei den Plakaten für die Zigarettenmarke Rot Händle Blond von Chiasmen sprechen: *Rot. Zauber. Zauber. Blond. – Blond. Innen. Außen. Rot. – Jekyll. Rot. Blond. Hyde.*

2) Wiederholungsfiguren
a) WIEDERHOLUNG GLEICHER ELEMENTE

- GEMINATION = unmittelbar aufeinanderfolgende Wiederholung desselben Wortes innerhalb eines Satzes: *Eßt mehr Tomaten! Tomaten Tomaten!* (schlagzeilenartiger Text einer Anzeige für Ketchup von Devely).

- ANAPHER = zwei aufeinanderfolgende Sätze oder Syntagmen beginnen mit demselben Wort: *JET KRAFTSTOFF ist nicht gerade aufregend: Immer gleich hohe Qualität, immer penibel kontrolliert und immer gleich gut zum Motor.* (aus dem Anzeigentext einer Jet-Anzeige).

- EPIPHER = zwei aufeinanderfolgende Sätze oder Syntagmen enden mit demselben Wort: *Würzt scharf. Ißt scharf.* (Anzeige für WMF Gewürzmühlen). (Die Kombination aus Anapher und Epipher wird SYMPLOKE genannt.)

- POLYSYNDETON = aufeinanderfolgende Satzglieder werden mit derselben Konjunktion eingeleitet: *Es gibt verschiedene Möglichkeiten, durchs Leben zu kommen. Sehr sicher. Oder sehr bequem. Oder sehr schnell. Oder? Wieso eigentlich oder?* (Teiltext einer Anzeige für den Ford Focus).

- ALLITERATION = Anfangslaute bzw. -silben werden wiederholt: *Göteborg in Gütersloh oder in Gera, Gießen, Gifhorn oder auch bei Ihnen zu Hause im Wohnzimmer. Grünpflanzen.*

Ganz meine Welt. (Anzeigentext des Pflanzeninformationsdienstes) – *Wenn Winzer Wunder wirken.* (Schlagzeile für kalifornischen Wein von Ernest & Julio Gallo).

- ENDREIM = die Endsilben von Wörtern reimen sich: *Der neue Riesen – probieren Sie diesen!* (Ende eines TV-Spots für Riesen-Storck Karamellbonbons) – *Ich trink Ouzo. Was machst du so?* (Schlagzeile für eine Gemeinschaftswerbung von Ouzo-Herstellern).

b) WIEDERHOLUNG ÄHNLICHER ELEMENTE

- PARONOMASIE = Kombination klangähnlicher, aber semantisch und etymologisch unterschiedlicher Wörter: *Power vom Bauer. Die Fitmacher aus deutschen Landen. CMA* (Slogan einer Sammelanzeige für Erzeugnisse der deutschen Landwirtschaft).
- DIAPHORA = Wiederholung desselben Wortes, aber in unterschiedlichen Bedeutungen: *Man muß nicht groß sein, um groß zu sein.* (Schlagzeile und z.T. schon Slogan für den Kleinwagen VW Lupo) – *Behindert ist man nicht, behindert wird man.* (Schlagzeile eines Plakats für die Aktion Sorgenkind).
- Wiederholung einzelner Morpheme in unterschiedlicher morphologischer Umgebung (durch Flexion oder Wortbildung): *Damit im Alter alles beim Alten bleibt.* (Schlagzeile einer Anzeige der WWK Versicherung) – *Nur die Wirklichkeit wirkt wirklicher.* (Schlagzeile einer Anzeige für einen Drucker von Hewlett-Packard).
- KLIMAX/GRADATION = Aneinanderreihung verschiedener Wörter, die auf der semantischen Ebene eine Steigerung ausdrücken: *Gut. Besser. Paulaner.* (Slogan für Paulaner Bier).

3) Erweiterungsfiguren

- ANTITHESE = Kombination von Gegensätzen: *So groß kann klein sein* (Slogan des VW Polo) – *Für alle, die von vornherein wissen, was sie hinterher ziehen.* (Schlagzeile einer Anzeige für den Subaru Legacy).
- OXYMORON = sehr enge Verbindung gegensätzlicher Ausdrücke (z.B. durch Attribuierung) zur Ausdruckssteigerung: *Tradtionell innovativ* (Slogan von Becker Autoradio).

4) Kürzungsfiguren

- ELLIPSE = Aussparung einzelner Satzglieder im Satz: *Wie unser Kraftstoff: Langweilig, aber kaum zu verbessern.* (Schlagzeile einer Anzeige von JET; abgebildet ist ein roter Gummistempel zum Freimachen des Abflusses). Sonderfälle: a) ZEUGMA = Verknüpfung zweier syntaktisch oder semantisch ungleicher Konstruktionen durch ein gemeinsames Prädikat (häufig als Stilblüten gewertet): *Papier ist geduldig. Der Stern nicht.* (Schlagzeile einer Anzeige für die Zeitschrift STERN); b) ASYNDETON = Weglassen der Konjunktionen: *Papier ist geduldig* [*doch, aber*] *Der Stern nicht.*

5) Appellfiguren

- RHETORISCHE FRAGE = Frage, die keine Antwort verlangt und erwartet, sondern der Bestätigung von Vorausgesetztem dient: *Erledigen Sie Ihre Bankgeschäfte etwa nicht zu Hause?* (Schlagzeile einer Postbank-Anzeige für Online-Banking) – *Wollen Sie weiter für etwas bezahlen, das Sie nicht gesagt haben?* (Schlagzeile einer Anzeige der VIAG Interkom zu Telefongebühren).

- AUSRUF: *Eßt mehr Tomaten!* (Schlagzeile einer Anzeige für Tomatenketchup von Devely) – *Bingo!* (Schlagzeile einer Anzeige für West-Rollies-Zigaretten).
- APOSTROPHE = direkte Anrede eines spezifischen Publikums/Adressaten: *Gucken Sie nicht so. Tun Sie was!* (Schlagzeile eines Plakats für Lucky-Strike-Zigaretten, abgebildet ist eine offen stehende, leere Zigarettenschachtel).

6) Tropen

- METAPHER = figurativ/bildlich motivierte Ersetzung eines Ausdrucks durch einen anderen auf der Basis eines gemeinsamen Dritten (*tertium comparationis*): *Ein Herz aus purer Kraft.* (aus einem Anzeigentext für den Fiat Barchetta; gemeint ist der Motor) – *So unterstützen Sie … den natürlichen Aufbau Ihres Hautschutzmantels.* (aus einem Anzeigentext für Pond's Kosmetik).
- SYNÄSTHESIE = Verknüpfung zweier unterschiedlicher, realer oder fiktiver Sinneswahrnehmungen: *Da werden Ihre Ohren Augen machen!* (Schlagzeile für einen Videorecorder von Nordmende) – *Selten ist jemand so weit gegangen, damit Sie Musik hautnah erleben können.* (Schlagzeile für ein Pioneer Autoradio).
- METONYMIE = Ausdrucksersetzung aufgrund eines räumlichen, zeitlichen oder kausalen Zusammenhangs: *Fischer im September* (Werbung für Fischer Taschenbücher; nach Spang 1987: 216).
- SYNEKDOCHE = Ersetzung eines Ausdrucks durch einen anderen aufgrund einer Teil-für-Ganzes-Relation (*pars pro toto*) oder einer Ganzes-für-Teil-Relation (*totum pro parte*): *Dahinter steckt immer ein kluger Kopf.* (= *pars pro toto*; langjährige Anzeigenkampagne der FRANKFURTER ALLGEMEINEN ZEITUNG).
- ANTONOMASIE = Verwendung eines Appellativs statt eines Eigennamens oder umgekehrt: *Bei uns hat jede Uhr ihre eigene Geschichte. Und einige von ihnen haben sogar ein Lange Geschichte.* (Schlagzeile einer Anzeige für den Juwelier Wempe, abgebildet ist eine Armbanduhr von A. Lange & Söhne).
- LITOTES = Ausdrucksverstärkung durch Verneinung des Gegenteils: *Nichts ist unmöglich* (Slogan von Toyota) – *Alles andere als gewöhnlich.* (aus einem TV-Spot für den Honda Civic).
- HYPERBEL = Übertreibung/Übersteigerung ins Unwahrscheinliche: *Haare wie neu geboren und glänzend wie noch nie.* (aus einem TV-Spot für Polykur Shampoo).
- EUPHEMISMUS = beschönigender Ausdruck statt eines tabuisierten Ausdrucks: *Ramend Abführtee: Ramend hilft – mit rein pflanzlichen Wirkstoffen – der Natur sanft nach, wenn etwas in Unordnung geraten ist.* (nach Spang 1987: 227). (Meinem Eindruck nach wird der Euphemismus in der Werbung derzeit kaum genutzt, im Gegenteil: Man scheint sich momentan nur dadurch hervorheben zu können, wenn man möglichst deutlich und direkt ist, wie in folgenden Fernsehspot-Beispielen: *Faktu Akut – und Hämorrhoiden haben Frieden. – Wenn die Prothese wackelt: Protefix mit Nasshaftkraft.*)
- PERSONIFIKATION = Verlebendigung unbelebter Gegenstände: *Weil unsere Haut Durst auf Gesundheit hat.* (Schlagzeilen-Teil einer Anzeige für das Thermalwasser von Vichy) – *Die Rolex Day-Date kennt alle Wochentage. Und sie spricht 26 Sprachen.* (Schlagzeile einer Rolex-Anzeige).

- ENTKONKRETISIERUNG/HYPOSTASIERUNG = Abstrahierung von einem Gegenstand (Entkonkretisierung) bzw. Verdinglichung eines Abstraktums (Hypostasierung): *Pflege, die man spürt. Fitness, die man sieht.* (Schlagzeile einer Anzeige für Nivea Pflegedusche Fitness: im ersten Teil Entkonkretisierung (statt *Duschgel* o.Ä.), im zweiten Hypostasierung).
- IRONIE = formal nicht abweichend, aber semantisch gegensätzliche Determinierung durch Kontext und/oder Referenz. Der Sprecher meint das Gegenteil von dem, was er sagt, oder meint es zumindest anders, als er es sagt: *Ikea – das unmögliche Möbelhaus* (Slogan für die schwedische Möbelhauskette Ikea, inzwischen ersetzt durch *Ikea – Entdecke die Möglichkeiten*; nach Förster 1982/1995: 161) – (In einem Rover-Fernsehspot wird ein bieder wirkender Mann mit einem Brett vor dem Kopf gezeigt:) *Er ist bereits stolzer Besitzer der Holzmenge, die der Rover 600 im Innenraum hat.*

Nach einer formalen Bestimmung der in einem Text vorliegenden rhetorischen Figuren müsste im Einzelfall nach ihrer Funktion gefragt werden (siehe dazu 4.2.2 zu den persuasiven Funktionen von Sprache). Die Funktion hängt dabei nicht nur von der Art der Figur, sondern auch von deren Positionierung im Anzeigentext ab (also ob sie sich in der Schlagzeile, dem Slogan oder dem Fließtext befindet). Da offensichtlich bestimmte Figuren beliebter sind und häufiger verwendet werden als andere, ließe sich in der Interpretation nach den Gründen dafür fragen. Zum Beispiel ist die Ironie ein Stilmittel, das gerade in der Werbung eher vorsichtig und sparsam eingesetzt wird, da Ironie – wird sie nicht erkannt – zu Missverständnissen führen und damit leicht der Werbeintention entgegenwirken kann.

Rhetorische Figuren sind ein sehr häufiges Gestaltungsmittel in der Werbung, fallen aber oft vor allem dann auf, wenn sie außerdem einen witzigen Effekt erzielen (und damit nach unserer Klassifikation schon zu den Sprachspielen zu zählen wären). Die Frage ist allerdings, ob die Werbetexter diese Figuren bewusst und aufgrund ihrer Kenntnis der Rhetorik-Lehre verwenden, oder ob es sich nicht in den meisten Fällen um Gestaltungsmittel handelt, die uns allen als Sprachbenutzern so vertraut sind, dass wir sie verwenden, ohne uns ihrer besonderen Struktur oder Semantik und damit ihres Figuren-Charakters bewusst zu sein.

 Auch wenn die rhetorischen Figuren in der Werbung bereits mehrfach Gegenstand der Forschung gewesen sind, so fehlen doch weit gehend Erkenntnisse über mögliche Produktspezifität, unterschiedliche Beliebtheit und Geeignetheit (!) der einzelnen Figuren, über ihre Verteilung auf Werbetextelemente und damit ihre von der Positionierung abhängige Funktion.

 Literaturtipps

Eine gute, allgemeine Einführung in die Rhetorik bietet
OTTMERS, Clemens (1996): Rhetorik. Stuttgart/Weimar (Metzler). (= Sammlung Metzler. Realien zur Sprache 283).

Mit stärkerem Bezug zur Werbung und Beispielen aus Werbetexten führt Spang in die Rhetorik ein:

SPANG, Kurt (1987): Grundlagen der Literatur- und Werberhetorik. Kassel (Edition Reichenberger). (= Problemata Semiotica 11).

Zum Zusammenhang von Werbung und Rhetorik allgemein nimmt Ludwig Fischer Stellung, weitere Beispiele für rhetorische Figuren in der Werbung werden ausführlicher bei Uwe Förster besprochen:

FISCHER, Ludwig (1968): Alte und neue Rhetorik. Überlegungen zur rhetorischen Analyse von Werbetexten. In: Format. Zeitschrift für verbale und visuelle Kommunikation 17, 2–10.

FÖRSTER, Uwe (1982/1995): Moderne Werbung und antike Rhetorik. In: Der Sprachdienst 5 (1995), 154–167. Erstmals erschienen in: Sprache im technischen Zeitalter 81 (1982), 59–73.

 (36) Welche rhetorischen Figuren liegen in folgenden Beispielen vor?

a) *Schmeckt leicht und reicht.* (Slogan für den Pausenriegel Milchschnitte)

b) *Hält ohne Ende. Stylt ohne Austrocknen. Nivea Hair Care. Und gestyltes Haar fühlt sich glänzend.* (Anzeige für ein „Styling Gel" von Nivea)

c) *Ich habe jetzt die EUROCARD, denn bei Schnäppchen muß man zuschnappen können.* (Schlagzeile einer Anzeige für die Eurocard-Kreditkarte)

d) *AllesKa?* (Slogan für den Ford Ka)

e) *Lebe Deine Farben* (Schlagzeile einer Anzeige für den Nagellack Olaz Colour)

f) *Fast alles weiß.* (= die erste Seite der Anzeige ohne Abbildung) – *Weiß fast alles.* (= der Peugeot 206, auf Wunsch mit Navigationssystem.)

g) *Vittel weckt Vitalität* (Slogan für das natürliche Mineralwasser Vittel)

h) *Andere bauen Autos. Wir bauen Legenden.* (Schlagzeile einer Anzeige für den Citroën XM)

i) *Die Canon Sie sich leisten.* (aus einem Prospekt für Kameras von Canon)

j) *Alfa 156. Die Konsequenz aus Kraft und Kontrolle.* (Slogan)

(37) Untersuchen Sie den Text der iMac-Anzeige (Abb. 8: 100) unter rhetorischem Aspekt:

a) Welche rhetorischen Figuren werden verwendet?

b) Versuchen Sie, die Anzeige in Teile zu zerlegen, die dem rhetorischen Redeschema *exordium – narratio – argumentatio – peroratio* entsprechen. Diskutieren Sie möglicherweise auftauchende Schwierigkeiten.

c) Sprachspiele

Mit *Sprachspiel* ist nicht der philosophische Begriff des Wittgenstein'schen Sprachspiels gemeint, sondern der linguistische und literaturwissenschaftliche, der auf das Spiel mit der Sprache abzielt. Eine handliche Definition findet sich in der Literaturwissenschaft. Demnach sind Sprachspiele

> Spiele mit dem gesamten überkommenen Sprachmaterial, die sich den normativen Idealen inhaltlicher Eindeutigkeit und formaler Fixiertheit durch Mehrdeutigkeit und Abwandlung entziehen, vornehmlich um komische und suggestive Wirkungen zu erzeugen. (Kreutzer 1969: 6)

Ein Sprachspiel lässt sich gemäß dieser Definition durch zwei wichtige Merkmale charakterisieren: Von der Form her stellt es eine irgendwie geartete (= spielerische)

Abweichung von der sprachlichen Norm oder zumindest von den Erwartungen der Kommunikationsteilnehmer dar, weshalb es beispielsweise grundsätzlich geeignet ist, Aufmerksamkeit zu erregen. Zum Anderen erfolgt diese Abweichung absichtlich mit dem Ziel, eine komische, witzige oder – wird „Sprachspiel" weiter gefasst – allgemein persuasive Wirkung zu erzeugen.

Wichtig ist eine Abgrenzung zu den unabsichtlichen (wenn auch teilweise wissentlichen) Normabweichungen, die meist als Fehler aufgefasst und sanktioniert werden. Andrea Dittgen weist auf ihre jeweils ganz unterschiedlichen Rollen in der Kommunikation hin:

> Im Gegensatz zu den unabsichtlich-bewußten Abweichungen [= Fehler; N.J.] haben diese intendierten Abweichungen [= Sprachspiele; N.J.] eine kommunikative, funktionelle, semantische oder sonstwie geartete Zusatz-Bedeutung. Ob sie vom Rezipienten toleriert werden, hängt ab:
> 1. von dessen Einstellung zu Normen, Regeln und Konventionen,
> 2. davon, ob er die Abweichung als intendierte Abweichung erkennt, die Intention und [die] durch die Abweichung gegebene Zusatz-Bedeutung, die vom Rezipienten mitgemeint ist, nachvollziehen kann,
> 3. unter Umständen auch noch von einem nicht sprachlich bedingten Phänomen, nämlich davon, ob die unterstellte Zusatz-Bedeutung der Abweichungen mit der Einstellung des Rezipienten zum dargestellten Sachverhalt deckungsgleich ist, der Rezipient also die Meinung des Produzenten teilt. (Dittgen 1989: 18)

Intendierte Abweichungen, in unserem Sinn Sprachspiele, beinhalten also im Gegensatz zu Fehlern einen Mehrwert: Ihnen kommt ein gewisser Mitteilungscharakter zu (Dittgen 1989: 19). Allerdings sind durchaus Fälle denkbar, bei denen genau dieser Mehrwert nicht verstanden, das Sprachspiel als solches nicht erkannt und die Abweichung demnach als Fehler eingeschätzt wird. (Dass Markierungen des Sprachspiels daher empfehlenswert seien, um den Gefahren des Missverstehens oder Nichtverstehens vorzubeugen (Sauer 1998: 228f), ist ein Rat, der von der Werbung eher selten befolgt wird. Eine – z.B. typographische – Markierung reduziert in der Regel den Reiz des intellektuellen Spiels und wirkt dann oft leicht betulich.)

Daher sollten Werbetextproduzenten nach Möglichkeit nicht nur das Verstehenkönnen sicherstellen (siehe Punkt 2 des Zitats), sondern Sprachspiele auch so einsetzen, dass sie die Funktionen persuasiver Sprache erfüllen (siehe 4.2.2): Sie sollen Aufmerksamkeit erregen und den Werbetext attraktiv machen, ohne die Akzeptanz der Werbeaussage zu erschweren (siehe Punkt 3 des Zitats). Dabei hat der Produzent in Bezug auf die Komplexität des Sprachspiels einen Mittelweg zu finden: Die Entschlüsselung des Mehrwerts darf nicht zu schwierig oder aufwendig sein, da die Bereitschaft zu einem solchen Mehraufwand bei der Werberezeption in der Regel gering ist und dadurch genau das verhindert wird, was erreicht werden sollte: das Weiterlesen. (Eine andere Gefahr ist, dass der Mehraufwand zwar in Kauf genommen wird, dass aber vor lauter Rätselraten die Werbebotschaft in den Hintergrund tritt und sich der Rezipient später nur an den Witz, nicht aber an das Produkt erinnert.) Andererseits führen zu banale Abweichungen leicht zu Langeweile und gefährden die Akzeptanz des ganzen Textes (Sauer 1998: 224–227). Zudem sollten die durch Sprachspiele provozierten

Assoziationen zu Textinhalt und Werbeaussage passen, um schiefe Bilder zu vermeiden (Sauer 1998: 233–238).

Voraussetzung für eine gelingende persuasive Wirkung von Sprachspielen ist demnach eine ausreichende (d.h. oft sehr spezifische lexikalische, syntaktische, kommunikative und stilistische) Sprachkompetenz auf Produzenten- wie Rezipientenseite (Dittgen 1989: 25–28).

Sprachspiele sind auf allen sprachlichen Ebenen möglich und die Forschungsliteratur, besonders die literaturwissenschaftliche, bietet eine Fülle von Klassifizierungsvorschlägen oder zumindest von Auflistungen an. Unterschieden wird zumeist grundsätzlich zwischen Einwort- gegenüber Mehrwortspielen (z.B. bei Weber 1980: 47–53) oder zwischen textimmanenten gegenüber kontextuellen Spielen (z.B. bei Sauer 1998: 3.3.3.1 und 3.3.3.2). Bei beiden Vorschlägen halte ich die methodischen Probleme einer klaren und eindeutig nachvollziehbaren Trennung für gravierender als einen möglichen Erkenntnisgewinn; deshalb werden sie im Folgenden vernachlässigt.

Typologisierungsvorschläge werden zum Beispiel anhand des strukturellen Aspekts der sprachlichen Ebene (Phonetik, Morphologie, Lexik, Syntax usw.) oder der formalen Abweichungsmethode (Vertauschen, Ersetzen, Verändern u.Ä.) getroffen (z.B. mit Bezug zur Werbung bei Störiko 1995, Forgács/Göndöcs 1997). Eine andere Möglichkeit besteht darin, die formal unterschiedlichen Typen zu größeren Gruppen zusammenzufassen, die durch die Art der verletzten Regeln (wie bei Weber 1980) oder des beabsichtigten Effektes bestimmt sind (wie bei Dittgen 1989).

 Allerdings werden nicht selten Zweck/Wirkung und Mittel vermengt, anstatt sie methodisch klar zu unterscheiden: Um beispielsweise eine Mehrdeutigkeit zu schaffen, sind formal ganz unterschiedliche Möglichkeiten gegeben (wie Austausch eines einzelnen Wortes, Veränderung der Schreibung, Wörtlichnehmen eines Pharseologismus etc.), weswegen man in einer Typologisierung von Sprachspielen Mehrdeutigkeit oder semantische Verdichtung nicht auf der gleichen Ebene ansiedeln sollte wie syntaktische Figuren, Phraseologismusabwandlungen und Wortbildungsphänomene (siehe z.B. Dittgen 1989: 4.3–4.5; Sauer 1998: 96–107).

Formen

Der folgende Klassifizierungsvorschlag ist aus den Anregungen der erwähnten Literatur abgeleitet und versucht eine methodische Trennung von Sprachspielform und Sprachspieleffekt.[17] Versteht man Sprachspiele als kreativen Gebrauch der Sprache, der in irgendeiner Form von den konventionellen Erwartungen der Sprachteilhaber abweicht, lassen sich verschiedene Ebenen unterscheiden, denen sich wiederum unterschiedliche Verfahren der Realisierung zuordnen lassen. Diese Verfahren stellen im Grunde ein offene Klasse dar, die je nach den kreativen Einfällen von Werbetextern

---

17 Die Klassifizierung der Wortspielverfahren lehnt sich – zum Teil stark modifiziert – an Forgács/Göndöcs 1997 an, von denen auch einige aktuelle Beispiele übernommen wurden. Die Sytematisierung der möglichen Effekte von Sprachspielen orientiert sich vor allem an Dittgen 1989.

erweitert werden kann (hier sind demnach die Fälle aufgelistet, zu denen sich Beispiele finden ließen):

1) **Wortspiele:** Die Erwartungen der Rezipienten hinsichtlich der sprachlichen Form werden verletzt, indem Veränderungen am Wort oder Syntagma vorgenommen oder sprachliche Elemente in überraschender oder normwidriger Weise kombiniert werden. Hier lassen sich verschiedene Verfahren unterscheiden, die auf den verschiedenen Ebenen des Sprachsystems angesiedelt sind:

a) PHONETISCHE VERFAHREN:
- Spiele mit Homophonie (= Gleichklang) bzw. Homoiophonie (= ähnlicher Klang) – Beispiele: a) Schlagzeile einer Anzeige für einen Videoprinter: *Märchen-Prints.* Der witzige Effekt wird verstärkt durch das Bild, auf dem sich das Foto eines Frosches vom Fernsehbildschirm löst. b) Schlagzeilen der Werbeplakate für den Walt-Disney-Film „Herkules": *Der HELD, was er verspricht. – HerCOOLes. – Der HELD Sie auf Zack.* c) Slogan eines TV-Spots für Salat-Würzkräuter von Iglo: *Damit würz' was!* d) Plakat-Ankündigung der amerikanischen Wochen bei McDonald's: *You ess, ej!* (als jugendsprachliche Lautverschriftung von *USA*).
- Lautvertauschung, -hinzufügung oder -ersetzung – Beispiele: a) Vertauschung: Plakatwerbung von McDonald's: *Sönnte ein Polo kein. – Leckt schmecker.* b) Hinzufügung: Werbeplakat für Weihenstephaner Milchprodukte: *Unnachrahmlich.* – Schlagzeile einer Anzeige von Karstadt/Hertie für einen Bodenstaubsauger: *Unsere saugstarke Leistung*; c) Ersetzung: Werbung der Sixt-Autovermietung für Flug-Mietauto-Kombinationen: *Sixt kämpft gegen den Massenteurismus.* – Plakatwerbung für die Zeitschrift ComputerBILD: *Computent statt compliziert.*
- Spiel durch Lautverschriftungen (Onomatopöie), die unter dem Aspekt von Orthographie und Wortart in der Regel unkorrekt sind – Beispiele: a) Schlagzeile für Erkältungsmittel von Ratiopharm: *Schnpfn. Huustn. Heisakeit.* Verstärkt wird der Eindruck eines stark verschnupften Sprechers durch die Abbildung, bei der einer Person ein Eimer über den Kopf gestülpt ist. b) Schlagzeile einer Anzeige für die Fluggesellschaft Condor, die für die alkoholische Getränkevielfalt (*Bier, Wein und Sekt*) ohne Aufpreis wirbt: *plopp – zisch – perl.*
- Spiel mittels rhetorischer Wiederholungsfiguren wie Reim und Alliteration. Bei diesen Beispielen lässt sich allerdings fragen, ob überhaupt ein witziger Effekt entsteht oder ob es sich nicht schlicht um rhetorische Figuren handelt (siehe daher die Beispiele dort).

b) MORPHOLOGISCHE VERFAHREN:
- Spiel mit Komparation – Beispiele: a) Plakatwerbung für Hamburger Royal TS und Super Royal TS von McDonald's, bei der das erste und vierte Wort nur aussehen wie Komparative, aber keine sind: *Wieder, größer, satter, lecker.* b) Slogan für Paulaner Bier, bei dem an Stelle des Superlativs der Markenname erscheint: *Gut. Besser. Paulaner.*
- Spiel mit ungrammatischen Wortformen – Beispiele: a) Schlagzeile einer schon etwas älteren Mercedes-Anzeige, bei der zugleich eine Anspielung auf den klassischen

VW-Käfer-Slogan der 70er Jahre vorliegt: *Tankwart und wart und wart und wart.*
b) Schlagzeile für das Giro-plus-Konto der Postbank: *Überallster.* (Dieses Beispiel ließe sich auch den Komparativen zuordnen; die Ungrammatizität ist hier jedoch das
Auffällige.) c) Plakat für Condor Airlines: *räkel – streck – fläz.*

- Spiel durch Wortbildung (Kontamination, Neubildung). Die Übergänge zu den ungrammatischen Wortformen sind fließend. – Beispiele: a) Kontamination/Wortkreu-
zung: Schokoladenwerbung von Ritter-Sport: *Mini-kolaus.* – Plakat von McDonald's:
Guten Happetit! b) irreguläre Neubildung: *unkaputtbar* (Coca-Cola).

- Spiel durch Ersetzung, Vertauschung oder Hinzufügung von Morphemen, Silben oder
Wörtern. Erfolgt diese morphologische Veränderung aufgrund einer Klangähnlich-
keit, kann sie häufig auch als phonetisches Verfahren interpretiert werden. – Beispiele: a) Ersetzung: Schlagzeile einer Anzeige für die Energie-Gruppe RWE: *Für uns ist von
Montag bis Sonntag Diensttag.* – Schlagzeile für ein Handy von Swatch: *Fun-tastisch.*

- Spiel durch Wiederholung von Morphemen, Silben, Wörtern oder Homonymen
(siehe bei den rhetorischen Figuren Anapher und Epipher) – Beispiele: a) Slogan für
Warsteiner Bier: *Das einzig Wahre. Warsteiner.* b) Schlagzeile einer Anzeige für einen
Drucker von Hewlett-Packard: *Nur die Wirklichkeit wirkt wirklicher.*

c) SYNTAKTISCHE VERFAHREN:
- Spiel mittels rhetorischer Satzfiguren wie Chiasmus und Parallelismus – Beispiel:
Slogan von Bosch: *Genial einfach. Einfach genial.*

- Spiel mit Aktiv und (Vorgangs-/Zustands-)Passiv – Beispiele: a) Schlagzeile einer Anzeige der Hermes Kreditversicherung: *Der Unterschied zwischen geliefert haben und geliefert sein ist hauchdünn.* b) Schlagzeile eines Plakats für Aktion Sorgenkind (was allerdings nicht zur Wirtschaftswerbung zählt!): *Behindert ist man nicht, behindert wird man.*

- Spiel mit Verben, die reflexiv und nicht reflexiv vorkommen – Beispiel: Schlagzeile
einer Autowerbung: *Heben Sie sich ab, aber heben Sie nicht ab.* (nach Forgács/Göndöcs
1997: 55).

- Spiel durch normwidrige Syntax – Beispiele: a) Schlagzeile eines Werbeplakats für
den Walt-Disney-Film „Herkules": *Der HELD, was er verspricht.* b) Schlagzeile bzw.
Text einer BMW-Werbung, die auf das geflügelte Wort von Gertrude Stein (*Eine Rose
ist eine Rose, ist eine Rose, ist eine Rose.*) anspielt: *Ein BMW ist ein BMW ist ein BMW ...*
c) Teil einer Schlagzeile für den Ford KA: *... denn kleiner ist schöner ist besser.* c) Slogan
für die Eurocard: *Eurocard. Deutschlands meiste Kreditkarte.*

d) PHRASEOLOGISCHE VERFAHREN: Bei den phraseologischen Verfahren bietet sich neben der folgenden formalen noch eine weitere Möglichkeit der Unterscheidung an,
nämlich die nähere Bestimmung der zugrunde liegenden Phraseologismen (alltagssprachliche feste Syntagmen, Sprichwörter, literarische Zitate, bekannte Werbeslogans, Film- oder Musiktitel, siehe dazu 4.3.2).
- Veränderung eines Phraseologismus durch Ersetzen, Hinzufügen oder Weglassen
eines Ausdrucks – Beispiele: a) Ersetzen (= lexikalische Subsitution): Schlagzeile für
Sixt-Autovermietung mit der Abbildung eines Jaguar: *Ist die Katze günstig, freut sich
der Mensch.* (Referenztext ist der Slogan von Whiskas Katzenfutter: *Ist die Katze ge-*

Abbildung 13: Ausschnitt aus einer Opel-Anzeige

sund, *freut sich der Mensch.*) – Slogan für den Peugeot 806 Van: *Van schon, denn schon.*
b) Hinzufügung: aus einem Anzeigentext für Mercedes: *Der klügere Gurt gibt nach.*
- Remotivation eines Phraseologismus (d.h. neben der idiomatischen Bedeutung wird auch die wörtliche aktiviert) – Beispiele: a) Aus einem Anzeigentext für den Renault Twingo: *… wie wir auch hoffen, daß Sie nie den Airbag zu Gesicht bekommen werden.* b) Schlagzeile einer Anzeige für Verstärker von Blaupunkt: *Für Leute, die gerne viel um die Ohren haben.* c) Aus einem Text für die sehr kostspieligen Hifi-Anlagen von T+A: *Was ist der Preis des Ruhmes?*
- Kombination von zwei Phraseologismen – Beispiel: Werbung für Energiesparhäuser: *Manche läßt es KALT, wenn die Minister für Umwelt ins Schwitzen kommen.* (nach Forgács/Göndöcs 1997: 61).

e) GRAPHISCHE UND ORTHOGRAPHISCHE VERFAHREN:
- Spiel mit der Interpunktion – Beispiel: Schlagzeile einer Alfa-Romeo-Anzeige: *ALFA SPIDER. AUF. UND DAVON.*
- Spiel mit Intarsia, d.h. mit der Integration eines Markennamens in ein passendes Appellativ – Beispiele: Werbung für IBM Schreibmaschinen: *SchreIBMaschine.* – Schlagzeile für den Hifi-TV-Video Combi von Philips: *„Combiniere: in 1 steckt 2."*
- Verfremdung der Orthographie im Zusammenhang mit der Lexembedeutung (z.B. Binnengroßschreibung, Einfügung eines Bindestrichs, von Sonderzeichen oder Ideogrammen) – Beispiele: a) Slogan von Schwarzkopf (für Haarpflegemittel): *Schwarzkopf. HauptSache schönes Haar.* Durch die Binnengroßschreibung wird das Wort remotiviert, *Haupt* bekommt neben der üblichen präfixoiden Bedeutung wieder die Bedeutung ‚Kopf'. b) Schlagzeile einer Opel-Anzeige, die mit dem Fußballer Mehmet Scholl wirbt: *Sports.* Statt des <o> ist das Opel-Logo eingefügt (siehe Abb. 13).
- Spiele mit der Verschiebung der Wortgrenzen – Beispiel: Schlagzeile für die Zigaretten West Ice: *Have an Ice Day.* (statt *Have a nice day*).
- Spielereien mit der Typographie (Schriftart und Anordnung) – Beispiele: a) Eine Anzeige für den Peugeot 206 wirbt für die Servolenkung, indem um die kleine Abbildung des Automodells kreisförmig ein Schriftzug angeordnet und von zwei Pfeilen, die die Dreh- und Leserichtung angeben, umrahmt ist: *Wenn Sie Ihre Zeitschrift gerade drehen, um das hier zu lesen, dann wissen Sie auch, wie leicht sich der neue Peugeot 206 mit serienmäßiger Servolenkung steuern läßt.* b) Die Anzeige für das Nach-

richtenmagazin FOCUS ONLINE zeigt einen feinen weißen Schriftzug auf rotem Grund, der aussieht, als würde ein Bein eine Treppe betreten. Die Silhouette des Beins: *Auf dem Weg nach oben? In Focus online Job & Karriere finden Sie nützliche Fakten, die Sie im Job weiterbringen können;* die Treppe besteht aus Hinweisen zu Inhalt und Rubriken.

c) Andere Möglichkeiten sind, durch die Wahl der Schrift Assoziationen zu bestimmten Fremdsprachen herzustellen (häufig genutzt in der McDonald's-Werbung z.B. für chinesische oder griechische Wochen) (siehe dazu auch das Kapitel 4.5 zu Interpunktion und Typographie).

f) KOMBINATORISCHE VERFAHREN: Sie fassen Sonderfälle zusammen, die durch die anderen Verfahren nicht abgedeckt werden und die auf der ungewöhnlichen Kombination von sprachlichen Elementen beruhen. Kombinatorische Verfahren verletzen daher meist Kollokationsregeln.[18]

- Spiel mit Antithesen/Antonymien – Beispiele: a) Schlagzeile für den Rover 400: *Je ähnlicher die Dinge werden, desto interessanter werden die Unterschiede.* b) Slogan für Becker Autoradio: *Traditionell innovativ.*
- Kombination von fremdsprachigem und deutschsprachigem Wort- und Morphemmaterial – Beispiele: a) Schlagzeile eines Plakats für Gauloises-Zigaretten: *Très dick.* b) Werbung für Zigarettenpapier: *Dreh bien!* (nach Forgács/Göndöcs 1997: 63) c) McDonald's-Werbung für die mexikanischen Wochen: *Los Wochos.*

2) Kontextspiele: Es werden Erwartungen der Rezipienten verletzt, die sich auf den Zusammenhang von Textinhalt und Kontext/Situation/Textsorte beziehen. Auch hier lassen sich zumindest zwei Verfahren unterscheiden:

a) INTERTEXTUELLE GATTUNGSREFERENZEN UND TEXTMUSTERMISCHUNGEN – Beispiele: Eine Anzeige ist formal wie ein Brief oder ein redaktioneller Artikel aufgemacht; der Text ist, wie bei einer Renault-Twingo-Anzeige, formuliert wie eine private Kleinanzeige für ein Wohnungsangebot. Allerdings lässt sich gerade bei den rein formalen intertextuellen Anspielungen fragen, ob man sie überhaupt zu Sprachspielen zählen oder nicht stattdessen unter dem gesonderten Aspekt der Intertextualität untersuchen sollte, die als eine eigenständige Werbestrategie neben Sprachspielen genutzt wird (siehe 4.4.3).

b) SPIEL MIT TEXTSORTENKONVENTIONEN: In der Werbung ist dies z.B. dadurch möglich, dass die Werbeintention oder die Bedingungen des Werbeschaffens explizit thematisiert werden, obwohl allgemein bei Werbung erwartet wird, dass sie ihre werbende Intention bestmöglich verschleiert, um erfolgreich zu sein (erfolgreich im Sinne von nicht zu leicht durchschaubar). – Beispiele: a) Schlagzeile einer doppelseitigen Mercedes-Anzeige, die nur aus Text besteht: *Dieses eine Mal verzichten wir auf die Abbildung der neuen E-Klasse. Sonst liest das ja doch wieder keiner.* b) Anzeige von British American Tobacco (siehe Abb. 17: 181).

3) Referenzspiele: Durch ein Spiel mit dem denotativen Bezug von Ausdrücken und Aussagen werden konventionelle Referenzerwartungen durchbrochen. Daher wer-

---

18 Zum Begriff der Kollokation siehe Erklärung in Fußnote 11, S. 125.

den hierunter die Verfahren zusammengefasst, die den Referenzbezug ausweiten, vage oder ungewöhnlich werden lassen:

a) PERSONIFIZIERUNG – Beispiele: a) Aus dem Text einer VW-Polo-Anzeige, in der neben dem Polo auch ein Dummy mit rotem Kleid in Marilyn-Monroe-Pose abgebildet ist: *Sogar unsere Dummies lieben den neuen Polo.* b) Schlagzeile einer Anzeige für das „Vivre"-System von Renault, in der groß eine Leitplanke abgebildet ist: *Möchten Sie lieber von ihr geweckt werden oder von uns?*

b) SPIEL MIT DER AMBIGUITÄT VON AUSDRÜCKEN UND OFFENER REFERENZ – Beispiel: Werbung für die Telefongesellschaft Arcor (und deren Vorwahlnummer): *Ihre Neue – was für eine Nummer!* Das Oszillieren der Referenz der vagen Ausdrücke *Neue* und *Nummer* wird wesentlich unterstützt durch das Bild, auf der eine Frau den Betrachter aufreizend anblickt. b) Schlagzeile einer Anzeige für Europcar Autovermietung mit der Abbildung dreier Cabrios: *Noch nie waren Oberteile so leicht zu öffnen.* c) Der Fernsehspot für das Gesichtsreinigungsmittel Clearasil Complete beginnt mit einer Straßenumfrage (ohne vorher klargestellten Produktbezug!): *Sag mal, wie war eigentlich dein erstes Mal?* (...) *Und wie oft machst du es in der Woche?* (...) *Und was sagt deine beste Freundin dazu?* Auch die Antworten enthalten nur Pronomen und bleiben ohne eindeutige Referenz, so dass aufgrund der konventionellen Interpretation von *dein erstes Mal* bis zum Schluss der Eindruck bleibt, es handele sich um das erste sexuelle Erlebnis und nicht um die erstmalige Benutzung der Gesichtspflege.

c) KONTEXTKOMBINATIONEN, bei denen beispielsweise das Produkt in einen neuen referentiellen Bezugsrahmen gestellt wird. Im Prinzip beruht die Kontextkombination auf der Ambiguität oder Polysemie einzelner Ausdrücke, so dass auch hier die Grenzen fließend sind. – Beispiele: a) *Was man selbst aus zwei Zylindern alles rausholen kann.* Anstelle einer Autowerbung handelt es sich um die Schlagzeile einer Anzeige für Warsteiner Bier, auf der zwei zylinderförmige volle Biergläser abgebildet sind. b) In der Anzeige für die Jahres-Chronik 1998 des SPIEGEL ist eine Tablettenpackung abgebildet. Die einzelnen Dragees geben durch Aufdrucke Informationen zu den Artikeln des Heftes. Schlagzeile: *Gegen Vergeßlichkeit. Die SPIEGEL-Jahreschronik 1998. Rezeptfrei im Handel.*

d) ETABLIERUNG NEUER (möglicherweise nicht genau erschließbarer) REFERENZOBJEKTE durch Wortschöpfungen – Beispiel: Im schlagzeilenähnlichen Text einer Sixt-Autovermietung-Anzeige wird die Pseudofachsprache mancher Autoanzeigen parodistisch aufgegriffen: *Die neue S-Klasse mit Linguatronic, Comand, AIRmatic und Keyless-Go. Und unseren Preis versteht auch keiner. (Die neue S-Klasse für nur 188,-/Tag).*

e) ANSPIELUNGEN AUF TEXT-BILD-BASIS, bei denen der witzige Effekt nicht durch die sprachliche Form, sondern nur durch die spezifische Kombination von Text und Bild entsteht – Beispiel: *Wie Sie sehen, stellt der neue PEUGEOT 206 alles in den Schatten.* Neben dieser Schlagzeile ist nur das Auto auf weißem Grund abgebildet, das einen Schatten in Form eines großbuchstabigen *ALLES* wirft.

Die dargestellten einzelnen Verfahren und sprachlichen Realisierungsmöglichkeiten sind in der Werbung unterschiedlich beliebt. Wortspiele mit Phraseologismen, Homophonie sowie Referenzspiele sind beispielsweise sehr häufig, die syntaktischen Verfahren oder typographische Spiele mit Ideogrammen und Intarsia dagegen eher selten. Eine umfangreichere Untersuchung der Häufigkeitsverteilung fehlt allerdings bislang.

Die Klassifzierung zeigt in ihrer recht feinen Differenzierung allerdings Idealtypen auf. Diverse Beispiele lassen sich, wie sich oben bereits gezeigt hat, verschiedenen Verfahren gleichzeitig zuordnen, so dass von zahlreichen Kombinationsmöglichkeiten ausgegangen werden muss.

 Forschungsarbeiten zu Sprachspielen in der Werbung erläutern zwar Sprachspiele mit Hilfe des Anzeigenumfelds, berücksichtigen aber selten systematisch, dass Sprachspiele in ganz unterschiedlicher Weise und Umfang mit dem Bild oder dem restlichen Text verknüpft sein können. Zu einer formalen Beschreibung von Sprachspielen in der Werbung gehört daher auch die Beantwortung der Frage, welche Sprachspiele isoliert in einer Anzeige auftauchen und für sich allein verständlich sind, welche dagegen durch den Kotext[19] oder weitere Sprachspiele, welche durch das Bild und welche erst im Zusammenhang mit Kotext und Bild verständlich werden.

Effekte und Wirkungen

Ist die Form bestimmt, geht es in einem nächsten Schritt um Funktion und Wirkung der Sprachspiele. Zu den Funktionen von Sprachspielen in der Werbung wurden oben bereits einige Bemerkungen gemacht. Die verschiedenen Verfahren lassen sich größtenteils allgemein mit einzelnen persuasiven Funktionen von Sprache (s.u.) in Einklang bringen. Sie könnten aber auch mit Hilfe der Sprechakttheorie weiter untersucht werden, wie dies bei Sauer und ansatzweise bei Dittgen geschieht. Eine detailliert verfahrensbezogene Funktionszuweisung sollte jedoch erst am konkreten Beispiel erfolgen.

Was die Wirkung von Sprachspielen betrifft, so kann man unterscheiden zwischen der unmittelbaren Wirkung auf die Semantik des Textes bzw. der Anzeige, die der terminologischen Unterscheidung wegen im Folgenden *sprachspielerischer Effekt* genannt wird, und der Wirkung auf den Rezipienten.

Zuerst zum sprachspielerischen Effekt: In der Regel entfaltet jedes Sprachspiel im Textzusammenhang eine semantische Wirkung, übernimmt quasi eine bestimmte Funktion für den Text, indem es die inhaltlichen Dimensionen und Lesartmöglichkeiten des Textes determiniert bzw. ausweitet:

a) MEHRDEUTIGKEIT: Wortspiele mit Homophonie, Wortkreuzungen oder Morphem- und Silbenersetzungen sowie Referenzspiele durch Kontextkombinationen oder auf der Basis von Ambiguität bedingen in der Regel Mehrdeutigkeit. Normalerweise wird in der Kommunikation durch den Ko- und Kontext festgelegt, welche der möglichen Bedeutungen eines sprachlichen Ausdrucks als aktuelle Bedeutung Gel-

---

19 Unter *Kotext* wird hier „der sprachliche Kontext im Gegensatz zum außersprachlichen bzw. situativen Kontext" verstanden (Lewandowski [6]1994, Bd. 2: 613). *Kotext* bezieht sich also nur auf die Wort- und Textumgebung, während *Kontext* auch die „Umstände und situativen Bedingungen einer Äußerung" umfasst (Lewandowski [6]1994, Bd. 2: 595).

tung hat. Durch Sprachspiele wird diese Eindeutigkeit absichtlich aufgehoben, so dass mehrere verschiedene Bedeutungen aktiviert werden und wie bei einem Vexierbild je nach Blickwinkel mal die eine, mal die andere aufscheint.

b) SEMANTISCHE VERDICHTUNG: Durch die graphischen und typographischen Verfahren, durch Wort- und Morphemwiederholungen, durch die Remotivation von Phraseologismen oder Personifizierung von Produkten entsteht eine semantische Verdichtung, die sich von der Mehrdeutigkeit darin unterscheidet, dass nicht zwei konkurrierende Bedeutungen wirksam werden, sondern dass die aktuelle Bedeutung verstärkt, betont oder assoziativ intensiviert wird. Handelt es sich bei der Mehrdeutigkeit also um eine semantische Expansion, so liegt bei der Verdichtung eine semantische Konzentration vor.

c) SEMANTISCHE UNVERTRÄGLICHKEIT: Durch die kombinatorischen Verfahren, die syntaktischen Spiele mit Aktiv/Passiv und reflexiver/nicht reflexiver Konstruktion sowie viele der Phraseologismusabwandlungen entsteht ein anregendes semantisches Spannungsverhältnis. Die Textmustermischungen könnte man als eine Form kontextueller Unverträglichkeit ansehen, bei der eine Spannung zwischen scheinbarer und tatsächlicher Textsorte entsteht.

d) ERWEITERUNG DER WAHRNEHMUNGSDIMENSIONEN: Durch Lautverschriftungen wird im schriftlichen Medium assoziativ eine weitere, nämlich die akustische Wahrnehmungsdimension eröffnet.

Was die unmittelbare Wirkung auf die Rezipienten angeht, macht Nicole Sauer einen Vorschlag zu einer ersten groben Unterteilung:

a) SPRACHSPIELE, DIE PRIMÄR EMOTIONAL WIRKEN:

> Es bedarf weder der gedanklichen Mitarbeit noch der bewußten Hinwendung zum Stimulus durch den Rezipienten, damit die geschilderten Kategorien [bei Sauer: Reim, Wiederholung, Chiasmus, Dreierfigur, Antonymie; N.J.] als besondere Struktur oder Ausdrucksform erfaßt werden. Ganz im Gegenteil ist es Sinn und Zweck dieser Typen von Wort- und Sprachspielen, dem Rezipientenbewußtsein und somit den kritischen Vorbehalten gegen Werbung allgemein auszuweichen, indem sie direkt an das ästhetische Empfinden gerichtet werden. (Sauer 1998: 175f)

Gelingt die „emotionale Aktivierung" (ebd.), erfüllen die betreffenden Sprachspiele vor allem folgende der unter 4.2.2 besprochenen persuasiven Funktionen: Aufmerksamkeitssteuerung, Förderung der Erinnerung, Aktivierung und Steuerung der Vorstellungskraft sowie Ablenkung und Verschleierung des Werbecharakters. Ob dies nun prinzipiell auf die Sprachspiele und rhetorischen Figuren zutrifft, die bei Sauer unter diesem Punkt aufgezählt werden, ist eine andere Frage.

b) SPRACHSPIELE, DIE ÜBER EINE EMOTIONALE AKTIVIERUNG HINAUSGEHEN UND EINE GERINGE KOGNITIVE BETEILIGUNG DES REZIPIENTEN ERFORDERN: Sie sollen nicht nur auf der ästhetischen Ebene auf die Anzeige selbst, sondern auch auf ihren Inhalt aufmerksam machen, indem der Rezipient zwischen Wiedererkennen und Irritation schwankt. (Sauer zählt dazu beispielsweise Anspielungen, Archaismen, Neologismen und logische Brüche; Sauer 1998: 177–180.) Auch diese Sprachspiele erfüllen die

Funktion, Aufmerksamkeit zu wecken, können jedoch wahrscheinlich erfolgreicher das Interesse am Text fördern als emotional-ästhetisch wirkende Abweichungen. Inwieweit die anderen persuasiven Funktionen erfüllt werden, hängt jedoch zu sehr vom einzelnen Sprachspiel ab, als dass prinzipielle Zuweisungen möglich wären.

c) Sprachspiele, die eine intensive kognitive Beteiligung voraussetzen: Nicht nur muss das Sprachspiel als solches erkannt werden, es müssen auch die dadurch eröffneten Bedeutungsdimensionen und Unstimmigkeiten eigenständig erfasst und über ihre Geltung im Kontext entschieden werden (Sauer 1998: 180–182). Dies ist bei allen Wortspielen der Fall, die Mehrdeutigkeit oder semantische Verdichtung bewirken. Erst diese etwas anspruchsvolleren Sprachspiele erfüllen in der Regel die Attraktivitätsfunktion, wodurch die Rezeption zu einem intellektuellen Vergnügen werden kann. Der Verständlichkeit dienen sie nur dann, wenn ihre Entschlüsselung nicht zu aufwendig ist, die übrigen Funktionen hängen wiederum vom Einzelfall ab.

Die weiteren Wirkungen, die Sprachspiele auf Einstellung und Handlung des Rezipienten haben, sind im Grunde nur empirisch am konkreten Beispiel zu untersuchen. Sauer versucht sich diesen Wirkungen von theoretischer Seite zu nähern, indem sie Wirkungen als bewertende Stellungnahmen der Rezipienten beschreibt. Die Frage der Werbewirkung geht jedoch auch in diesem Fall in aller Regel über die sprachwissenschaftlich zu leistende Beschreibung hinaus.

 Die vorangegangenen Ausführungen zeigen, dass Sprachspiele zwar ein spannendes, beliebtes und nichtsdestoweniger immer noch ergiebiges Forschungsfeld darstellen, dass ihre Klassifizierung andererseits schwierig ist und ihre Funktion und Wirkungsweise nicht unabhängig vom gesamten Text- und Bildumfeld der Anzeige bzw. des Spots bestimmt werden können. Was bislang noch ein echtes Desiderat der Forschung darstellt, ist, inwiefern Fernsehspots zusätzliche oder ganz andere Möglichkeiten des Sprachspiels als Anzeigen nutzen, wenn beispielsweise Geräusche und Musik zur Unterstützung von Mehrdeutigkeiten herangezogen werden oder ein Sprachspiel erst durch die Betonung beim Sprechen erkennbar wird.

 Literaturtipps

Um Sprachspiele in der Werbung geht es bei:
Dittgen, Andrea Maria (1989): Regeln für Abweichungen. Funktionale sprachspielerische Abweichungen in Zeitungsüberschriften, Werbeschlagzeilen, Werbeslogans, Wandsprüchen und Titeln. Frankfurt am Main u. a. (Lang). (= Europäische Hochschulschriften. Reihe 1: Deutsche Sprache und Literatur 1160).
Ewald, Petra (1998): Zu den persuasiven Potenzen der Verwendung komplexer Lexeme in Texten der Produktwerbung. In: Hoffmann, Michael/Keßler, Christine (Hsg.): Beiträge zur Persuasionsforschung unter besonderer Berücksichtigung textlinguistischer und stilistischer Aspekte. Frankfurt am Main u.a. (Lang). (= Sprache. System und Tätigkeit 26). 323–350.
Forgács, Erzsébet/Göndöcs, Ágnes (1997): Sprachspiele in der Werbung. In: Studia Germanica Universitatis Vesprimiensis 1, 49–70.
Sauer, Nicole (1998): Werbung – wenn Worte wirken. Ein Konzept der Perlokution, entwickelt an Werbeanzeigen. Münster u.a. (Waxmann). (= Internationale Hochschulschriften 274).

STÖRIKO, Ute (1995): „Wir legen Word auf gutes Deutsch." Formen und Funktionen fremdsprachiger Elemente in der deutschen Anzeigen-, Hörfunk- und Fernsehwerbung. Viernheim (Cubus). [Diss.].

 (38) Welche Schlagzeilen auf der Lucky-Strike-Anzeige („Das war '98", Abb. 14: 158) enthalten Sprachspiele? Bestimmen Sie sie jeweils formal und diskutieren Sie ihren sprachspielerischen Effekt sowie die Wirkung auf den Rezipienten (nach Sauer, s.o.).

(39) Klassifizieren Sie die folgenden Beispiele nach ihrer sprachspielerischen Form:
a) *Kurz & klar – für William's Birne* (Abb. 10b: 119)
b) *Für Großmundbesitzer* (McFarmer von McDonald's)
c) *Vom Land in den Mund* (McFarmer von McDonald's)
d) *Die Canon Sie sich leisten.* (aus einem Prospekt für Kameras von Canon)
e) *Die neue Ess-Klasse.* (Hamburger Royal TS und Super Royal TS von McDonald's)
f) *Schmeckt wie angegossen.* (McDonald's)
g) *Schmeckt nach Meer!* (Fischwochen bei McDonald's)
h) *In Rot. – On Road. – Off Road.* (Mitsubishi Pajero; drei Abbildungen: ein Pajero in Rot, einer in Grün, einer mit Dreck überzogen)
i) *Mallebrin gegen Halsschmerzen. Wirkt verMALLEdeit gut.* (Halsschmerzmittel zum Gurgeln)
j) *Das ganze Gernsehprogramm auf einen Blick.* (Anzeige von Lucky Strike in einer Programmzeitschrift)
k) *Infolektuell.* (Nachrichtenmagazin Focus)
l) *„PFFT. KNET. FERTIG."* (Nivea Hair Care: „Gel und Spray in 1.")
m) *Minolta hat die dicken Faxe!* (Fax-Gerät 1300 von Minolta)
n) *„Ich trinke Jägermeister, weil ich nicht verstehen kann, wie ich bei meinem lockeren Lebenswandel in feste Hände geraten konnte."* (Magenbitter)

(40) Um was für eine Form des Sprachspiels handelt es sich bei der Schlagzeile für Toshiba Notebooks: *Jetzt können Sie beim Arbeiten richtig Gas geben.* Wie und wo wird dieses Sprachspiel durch den Kotext gestützt?

> Im Bild ein Toshiba-Notebook in Form eines Gaspedals mit einem sich nähernden Männerschuh. Textauszug: (…) *Wie Sie morgens schneller zur Arbeit kommen, wissen wir auch nicht. Aber wir können Ihnen sagen, wie Sie schneller wieder nach Hause kommen: mit unseren Notebooks. Denn die bieten alles, damit Sie bei der Arbeit richtig Gas geben können. Die handlichen Formate sorgen für viel Beweglichkeit. Die Ausstattung hat die Qualität, die man vom Weltmarktführer erwarten kann. Jedes Modell ist technisch auf dem neuesten Stand. Und unter jeder Haube steckt reichlich Leistung, damit Sie Ihre Ziele schnellstens erreichen.* (…)

4.4.2 Inszenierung von Varietäten

Lange vor der Etablierung des sprachwissenschaftlichen Teilbereichs Soziolinguistik war man sich darüber im Klaren, dass von „dem Deutschen" zu reden eine Abstraktion

Abbildung 14: Lucky Strike

ist. Schließlich weist die deutsche Sprache neben der Standard(-Schrift-)sprache verschiedene Varietäten oder Subsysteme auf (wie z.B. Dialekte oder Fachsprachen). Die Soziolinguistik hat dieses Wissen zu systematisieren versucht und ein Varietätenmodell entwickelt, das als eine Art „Sprachwirklichkeitsmodell" zu verstehen ist (siehe Abbildung und Erläuterungen bei Löffler [2]1994: 86–171). Die Varietäten werden systematisiert nach dem Interaktionstyp bzw. der Art der Kommunikationssituation (= Situolekte), nach Alter und Geschlecht der Sprecher (= Sexlekte, Alterssprachen), nach Sprechergruppen (= Soziolekte), nach der regionalen Reichweite (= Dialekte), der kommunikativen Funktion (= Funktiolekte) oder dem vermittelnden Medium wie Zeitung, Fernsehen o.Ä. (= Mediolekte). Dabei sind vielfältige Überschneidungen möglich; zudem kann jeder „Lekt" gesprochen und/oder geschrieben vorkommen.

An dieser Stelle soll nicht weiter auf das Varietätenmodell eingegangen werden (zur Einführung in die Soziolinguistik siehe Löffler [2]1994). Stattdessen werden die drei häufigsten in der Werbung zu bemerkenden Varietäten – Fachsprache, Jugendsprache und Dialekt – herausgegriffen, um ihre Rolle innerhalb der Werbung kurz zu beleuchten. Weitere Varietäten, die man unter diesem Aspekt untersuchen könnte, sind zum Beispiel die religiöse (z.B. *HalloLuja, lasset uns telefonieren.* Schlagzeile von VIAG Interkom; siehe weitere Beispiele bei Baumgart 1992: 187–207) oder die poetisch-lyrische Sprache; beide wären aber möglicherweise unter der Fragestellung der Intertextualität (4.4.3) besser aufgehoben.

 Besonders weil Fernsehspots gegenüber Anzeigen bislang immer noch wenig untersucht worden sind, zeigt sich auch ein Forschungsdefizit in Bezug auf das Verhältnis von gesprochener und geschriebener Sprache in der Werbung. Die gesprochene Sprache folgt pragmatisch wie systematisch ganz anderen Gesetzmäßigkeiten als die geschriebene (siehe z.B. die Einführung von Schwitalla 1997). Nun wird in der Fernsehwerbung selten spontan gesprochen, so dass die Äußerungen zwar (aus)gesprochen werden, ihnen aber sicherlich schriftlich abgefasste Konzepte in Form von Drehbüchern zugrunde liegen. In der Printwerbung kann gesprochene Sprache imitiert oder inszeniert werden, obwohl sie gedruckt vorliegt. Diese Phänomene, die ganz eigene Sprachgebrauchsweisen erzeugen, wurden von Koch/Oesterreicher 1985 als „konzeptionelle Schriftlichkeit" (im ersten Fall) und „konzeptionelle Mündlichkeit" (im zweiten Fall) beschrieben. Es wäre eine Untersuchung wert zu überprüfen, inwiefern diese unterschiedlichen Konzeptionen in der Werbung vorkommen und wie sie evtl. als Werbestrategie genutzt werden.

 Literaturtipps

Eine allgemeine Einführung in die Soziolinguistik bietet:
LÖFFLER, Heinrich ([2]1994): Germanistische Soziolinguistik. 2., überarbeitete Auflage. Berlin (Schmidt). (= Grundlagen der Germanistik 28).

a) Fachsprache

Die Fachsprachenforschung ist ein weites und seit den 70er Jahren intensiv bearbeitetes Feld innerhalb der Sprachwissenschaft (siehe z.B. die Einführung von Fluck [5]1996). Eine sehr gute Definition für *Fachsprache* geben Dieter Möhn und Roland Pelka:

Wir verstehen unter Fachsprache heute die Variante der Gesamtsprache, die der Erkenntnis und begrifflichen Bestimmung fachspezifischer Gegenstände sowie der Verständigung über sie dient und damit den spezifischen kommunikativen Bedürfnissen im Fach allgemein Rechnung trägt. Fachsprache ist primär an Fachleute gebunden, doch können an ihr auch fachlich Interessierte teilhaben. Entsprechend der Vielzahl der Fächer, die man mehr oder weniger exakt unterscheiden kann, ist die Variante ‚Fachsprache' in zahlreichen mehr oder weniger exakt abgrenzbaren Erscheinungsformen realisiert (…)." (Möhn/Pelka 1984: 26)

Die vielen, besonders im Wortschatz zum Teil sehr unterschiedlichen Fachsprachen des Deutschen sind demnach Funktiolekte: Sie dienen einer zweckgerichteten und effektiven, dabei weit gehend emotionsfreien Kommunikation zwischen Fachleuten über die Gegenstände ihres Faches. In der Werbung liegt jedoch ein Sonderfall vor: Es kommunizieren ja nicht Fachleute über einen fachlichen Gegenstand, sondern Werbetexter richten sich an ein breites, meist laienhaftes Publikum und verwenden zur Gestaltung ihrer Werbebotschaft fachliche Ausdrücke – oder solche, die nur so aussehen!

Zur Fachsprache in der Werbung liegt eine umfangreiche Studie vor (Janich 1998a), in der Bilder, Texte und Argumentationsmuster in Anzeigen und Fernsehspots für die Produktbranchen Auto, Kosmetik und Unterhaltungselektronik auf ihre Fachlichkeit hin untersucht wurden. An dieser Stelle werden die wichtigsten Ergebnisse kurz referiert.[20]

Werbung unterscheidet sich in ihrer Intention und daher auch im Gebrauch fachsprachlicher Elemente grundsätzlich von Fachtexten oder halbfachlichen, populärwissenschaftlichen Texten. Sie dient nicht primär der (möglichst verständlichen) Vermittlung von Fachinhalten, sondern will effektiv für ein beworbenes Produkt (Kauf-) Interesse wecken. Deshalb spielt auch die Verwendung von fachsprachlichen Elementen eine andere Rolle: Die Verständlichkeit der Inhalte steht nicht unbedingt im Vordergrund, wichtiger ist oft, dass die Ausdrücke äußerlich wie Fachwörter wirken, um wissenschaftliche Autorität ausstrahlen zu können. Die Merkmale, die fachsprachlicher Kommunikation zu eigen sind, wie Genauigkeit, expressive Neutralität (= Fehlen von Konnotationen) und Sachbezogenheit sind in der Gestaltung von Anzeigen- und Spottexten unwichtig bzw. wären in manchen Fällen gar kontraproduktiv. Damit hängt auch das Phänomen zusammen, dass Werbetexter „Fachwörter" oft erst für ihre Zwecke kreieren, also den Rezipienten werbespezifische Wortschöpfungen anbieten, die vom Verwendungszusammenhang und von ihrer Ausdrucksseite her Fachwörter eines bestimmten Faches zu sein scheinen.

 Da weder Werbetexter noch Rezipienten in der Regel Fachleute des Faches sind, aus dem die Produkte stammen (also z.B. bei der Autowerbung Kraftfahrzeugtechniker, bei Kosmetik Pharmazeuten oder Mediziner), handelt es sich bei Fachsprache in der Werbung aus Sicht der Kommunikationsteilnehmer um nicht-fachliche Kommunikation. Daraus ergeben sich Probleme für die Fachwort-Definition: Bleibt ein Fachwort ein Fachwort, wenn es von Laien für Laien

---

20 Die folgenden Ausführungen sind leicht modifiziert und gekürzt dem Aufsatz „Werbung als Medium der Popularisierung von Fachsprachen" (Janich 1999) entnommen.

benutzt wird? Kann man noch von Fachsprache reden, wenn der Verwendungszweck nicht der ist, sich sachadäquat und zweckrational über die Gegenstände des Fachs zu verständigen? So wichtig die konkrete Sprachverwendung für eine Abgrenzung zwischen Fach- und Alltagssprache bzw. zwischen Fachwort und alltagssprachlichem Wort ist, so hilflos bleiben wir dennoch in einer Kommunikationssituation wie der der Werbung, in der „Fachwörter" mal durchaus im Sinne ihrer fachsprachlichen Funktionen mit mehr oder weniger vollständiger fachlicher Bedeutung, mal in oberflächlicher, rein wirkungsbezogener, oft also gegenteiliger Absicht benutzt werden. Trotzdem fällt uns beim alltäglichen Lesen und Hören von Werbung auf, dass Werbetexte Wörter enthalten, die wir intuitiv als Fachwörter identifizieren würden, meist, weil sie uns schwer verständlich erscheinen (so z.B. bei Römer [6]1980: 119ff; Baumgart 1992: 122, 232). Andererseits kann die Verständlichkeit gerade kein Kriterium für eine Zuordnung sein, da es sowohl innerhalb von Fachsprachen als auch in der Alltagssprache leichter und schwerer verständliche Wörter gibt. Bezogen auf Werbung und die dort vorliegende spezielle Kommunikationssituation bietet sich folgender Abgrenzungsversuch an (Janich 1998a: 35–44): Ein FACHWORT nennen wir jeden Ausdruck, der seinen Sitz in der Praxis hat, der also mit einem fachspezifischen Denotat (das sich von einem möglicherweise parallel existierenden alltagssprachlichen unterscheidet) von Fachleuten innerhalb der Fachkommunikation tatsächlich verwendet wird. Ob ein Wort ein Fachwort in diesem engen Sinn ist, lässt sich mit Hilfe von Fachwörterbüchern, Fachlexika und Fachliteratur überprüfen. PSEUDOFACHSPRACHLICH und damit nur fachlich im weiteren Sinn ist in Werbetexten alles, was aufgrund seiner Ausdrucksseite (die z.B. fremdsprachlich oder nach fachsprachlichem Muster mit Ziffern, Initialen oder aus umfangreichen Morphemverbindungen gebildet ist) geeignet ist, einen fachsprachlichen Eindruck zu erwecken.

Je nach Produktgattung bzw. Branche können der Einsatz fachsprachlicher Mittel, eine fachlich anmutende Textgestaltung sowie wissenschaftlich oder technisch wirkende Bildelemente ganz unterschiedliche Ausprägungen und argumentative Funktionen haben und sich durch ihren tatsächlichen Fachbezug unterscheiden:

- In der AUTOWERBUNG stehen in der Regel eine unterhaltsame Anzeigen- und eine meist sehr stark emotional gefärbte Spotgestaltung im Vordergrund. Fachwörter wie *Airbag, Katalysator, Doppel-Querlenker-Hinterachse, McPherson-Federbein* dienen der Bezeichnung von Produktelementen und -eigenschaften und sind – beispielsweise mit Hilfe eines Wörterbuchs oder Lexikons – intersubjektiv als Fachwörter nachprüfbar und nachschlagbar. Weder Syntax noch Textgestaltung orientieren sich an fachsprachlichen Modellen; und wenn auch durch Autoritätsargumentation oft ein fachlicher Bezug hergestellt wird und die Texte nicht frei sind von pseudofachsprachlichen Elementen, so dient in diesem Fall Fachsprache vor allem dem Aufzählen technischer Details und damit bis zu einem gewissen Grad der (Produkt-)Information. Eine zentrale Absicht ist zwar auch hier der Beweis technischer Qualität; sie unterscheidet sich aber zumindest in der Ausführung von der rein oberflächlich auf Prestige abzielenden Inszenierung von Wissenschaftlichkeit.
- Eine solche ist besonders in der KOSMETIKWERBUNG zu finden. Zahlreiche pseudofachsprachlichen Ausdrücke wie *Pflegevitamin, Tiefenformel, Bodysplash, A.H.A.-Komplex, Langzeit-Aufbauwirkung, 12-Stunden-Feuchtigkeitsdepot* und komplexe, modisch-fremd-

sprachliche Produktnamen wie *Multi-Actif Anti-Capiton, R-Vincaline* oder *Plénitude Revell-A*[3] verstärken neben den tatsächlichen Fachwörtern aus Medizin, Biologie und Pharmazie den wissenschaftlichen Eindruck, den die Werbetexte auch äußerlich machen, indem sie wie redaktionelle Artikel gestaltet sind oder Fußnoten verwenden. Fachsprache wird mehr zur Verstärkung der Glaubwürdigkeit als zum Informieren verwendet, was man auch daran sieht, dass viele Texte trotz komplexer Syntax nicht in sich logisch schlüssig sind und dass „echte" Fachwörter irreführend verwendet werden (z.B. *der Hauptwirkstoff Alginat*, obwohl *Alginate* (Plural!) eine pharmazeutisch-biologische Sammelbezeichnung für Quasi-Emulgatoren ist). Besonders in Fernsehspots wird diese Form inszenierter Wissenschaft durch stilisierte Trickfilmdarstellungen von chemischen Prozessen unterstützt, die einer Überprüfung ihres eigentlichen Aussagegehalts nicht standhalten.

- Sehr viel Ähnlichkeit mit der Kosmetikwerbung hat die WASCH- UND REINIGUNGS-MITTELWERBUNG, die allerdings in der Regel auf den Werbeträger Fernsehen beschränkt ist. Die Argumente sind produktbedingt teilweise andere, aber das Muster ist dasselbe: Es werden Elemente der chemischen Fachsprache mit Prestige- und Inszenierungsfunktion eingesetzt und chemische Prozesse vereinfacht in Filmsequenzen veranschaulicht. Nicht umsonst lassen sich sogar Ausdrucksübertragungen feststellen, wenn ein *Anti-Ageing-Effekt* – als Werbeargument bislang nur bei Hautcremes üblich – jetzt auch einem Waschmittel in Bezug auf seine Gewebe erhaltende Wirkweise zugesprochen wird.

- Offensichtlich sind TECHNISCHE PRODUKTE weniger anfällig für eine pseudowissenschaftliche Werbung. Hier erwartet der Verbraucher technische Informationen, und da diese leicht nachprüfbar sind, eröffnen sie keine große werbeschöpferische Freiheit. Allerdings sieht man sowohl in der Werbung für Unterhaltungselektronik als auch in der für Mobiltelefone, dass kreative Wortschöpfungen für technische Systeme oder Funktionen beliebt sind, die durch ihre Esoterik und unverständliche Aufblähung häufig ebenfalls nur pseudofachsprachlichen Charakter haben (z.B. *Vollogik Steuerung, Top-Megatext, Megalogic-System, Super-Flatline-Bildröhre – Voice-Mail, Pop-up-and-Phone-Mechanismus*).

- COMPUTERWERBUNG scheint momentan noch am stärksten auf für den Laien schwer verständliche Fachsprache angewiesen zu sein, da die Vergleichbarkeit der Angebote auf der Basis ‚Preis gegenüber technischen Eigenschaften' beruht. Deshalb kann kaum auf auch nicht-fachsprachlich darstellbare Werbeargumente wie Design oder Benutzungserlebnisse ausgewichen werden (man denke z.B. an das Fahrgefühl in der Autowerbung; derzeitige Ausnahmen sind der iMac von Apple (siehe Abb. 8: 100) und das Scenic-Programm von Siemens Nixdorf, deren Hauptwerbeargument das futuristische Design ist). Allerdings wird in der Regel die Sache oft unnötig kompliziert gemacht, wenn zu viele firmenspezifische oder jargonhafte Bezeichnungen wie *Power-PC-RISC Prozessor, OptiClear Coating* oder *Spreadsheet-Anwender* eingeführt werden.

- Relativ neu und offensichtlich werbewirksam ist der fachsprachliche Trend in der LEBENSMITTELWERBUNG, die mit Wörtern wie *probiotisch, Oligofructose, Stoffwechselfunktion, ungesättigte Fettsäuren, ACE-Komplex* und *Fermentation* (vor allem auf Produktverpackungen) statt der bisher weit gehend üblichen Naturbelassenheit biotechnologisches Know-how demonstriert (Janich 1998b) und in Richtung der inszenierten Wissenschaftlichkeit der Kosmetikwerbung tendiert.

Aus diesen Ausführungen ist hervorgegangen, dass Fachlichkeit in der Werbung sehr unterschiedlich ausgeprägt sein kann (sei es praxisbezogene Produktinformation, sei es inszenierte Wissenschaftlichkeit), und dass sie vor allem durch unterschiedliche sprachliche wie optische Mittel realisiert wird: Fachwörter – Argumentationsmuster wie die Autoritätsargumentation – Textlayout – Fußnoten – technische Zeichnungen, Graphen oder Schematisierungen chemischer Prozesse – Gestaltung der Produktnamen. Sogar die Farbwahl kann einen fachlichen Eindruck unterstützen.

Wer Werbung auf Fachliches hin untersucht, sollte daher mindestens folgende Fragen an die Anzeigen und Spots anlegen:

a) Welche sprachlichen, bildlichen und/oder typographischen Mittel werden eingesetzt, um eine Anzeige/einen Spot fachlich erscheinen zu lassen?
b) Welche dieser Mittel können als fachlich im engeren Sinn gelten (d.h. würden von Fachleuten als Mittel der Fachkommunikation anerkannt bzw. lassen sich in ihrer fachlichen Bedeutung beschreiben)?
c) Inwiefern sind Auswahl und Kombination dieser fachlichen Gestaltungsmittel von der angesprochenen Zielgruppe und der beworbenen Produktgruppe abhängig?
d) Welche Funktion übernehmen fachsprachliche und pseudofachsprachliche Gestaltungsmittel im Rahmen der Werbeintention?

(Zum methodischen Vorgehen einer fachsprachlichen Analyse siehe detaillierter Janich 1998a: 31–51 und 54–65.)

 Forschungsdefizite gibt es vor allem bei der Frage nach der Verständlichkeit von Fachsprachen in der Werbung (siehe Janich 1998a: 195–213) und nach der Bedeutung der Werbung für die Fachsprachenvermittlung in die Alltagssprache (Janich 1999, 2001a). Beide Fragestellungen bieten sich für empirische Studien an – oder für eine Seminardiskussion an ausgewählten Beispielen!

 ### Literaturtipps

Eine ganzheitliche Untersuchung von fachlichen Konzepten und ihren Ausprägungen in der Werbung findet sich bei
JANICH, Nina (1998a): Fachliche Information und inszenierte Wissenschaft. Fachlichkeitskonzepte in der Wirtschaftswerbung. Tübingen (Narr). (= Forum für Fachsprachen-Forschung 48).

Mit der Rolle der Fachsprache in der Werbung beschäftigen sich außerdem
GIPPER, Helmut (1979): Fachsprachen in Wissenschaft und Werbung. Erkenntnisgewinn und Irreführung. In: Mentrup, Wolfgang (Hsg.): Fachsprachen und Gemeinsprache. Jahrbuch 1978 des Instituts für deutsche Sprache. Düsseldorf (Schwann). (= Sprache der Gegenwart 46). 125–143.
JANICH, Nina (1998b): *Probiotisch* – Die Biotechnologie prägt einen neuen Naturbegriff. Eine fachsprachlich-semiotische Untersuchung von Lebensmittelwerbung. In: Kodikas/Code. Ars Semeiotica 21, Heft 1–2, 99–110.

Um die Frage nach den Auswirkungen des werblichen Fachsprachengebrauchs auf Alltagssprache und Alltagswissen geht es in
JANICH, Nina (1999): Werbung als Medium der Popularisierung von Fachsprachen. In: Niederhauser, Jürg/Adamzik, Kirsten (Hsg.): Wissenschaftssprache und Umgangssprache im Kontakt. Frankfurt am Main u.a. (Lang). (= Germanistische Arbeiten zu Sprache und Kulturgeschichte 38). 139–151.
JANICH, Nina (2001a): Fachliches in der Werbung. Formen des Wort- und Wissenstransfers. In: Wichter, Sigurd/Antos, Gerd (Hsg.): Wissenstransfer zwischen Experten und Laien. Umrisse einer Transferwissenschaft. Frankfurt am Main u.a. (Lang). 257–274.

 (41) Untersuchen Sie die Anzeigen für die Dynax 505si von Minolta (Abb. 15: 165), Kéralogie (Abb. 5: 67) und Thermal S (Abb. 11: 123) auf ihre Fachsprachlichkeit hin:
a) Mit welchen sprachlichen und/oder bildlichen Mitteln wird der Eindruck von Fachlichkeit erzeugt?
b) Diskutieren Sie in der Gruppe den tatsächlichen Informationsgehalt der drei Anzeigen.

(42) Folgender Anzeigentext entstammt einer Anzeige für Toshiba Desktops, die im SPIEGEL abgedruckt wurde.
a) An wen richtet sich diese Anzeige? Lässt sich hier im Vergleich mit den obigen Anzeigen ein anderes Fachlichkeitskonzept nachweisen? Diskutieren Sie die den Terminus „Adressatenspezifität" an dieser Anzeige.
b) Welche Mittel der Wortbildung werden hier genutzt, um bereits über die Ausdrucksseite der Wörter ihren Fachwortcharakter zu signalisieren?

> Take it from Toshiba. Wer als IT-Entscheider abends zur Ruhe kommen will, braucht im Unternehmen eine PC-Lösung, die keine schlaflosen Nächte bereitet. Zum Beispiel unseren Desktop Equium 7100S/D. Der ist das richtige Mittel gegen schlafraubende PC-Probleme. Aufgebaut in NLX-Architektur und ausgerüstet mit Pentium® II Prozessoren von 350–450 MHz, Festplatten von 4–8 GB, 32–256 MB SDRAM und Instant-Access-Door für den servicefreundlichen Zugriff, bietet er die ausgeschlafene Technik, die uns zum Weltmarktführer im mobile computing gemacht hat. Und er hat noch mehr, um Ihnen ein sicheres Gefühl zu geben. Denn seine Manageability-Funktionen garantieren nicht nur die problemlose Integration in die bestehende System-Management-Umgebung, sondern auch die sichere Verwaltung im Netzwerk-Betrieb. Die Standards Wake-on-LAN und Secure Sleep™ beispielsweise ermöglichen dem Netzwerk-Administrator den schnellen Zugriff auch auf das ausgeschaltete Gerät. Und der Intel® LANDesk® Client Manager 3.2 und das Desktop Management Interface informieren ihn jederzeit über den aktuellen Zustand des Geräts. (...)

b) Jugendsprache

Jugendsprache in der Werbung ist ein weiteres Thema, das von der Forschung noch nicht besonders beachtet wurde. Es finden sich zwar in Arbeiten über die Jugendsprache auch Hinweise auf ihre Rolle in der Werbung, aber aus werbesprachlicher Sicht ist mir nur ein Aufsatz bekannt (Buschmann 1994). Ein neuerer Aufsatz schildert ein

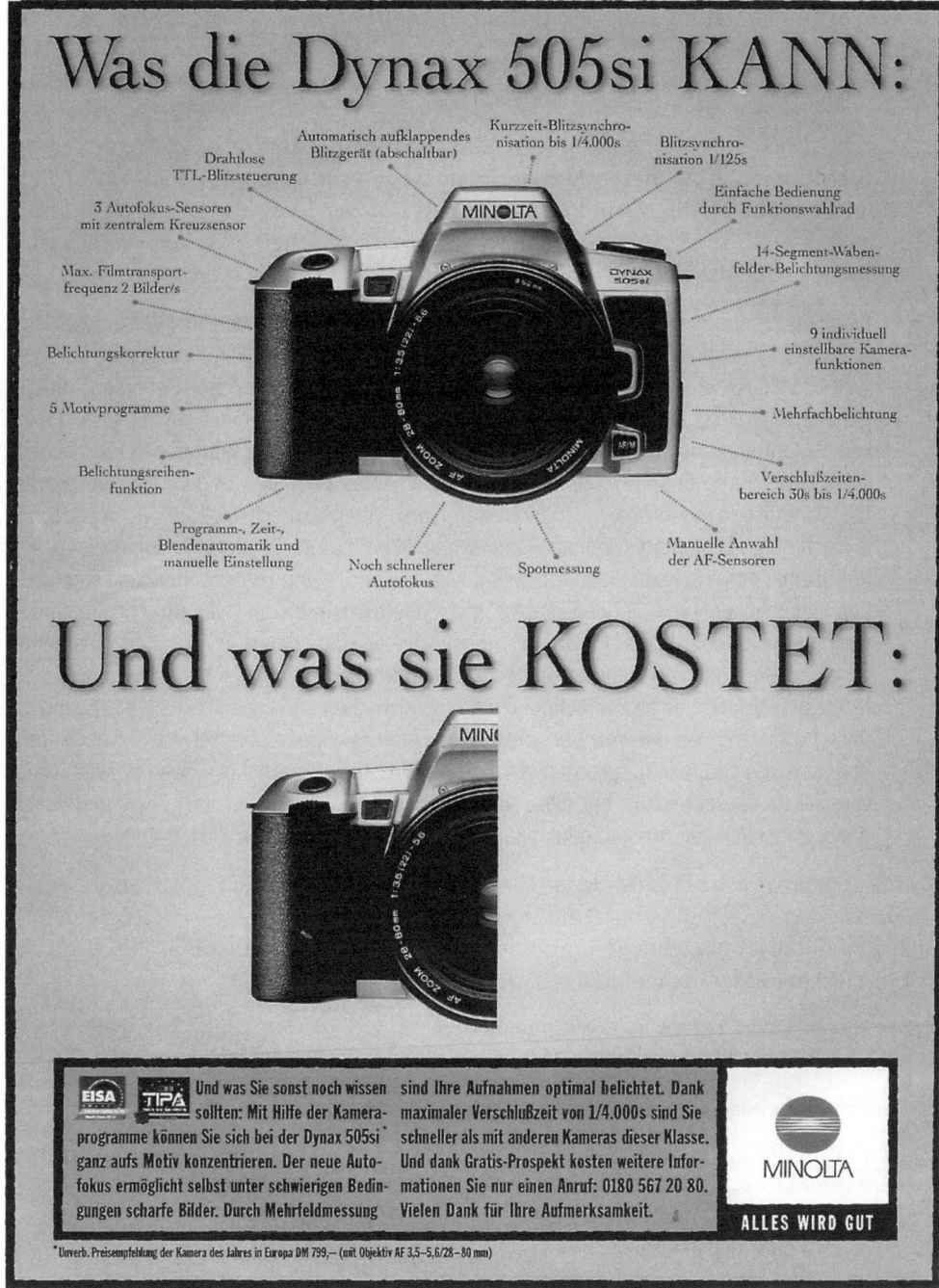

Abbildung 15: Minolta Dynax 505si

Projekt zur Untersuchung von Werbung für Jugendliche, und zwar von Wahl- wie von kommerzieller Werbung (Anthonsen u.a. 1998). Dabei wird zwar auch auf den Sprachgebrauch in dieser Werbung ein Hauptaugenmerk gelegt, doch findet keine echte Abgrenzung zu allgemein in der Werbung wirksamen Sprachstrategien statt! (Zudem zeigt sich dort öfter ein unkritischer Umgang mit älteren Forschungsergebnissen.) Aufschlussreich ist dieser Aufsatz mehr wegen seiner empirischen Basis: Eine Projektgruppe aus Schülern und Studentinnen hat per Fragebogen sowohl Werbeagenturen als auch Jugendliche befragt, wie und nach welchen Kriterien Werbung für Jugendliche gemacht wird und wie diese bei den Jugendlichen selbst ankommt.

 Bevor die Ergebnisse der beiden Studien dargestellt werden, muss jedoch der Versuch gemacht werden, Jugendsprache zu definieren. Dies kann schon allein deshalb nur ein Versuch bleiben, weil sich die Forschung trotz zahlreicher Bemühungen noch nicht auf eine Definition von „Jugend" geeinigt hat: Soll man diese am Alter, an soziologischen Kriterien (= in der Ausbildungszeit; biologische, aber noch keine soziale Reife), am Selbstgefühl der Betroffenen festmachen? Trotz dieses gravierenden Problems wird jedoch allgemein postuliert, es gebe eine (gesprochene!) Varietät wie Jugendsprache (oder besser: viele Formen/„Sprechstile" von Jugendsprache), die sich durch bestimmte Merkmale auszeichne. Allerdings stellen Peter Schlobinski u.a. aufgrund einer empirischen Studie fest, dass die Vorstellungen von Erwachsenen (und sogar teils von Jugendlichen!) von „Jugendsprache" meist übertrieben sind und wenig mit der Realität zu tun haben (Schlobinski u.a. 1993: 207). Jugendsprache sollte daher als abstrakter Überbegriff für eine Sammlung von Sprechstilen benutzt werden, die sich weniger durch ganz besondere lexikalische Merkmale als vielmehr durch den spielerischen und experimentellen Umgang mit Sprache auszeichnen und von einer bestimmten Altersgruppe bzw. verschiedenen auch sozial definierbaren Gruppen gesprochen werden. Die einzelnen Sprechstile weisen zwar durchaus sprachliche Charakteristika auf, diese sind „aber eher ‚High-Lights' in einer überwiegend umgangssprachlich geführten Kommunikation" (Schlobinski u.a. 1993: 211).

Wurde Jugendsprache bislang eigentlich immer als eine Art Sondersprache mit sozialer Identifikations-, Abgrenzungs- und zum Teil sogar Protestfunktion beschrieben, so stellen Schlobinski u.a. eine ganz andere, beachtenswerte These auf, die auch auf der Selbsteinschätzung von Jugendlichen beruht:

> Der spielerische Umgang mit der Sprache hat weniger die Funktion, sich von anderen jugendlichen Gruppen oder Erwachsenen abzugrenzen, sondern ist vielmehr ein Experimentieren mit Themen, mit sprachlichen Regeln und Konventionen, ist ein Erproben der sozialen und diskursiven Kompetenz. (Schlobinski u.a. 1993: 211f)

Matthias Buschmann vergleicht die Merkmale, die in der Forschung für Jugendsprachen als charakteristisch gelten, mit der Werbesprache, und kommt zu dem Schluss, dass Werbe- und Jugendsprache folgende Gemeinsamkeiten und Unterschiede aufweisen (Buschmann 1994: 222–225):

- Gemeinsam ist ihnen die Tendenz zu hyperbolischer (= übertreibender) Ausdrucksweise, Bildhaftigkeit, lockerem, spielerischem Umgang mit Sprachnormen, die Bevorzugung von Phraseologismen, Anglizismen, indirekten Sprechakten und Ausdrücken mit weitem Assoziationsspielraum. Durch den Hang zu ständigem Ausprobieren neuer sprachlicher Formen ist bei beiden Varietäten zu vermuten, dass sie zum Sprachwandel beitragen.

• Wichtige Unterschiede liegen jedoch in der Intention, die hinter dieser Sprachverwendung jeweils steht: Ob sich Jugendliche nun aus Protest von der Sprache der Erwachsenen abgrenzen oder – nach Schlobinski, s.o. – ihre Sprachkompetenz spielerisch erproben wollen, ihre Intentionen und damit auch ihr Sprechen unterscheiden sich von der immer zweckgebundenen, inszenierten Form der Werbesprache, mit der ein Publikum angesprochen und für wirtschaftliche Ziele gewonnen werden soll. Ein weiterer Unterschied liegt deshalb auch darin, dass Werbesprache nicht in derselben Form provozierend, drastisch oder vulgär ist, wie es Jugendsprache sein kann.

Das Überraschende an der empirischen Studie von Buschmann ist, dass er nach der Auswertung von Anzeigen (aus dem Jahr 1993) aus Jugendzeitschriften (250 Anzeigen) und dem SPIEGEL (250 Anzeigen) zu dem Ergebnis kommt, dass nicht nur im SPIEGEL-Korpus keine eindeutig jugendsprachlichen Elemente nachweisbar waren, sondern dass dies auch bei 90 % der Anzeigen aus den Jugendzeitschriften zutraf: Nur zwölf Anzeigen (4,8 %) wiesen „vorsichtige Anklänge" an Jugendsprache auf und nur neun Anzeigen (3,6 %) waren eindeutig und teilweise überzogen jugendsprachlich gestaltet (Buschmann 1994: 227). Daraus lässt sich zweierlei schlussfolgern: Zum Einen scheinen doch einige Argumente gegen die Verwendung von Jugendsprache in der Werbung zu sprechen, wie sie Buschmann aufzählt und wie sie bei Anthonsen u.a. durch die Umfrage bei Schülern und in Werbeagenturen auch bestätigt werden: Jugendsprache ist sehr schwer nachzuahmen, wirkt in Werbung fast nie authentisch und birgt daher die Gefahr, nur als peinliche Inszenierung und Anbiederungsversuch empfunden zu werden (Buschmann 1994: 228; Anthonsen u.a. 1998: 169–172). Zudem verfügen viele Ausdrücke der Jugendsprache nur über eine geringe soziale Reichweite. Insgesamt widerspricht die Verwendung von Jugendsprache in der Werbung den ganz anderen Intentionen jugendlicher Sprecher, nämlich originell, exklusiv und ungebunden in ihrem Sprachgebrauch zu sein (Buschmann 1994: 226).

Zum Anderen bestätigen die Untersuchungsergebnisse im Grunde die These von Schlobinski u.a., dass sich jugendliches Sprechen eben nicht – wie oft in der Forschung behauptet – so ohne weiteres an konkreten, feststehenden sprachlichen Merkmalen erkennen und belegen lässt. Die Ansprache eines jugendlichen Publikums ist außerdem ja durch diejenigen Werbestrategien möglich, die die Werbung schon aus eigenem Interesse nutzt, wie zum Beispiel mit Sprachspielen und Wortneuschöpfungen. Aufgrund der zahlreichen bei Buschmann aufgeführten Gemeinsamkeiten tendiert Werbesprache demnach allgemein eher zu einem jugendnahen Sprachgebrauch als zu konservativer Strenge (allerdings natürlich produktabhängig!), so dass es nicht allzu sehr verwundert, wenn sie aufgrund der oben beschriebenen Probleme auf auffällige Elemente von Jugendsprechstilen verzichtet.

 So viel zur Forschungslage, die vor allem zeigt, dass der Zusammenhang von Werbe- und Jugendsprache noch unzureichend erforscht ist, nicht zuletzt aufgrund der Probleme bei der

Bestimmung von Jugendsprache. Ein weiteres methodisches Problem, das sich schon bei der Untersuchung von Jugendsprache, umso mehr bei der Frage nach Jugendsprache in der Werbung ergibt, ist das Abgrenzungsproblem zu Umgangssprache und allgemeinen Werbestrategien (was übrigens auch bei Buschmann deutlich wird). Wer also jugendsprachliche Elemente (Wörter, syntaktische Phänomene, semantische Auffälligkeiten usw.) in Anzeigen und Spots entdeckt haben will, muss auch begründen, warum er sie gerade als jugendsprachlich (und nicht als werbesprachlich, umgangssprachlich) auffasst.

Folgende Fragestellungen müssten weiter an Beispielen diskutiert werden:

a) Welche sprachlichen Merkmale könnte man als jugendsprachlich klassifizieren? (Einer intuitiven Einschätzung sollte eine sprachwissenschaftliche Begründung folgen, z.B. durch Rückgriff auf die Jugendsprachforschung.)
b) Wie wirken diese sprachlichen Elemente in ihrem Textumfeld? Wirken sie glaubhaft oder inszeniert, und woran liegt das?
c) Bei welchen Produktgruppen ist Jugendsprache eher erwartbar bzw. wo wird sie tatsächlich verwendet? (Welche Rolle spielen Werbeträger und Werbemittel dabei?)
d) In welcher Form wird Jugendsprache mit besonderen Bildern, Figuren, Farben usw. kombiniert (siehe dazu Anthonsen u.a. 1998: 165–168)?

 Literaturtipps

Eine neuere Arbeit zur Jugendsprache allgemein ist
SCHLOBINSKI, Peter/KOHL, Gaby/LUDEWIGT, Irmgard (1993): Jugendsprache. Fiktion und Wirklichkeit. Opladen (Westdeutscher Verlag).

Zur Jugendsprache in der Werbung:
BUSCHMANN, Matthias (1994): Zur „Jugendsprache" in der Werbung. In: Muttersprache 104, 219–231.
ANTHONSEN, Julia/GOTTSCHLICH, Mirja/KIEL, Torben/MICHEL, Robert (1998): „Keine Macht dem Drögen!" Kommerzielle und politische Werbung für Jugendliche. In: Schlobinski, Peter/Heins, Niels-Christian (Hsg.): Jugendliche und ‚ihre' Sprache. Sprachregister, Jugendkulturen und Wertesysteme. Empirische Studien. Opladen/Wiesbaden (Westdeutscher Verlag). 147–178.

 (43) Stellen Sie bei den beiden folgenden Clearasil-Fernsehspots (von 1995) fest, mit welchen sprachlichen Mitteln versucht wird, Jugendsprache zu inszenieren. Welche sprachlichen Mittel passen nicht ins Bild?

(Gedankenstriche markieren Sprechpausen und Bildschnitte)

1) (erwachsener Off-Sprecher:) *Weil Pickel tags – und nachts aktiv sind, – muss man sie tags – und nachts bekämpfen. Deshalb gibts zu Clearasil Daycream jetzt 'n neues Nightgel. Nachts werden die Entzündungen vom Nightgel porentief bekämpft – und tagsüber trocknet die abdeckende Creme die Pickel einfach aus. Machstes beides regel-*

mäßig, wirst se schneller los. Aber Warnung: Überschätz dich danach nicht! Clearasil Daycream und Nightgel: Der Doppelhammer, zusammen noch schneller gegen Pickel.

(Dazu eine hektische Kameraführung, bunte Farben, ein Jugendlicher, der das Produkt anwendet und sich danach in der Disco für unwiderstehlich hält, aber einen Korb bekommt; während er das Produkt anwendet, wird das Bild geteilt: parallel laufen comicähnliche Sequenzen von erlöschenden und einschrumpelnden Vulkankratern ab, um die entzündungshemmende und austrocknende Wirkung zu demonstrieren.)

2) (Mädchen 1 im Bild:) *Mann, ich wasch mich täglich und krieg Pickel!*
(Mädchen 2 im Bild:) *Ich ess kein' Süßkram mehr, und trotzdem – Pickel!*
(Junge 1 im Bild:) *Ich nehm' jeden Tag Seife – und krieg Pickel!*
(Junge 2 im Bild:) *Damit hab ich null Probleme, weil ich wasch mich täglich – aber mit Clearasil Waschgel.*
(erwachsener Off-Sprecher:) *Clearasil Waschgel dringt in die Pore ein und entfernt Schmutz und Bakterien selbst dort, wo Wasser und Seife nicht hinkommen.* (längere Redepause) *Täglich Clearasil Waschgel, damit Pickel gar nicht erst auftauchen. It works!*

(Während des Textes aus dem Off läuft eine Comicsequenz: Über eine mit Müll gefüllte Grube schwappt Seifenwasser hinweg. Dann kommt ein „Clearasil-Fisch", der die Gruppe sauber saugt.)

(44) Für ein Seminar bietet es sich besonders an, das vorhandene jugendsprachliche Potenzial der Teilnehmenden zu nutzen und über Beispiele aus der Werbung zu diskutieren. Halten Sie die folgenden Beispiele für jugendsprachlich? Wenn ja, warum? Wie wirken sie auf Sie? (Alle Anzeigen stammen aus der Fernseh-Zeitschrift TV MOVIE, nicht aus Jugendzeitschriften!)
a) *Clevere Kids schlucken nicht alles.* (Fernsehspot für Fruchtsaft von Punica)
b) *Geil! Noch ‚ne Camel inner Jacke!* (Anzeige und Plakat für Camel-Zigaretten)
c) *Mehr Platz als Protz. Und macht trotzdem alle an.* (Anzeige für den Renault Twingo)
d) *Für umsonst machen die nix. Wir schon.* (Postbank Giro plus: im Bild ein Comic-Fußballer, der beleidigt mit verschränkten Armen neben einem Tor steht.)

c) Dialekt

Dialekt kommt aus dem Griechischen und bedeutet ‚die im Umgang gesprochene Sprache'. Dialekte sind Varietäten, deren Merkmal ihre regionale Gebundenheit ist. Ein Dialekt ist damit die gesprochene Umgangssprache eines bestimmten Gebiets, das sich zu Gebieten mit anderen Dialekten abgrenzen lässt. Der Dialekt weist eigentlich keine Schriftlichkeit auf (auch wenn es schriftlich fixierte Mundartdichtung gibt), d.h. es existieren für ihn auch keine offiziell normierten orthographischen oder grammatischen Regeln (Bußmann [2]1990: 177).

Das ergibt für die Untersuchung von Dialekt in der Werbung die Situation, dass sie weitgehend auf Fernsehen und Hörfunk, also die Medien gesprochener Sprache, beschränkt ist. Dialekt in der Werbung ist von der sprachwissenschaftlichen Forschung allerdings bislang eher stiefmütterlich behandelt worden, was nicht zuletzt mit der Medienspezifität und dem damit verbundenen Mehraufwand (Aufnahme, Verschriftlichung etc.) zu tun haben wird. Eine gewisse Ausnahme macht die schweizerdeutsche Werbung, die schon häufiger Gegenstand sprachwissenschaftlicher Dialektforschung geworden ist (z.B. Christen 1985, Hemmi 1994, Bajwa 1995): Laut der statistischen Untersuchung von Yahya Bajwa werden in der deutschsprachigen Schweiz 45 % der Radio-Spots vollständig im Dialekt gesprochen gegenüber 18 % hochdeutschen und 14 % gemischtsprachigen Radio-Spots (Korpusgröße: 96 Spots). Im Fernsehen ist die Verteilung polarisierter: 53 %-Dialekt-Spots stehen 47 % hochdeutschen Spots gegenüber (Korpusgröße: 123 Spots) (Bajwa 1995: 100). Da der Dialekt in der Schweiz, anders als in weiten Teilen der Bundesrepublik, einen hohen Stellenwert auch in der öffentlichen Kommunikation hat, lassen sich für die Schweiz sogar Dialektvorkommen in Anzeigen nachweisen (siehe die Anzeigenbeispiele bei Christen 1985: 125–129, z.B. die Schlagzeile einer Anzeige für Ovomaltine-Schokolade *Häsch Dini Ovo hüt scho ghaa?* oder Schlagzeile und Slogan für Bico-Matratzeŋ *Für jedi Poschtur gits ä Bico-Matratze. – Für ä tüüfa gsundä Schlaaf – Bico Matratzen.*) Ein solch hoher Anteil wird für die Bundesrepublik (zumindest im Fernsehen) bei weitem nicht zutreffen; bei den Radio-Spots ist allerdings zu beachten, dass sie häufig nur regional ausgestrahlt werden und daher zumindest in denjenigen Regionen für Dialekt offen sind, in denen dieser einen hohen gesellschaftlichen Stellenwert hat (wie in Süddeutschland). In Spots für ein regionales Publikum werden sich die auffälligsten Dialektausprägungen finden, um dadurch eine möglichst große Identifikation mit dem Publikum zu erreichen (Wurm 1998: 25). In den Printmedien taucht der Dialekt auch in der Schweiz nur satz- oder wortweise auf, es finden sich keine Anzeigen, die vollständig im Dialekt abgefasst wären (Bajwa 1995: 100; einzelne Gegenbeispiele allerdings bei Christen 1985).

Aus den Ergebnissen bei Bajwa lassen sich Schlüsse auch für den Dialektgebrauch in bundesdeutscher Funkwerbung ziehen, die von Erich Straßner (1983) und in einer Examensarbeit an der Universität Regensburg zum bairischen Dialekt (Wurm 1998) bestätigt werden:

Dialekt wird im Fernsehen häufiger von Darstellern im Bild als von Off-Sprechern gesprochen (Bajwa 1995: 100), wobei es sich bei diesen Darstellern oft um bekannte Persönlichkeiten handelt, deren regionale Herkunft bekannt oder gar ein „Markenzeichen" ist – so von Schauspielern, Kabarettisten oder Sportlern (Straßner 1983: 1521–1523; so sind auch einige der untersuchten Radio-Spots bei Wurm 1998 von dem bayerischen Kabarettisten und Schauspieler Ottfried Fischer gesprochen). In diesem Fall profitiert der Werbetext von der Prominenz des Sekundärsenders; der Dialekt muss dabei allerdings nichts mit dem beworbenen Produkt zu tun haben.

Eine andere Möglichkeit, die Straßner vernachlässigt, ja fast verneint (Straßner 1983: 1523), ist die Werbung für Produkte mit regionalem Bezug, bei der es weniger auf die Gestalt des Sprechers als gerade auf die verwendete Sprache ankommt. Beispiele hierfür sind die Milka-Werbung, die häufig mit einem österreichisch-bairischen Kunstdialekt die alpenländische Herkunft betont, eine Werbekampagne von McDonald's für die Fischwochen, bei denen zwei Norddeutsche in einem sehr gemäßigten Platt über die Fischgerichte „schnacken" oder andere Beispiele aus der Milch-, Joghurt-, Käse- oder Bierwerbung.

Allgemeine Bedingung für Dialektwerbung scheint jedoch eine gute Verständlichkeit zu sein, und zwar auch für Hörer, die nicht mit dem Dialekt aufgewachsen sind: Häufig wird kein echter Dialekt gesprochen, sondern eine abgeschwächte, umgangssprachliche Misch- oder gar Kunstform (Straßner 1983: 1521, Wurm 1998: 45; man denke auch an einen TV-Spot für Schweizer Käse, bei denen der Sprecher die schweizerische Herkunft nur durch einen verstärkten Einsatz von Reibelauten durchschimmern lässt, an keiner Stelle aber in Schwyzerdytsch verfällt). Außerdem schaltet sich dann oft ein hochdeutsch sprechender Off-Sprecher ein, der die zentrale Werbeaussage formuliert oder wiederholt.

Wer Dialekt in der Werbung untersucht, hat demnach folgende Fragen zu beantworten:

a) Welche Textteile des TV-/Hörfunkspots sind im Dialekt gesprochen? Welche Textteile sind dagegen hochdeutsch gehalten? Welche Sprecher sprechen was? Wie begründet sich diese Verteilung?

b) Welcher Dialekt wird gesprochen (und wie rein bzw. konsequent)?

c) Äußern sich die Dialektmerkmale stärker auf der Lautebene oder eher in der Wahl des Wortschatzes?

d) Ist im Fernsehen Dialektverwendung mit Bildern oder Filmszenen verknüpft, die den regionalen Bezug verstärken (bilden den landschaftliche Hintergrund z.B. Berge und Almen oder Dünen, Leuchttürme und Meer; treten die Sprecher in Trachten auf; werden andere Elemente des Brauchtums gezeigt usw.)?

e) Welche Funktion hat der Dialekt in der Werbung (abhängig vom Produkt und der Werbereichweite)?

Für letztere Frage stehen nach den obigen Ausführungen bislang drei Antworten zur Verfügung (die aufgrund der schmalen Forschungsbasis aber erweiterungsfähig sein können):

1) Entweder ist der Dialekt das individuelle Kennzeichen eines prominenten Sprechers, der dadurch leicht erkennbar ist und auf einer volkstümlichen Ebene womöglich glaubwürdiger erscheint (wie in den Fernseh- und Radiospots für die Möbelhaus-Kette Hiendl mit Sitz in Passau und Regensburg, für die Ottfried Fischer eine (bairische) Lanze bricht), oder

2) der Dialekt dient in regionalen Hörfunkspots zur regionalsprachlichen Identifikation mit dem Publikum und ist daher oft stärker ausgeprägt als in überregional gesendeten Spots, oder

3) der Dialekt betont sprachlich die spezifische regionale Herkunft eines Produkts und ist im Fernsehen daher häufig mit einer regional eindeutig lokalisierbaren Kulisse und möglicherweise mit anderen volkstümlichen Requisiten verknüpft.

Bei 1) hat der Dialekt eine senderbezogene Funktion, bei 2) eine rezipientenbezogene und bei 3) eine produktbezogene Funktion.

 Auf ein methodisches Problem muss noch warnend hingewiesen werden: Nicht nur, dass durch die Beschränkung auf Fernsehen und Hörfunk prinzipiell der Mehraufwand entsteht, die Spots vor ihrer Analyse verschriftlichen/transkribieren zu müssen – um Dialekt nachweisen und in seiner Ausgestaltung untersuchen zu können, muss diese Transkription außerdem auf phonetischer Grundlage erfolgen. Das heißt, dass man nicht so verschriftlichen kann, wie man auch geschriebene Sprache notieren würde, sondern dass man die genaue Lautgestalt beachten muss. Und das geht nur mithilfe einer Lautschrift, für die es dialektspezifische Vorschläge gibt (z.B. Löffler [3]1990: 65–68, Barbour/Stevenson 1998: 309–312).

 Wie aus den Ausführungen deutlich geworden ist, fehlen noch systematische Studien zum Dialektgebrauch in der bundesdeutschen Werbung. Da für die Situation in der deutschsprachigen Schweiz Forschungsliteratur vorhanden ist, könnte sie als methodischer Anknüpfungspunkt und als Vergleichsbasis dienen, was die soziale Rolle des Dialekts betrifft. So wäre es z.B. ein lohnenswerter Versuch, regionale Hörfunkwerbung im Norden und Süden Deutschlands auf Dialektgebrauch hin zu untersuchen und zu vergleichen, da der Dialekt in verschiedenen Regionen der Bundesrepublik einen ganz unterschiedlichen Stellenwert in der Alltagskommunikation besitzt. Analog zu Studien über die Beliebtheit verschiedener Dialekte könnten deren Ranglisten am Einsatz von Dialekten in der Werbung überprüft werden: Welche Dialekte finden überhaupt Eingang in die überregionale Werbung, welche nicht?

 Literaturtipps

Einführend zur Dialektforschung:
LÖFFLER, Heinrich ([3]1990): Probleme der Dialektologie. Eine Einführung. 3., durchgesehene und bibliographisch erweiterte Auflage. Darmstadt (Wissenschaftliche Buchgesellschaft). (= Germanistische Einführungen).

Zum Dialekt in der Werbung: Beide Titel sind auf die Schweiz bezogen und daher nur bedingt auf die bundesdeutsche Situation übertragbar:
BAJWA, Yahya Hassan (1995): Werbesprache – ein intermediärer Vergleich. Dissertation Universität Zürich.
CHRISTEN, Helen (1985): Der Gebrauch von Mundart und Hochsprache in der Fernsehwerbung. Fribourg (Schweiz) (Universitätsverlag). (= Germanistica Friburgensia 8).

 (45) Interpretieren Sie Herkunft und Funktion des Dialekts in der Anzeige für United Airlines (Abb. 16), im Produktnamen *McRöschti* und der Schlagzeile eines McDonald's-Plakats: *Ob in de Stubb, ob uff de Gass, in Frankford mecht des Esse Spass!*

(46) Sammeln Sie Fernsehspots und versuchen Sie dabei, Beispiele für verschiedene deutsche Dialekte zu finden. Für welche Produkte wird mit welchem Dialekt geworben? Wieso?

(47) Wählen Sie einen der Spots aus und versuchen Sie, den dialektal gesprochenen Text phonetisch zu verschriftlichen (z.B. nach den Lautschrift-Vorschlägen von Löffler [3]1990: 65–68, Barbour/Stevenson 1998: 309–312).

„UNITED, SAG' I, UNITED!"

München – Washington nonstop.

Da frohlockt sogar Aloisius: Denn ab dem 11. Juni 1998 fliegt United Airlines Sie täglich nonstop von München nach Washington.

Washington liegt Ihnen ganz Amerika zu Füßen. Und damit Sie nicht den ganzen Flug über Hosianna singen müssen, haben wir die

Boeing 767-300 mit Stromanschlüssen für Laptops und mit modernster Bordunterhaltungselektronik ausgerüstet. Aloisius hat also wahr-

haft Gründe zu frohlocken, denn sogar buchen können Sie jetzt schon. Entweder im Reisebüro oder unter (0 69) 66 98 54 00. *Wir von*

United Airlines wollen Ihnen jeden Tag aufs neue beweisen, daß wir Ihre Erwartungen nicht nur erfüllen, sondern noch übertreffen.

STAR ALLIANCE
The airline network for Earth.

UNITED AIRLINES
R I S I N G

http://www.ual.de

Abbildung 16: United Airlines

4.4.3 Intertextualität

„Intertextualität" ist eigentlich ein literaturwissenschaftlicher Terminus, der in den sechziger Jahren von der bulgarischen Literaturwissenschaftlerin und Semiotikerin Julia Kristeva auf der Basis von Michail Bachtins Konzept der „Dialogizität" eingeführt wurde, und zwar um zu einem radikal neuen Literaturverständnis zu gelangen: Der Autor und der Einzeltext werden zugunsten eines Universums von Texten aufgegeben, die vielfältig miteinander verwoben sind. In der Literaturwissenschaft entwickelte sich dann ein moderateres Modell, bei dem Intertextualität als Bezeichnung für unterschiedliche Referenzbezüge zwischen Texten diente. Hört man heute den Fachausdruck Intertextualität, ist damit also in der Regel die Frage gemeint, wie ein Autor bzw. Text auf andere Autoren und Texte anspielt, sie zitiert, nachahmt (= plagiiert), parodiert oder karikiert (zur Theoriegeschichte und den verschiedenen Auslegungen von Intertextualität siehe ausführlich Linke/Nußbaumer 1997).

Da Werbung voller Anspielungen steckt, sei es auf Literatur, Sprichwörter, Liedtitel und -texte oder auf andere Werbetexte, lässt sich der Intertextualitätsbegriff auch für die Werbesprachenforschung nutzbar machen (Janich 1997b, Fix 1997).

Als methodisch handhabbare Arbeitsdefinition bietet sich folgende an:

Intertextualität ist eine konkret belegbare Eigenschaft von einzelnen Texten und liegt dann vor, wenn vom Autor bewusst und mit einer bestimmten Absicht auf andere, vorliegende einzelne Texte oder ganze Textgattungen/Textsorten durch Anspielung oder Zitat Bezug genommen wird, und zwar unabhängig davon, ob er diese Bezüge ausdrücklich markiert und kenntlich macht oder nicht. Den Bezug nehmenden Text nennen wir „Phänotext"; der Text, auf den Bezug genommen wird, heißt „Referenztext".

Ohne zu tief in problematische Theorieunterschiede oder Abgrenzungsprobleme einzusteigen, können von der Art ihrer Bezugnahme und ihrer Struktur her folgende Grundformen von Intertextualität unterschieden werden, die auch miteinander kombiniert auftreten können[21]:

Einzeltextreferenz	*Gattungsreferenz/Textmustermontage*
1) (quasi) vollständige Übernahme (Zitat) a) markiert b) unmarkiert	
2) Übernahme der syntaktischen Struktur	
3) Übernahme einzelner lexikalischer Elemente	
4) Anspielung auf sprachliche Struktur	6) Anspielung auf Textsortenmerkmale (Textaufbau, Layout, typische Elemente)
5) bildliche Anspielung	7) Anspielung mit Bildelementen

---

21 Die folgende Klassifikation stammt von mir, basiert aber auf den verschiedenen Vorschlägen, wie sie bei Fix 1997, Holthuis 1993 und Karrer 1985 gemacht werden.

Zur Veranschaulichung:

Zu 1) Eine mehr oder weniger vollständige Übernahme von Referenztexten oder deren Elemente ist ein Zitat und kann markiert, also mit Anführungszeichen oder einer Quellenangabe versehen, oder unmarkiert eingesetzt werden. Beispiele für MARKIERTE ZITATE bietet eine Anzeigenkampagne für Schokoladenpralinen von Merci, bei der über der Abbildung des Konfekts „merci pur" jeweils verschiedene Zitate von Oscar Wilde, Johann Wolfgang von Goethe, Giacomo Leopardi und anderen gestellt sind (z.B. *„Es kommt für jeden der Augenblick der Wahl und der Entscheidung." Oscar Wilde*). Ein anderes Beispiel sind die schmalen Anzeigenstreifen von Yamaha Hifi, bei denen über einer Zeichnung der zitierten Person – ohne Anführungszeichen, aber mit Personenangabe – ein Zitat steht, das mit Musik zu tun hat (z.B. *Was Musik ausspricht ist ewig, unendlich und ideal. Richard Wagner*).

Beispiele für UNMARKIERTE ZITATE sind z.B. die Anzeigen, deren Schlagzeile zum Beispiel *Wie es euch gefällt* (= deutscher Titel einer Komödie von William Shakespeare) (z.B. bei dem Softwareunternehmen Java oder einer Anzeige für die Servicebetriebe am Bahnhof) oder *Manche mögen's heiß* (= deutscher Titel des Marilyn-Monroe-Films „Some like it hot") (z.B. für die Tabakmarke Schwarzer Krauser No. 1) lautet.

Zu 2) Mit ÜBERNAHME DER SYNTAKTISCHEN STRUKTUR ist gemeint, dass eine Anspielung aufgrund des ähnlichen Satzbaus oder einer übernommenen syntagmatischen Struktur vorliegt, die aber durch lexikalische Substitution unterschiedlich stark verfremdet ist, also durch die Ersetzung einzelner Wörter durch andere. Ein Beispiel ist die Anzeige für den Kia Rocsta: *Brave Autos kommen in die Garage. Der Rocsta kommt überallhin.*, das auf den zur Zeit sehr populären Buchtitel „Brave Mädchen kommen in den Himmel, böse überall hin." von Ute Ehrhardt (1994) anspielt. Um noch ein Beispiel aus 1) aufzugreifen: Auch *Manche mögen's heiß* wird gerne verfremdet übernommen: *Manche mögen's sicher* (VW Polo) oder *Manche mögen's easy* (Software von Markt & Technik).

Zu 3) Die ÜBERNAHME LEXIKALISCHER ELEMENTE sieht dagegen so aus, dass einzelne markante Wörter oder kleinere Wortgruppen übernommen werden, ohne in die ursprüngliche Struktur des Referenztextes eingebettet zu bleiben. Beispiele sind *Entdeck die Leichtigkeit des Seins* in einer Anzeige für einen „Performance-Drink Fit for Fun" (Anspielung auf Milan Kunderas Buchtitel „Die unerträgliche Leichtigkeit des Seins") oder *Täglich frisch gepreßt* als Schlagzeile einer Anzeige für den Bundesverband Druck (Anspielung auf den Werbeslogan von Dittmeyer's Valensina: „Schmeckt wie frisch gepresst").

Zu 4) Sind die Fälle 1–3 sehr häufig in der Werbung anzutreffen, so finden sich ANSPIELUNGEN AUF DIE STRUKTUR eher seltener, wahrscheinlich, weil sie weniger leicht zu erkennen und daher nicht so werbewirksam sind. Ein Beispiel ist die „Antwort" von Lucky Strike auf die rhetorische Frage von Campari: *Campari. Was sonst. – Lucky Strike. Sonst nichts.*

Zu 5) BILDLICHE ANSPIELUNGEN kommen häufig zu obigen Strategien hinzu, beispielsweise in der VW Polo-Anzeige *Manche mögen's sicher*, bei der ein Dummy im roten Marilyn-Kleid in der klassischen Pose neben dem Polo steht. Sie benötigen die Verbindung mit direkten oder verfremdeten Zitaten in der Regel allerdings nicht, um erkannt zu werden. So wirbt die Deutsche Bahn AG mit Anzeigen und Plakaten, auf denen die

Augsburger Puppenfiguren Jim Knopf und Lukas, der Lokomotivführer, (aus dem Kinderroman von Michael Ende) abgebildet sind: *„Potzblitz", staunte Lukas, „Sparpreise ab 199 Mark?!"* (Schlagzeile). Asterix und Obelix essen in einem Fernsehspot begeistert die „Zauberwaffel" Hanuta, die Comicfamilie Flintstone (deutsch: Fred Feuerstein) testete schon vor einigen Jahren den neuen Opel Corsa.

Die bisherigen Beispiele bezogen sich auf Einzeltextreferenzen, d.h. als Referenztext liegt ein einzelner, identifizierbarer Text vor. GATTUNGSREFERENZEN, die auch Textmustermontagen oder Textmustermischungen genannt werden, sind Anspielungen auf ganze Textgattungen oder Textsorten, aus denen sich nicht mehr ein einzelner Referenztext herauslösen lässt.

Zu 6) Beliebt sind in der Werbung umfassende NACHAHMUNGEN WERBUNGSFREMDER TEXTSORTEN, wenn z.B. eine Whopper-Werbung der Fast-Food-Kette Burger King wie ein Flugblatt der Wahlwerbung aufgemacht ist (kurz vor der Bundestagswahl 1998), wenn Anzeigen ein Layout und einen Textaufbau wie Briefe (z.B. eine Anzeige der Müller Maßhemden Manufaktur) oder redaktionelle Artikel (z.B. eine Citibank-Anzeige oder viele Kosmetik-Anzeigen) bekommen. Erkennbar ist diese Strategie meist daran, dass in Zeitschriften am Kopf der Anzeige klein die Bezeichnung *Anzeige* angebracht wird, um Missverständnisse zu vermeiden und den rechtlichen Vorgaben zu genügen. In die Anzeige integriert und nur durch Sprachwahl und Interpunktion, nicht aber schon durch das Textlayout erkennbar, wird in der Schlagzeile einer Renault-Twingo-Anzeige auf die Struktur von Kleinanzeigen angespielt: *Appartement, ca. 6 m², Schlafz., Gästez., Gr. Abstellraum. Warm, möbliert und ab sofort.* Besonders beliebt sind Textmustermischungen bei der Direktwerbung, die per Post direkt an die Verbraucher geht. So verschickte z.B. die Telekom im Sommer 1999 einen Führerschein „Lizenz zum Überholen" als Werbung für T-ISDN, zusammen mit einem Führerschein-Prüfungsbogen, bei dem sich alle Multiple-Choice-Fragen auf die „Datenautobahn" und ISDN bezogen.

Zu 7) Die BILDLICHE ANSPIELUNG der Gattungsreferenz unterscheidet sich von 5) nur dadurch, dass die Anspielung allgemeiner ist, dass statt Jim Knopf oder Asterix z.B. eine (nicht näher identifizierte) Prinzessin auftritt (wie z.B. beim Fiat Seicento Young), die auf die Gattung Märchen anspielt, oder ein Frauengespenst in einer schaurigen Burg (wie z.B. beim Schokoriegel Duplo), das auf die Gattung Schauerroman verweist. Eine bildliche Anspielung kann übrigens ganz entscheidend durch die Musikbegleitung unterstützt werden, weshalb zu fragen ist, ob sich nicht sogar eine Kategorie „musikalische Anspielung" aufstellen ließe: Ein Fernsehspot für das Haarfärbemittel Poly Brillance von Schwarzkopf zeigt eine Frau vor einem surrealen Hintergrund, der an einen geschliffenen Rubin o.Ä. erinnert. Zu dem nicht ganz zeitgemäß wirkenden Farben- und Formenspiel wird eine Musik eingespielt, zu der eine Frauenstimme auf Englisch singt und die durch einzelne Motive ganz deutlich an die Filmmusik der James-Bond-Filme erinnert. Durch Musik und die filmische Darstellung wirkt der ganze Spot fast wie ein klassischer Filmvorspann eines etwas älteren James-Bond-Films, der ebenfalls in der Regel Frauengestalten in verfremdeten Bildsequenzen zeigt.

Mischformen sind jederzeit möglich. Irritierend ist zum Beispiel die Kombination einer strukturellen (also lexikalisch verfremdeten) Übernahme (2) mit einer Zitatmarkierung (1), wie dies in der Schlagzeile einer Mallebrin-Anzeige (Mittel gegen Halsschmerzen) der Fall ist: *Gurgeln oder lutschen, das ist hier die Frage! William Shakespeare.*

Zitat und lexikalische Übernahme (1 + 3) sind kombiniert in der oben bereits angeführten Yamaha-Anzeige mit dem Wagner-Zitat. Hier finden sich nämlich im Fließtext weitere Sprachspiele, die auf Wagner-Werke anspielen und somit einen Bezug zum Aufhänger herstellen: *Ob Wagner die schönsten Opern schrieb, ist Geschmacksache. Daß sich bei HiFi der **Ring** erst mit einem guten CD-Spieler schließt, ist eine Tatsache. Der CDX-993 ist unser **Meistersinger**. Dagegen hört sich manch anderer **trist** an.* (Hervorhebung N.J.).

Die Feststellung, welche Form von Intertextualität vorliegt, ist jedoch erst ein erster Schritt. Schon bei den Beispielen wird vielleicht aufgefallen sein, dass Intertextualität unterschiedlich schnell erkennbar und die Bindung an den Referenztext verschieden stark ist. Um diese Unterschiede besser beschreiben zu können, bietet sich der theoretische Versuch Manfred Pfisters (1985) an, den Grad der Intertextualität zu bestimmen. Hierzu müssten von Fall zu Fall bzw. von Beispielgruppe zu Beispielgruppe folgende Aspekte näher beleuchtet werden:

a) Wie hoch ist der Grad an REFERENTIALITÄT, wie auffällig wird ein Referenztext thematisiert? Auffällig kann entweder heißen, dass unverändert übernommen wird (Zitat), dass besonders zentrale Textstellen übernommen werden oder dass das Übernommene als solches markiert wird (durch die Typographie, durch Anführungszeichen, durch direkte oder indirekte Quellenangaben etc.)

b) Je stärker die STRUKTURALITÄT, desto intensiver die Intertextualität. Strukturalität meint den Umfang und die Ähnlichkeit mit der Struktur des Referenztextes. Wird also beispielsweise eine Anzeige in Form eines Briefes gestaltet, mit Briefkopf, Anrede, Textteil und Gruß mit Unterschrift, ist der Grad an Strukturalität extrem hoch. Werden nur einzelne prägnante Lexeme übernommen, ist er sehr niedrig.

c) Die SELEKTIVITÄT hängt eng mit den ersten beiden Aspekten zusammen: Je pointierter und leichter als Zitat erkennbar der Referenztext oder seine Elemente aufgegriffen werden, umso intensiver die Intertextualität. Im Unterschied zur Referentialität liegt der Schwerpunkt hier auf der Auswahl des Zitierten, weniger auf Umfang oder Markierung, und ist besonders dann interessant, wenn es sich um längere Referenztexte handelt.

d) Die KOMMUNIKATIVITÄT bezieht sich darauf, wie bewusst die Anspielung Produzent und Rezipient wird. Da Werbetexter in der Regel versuchen, Anzeigen und Spots gezielt auf eine bestimmte Wirkung hin zu gestalten, kann man insgesamt davon ausgehen, dass Intertextualität von ihnen ganz bewusst eingesetzt wird, um Aufmerksamkeit zu wecken, witzige Effekte zu erzielen oder vom Image klassischer Dichter zu profitieren. Eine ganz andere Frage ist, ob die Textproduzenten selbst immer wissen, woher sie ihre Anleihen nehmen, denn Zitate, die zu allgemeinen „geflügelten Worten" geworden sind, lassen sich spontan oft nur noch schwer einem bestimmten Autor oder Referenztext zuordnen. Was den Bewusstwerdungsprozess beim Rezipienten betrifft, so kommt dies auf die Strategie und den Referenztext an. Intertextualität in der Werbung ist prinzipiell nur sinnvoll (im Sinn erfolgreichen kommunikativen Handelns der Werbetreibenden), wenn sie vom Rezipienten erkannt wird. Ob der Werbetexter allerdings versucht, auf die Bezüge ausdrücklich hinzuweisen, hängt vom Referenztext ab. So ist es bei dem Ziel, dem Produkt einen poetischen oder seriösen Anstrich zu geben, indem man Klassiker zitiert, angebracht, dies als Zitat kenntlich zu machen und den berühmten Namen sozusagen als Zeugen anzuführen. Spielt eine Anzeige dagegen auf eine andere Werbung an, um einen witzigen Effekt (z.B. durch Bildbruch/Katachrese) zu erzielen (wenn z.B. der Referenztext *Have a break. Have a Kitkat*, Slogan von Kitkat-Schokoriegel, für eine Sixt-Anzeige zur Autovermietung abgewandelt wird in die Schlagzeile *Have a break. Have a Cat*, unter der ein Jaguar-Modell abgebildet ist), muss der Rezipient schon selbst auf die Zusammenhänge kommen, da ein Hinweis nicht nur wettbewerbsrechtlich problematisch wäre, sondern auch die Pointe verderben würde, ähnlich einem nicht verstandenen Witz, der seine Witzigkeit beim Erklären verliert.

e) AUTOREFLEXIVITÄT meint die Thematisierung und explizite Reflexion der intertextuellen Bezüge des neu produzierten Textes. Sie könnte aus oben genannten Gründen bei manchen Zitaten vielleicht eine Rolle spielen, kommt aber insgesamt für Werbung allein schon wegen Platzmangels und dem Bestreben, kurze Texte abzufassen, eher selten in Frage.

f) Mit DIALOGIZITÄT wird die Beziehung zwischen Referenz- und Phänotext auf der inhaltlichen und der kommunikativ-intentionalen Ebene beschrieben. Welches Ziel verfolgt der Produzent mit der Anspielung und wie erreicht er dieses durch die Wahl eines ganz bestimmten Referenztextes? Je stärker die semantische Spannung zwischen Referenz- und Phänotext ist, umso intensiver wirkt auch der intertextuelle Bezug.

Sind Form und Grad der Intertextualität bestimmt, bieten sich für die Interpretation verschiedene weiter führende Fragestellungen an:

a) Welche Funktion haben intertextuelle Anspielungen in der Werbung?

b) Welche Referenztexte werden aus welchem Grund ausgewählt?

c) Bieten sich bestimmte Textgattungen für bestimmte Produktgattungen besonders an?

d) Welche Annahmen der Werbetreibenden über die Verbraucher lassen sich aus der Wahl bestimmter Referenztexte erschließen?

e) Welcher argumentativen Strategie soll Intertextualität im jeweils untersuchten Fall dienen?

f) Passen die Anspielungen überhaupt zu den Produkten oder verselbständigt sich die Strategie in dem allgemeinen Bemühen, möglichst originelle und kunstvolle Werbung zu produzieren? (Oder passen die Anspielungen – im Gegenteil – nicht, weil sie zu platt und zu einfallslos sind?)

g) Welche Teile der Anzeige (des Spots) werden für intertextuelle Bezüge genutzt (Schlagzeile, Slogan, Text, Bild)?

h) Werden kombinierte, die ganze Anzeige umfassende Strategien bevorzugt?

i) Wie gut ist aus Rezipientensicht die Anspielung auf den Referenztext (bzw. seine Herkunft) erkennbar?

j) Wie wirken die Anspielungen auf die Rezipienten? Genügt zum Beispiel eine witzige Anspielung, damit man sich nicht nur die Anspielung, sondern auch das damit beworbene Produkt merkt?

k) Welche Rückwirkungen hat Intertextualität auf die Referenztexte und ihre Geltung als Textsorte (Fix 1997)?

 Methodische Schwierigkeiten liegen zum einen in der Textdefinition (bei welchen Anspielungen darf man noch von zugrunde liegenden Referenz**texten** sprechen; wie verhält es sich zum Beispiel mit Sprichwörtern einerseits, mit Kunstobjekten andererseits (Bilder, Statuen u.Ä.)?), zum anderen in der genauen Bestimmung und Abgrenzung der Formen von Intertextualität. Dass es diese Schwierigkeiten gibt, liegt möglicherweise auch daran, dass man jegliche Werbekommunikation aufgrund ihrer Bezugnahme auf gesellschaftliche Tendenzen als intertextuell ansehen könnte und man Intertextualität daher – je nach den eigenen methodischen Einschränkungen – unter Umständen nur schlecht als Einzelstrategie isolieren kann. Ein weiteres Problem ist die Erkennbarkeit: Wenn der/die Untersuchende lange nachforschen muss, um die Quellen für Anspielungen zu finden und aufzudecken, kann man dann noch von einer wirksamen Werbestrategie sprechen? Intertextualität in der Werbung könnte – wenn ihr Witz in ihrer möglichst guten Erkennbarkeit liegt – ein Barometer für gesellschaftliche Trends und ein Indikator für die Bekanntheit von Referenztexten sein.

 Intertextualität ist ein für die Werbung noch längst nicht erschöpfend behandeltes Gebiet. Da die intertextuellen Bezugnahmen auf andere Werbetexte immer häufiger werden, stellt sich besonders die Frage, wie es mit der wettbewerbsrechtlichen Problematik und dem Ideenschutz aussieht (siehe Janich 1997b). Andererseits könnten die Beispiele von Werbung-in-Werbung-Intertextualität als Belege für die (vorausgesetzte) Bekanntheit von Werbetexten genutzt werden, um über diesen Weg Aussagen auch über das Verhältnis von Werbesprache und Alltagssprache zu treffen. Zudem ist die Frage noch nicht wirklich diskutiert, ob nicht Werbung an sich ein prinzipiell intertextuelles Phänomen darstellt. Welche Konsequenzen hätte dies für den wissenschaftlichen Umgang mit Werbung? Ebenfalls nicht ausreichend diskutiert wurde bislang die Frage nach dem Stellenwert von Intertextualität und ihrer Funktion in der Werbung (Keßler 1998: 281).

 Literaturtipps

Allgemein zum Konzept der Intertextualität siehe die ergiebige Aufsatzsammlung (mit den zitierten Beiträgen zur Markierung, dem Grad und Formen der Intertextualität): BROICH, Ulrich/PFISTER, Manfred (Hsg.) (1985): Intertextualität. Formen, Funktionen, Anglistische Fallstudien. Tübingen (Niemeyer). (= Konzepte der Sprach- und Literaturwissenschaft 35).
HOLTHUIS, Susanne (1993): Intertextualität. Aspekte einer rezeptionsorientierten Konzeption. Tübingen (Stauffenburg). (= Stauffenburg Colloquium 28).

Beispiele speziell aus der Werbung werden diskutiert bei

FIX, Ulla (1997): Kanon und Auflösung des Kanons. Typologische Intertextualität – ein ‚postmodernes' Stilmittel? Eine thesenhafte Darstellung. In: Antos, Gerd/Tietz, Heike (Hsg.): Die Zukunft der Textlinguistik. Traditionen, Transformationen, Trends. Tübingen (Niemeyer). (= Reihe Germanistische Linguistik 188). 97–108.

JANICH, Nina (1997b): Wenn Werbung mit Werbung Werbung macht … Ein Beitrag zur Intertextualität. In: Muttersprache 107, 297–309.

KESSLER, Christine (1998): Diskurswechsel als persuasive Textstrategie. In: Hoffmann, Michael/Dies. (Hsg.): Beiträge zur Persuasionsforschung unter besonderer Berücksichtigung textlinguistischer und stilistischer Aspekte. Frankfurt am Main u.a. (Lang). (= Sprache. System und Tätigkeit 26). 273–291.

Zum Nachschlagen der Referenztexte empfehlen sich z.B.

BÜCHMANN, Georg ([32]1972): Geflügelte Worte. Der Zitatenschatz des deutschen Volkes. 32. Aufl. Vollständig neubearbeitet von Gunther Haupt und Winfried Hofmann. Berlin (Haude & Spenersche Verlagsbuchhandlung).

DUDEN. Zitate und Aussprüche. Herkunft und aktueller Gebrauch (1993). Bearbeitet von Werner Scholze-Stubenrecht. Mannheim u.a. (Dudenverlag). (= Duden Bd. 12).

(48) Geben Sie den Referenztext zu folgenden Phänotexten an und bestimmen Sie jeweils die Form der intertextuellen Anspielung. Diskutieren Sie im Anschluss (wenn möglich in der Gruppe) die weiter führenden Fragen zur Interpretation der intertextuellen Anspielungen (s.o.), also Bekanntheit der Referenztexte, Funktionen von Intertextualität in Abhängigkeit vom Referenztext und von lexikalischen Substitutionen, die Position der Anspielung in der Anzeige etc.

a) Anzeige für den Renault Twingo (Abb. 1: 28)

b) Anzeige für United Airlines (Abb. 16: 173)

c) *Nach Hause telefonieren. Oder gleich hinfahren.* (Schlagzeile einer Anzeige für den Ford Ka Edition D2-CallYa mit Freisprechanlage; im Bild das Auto auf einer Brücke vor einem riesigen Vollmond)

d) *Jägermeister. Einer für alle.* (Slogan für einen Magenbitter)

e) *Der Mensch lenkt. Mercedes denkt.* (Slogan von Mercedes-Benz)

f) *Von einer, die auszog, um geraucht zu werden.* (Schlagzeile über einem „leeren" Plakat für Lucky-Strike-Zigaretten)

g) *Der neue Spieler. Fiat Seicento. Es kann nur einen geben.* (Schlagzeile)

h) *Veronika, das Geld ist da.* (Schlagzeile der Bausparkasse Schwäbisch Hall)

i) *Was nützt ein Mann im Haushalt? Machen wir den Praxistest!* (In paralleler Bildteilung versucht eine Frau im TV-Spot für Spontex-Schwämme, mal mit der Backe eines Mannes – Untertitel *Frank* –, mal mit einem Küchenschwamm – Untertitel *Spontex* – eine Keramikherdfläche zu reinigen. Der Schwamm wird natürlich für besser befunden.)

j) *Vorsprung durch Fakten* (Schlagzeile für das Nachrichtenmagazin Focus)

k) *Alle Kameras sind gleich. Eine ist gleicher.* (Schlagzeile einer Anzeige für die Canon EOS 300)

l) *Ihr Geschmack macht sie so ergiebig.* (Schlagzeile für die Zigarettenmarke West Ultra)

m) *Nicht ohne meine Coca-Cola.* (Slogan)

n) *Du sollst begehren Deines Nächsten Marktanteil.* (Schlagzeile einer Anzeige für die Zeitschrift WIRTSCHAFTSWOCHE)

o) *Hier bin ich Mensch, hier kauf ich ein.* (Slogan für dm-Märkte)

Wie gefährlich ist diese Litfaßsäule?

Diese Frage bezieht sich auf die Wirkung unserer Werbung: Rauchen Sie, liebe Raucher, mehr, wenn Sie an einem unserer Plakate für Lucky Strikes vorbeigehen? Oder fangen gar Sie, liebe Nichtraucher, mit dem Rauchen an, wenn Sie diese Kampagne sehen? Beides geschieht, so dürfen wir vermuten, nicht. Stattdessen hat unsere Werbung die Aufgabe, unsere Marken bekannt zu machen und ihre Marktanteile zu sichern. Welche ganz persönliche Haltung Sie zum Rauchen haben, können und wollen wir nicht beeinflussen.

BRITISH AMERICAN TOBACCO
GERMANY

„Jede Cigarette, die man nicht bewußt genießt, ist eine zuviel."

In Deutschland vertreibt British-American Tobacco (Germany) GmbH u. a. die folgenden Marken:
HB · Lucky Strike · Pall Mall · Prince Denmark · Benson & Hedges · Gauloises

Die EG-Gesundheitsminister:
Rauchen gefährdet die Gesundheit.

Abbildung 17: British American Tobacco

(49) Liegt in der Anzeige von British American Tobacco (Abb. 17:181) Intertextualität vor? Was lässt sich sagen zu Referentialität, Kommunikativität, Autoreflexivität und Dialogizität? Diskutieren Sie den Intertextualitätsbegriff und seine Anwendung auf die Werbung ausführlicher an diesem Beispiel (als anregende und unterstützende Lektüre siehe z.B. Linke/Nußbaumer 1997).

4.5   Die äußere Form: Interpunktion und Typographie

Interpunktion

Die Zeichensetzung wird in der Forschung über Werbesprache zwar immer wieder angesprochen, wenn es um die Syntax in Anzeigen geht, ist als eigenes Thema aber bislang noch kaum in den Blick gerückt. Ein eigenes Kapitel widmet nur Manuela Baumgart der Interpunktion (Baumgart 1992: 100–106), auf deren Ergebnisse im Folgenden Bezug genommen wird, auch wenn sie zum Teil etwas aktualisiert werden müssen.

Das beliebteste Satzzeichen in den Anzeigen, besonders aber im Slogan, ist zweifellos der PUNKT. Bei den Slogans zeigt sich geradezu eine Inflation bei der Punktsetzung. Stellte Ruth Römer Ende der 60er Jahre noch fest, dass Slogans selten von Satzzeichen begleitet würden (Römer [6]1980: 166), und korrigiert Baumgart dieses Ergebnis mit Blick auf die 80er, dass nach dem Produktnamen oder am Ende des Slogans inzwischen fast immer ein Punkt stehe (Baumgart 1992: 101), so nehmen die Punktsetzungen in derzeitigen Anzeigen (und zum Teil auf Plakaten) so stark zu, dass nicht selten Aussageeinheiten durch den Punkt aufgespalten werden:

- *ALFA SPIDER. AUF. UND DAVON.* (Anzeige für Alfa Spider: Schlagzeile; aufgrund der Position im unteren Anzeigenteil zugleich als Slogan wirkend.)
- *Die neue Kraft. Für Ihre Sicherheit. Für Ihr Vermögen – The Future. Together. Now.* (Anzeige für Axa Colonia Versicherung: Schlagzeile und Slogan.)

Achim Zielke plädiert aus Sicht des sprachwissenschaftlich geschulten Werbefachmanns dafür, den Punkt so zu nutzen, dass er nicht der Grammatik vollständiger deutscher Sätze folgt, sondern als Mittel zur Abgrenzung von einzelnen Sinneinheiten und Werbeaussagen dient, um die Verständlichkeit und Prägnanz der Werbeanzeige zu erhöhen (Zielke 1991: 165). Dem würde die Anzeige von Axa Colonia entsprechen; bei dem Alfa-Spider-Beispiel entsteht ebenfalls eine andere Dynamik durch den Punkt hinter *auf*: *auf und davon* wird geteilt in zwei eigenständige Bewegungsabschnitte. Auch die Rot-Händle-Kampagne entspricht dieser Forderung, bei diesem Beispiel sind die

Rot.	Rot.	Jekyll.	Abend.	Blond.
Name.	Zauber.	Rot.	Rot.	Innen.
Tabak.	Zauber.	Blond.	Blond.	Außen.
Blond	Blond.	Hyde.	Blau.	Rot.

Plakat-Werbekampagne für die Zigarettenmarke Rot Händle Blond

Inhalte der „Werbeaussagen" allerdings stärker interpretations- und diskussionsbedürftig als die Zeichensetzung.

Der Punkt kann folgende Funktionen haben: Er grenzt ab (z.B. einzelne Werbeaussagen voneinander oder den Produktnamen vom zweiten Teil des Slogans), verkürzt und verdichtet die Aussage, indem er häufig das Prädikat ersetzt (*Audi* *_heißt/bedeutet_ *Vorsprung durch Technik*, *Der neue Seat Toledo* *_ist_ *Aufregend gut gebaut.*), reiht aneinander und setzt gleich (z.B. den Produktnamen mit der Werbeaussage, siehe obige Beispiele):

> Der Punkt dient zur Unterstreichung der Sloganbehauptung, er vermittelt Abgeschlossenheit, Unantastbarkeit und Nachdruck und imitiert die Kurzsätzigkeit gesprochener Sprache, indem er zum Senken einer gedachten Stimmführung zwingt und eindrucksvolle Pausen entstehen läßt. (Baumgart 1992: 101).

Als gegenläufige Tendenz ist festzustellen, dass häufig zwischen Produktname und Sloganaussage kein Punkt mehr steht, sondern der Produktname graphisch – durch Stellung, Schrift, Farbe oder Einbettung in ein Logo – vom Sloganrest abgesetzt wird. Dadurch wird der Punkt nicht mehr dafür benötigt, dem Slogan eine zweigliedrige Struktur (Name – Werbeaussage) zu verleihen (z.B. bei den Anzeigen von Renault (Abb. 1: 28), Toblerone (Abb. 9: 108) oder Minolta (Abb. 15: 165)).

Der DOPPELPUNKT trennt weniger stark zwischen den Aussagen und verweist dafür stärker auf ihre logische Verbindung. Durch den Doppelpunkt werden Erwartungen auf das Folgende gerichtet, er kann dabei aber ebenso wie der Punkt ein Prädikat in elliptischen Aussagen ersetzen:

- *Wie unser Kraftstoff: Langweilig, aber kaum zu verbessern.* (im Bild ein Abflussreiniger mit Stiel und Gummistopfen) – *Wie unser Benzin: Frisch gezapft und in vier wirklich leckeren Sorten* (im Bild ein Kuheuter) (Schlagzeilen der Anzeigen für Jet-Kraftstoff),
- *Wir unterbrechen das Programmheft für etwas Werbung: 0180/55580.* (Schlagzeile einer kleinformatigen Anzeige von Mercedes-Benz in einer Programmzeitschrift),
- *Riecht gut und schmeckt gut: MOODS.* (Slogan einer Anzeige für MOODS-Zigarillos von Dannemann),
- *Neu: hohes C plus Gutes aus Milch.* (Schlagzeile einer Anzeige und eines Plakats für Milch-Fruchtsaftgetränke der Marke hohes C),
- *Typisch Kaffeetante: Immer Zeit für KRÖNUNG light* (Schlagzeile einer Anzeige für den Kaffee Krönung light von Jacob's).

Der Doppelpunkt lässt sich sogar als Überleitungsmittel zwischen Text und Bild nutzen: Unter der fett und groß gedruckten Schlagzeile *Safer Sex:* befindet sich die Abbildung zweier aufeinander liegender Jeans. Klein darunter steht, quasi als Kern der Werbeaussage: *Nie ausziehen.*

Seltener als der Punkt trennt auch ein GEDANKENSTRICH im Slogan Produktname von Sloganaussage und übernimmt dabei in ähnlicher Weise die Funktion, Produkt und Werbeaussage gleichzusetzen: *Kléber-Reifen – die richtige Wahl.* Weitere Funktionen des Gedankenstrichs, wie man sie auch in anderen Textsorten nachweisen kann, sind:

a) die Gegenüberstellung echter oder scheinbarer Gegensätze (*Halbes Koffein – Volles Verwöhnaroma.* Slogan der Kaffeesorte Krönung light von Jacob's),

b) die Abgrenzung und Betonung eines bestimmten Syntagmas/Satzgliedes (*Die gute alte Zeit: kein Streß, keine Sorgen – und keine schönen Kinderfotos.* Bildunterschrift unter einem verschwommenen, alten Kinderfoto in einer Anzeige für eine Minolta-Kamera mit der Schlagzeile: *Ihre Kinder sollen es mal besser haben.*),

c) nach einer Denkpause das Anhängen einer weiteren Aussage an einen Satz, oft zum Zwecke der Betonung (aus einem Anzeigentext für Kléber-Reifen: *Er ist sehr wirtschaftlich, bietet neben einem ausgewogenen Leistungsspektrum auch gute Haftung auf nassen Straßen – und sein angenehm ruhiges Fahrverhalten macht den DYNAXER HP ganz nebenbei zu einem zuverlässigen Babysitter.*),

d) die folgerichtige Verbindung zweier Syntagmen, wobei der Gedankenstrich ähnlich wie ein Doppelpunkt eingesetzt wird (*Down under – Zeit für eine Wende.* Schlagzeile einer Anzeige für Winfield-Zigaretten).

Das KOMMA ist weniger gut für eine bewusste und auffällige Strukturierung von Werbeaussagen geeignet, da es Aussageeinheiten nicht deutlich voneinander absetzt, sondern eher eine verbindend-gliedernde Funktion besitzt (nach Baumgart wirkt es „schwächer" und „weicher" als der Punkt; Baumgart 1992: 103f). In den Fließtexten wird es normalerweise weit gehend entsprechend der schriftsprachlichen Norm verwendet. Zur Verwendung im Slogan räumt Baumgart trotz obiger Einschränkung ein, auch das Komma könne als „effektives Element beim Sloganaufbau eingesetzt" werden (Baumgart 1992: 104). Die Beispiele, mit denen sie dies begründet, weisen jedoch nur auf die allgemein-klassischen Funktionen des Kommas hin, nämlich die Abgrenzung von Nebensätzen und Aufzählungen zum besseren Leseverständnis. Das Komma als „weicheres" Trennmittel in dreigliedrigen Slogans, wofür Baumgart ebenfalls Beispiele anführt (ebd.), scheint weit gehend zugunsten des Punkts aus der Mode gekommen zu sein. Alles in allem scheint es daher interessanter zu sein zu überprüfen, an welchen Stellen ein Komma fehlt, obwohl wir es eigentlich erwarten würden, und ob dem eine bewusste Strategie zugrunde liegt.

Auch AUSRUFE- UND FRAGEZEICHEN werden bei Baumgart nur auf ihr Vorkommen in Slogans hin untersucht, so dass sie zu dem Schluss kommen kann, das Fragezeichen werde kaum verwendet, da Slogans nur sehr selten in Frageform konzipiert seien. Das Ausrufezeichen sei für Slogans oft zu aufdringlich und daher ebenfalls selten (Baumgart 1992: 104f). Anders sieht es aber mit den Schlagzeilen aus. Rhetorische und Neugier weckende Fragen sind eine beliebte Form für den Aufhänger oder auch den Textanfang einer Anzeige, so dass sich – abgesehen vom Slogan – in Werbetexten durchaus häufiger Fragezeichen finden:

- *Keine Idee, wie sich die Finanzierung des eigenen Hauses tragen soll? Mit BHW schaffen Sie das.* (Schlagzeile einer Anzeige der BHW Bausparkasse),
- *Was tun, wenn der Job die Gesundheit kostet?* (Schlagzeile der WWK-Versicherung).

Die Funktion des Fragezeichens ist daher immer, Aufmerksamkeit zu erregen, zum Weiterdenken und vor allem Weiterlesen anzuregen.

Das Ausrufezeichen scheint wegen seines verstärkenden und (laute) Rufe/Ausrufe signalisierenden Charakters allerdings auch in Schlagzeilen zumeist als zu aufdringlich empfunden zu werden, es findet sich dort weniger häufig als das Fragezeichen:

- (erste Seite einer Anzeige:) *Gesucht: Felix!* – (zweite Seite:) *Endlich gefunden!* (Schlagzeile einer Anzeige für Katzenfutter der Marke Felix),
- *„United, sag' I, United!" München – Washington nonstop.* (Schlagzeile einer Anzeige für United Airlines mit Abbildung des Münchner Aloisius im Himmel, siehe Abb. 16: 173),
- *„Meine selbstaufgenommene CD – so einmalig wie ich!"* (Schlagzeile einer Anzeige für den Philips CD-Recorder),
- *Geil! Noch 'ne Camel inner Jacke!* (Schlagzeile einer Anzeige/eines Plakats für Camel-Zigaretten).

In vielen Anzeigen werden die Ausrufe dabei Sekundärsendern in den Mund gelegt (wie z.B. dem Münchner im Himmel oder einer jungen Frau in der Philips-Anzeige), so dass es weniger aufdringlich wirkt.

Nicht zu vernachlässigen ist die Rolle der DREI PUNKTE. Baumgart nennt für den Slogan die Funktionen

a) Signalisierung, dass etwas (zumeist das Prädikat) ausgelassen wurde (*Singer … immer ein guter Weg*),

b) das Setzen einer „dramatisch" wirkenden Pause (*Cin, Cin … Cinzano*)

c) und „das Verweisen auf etwas nicht Implizites, über den Slogan hinausgehendes" (*Nonchalance beflügelt die Sinne …*) (Baumgart 1992: 105f; auch die Beispiele stammen von ihr).

In der derzeitigen Werbung fällt nur die letzte Möglichkeit auf: *Ein BMW ist ein BMW ist ein BMW …* (Schlagzeile einer Anzeige für BMW mit drei abgebildeten Modellen). Die Funktion einer Pause scheinen die drei Punkte fast nur noch in älteren, traditionellen Werbeelementen einzunehmen (*Otto … find' ich gut.* Langjähriger Slogan für das Otto-Versandhaus). In Slogans tauchen sie allerdings kaum mehr auf. Was Baumgart nicht erwähnt, wofür sich aber einige Beispiele finden lassen, ist die optische Zerstückelung von Aussagen, bei denen die drei Punkte auf eine Fortsetzung hinweisen:

- Eine Anzeige für den Peugeot 306 ist in vier Bilder aufgeteilt. Bei den ersten drei steht der Peugeot groß vor einer Winter-Berglandschaft: (1) *So beeindruckend kann das Matterhorn sein …* (2) *… oder die herrliche Landschaft in der Schweiz …* (3) *… oder die idyllische Pension von Heidi und Peter.* Das vierte Bild zeigt einen begeisterten Vater, der einer weniger begeisterten Familie Dias zeigt: (4) *Findet jedenfalls der Fotograf.*
- Eine Anzeige für den Freelander von LandRover besteht sogar aus sechs Bildern: fünfmal sind Ampeln (meist rot) abgebildet, auf dem sechsten Bild steht das Auto

vor Bergkulisse mit Regenbogen: (1) *Montag* … (2) *Dienstag* … (3) *Mittwoch* … (4) *Donnerstag* … (5) *Freitag* … (6) *Samstag/Sonntag.*

- Eine Anzeige für den Duft Magic Musk von Gammon zeigt ein sparsam bekleidetes Paar in zärtlich-erotischer Pose. Der Text ist über das Bild verteilt: *Mit diesem Duft …* – *… kann dir …* – *… alles passieren.*

Die drei Punkte ermöglichen also neben Pausensetzung und der Anregung, Ungesagtes selbst weiterzudenken, auch das Erzählen von Bildergeschichten, indem sie Zusammengehörigkeit bzw. den Fortsetzungscharakter einzelner Teile signalisieren.

Was bei Baumgart fehlt, ist die Besprechung von Anführungszeichen und Klammern. Beides wird jedoch in der Werbung bewusst zur typographischen Gestaltung genutzt.

ANFÜHRUNGSZEICHEN signalisieren normalerweise wörtliche Rede, Okkasionalismen oder eine Distanz des Schreibers zum Gesagten. In der Werbung, in der es von nicht-lexikalisierten Neubildungen wimmelt und eine Distanz zum Gesagten selten zur Intention des Textes passt, überwiegt die Markierungsfunktion für wörtliche Rede oder Zitate:

- *„Jeder Augenblick ist von unendlichem Wert.“ Seneca* (Schlagzeile bzw. Text einer Anzeige für das Konfekt merci pur),
- *„United, sag’ i, United!“* (Schlagzeile einer Anzeige für United Airlines; siehe Abb. 16: 173),
- *„Ich bremse auch für Männer.“* (Schlagzeile einer Peugeot-106-Anzeige, bei der eine Frau am Steuer im Begriff ist, einen männlichen Anhalter mitzunehmen).

Die Anführungszeichen signalisieren hier, dass nicht der Werbetreibende selbst spricht, sondern eine Autorität, ein Produktnutzer oder ein anderer Sekundärsender. Das heißt jedoch nicht, dass jede Aussage aus anderem Mund mit Anführungsstrichen markiert werden müsste, weshalb bei der Untersuchung der Anführungszeichen auch die Frage interessant ist, an welchen Stellen sie zu erwarten wären und warum sie im einen oder anderen Fall weggelassen werden.

Was in der professionellen, überregionalen Werbung kaum zu beobachten ist, bei regionaler Werbung oder auf Ladenschildern aber vorkommt, ist ein nicht nachvollziehbarer Gebrauch von Anführungsstrichen – wahrscheinlich aus einer Mode heraus, mit Anführungsstrichen einzelne Ausdrücke betonen zu wollen. Da diese Funktion normalerweise nicht mit diesen Zeichen verbunden wird, ergibt ein solcher Gebrauch eine komische oder irritierende Wirkung: *Unser Reisebüro in der …-straße berät „Sie“ gerne* (Plakat für ein städtisches Reisebüro in einem Linienbus).

Auch KLAMMERN werden in der Werbung als graphische Mittel bewusst eingesetzt:

- *Ich will [Kind] sein.* (Plakat für Misereor; keine Wirtschaftswerbung!),
- *Senza tio nell! [Italienisch für Fortgeschrittene]* (Plakat für Prosecco blû von LineaVini).

Ein anderes, schon etwas älteres Beispiel ist die Einführung der Automarke Daewoo, die unter anderem mit Plakaten unterstützt wurde, auf denen ein Mund und darunter die lautsprachliche Entsprechung des Markennamens *[dæːjuː]* abgebildet war. In diesem Fall entsprechen die Klammern einer durch Fremdsprachenwörterbücher bekannten sprachwissenschaftlichen Notation von Lautfolgen. In den anderen Beispielen dienen die Klammern entweder schlichtweg der Betonung (Misereor) oder werden – wie in anderen Textsorten auch – als Signal für eine ergänzende Information verwendet (Prosecco blû).

Bei einer Untersuchung der Interpunktion in Werbetexten müsste auf Folgendes geachtet werden:

a) In welchem Textbaustein der Werbung wird welche Interpunktion verwendet? (Bislang fehlt zum Beispiel noch jeder systematische Vergleich, ob die Interpunktion in Schlagzeile und Slogan nach ähnlichen Prinzipien erfolgt.)
b) Liegt ein Verstoß gegen die Rechtschreibung vor? Wenn man davon ausgehen kann, dass ein solcher gezielt erfolgte – was ist dann der Grund?
c) Welche Satzzeichen übernehmen welche Funktion bzw. sollen welche Wirkung erzielen? Decken sich diese Funktionen mit denen, die man im Allgemeinen, d.h. in orthographisch korrekten Alltagstexten mit ihnen verbindet?
d) Eine interessante weiter führende Frage wäre, inwieweit der Computer dazu beiträgt, neue Möglichkeiten der Zeichensetzung und Zeichenverwendung für die Werbung zu eröffnen (man denke z.B. an die Imitation von Dateinamen durch Punktsetzung: z.B. *absolutvodka.com* für einen schwedischen Wodka). Auch sind an dieser Stelle nur die wichtigsten Zeichen der deutschen Syntax besprochen. Wie verhält es sich mit Zeichen wie dem Asteriskus * oder dem *und*-Zeichen &?

Typographie

Neben der Interpunktion, die den Text in einem bestimmten Sinn gliedern soll, spielt auch die Typographie eine wichtige Rolle in der Werbung, d.h. Schriftart, Groß- und Kleinschreibung und das Spiel mit typographischen Mitteln.

Viele Anzeigen und Plakate nutzen, zumindest in Slogan und Schlagzeile, Versalien, also die durchgängige Verwendung von Großbuchstaben. Warum, merkt man in der sprachwissenschaftlichen Analyse immer dann, wenn man selbst Werbebeispiele auf's Papier bringen will: Großbuchstaben vereinheitlichen das optische Bild; man muss nicht unterscheiden, welche Worte regulär groß oder klein geschrieben werden; es entsteht keine unbeabsichtigte Herausstellung eines Wortes, nur weil es korrekt groß, seine Umgebung aber klein geschrieben wird. Typographisch bewusstes Mittel ist die Großschreibung immer dann, wenn daneben Kleinschreibung existiert und Versalien an ungewohnter Stelle auftauchen oder wenn ein ganzes Wort in einer normal geschriebenen Umgebung groß geschrieben wird: *Der HELD, was er verspricht! – HerCOOLes* (Plakat-Schlagzeilen für den Zeichentrickfilm „Herkules" von Walt Disney). Ähnlich werden auch Kursivdruck, Schriftwechsel und farbige Schrift zur Betonung oder Herausstellung einzelner Ausdrücke oder Wortteile genutzt. Zu unterscheiden ist demnach, ob in erster Linie ein abwechslungsreicher und damit auffälliger Gesamteindruck hervorgerufen oder ob gezielt einzelne Textelemente betont werden sollen.

Ein anderes typographisches Mittel ist die Schriftart. Manche Schriften wirken eher konservativ, manche elegant, manche jugendlich. So wählt die merci-pur-Werbung

(Schokoladenkonfekt), die Zitate aus der klassischen Literatur in den Mittelpunkt ihrer Anzeigen stellt, eine klassische Schriftart mit Serifen (= kleine, abschließende Querstriche oben und unten an den Buchstaben), während die Werbung für Camel-Zigaretten zu ihrem Plüschkamel und den doppeldeutigen Schlagzeilen eine „hüpfende" Schrift aus unterschiedlich groß gedruckten Groß- und Kleinbuchstaben wählt. Die Schriftart kann damit wie andere Gestaltungsmittel zum Image und zum Wiedererkennen einer Marke beitragen (so sind beispielsweise die Schriften der Camel-, der Marlboro oder der Lucky-Strike-Werbung ganz charakteristisch und werden auf allen Plakaten und in Anzeigen verwendet).

McDonald's ist Meister darin, die unterschiedlichen Länderwochen – unterstützt durch passende Wortspiele – mit Schriften zu bewerben, die man jeweils mit der jeweiligen Sprache verbindet: für den McKropolis mit (nicht korrekt verwendeten) Elementen der griechischen Schrift: *WAϟ KΩϟTΛϟ? – WΩ GIBTϟ 'N ϟΩRBΛϟ?*; für China-Wochen mit einer Schrift, die chinesische Pinselzeichen imitiert: *LANG TSU! – SUH PAH!*

Der Aussagegehalt des Schrifttyps sollte daher in eine sprachwissenschaftliche Analyse genauso einbezogen werden wie die Bildumgebung, da er die Konnotationen des Textes unterstützen kann. In Fällen, in denen durch die Schriftwahl geradezu eine Imitation von Fremdsprachen erreicht werden soll (wie bei McDonald's), bekommt der Schrifttyp sogar ikonischen Zeichencharakter (zur Terminologie der Semiotik siehe 3.6). Der auffälligste Fall typographischer Gestaltung liegt dann vor, wenn die Schrift nicht nur zur graphischen Darstellung der Wörter, sondern auch zur Veranschaulichung von deren Inhalten genutzt wird. Die Schrift ist dann nicht mehr bloßes Medium der Sprachübermittlung, sondern wird zu einem eigenen semiotischen Code, der zusätzliche denotative oder konnotative Informationen liefert (z.B. in der Anzeige für Fellows Cigarillos von Clubmaster, Abb. 18: 189, und die Beispiele bei den orthographischen/typographischen Wortspielen unter 4.4.1c).

 (50) Analysieren und interpretieren Sie die typographischen Mittel und Auffälligkeiten in der Interpunktion der Anzeige für Thermal S (Abb. 11: 123).

(51) Interpretieren Sie die Anzeige für die Süddeutsche Zeitung (Abb. 19: 190) hinsichtlich der Interpunktion. Lesen Sie dazu unterstützend die Kapitel zu den semiotischen Zeichentypen (3.6) und zum Verhältnis von Text und Bild (s.u., 4.6).

(52) Sammeln Sie in der aktuellen Werbung Beispiele für Klammersetzungen und vergleichen Sie sie auf die Funktion dieser Satzzeichen hin.

4.6   Text und Bild

Zu einer textunabhängigen formalen und semiotischen Bildklassifikation wurde im Kapitel 3.6 das Wichtigste gesagt. An dieser Stelle soll es um den Bezug zwischen Text und Bild in der Werbung gehen, da in einer sprachwissenschaftlichen Analyse das Bild allein normalerweise keine vorrangige Rolle spielt. Text-Bild-Beziehungen zu ignorieren

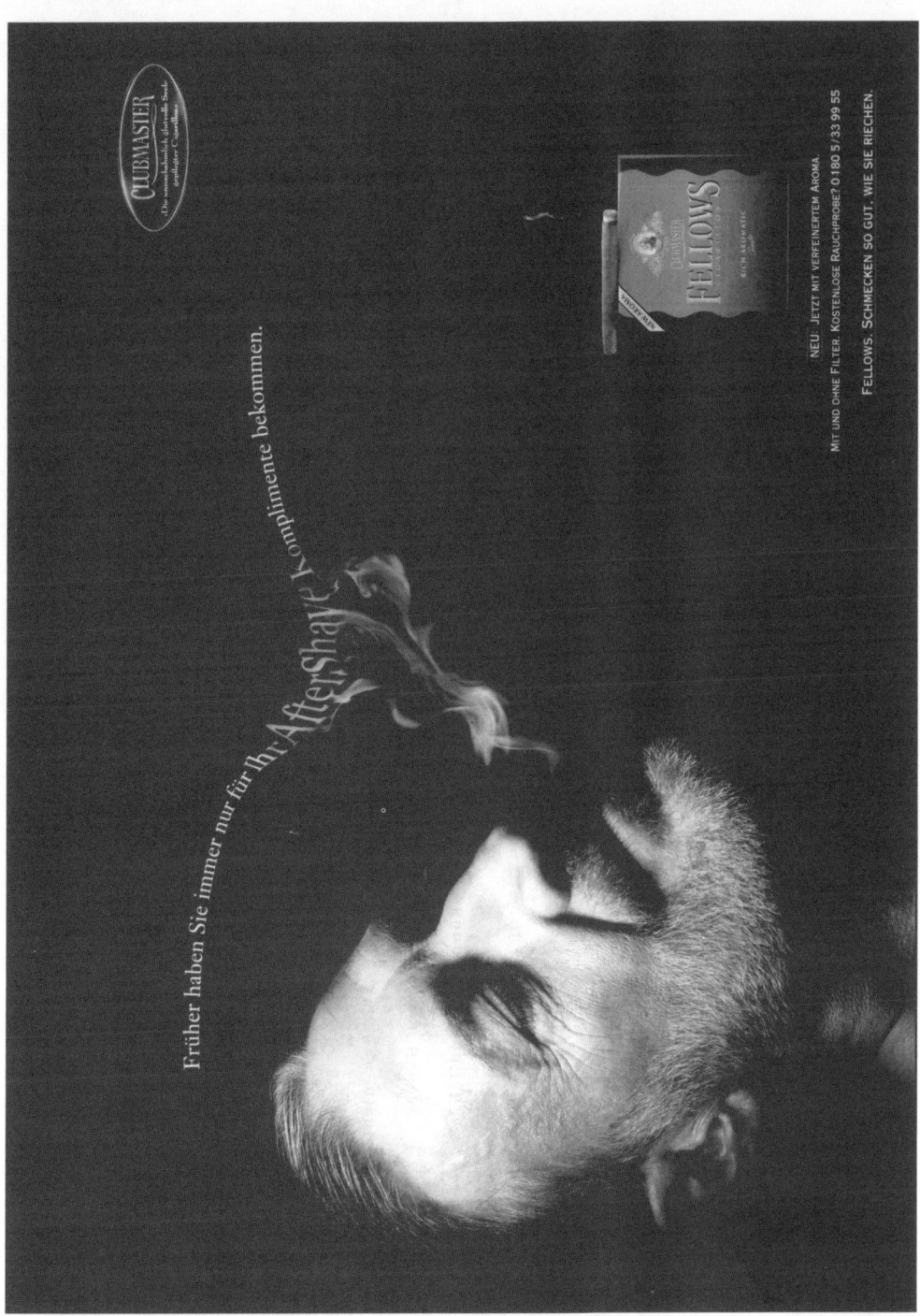

Abbildung 18: Clubmaster Fellows

Abbildung 19: Süddeutsche Zeitung

hieße, ein konstitutives Element der Werbekommunikation auszuklammern. Wird nur die sprachliche Seite untersucht, besteht nämlich die Gefahr, dass Ergebnisse über die Sprache verzerrt werden, denn Sprache und Bild ergänzen sich in der Werbung gegenseitig und sind aufeinander abgestimmt. Sie stehen daher nicht etwa in einem Konkurrenzverhältnis zueinander, wie es manche sprachwissenschaftlichen Arbeiten zugunsten der Sprache einerseits (Römer [6]1980: 24–27, Baumgart 1992: 29), werbe-wissenschaftliche Werke zugunsten der Bilder andererseits (beliebte These: *Ein Bild sagt mehr als tausend Worte*) zu behaupten scheinen. Ob Bild oder Text die wichtigere Funktion übernehmen, hängt von der Werbeanzeige bzw. dem Werbespot im Einzelnen ab. Rationale, sachliche Argumentation lässt sich besser sprachlich leisten, selbst wenn auch in diesem Fall ein Bild die Wirkungsmöglichkeiten von Werbung verbessern kann (Glaubwürdigkeit!). Emotionale Einstellungsbildung funktioniert dagegen leichter über das Bild (Kroeber-Riel 1993: 86). Es gibt also sowohl textzentrierte als auch bildzentrierte Werbung, weshalb die sprachwissenschaftlicherseits gern aufgestellte Behauptung, die Sprache sei Hauptmedium der Werbebotschaft und damit immer und prinzipiell wichtiger als das Bild, endlich zu den Akten gelegt werden sollte.

Zwischen Bild und Text können verschiedene semantische Beziehungen bestehen. Helena Rohen beschreibt beispielsweise die Bezüge, die zwischen einem Bildzeichen und der Überschrift einer Anzeige bestehen können (Rohen 1981: 323). Aus ihrer Studie und anderen Arbeiten zu Text-Bild-Beziehungen (Geiger/Henn-Memmesheimer 1998, Kalverkämper 1993) lassen sich grundsätzliche Unterschiede im Verhältnis von Bildinformation und Textinformation ableiten, so dass sich die Gesamtkomposition einer Anzeige bzw. eines Spots in der Regel einer der folgenden Gruppen zuordnen lässt (zur Grobklassifikation a)-c) siehe Kalverkämper 1993: 223):

1) Annähernd gleichwertiges Verhältnis der Bildinformation zur Textinformation in Bezug auf die Werbebotschaft:

a) TEXTZENTRIERTE WERBUNG: Bild und Text drücken weit gehend dasselbe aus, wobei der Text aufgrund seines Informationsgehalts im Vordergrund steht. Das Bild ist das redundante Element und veranschaulicht oder konkretisiert den Textinhalt. Ein klassisches Beispiel sind Anzeigen, in denen das Produkt abgebildet ist und der Text Produkteigenschaften aufzählt, oder auch die Anzeige für Thermal S (Abb. 11: 123).

b) BILDZENTRIERTE WERBUNG: Bild und Text drücken weit gehend dasselbe aus, doch steht das Bild im Vordergrund. Der Text ist das redundante Element, der das Bild (zumindest zum Teil) präzisieren und erläutern soll. Hier gibt es fließende Übergänge zu bilddominanter Werbung, je nachdem wie wichtig der Text für die Bilderläuterung ist, ob er unter Umständen wegfallen könnte oder absolut notwendig für das Bildverständnis ist. Fernsehwerbung, in der Verwendungssituationen (wie zum Beispiel das Fahrverhalten von Autos in Grenzsituationen) demonstriert werden, gehören häufig diesem Typus an, wenn nämlich die neue technische Errungenschaft im Text nur genannt (nicht beschrieben und erklärt) und erst durch die Bilderfolge veranschaulicht wird. Als ein Anzeigenbeispiel könnte man die Renault-Twingo-Anzeige hierzu zählen (Abb. 1: 28).

c) REZIPROK MONOSEMIERENDE WERBUNG (= gegenseitig vereindeutigend): Der Text ist (zumindest zum Teil) aufgrund seiner Mehrdeutigkeit, seiner Vagheit, seiner Unvollständigkeit oder wegen bewusster Verfremdungen ohne das Bild nicht verständlich (oder umgekehrt). Das Bild macht den Text eindeutig bzw. verdeutlicht zumindest seinen Bezug. Hier kommt die Aussage nur durch das Miteinander von Bild und Text zustande, weswegen keine Ungleichgewichtung zwischen beiden festgestellt werden kann (wie z.B. in der Nike-Anzeige, Abb. 12: 133). Eine solche Beziehung herrscht sehr häufig zwischen einer Schlagzeile, die mit Wortspielen Aufmerksamkeit erregen will, und dem Bild, das das Wortspiel verständlich macht und oft erst den Produktbezug herstellt, das jedoch ohne das Wortspiel seine Aufmerksamkeit erregende Funktion nicht wirklich erfüllen könnte (wie z.B. in der Toblerone-Anzeige, Abb. 9: 108).

2) **Unterwertiges Verhältnis der Bildinformation zur Textinformation in Bezug auf die Werbebotschaft, d.h. textdominante Werbung:** Der Text steht im Vordergrund und ist an sich verständlich, das Bild dient nicht direkt der Erläuterung oder Veranschaulichung, sondern ist ein Stimmung schaffendes Element bzw. eine konnotative Ergänzung. Es dient demnach nicht der sachlichen Informationsvermittlung, ist als emotionale Komponente aber sehr wichtig. Ein solches Verhältnis liegt zum Beispiel in der Kéralogie-Anzeige (Abb. 5: 67) zwischen dem Anzeigentext und der Abbildung des Paares vor (das bei der gleichen Anzeige im Doppelseitenformat eine eigene Seite einnimmt).

3) **Überwertiges Verhältnis der Bildinformation zur Textinformation in Bezug auf die Werbebotschaft, d.h. bilddominante Werbung:** Das Bild vermittelt die eigentliche Werbebotschaft, Sprache wird nur zur Nennung des Produktnamens und allenfalls noch eines Slogans benötigt. Die Werbung für Genussmittel wie Zigaretten und Alkohol folgt sehr häufig diesem Gestaltungsprinzip. Ein konkretes Beispiel sind die Schweppes-Anzeigen, bei denen verschiedene Leute mit dem so genannten „Schweppes-Gesicht" mit genüsslich und überrascht verzogenem Mund abgebildet sind. Auch die Anzeige für die Fellows-Cigarillos von Clubmaster könnte man hierzu zählen (Abb. 18: 189).

Ein Sonderfall ist, dass Text und Bild ganz für sich stehen und auf den ersten Blick nichts miteinander zu tun haben. Dadurch entstehen eine zusätzliche Spannung oder gar ein Bildbruch (= Katachrese) und ein größerer Assoziationsspielraum, den der Rezipient selbst füllen muss.

 Ein methodisches Problem bei der Klassifizierung des Text-Bild-Bezugs ergibt sich daraus, dass es – wie unter 3.6 gezeigt – verschiedene Bildelemente mit unterschiedlichen Funktionen in einer Anzeige (und umso mehr an Filmsequenzen in einem Fernsehspot) geben kann. Man kann daher zwar oft ein allgemeines Kompositionsprinzip nach obigen Kategorien angeben; im Detail – also in der Beziehung zwischen einzelnen Textelementen und einzelnen Bildelementen – können dagegen durchaus verschiedene Beziehungen herrschen. Eine Möglichkeit wäre demnach, zuerst zu versuchen, das übergreifende Kompositionsprinzip zu umreißen, und in einem zweiten Schritt eine Feinanalyse vorzunehmen, bei der das Verhältnis von Textaussage und entsprechender Visualisierung für alle Text- und Bildelemente genauer bestimmt wird.

Mögliche Relationen zwischen verbaler Aussage und visueller Umsetzung

Für eine Feinanalyse zur Funktion von Bildern stellt Werner Gaede einige Anregungen in seiner praxisorientierten Studie zu kreativen Methoden der Visualisierung bereit. Die folgenden Kategorien finden sich dort (Gaede [2]1992, 56–59), ausführlich in eine große Anzahl von Subtypen aufgefächert und mit Bildbeispielen veranschaulicht (Gaede [2]1992: 64–233). Im Folgenden werden nur die prägnantesten Subtypen herausgegriffen, da sich schon zwischen den Haupttypen Überschneidungen ergeben und eine klare Abgrenzung bei den Subtypen noch sehr viel schwerer fällt.

a) ÄHNLICHKEIT (visuelle Analogie): Die verbale Aussage wird durch ein visuelles Zeichen umgesetzt, das dieser ähnlich ist, und zwar entweder 1) auf Grund eines gemeinsamen inhaltlichen oder 2) eines gemeinsamen gestaltlichen (figurativen oder strukturellen) Merkmals. Ein Beispiel für eine visuelle Analogie liegt in einer Anzeige für die Renaissance-Hotelkette vor: Neben der Schlagzeile *Ein Renaissance Gast bevorzugt Hotels, in denen er König ist.* ist das Porträt Heinrichs VIII. abgebildet, der bekanntlich zur Zeit der Renaissance König war.

b) BEWEIS (visuelle Argumentation): Die verbale Aussage wird durch die visuelle Umsetzung belegt bzw. bewiesen, entweder 1) durch den Augenschein, 2) durch ein Beispiel (wie ein Anwendungs-, Wirkungs-, Extrem- oder auch Gegen- bzw. Kontrastbeispiel) oder 3) durch eine Gegenüberstellung (wie die beliebten Vorher-/Nachher- oder Mit- und Ohne-Gegenüberstellungen in Fernsehspots). Ein konkretes Beispiel ist ein TV-Spot für das Electronic Stability Program (ESP) von Volkswagen, in dem drei Eisschnellläufer auf einer zugefrorenen Wasserfläche von einem Volkswagen überholt werden, der auch ohne Kufen augenscheinlich noch sicherer in der Spur bleibt als die Schlittschuhläufer.

c) GEDANKENVERKNÜPFUNG (visuelle Assoziation): Die verbale Aussage wird durch einen neuen, anderen Vorstellungsinhalt visualisiert, der mit der ersteren in einer gedanklichen Verbindung steht. Je nach Art dieser Verbindung lassen sich 1) Assoziationen auf Grund eines allgemeinen Bedeutungszusammenhangs (z.B. synonymische, antonymische oder hypo-/hyperonymische Relation zwischen Bild und Textaussage), 2) Assoziationen auf Grund eines allgemeinen Wissenszusammenhangs oder 3) Assoziationen auf Grund eines allgemeinen Erfahrungszusammenhangs (zeitliche oder räumliche Kontiguität) unterscheiden. Ein Beispiel für einen synonymischen Text-Bild-Zusammenhang ist die Anzeige für ein Handy von debitel: *Ich bin Berliner … – … und telefoniere per Handy nach Hamburg so günstig, als wär's um die Ecke.* Eingeschoben zwischen diese beiden Teile der Schlagzeile ist die Abbildung eines Krapfens bzw. Berliners. Auf eine positive Assoziation aufgrund eines allgemeinen Erfahrungszusammenhangs setzt die Anzeige für den Audi S4 mit Biturbo: Über dem Wort *Biturbo* sind zwei Fläschchen Tabasco abgebildet. Die visuelle Assoziation wird häufig als Mittel der Image-Übertragung (s.u.: visuelle Konnexion) genutzt.

d) TEIL-FÜR-GANZES (visuelle Synekdoche): Eine verbale Aussage wird mittels eines Teil bzw. eines Ausschnitts ihrer inhaltlichen Gesamtheit visualisiert (z.B. durch eine Teil-für-Ganzes-Relation, eine Art-für-Gattung-Relation oder eine Einzahl-für-Mehrzahl-Relation). Ein Beispiel für eine Teil-Ganzes-Relation ist eine Anzeige für Obstbrände von Schladerer, in der formatfüllend eine Birne abgebildet ist (Text: *Einfach riesig.– Die geistvollste Art, Früchte zu genießen.*).

e) GRUND-FOLGE (visuelle Kausal- oder Instrumental-Relation): Die verbale Aussage wird durch ein visuelles Zeichen umgesetzt, das mit der verbalen Aussage entweder 1) in einer kausalen oder 2) in einer instrumentalen Beziehung steht. So wird in einer Anzeige für die Deutsche Post für die Behauptung der Schlagzeile (*Von 100 Briefen kommen 95 am nächsten Tag an.*) auf visuellem Weg der Grund dafür angegeben, dass **nur** 95 % so schnell ankommen: *Hier sind die anderen 5.* Abgebildet sind fünf Briefe, bei denen sich schnell einsehen lässt, dass ihre Zustellung Probleme macht (z.B. mit Adressen wie *Melanie Landwehr, Berlin (Kreuzberg?) ???* oder *Tante Betti, Henisiusstr. 11, Augsburg* oder einem falsch eingesteckten Formular, bei dem überhaupt keine Adresse zu sehen ist).

f) WIEDERHOLUNG (visuelle Repetition): Die visuelle Darstellung wiederholt den Inhalt bzw. die Bedeutung der verbalen Aussage, entweder 1) auf inhaltlicher oder 2) auf formaler Ebene. Ein Beispiel sind die TV-Spots für den Börsengang der Deutschen Telekom, bei denen von verschiedenen Leuten per Handzeichen ein „T" nachgeformt wird, um für die T-Aktie zu werben. Ein anderes Beispiel ist die Werbung für Bitburger Bier, bei denen der Slogan *Bitte ein Bit* in Anzeigen wie im Fernsehen umgesetzt wird durch Bilder und Szenen von Menschen, die – scheinbar eine Bestellung aufgebend – die Hand heben. (Da diese Szenen zumeist aus ganz anderen Kontexten stammen, könnte man zusätzlich von einer Verfremdung sprechen.)

g) STEIGERUNG (visuelle Gradation): Die verbale Aussage wird in ihrer Eindringlichkeit und Ausdruckskraft durch die Art der visuellen Umsetzung deutlich gesteigert, entweder 1) durch inhaltliche Erweiterung (durch Hyperbel, Klimax oder Antithese, siehe 4.4.1a zu den rhetorischen Figuren), 2) durch Hervorhebungen oder 3) durch mehrfache Wiederholung eines zentralen Zeichens. Ein Beispiel für eine Gradation durch mehrfache Wiederholung ist eine Anzeige für die „Dankeschön"-Tafel von Milka. Die Anzeige besteht aus einem durchlaufenden Text, und anstelle des Wortes *Dankeschön* ist jedesmal die Schokoladentafel mit dem „Dankeschön"-Aufdruck abgebildet: *Es gibt immer einen guten Grund, **Dankeschön** zu sagen. Heute sagt die Milka Kuh **Dankeschön** für die vielen Glückwünsche zum Geburtstag. Sie sagt **Dankeschön** mit der **Dankeschön** Tafel, weil man mit der so schön **Dankeschön** sagen kann.*

h) HINZUFÜGUNG (visuelle Addition): Verbale und visuelle Aussage stehen nebeneinander und ergeben erst in ihrer Kombination eine sinnvolle Aussage; jedes für sich bliebe unverständlich oder zumindest nicht genügend inhaltlich bestimmt. Ein Beispiel für visuelle Addition ist die Anzeige für Turnschuhe von Nike (Abb. 12: 133).

i) BEDEUTUNGSBESTIMMUNG (visuelle Determination): Eine mehrdeutige verbale Aus-
sage wird durch die visuelle Umsetzung monosemiert, d.h. inhaltlich festgelegt.
Dabei lassen sich 1) Präzisierungen, 2) Konkretisierungen und 3) die selektive Bedeutungszuweisung aus einer Menge möglicher Bedeutungen unterscheiden. Eine
Konkretisierung wäre z.B. der oben bereits erwähnte Gesichtsausdruck, der mit
„Schweppes-Gesicht" bezeichnet wird: *Kein Schweppes Gesicht. Keine Erfrischung.* Eine
selektive Bedeutungszuweisung liegt in einer Anzeige für einen Laserdrucker von
Minolta vor: *Manche Neuheiten sind furchtbar LAUT.* (daneben ein Foto eines schreien-
den Säuglings) – *Andere NICHT.* (daneben ein Minolta-Drucker).

j) VERKOPPELUNG (visuelle Konnexion): Um eine bestimmte Bedeutungs- oder Wer-
tungsdimension zu eröffnen (Stichwort: Image-Übertragung), werden die Referenzobjekte der verbalen Aussage gezielt mit bestimmten visuellen Zeichen in Verbindung gebracht, mit Abbildungen entweder 1) von anderen Gegenständen, 2) von
Personen oder 3) von Situationen. Ein Beispiel einer positiven Image-Übertragung
ist die Anzeige für das Notrufsystem Tele Aid von Mercedes: Unter der Schlagzeile
Drei, die automatisch Hilfe holen, wenn Sie es nicht mehr können. sind die Serienstars
Flipper (Delphin), Lassie (Collie-Hündin) und der Schalter des Notrufsystems „Tele
Aid" abgebildet. Die visuelle Konnexion beruht sehr häufig auf dem Prinzip der
visuellen Assoziation (s.o.).

k) VERFREMDUNG (visuelle Normabweichung): Die verbale Aussage wird durch Zeichen umgesetzt, die entweder eine nicht erwartete Bedeutung realisieren oder das
zugrunde liegende Referenzobjekt überraschend verfremden. Bei einer Normabweichung hinsichtlich der Bedeutung lassen sich 1a) verfremdende Bedeutungsin-
terpretationen (wie Paradox, Widerspruch) von 1b) Spielen mit der Bedeutung (mit
Hilfe von Mehrdeutigkeiten oder Wörtlichnehmen/Remotivierung) unterscheiden.
Eine Zeichenverfremdung kann 2a) durch die Zugabe unerwarteter Bildelemente,
2b) durch einen Austausch von Bildteilen, 2c) durch die Nachahmung und Umge-
staltung eines Zeichens mittels eines anderen oder 2d) durch eine Verfremdung der
Gestalt erreicht werden. Eine Verfremdung der Gestalt (2d) durch Hinzufügung
fremder Bildelemente (2a) zwecks verfremdender Bedeutungsinterpretation liegt
in einer Anzeige für Toshiba Notebooks vor, in denen das Notebook neben einem
Brems- und Kupplungspedal quasi als Gaspedal abgebildet ist, um bestimmte Bedeutungsdimensionen des Textes (Schlagzeile: *Jetzt können Sie beim Arbeiten richtig
Gas geben.*) zu unterstützen (Anzeigentext siehe unter Frage (42)). Eine weitere
Verfremdung liegt bei einer Anzeige für United Airlines vor. Unter der Schlagzeile
Die Innovation aus Amerika: Das ultimative Mittel gegen Platzangst ist da. ist ein Pillenglas
mit dem Aufdruck *Advanced Formula – B777 – United Airlines* abgebildet.

l) SYMBOLISIERUNG (visuelle Symbolisierung): Eine verbale Aussage wird in der Visualisierung durch ein Symbol ersetzt, wobei an dieser Stelle eine weitere Differenzierung mit Hilfe der bis jetzt genannten Umsetzungsarten möglich wäre (wie verfremdetes Symbol, wiederholtes Symbol, steigerndes Symbol etc.). Ein Beispiel für
visuelle Symbolisierung ist eine Anzeige für Volkswagen Leasing, bei der auf der
ersten Seite eine nur ausschnitthaft zu sehene Frau einem Männermund einen

Apfel reicht (Schlagzeile: *Sie können sich verführen lassen ...*). Verführung wird hier symbolhaft durch die Anspielung auf Eva und Adam umgesetzt. Ein weiteres Beispiel ist eine Nikon-Anzeige mit der Schlagzeile *Wenn Sie sich nicht anpassen wollen, tut's eben Ihre Kamera.* Auf der Kamera sitzt ein Chamäleon, Sinnbild für Anpassungsfähigkeit.

Um das Bild in eine sprachwissenschaftliche Analyse angemessen einzubeziehen, sollten bzw. könnten also je nach konkreter Fragestellung folgende Untersuchungsaspekte beleuchtet werden:

a) Aus welchen funktional bestimmten Bildelementen setzt sich die Anzeige (der Spot) zusammen (Anzeigenaufbau) (siehe 3.6)?
b) Um was für Bilder handelt es sich in zeichentheoretischer Sicht, also wenn das Verhältnis zwischen Bild und Abgebildetem, zwischen *signifié* und *signifiant* betrachtet wird (deiktische, ikonische, konventionalisierte Zeichen) (siehe 3.6)?
c) Wie lassen sich die Bilder formal näher beschreiben (siehe 3.6)?
d) Wie ist das Verhältnis zwischen Bild und Text in der Gesamtkomposition einer Anzeige?
e) Welche Beziehungen zwischen einzelnen Bild- und Textelementen lassen sich im Detail nachweisen? In welcher Form setzt das Bild visuell die verbalen Informationen um?
f) Welches Ziel soll mit der visuellen Gestaltung innerhalb der Werbeintention erreicht werden? Welche Funktion übernimmt die jeweils spezifische Text-Bild-Beziehung (siehe 4.3.2)?

 Literaturtipps

Differenzierte und dennoch handhabbare Beschreibungsvorschläge für Text-Bild-Beziehungen in der Werbung bieten
GAEDE, Werner (1992): Vom Wort zum Bild. Kreativ-Methoden der Visualisierung. 2., verbesserte Auflage. München (Langen-Müller/Herbig).
GEIGER, Susi/HENN-MEMMESHEIMER, Beate (1998): Visuell-verbale Textgestaltung von Werbeanzeigen. Zur textlinguistischen Untersuchung multikodaler Kommunikationsformen. In: Kodikas/Code. Ars Semeiotica 21, 55–74.

Am Beispiel von Schlagzeilen finden sich Anregungen zum Ersetzungs- und Ergänzungsspiel mit Wort und Bild bei
ROHEN, Helena (1981): Bilder statt Wörter. In: Zeitschrift für Germanistische Linguistik 9, 308–325.

Umgesetzt in ein ganzheitliches Analysemodell zum Text-Bild-Bezug von Anzeigen finden sich die Ideen Gaedes und anderer bei H. Stöckl, der am Beispiel englischer Werbung sehr detailliert auf persuasive, rhetorische und stilistische Aspekte von Text-Bild-Gestaltungen eingeht, dessen Ausführungen aber aufgrund der Terminologie nicht ganz einfach zu lesen sind:
STÖCKL, Hartmut (1997): Werbung in Wort und Bild. Textstil und Semiotik englischsprachiger Anzeigenwerbung. Frankfurt am Main u.a. (Lang). (= Europäische Hochschulschriften. Reihe XIV: Angelsächsische Sprache und Literatur 336).

(53) Analysieren Sie jeweils das Text-Bild-Verhältnis in der Toblerone-Anzeige (Abb. 9: 108), den beiden WMF-Anzeigen (Abb. 10a/b: 118f), der Anzeige für die Süddeutsche Zeitung (Abb. 19: 190) und für P&S-Zigaretten (Abb. 21: 220).

a) Wie ist das Verhältnis von Bild- und Textinformation, welcher Kode steht im Vordergrund?

b) In welchen semantischen Relationen stehen die Bilder zu den jeweiligen Texten?

5.   Methodische Tipps

5.1   Vorschlag für ein Analysemodell

Was macht man nun, wenn man nicht nur einen einzelnen der beschriebenen Aspekte herausgreifen, sondern Anzeigen und Spots in ihrer sprachlichen und gestalterischen Ganzheit betrachten möchte? In der Forschungsliteratur finden sich relativ wenige Vorschläge für Analysemodelle, d.h. Modelle für eine konkrete, systematische und umfassende Herangehensweise an Werbung. Peter Staigmiller entwirft beispielsweise in seiner Dissertation „Aspekte der Operationalisierung werblicher Kommunikation" (1989) ein sehr aufwendiges Diagramm, bei dem – ausgehend vom Kommunikator – dessen jeweilige Entscheidungen bei der Entwicklung eines Werbetextes abgefragt werden (Staigmiller 1989: 7–13). Der Schwerpunkt liegt dabei auf stilistischen Fragen (welche Wörter oder welche rhetorischen Figuren werden gewählt, aufgrund welcher Konnotationen/Assoziationen usw.). Staigmiller selbst kommt allerdings zu dem Schluss, dass eine solche Hierarchisierung und Formalisierung wenig ergiebig ist, da sie beispielsweise zu wenig die bei der Auswahl jeweils wirksame Autorintention berücksichtigt. Zudem vernachlässigt Staigmiller die Bildkomponente völlig. Wer sich mit Werbung sprachwissenschaftlich beschäftigt, kann sich jedoch nicht auf den rein sprachlichen Aspekt zurückziehen, ohne das Bild zu berücksichtigen. Die in sprachwissenschaftlichen Arbeiten beliebten Rechtfertigungen, die Sprache sei wichtiger (im Sinne der Werbewirksamkeit) als das Bild (z.B. Baumgart 1992: 2f, 29), vernachlässigen die zahlreichen Bezüge und Bedeutungsbeziehungen zwischen Bild und Text. Oft ist der Text ohne Bild allein gar nicht verständlich oder erhält seine witzige oder vieldeutige Dimension erst durch das Zusammenspiel mit dem Bild (siehe 4.6). Es muss also ein Weg gefunden werden, Bilder und Filmsequenzen sinnvoll in eine Analyse einzubeziehen, auch wenn der Hauptgegenstand die Sprache ist.

Einen Kriterienkatalog, der am Kommunikationsmodell von Roman Jakobson orientiert ist, stellt Ingrid Hantsch auf („Textformanten und Vertextungsstrategien von Werbetexten. Ein systematisches Analyserepertoire", 1974). Hier werden (ohne nähere Erläuterung) mögliche Untersuchungsaspekte aufgezählt, sortiert einmal nach den verschiedenen Dimensionen eines sprachlichen Zeichens (Sprecher/Ausdruck, Hörer/Appell, Thema/Darstellung, Kanal/phatische Dimension) und zum anderen nach verschiedenen Kodes (linguistischer, visueller, rhetorischer, ästhetischer und ideologischer Kode). Aufgegriffen und erweitert werden diese Kriterien von Bernhard Sowinski in seinem Überblicksbüchlein „Werbung" (1998: 25–29). Eine solche Kriterienliste ist quasi als „Checkliste" zur Überprüfung nützlich, ob man an wichtige Aspekte der Analyse gedacht hat, oder als Anregung, sich die eine oder andere Fragestellung herauszugreifen. Sie ist jedoch bei weitem kein Analysemodell, das eine systematische

Methode vorschlagen und den konkreten Einstieg in die Werbesprachenforschung besonders erleichtern würde.

Einen umfassenden und als Ausgangsbasis Gewinn bringenden Vorschlag hat Wolfgang Brandt bereits 1973 gemacht (sein Werbekommunikationsmodell wurde schon unter 2.1 erwähnt): „Die Sprache der Wirtschaftswerbung. Ein operationelles Modell zur Analyse und Interpretation von Werbungen im Deutschunterricht". Dieses Modell, das bislang nur von Horst Seyfahrt (1995) und in modifizierter Form von mir (Janich 1998a) aufgegriffen wurde, ist zu Unrecht kaum beachtet worden. Es wird daher im Folgenden näher erläutert und kurz diskutiert werden, um es dann durch einen darauf basierenden, aber weit gehend modifizierten Vorschlag zu ersetzen. Dieser Vorschlag bezieht auch das derzeit aktuellste, semiotisch-pragmalinguistisch ausgerichtete Analysemodell von Angelika Hennecke ein, das sie an Werbeanzeigen für Ostprodukte erprobt hat (Hennecke 1999: 113–153). Hennecke berücksichtigt wie Brandt Bilder und sogar nonverbale Aspekte wie Typographie und Interpunktion, setzt in ihrer Untersuchung aber einen deutlichen textlinguistischen Schwerpunkt.

Das Brandt'sche Modell

Brandt sieht zwei Analysestufen und drei Synthesestufen vor, um durch die Analyse der Werbeform den Werbeinhalt beschreiben zu können (Brandt 1973, 130–196):

Auf der ERSTEN ANALYSESTUFE sollen die einzelnen „Nachrichten" – jeweils nach ihren Kodes „auditiv", „lingual" und „visuell" getrennt – voneinander isoliert, ihre Verteilung beschrieben und die isolierten Elemente nach bestimmten Merkmalsklassifikationen typisiert werden. So können Bilder (= visueller Code) dadurch bestimmt werden, ob sie dynamisch oder statisch, bunt oder schwarzweiß, formreal oder formabstrakt, wirklich oder unwirklich sind (siehe 3.6). Der auditive Komplex des Tons kann unterschieden werden in Musik (z.B. bestimmte Stilrichtung) oder Geräusch (Lautstärke, Herkunft: tierisch, menschlich, technisch). Der linguale Komplex umfasst mehrere zu beschreibende Merkmalsbündel wie Art der Sprachrealisierung (geschrieben, gesprochen, gesungen), Sprache (deutsch, fremdsprachig), Art des Kommunikators (Primärsender: werbende Firma, Sekundärsender: z.B. „Melitta-Mann" oder anonyme Stimme aus dem Off), Laut- und Schriftmerkmale, die von der Norm abweichen, formale Beschreibung der Hierarchie der einzelnen Textelemente zueinander (Primärtext: eigentlicher Anzeigentext, Sekundärtext: Aufdruck z.B. auf dem Produkt, der für Werbeinhalt wichtig ist, Tertiärtext: andere Text- und Schriftelemente, die nur atmosphärische, aber keine inhaltliche Rolle spielen).

Auf der ZWEITEN ANALYSESTUFE werden alle Elemente, wiederum nur im Rahmen des jeweiligen Kodes, nach den verschiedenen zeichenkombinatorischen Ebenen (Text-, Satz-, Wort- und Lautebene) auf ihren semantischen Gehalt geprüft, d.h. jedes Element soll auf jeder Ebene ein Denotat, ein Konnotat und mögliche Assoziationen zugewiesen bekommen.

Die ERSTE SYNTHESESTUFE fasst die Ergebnisse der ersten beiden Stufen zusammen und führt so zu einer Gesamtaussage über jeden einzelnen Kode. Die Ergebnisse über die einzelnen Ausdrucksformen sollen dann daraufhin geprüft werden, wie sie zu welch einer Darstellung von Konsument, Produzent und Produkt beitragen.

Auf der ZWEITEN SYNTHESESTUFE werden die Kodes aufeinander bezogen, indem der Text-Bild-Ton-Bezug formal und inhaltlich untersucht und zu einer Gesamtaussage der untersuchten Anzeige/des untersuchten Spots zusammengefasst wird.

Die DRITTE UND LETZTE SYNTHESESTUFE leistet eine Interpretation und eine Wertung des Werbeinhalts auf der Basis der vorherigen Ergebnisse.

 Ein nicht zu unterschätzender Vorteil von Brandts Modell ist, dass es Bild und Ton als gleichberechtigte und für die Gesamtinterpretation notwendige Komponenten neben der Sprache einbezieht und einen Versuch darstellt, die Beschreibung der einzelnen Bild-, Text- und Tonelemente zu systematisieren. Es schreibt andererseits eine sehr detaillierte Vorgehensweise vor, die zahlreiche Wiederholungen mit sich bringt, da Elemente erst isoliert in ihrer Form beschrieben, dann in einem zweiten Schritt isoliert (!) auf ihre Bedeutungen hin befragt und in Syntheseschritten dann wieder zueinander in Beziehung gesetzt werden sollen. Abgesehen von dem Aufwand, der das Modell für ein größeres Anzeigen- oder Spotkorpus ungeeignet macht, ist es gar nicht möglich, beispielsweise Bedeutungen einzelner sprachlicher Elemente zu beschreiben, ohne ihre Einbettung im Kontext und ihre Bildbezüge schon bei diesem Schritt zu berücksichtigen. (Auf das Problem, dass unterschiedliche Kodes wegen ihrer gegenseitigen Determiniertheit oft nicht isoliert voneinander betrachtet werden können, weist auch Hennecke hin; 1999: 115, 118). Abgesehen davon scheinen gewisse Untersuchungsaspekte wenig sinnvoll zu sein (z.B. einige der Typisierungskategorien oder die semantische Beschreibung aller Elemente eines jeden Kodes auf vier zeichenkombinatorischen Ebenen), andere fehlen: So bleiben sprachliche Strategien und Stilmittel und ihre jeweilige Funktion ausgespart. Es handelt sich um ein rein semantisch orientiertes Modell, die Perspektive der sprachlichen Form und der Handlungsaspekt fehlen weit gehend.

Das semiotisch-pragmalinguistische Modell von Hennecke

Angelika Hennecke schlägt mit Rückgriff auf Ulla Fix und andere vor, den Textbegriff semiotisch auch auf die visuellen Elemente auszuweiten. Eine Werbeanzeige (oder auch ein Fernsehspot) wäre dann als semiotisch komplexer „Supertext" zu betrachten, der aus verschiedenen Teiltexten (einem sprachlichen, einem bildlichen etc.) besteht, die erst zusammen und in jeweils unterschiedlicher Bezugnahme aufeinander einen Inhalt ergeben. In der Regel dominiert dabei eine der Ausdrucksformen bzw. einer der Kodes, der verbale oder der visuelle.

Hennecke kommt für ihren Analysevorschlag zu dem Schluss, dass beide Teiltexte in eine sprachwissenschaftlich-semiotische Untersuchung einbezogen werden müssen und auf ihre Form (Zeichentypen, sprachliche Umsetzung) wie auf ihren Inhalt (Denotate, Konnotate, Assoziationen) zu untersuchen sind. Kann man auf dieser Basis Aussagen darüber treffen, wie welche textinternen Faktoren zur Textkonstitution beitragen, so müssen diese in einem nächsten Schritt mit den textexternen, nämlich den pragmatischen und kulturellen Faktoren abgeglichen werden, die ebenfalls auf eine ganz spezifische Weise Texte konstituieren. Verkürzt stellt Hennecke ihr Modell in einem Schaubild dar, das dann detailliert von ihr erläutert wird.

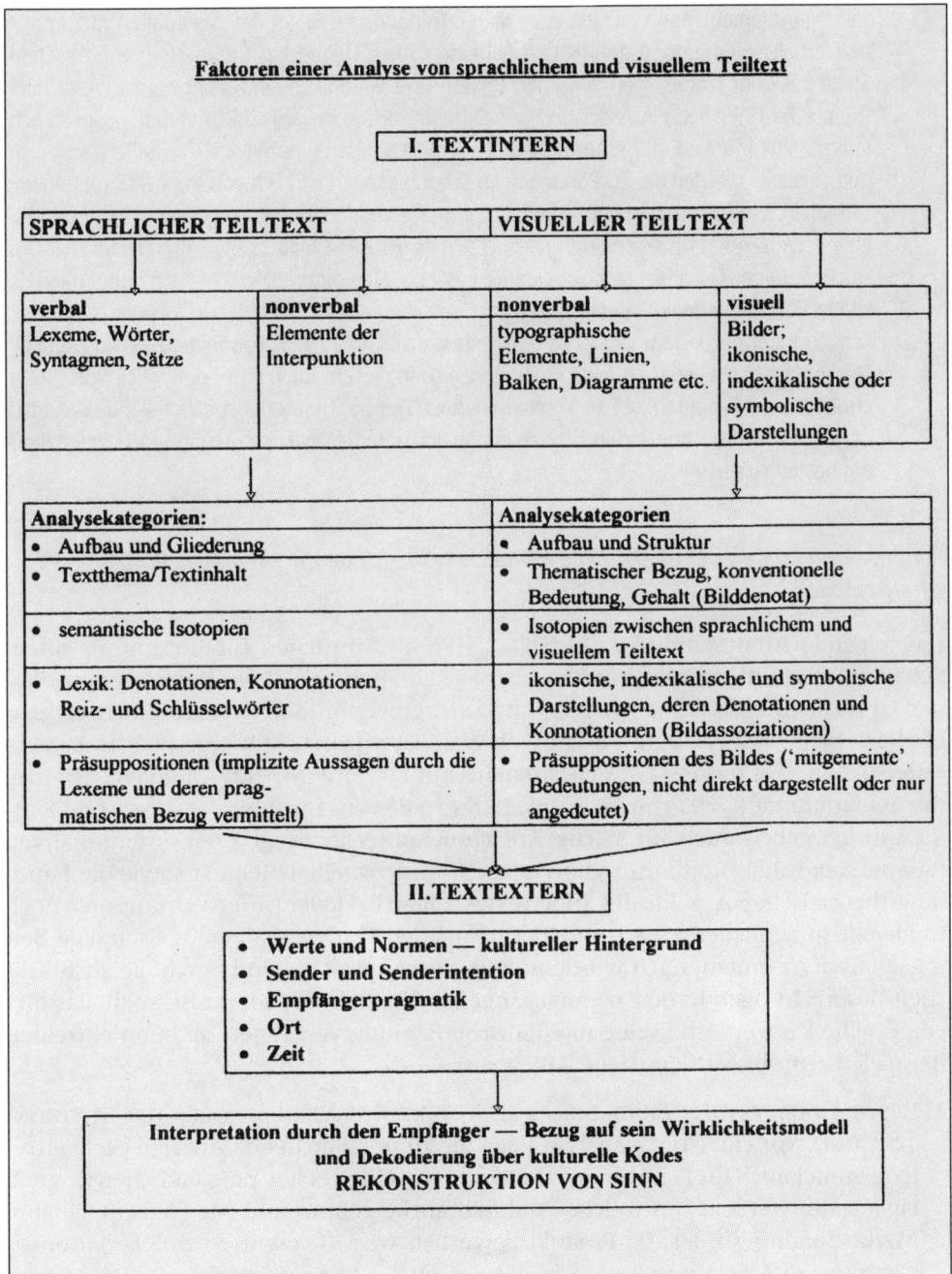

Semiotisch-pragmalinguistisches Analysemodell nach Hennecke (1999: 119)

Nicht ganz einleuchtend im Sinn einer klaren Trennung erscheint das zweimalige Vorkommen nonverbaler Elemente in den beiden Teiltexten. Auch Henneckes Erläuterungen an späterer Stelle z.B. zum Unterschied zwischen Bildern und Graphiken sind nicht ganz einleuchtend (Hennecke 1999: 138). Aus der dortigen Differenzierung in „sprachlich-verbal", „sprachlich-interpunktiv (nonverbal)", „parasprachlich (typographisch – nonverbal)", „außersprachlich" und „visuell" werden die Zuordnungen im Schaubild nicht wirklich erklärt, Ausführungen und Schaubild scheinen sich in der Aufteilung partiell zu widersprechen. Statt einer in diesem Fall eher verwirrenden Unterscheidung lassen sich im visuellen Teiltext alle Formen bildlicher Umsetzung (Bilder, Graphiken etc.) zusammenfassen – eine differenziertere Sicht bringt dann die später vorgeschlagene Unterscheidung der verschiedenen Zeichentypen (deiktisch, ikonisch, konventionalisiert). Dagegen ist es durchaus sinnvoll, beim verbalen Teiltext die nonverbalen Formen der Umsetzung zu berücksichtigen, was in diesem Buch unter dem Stichwort „Interpunktion und Typographie" (4.5) geschehen ist. Der bei Hennecke später fallende Ausdruck „paraverbal" (im Sinne von sprachbegleitend und unmittelbar sprachergänzend) scheint dafür am besten zu passen.

Synthese und Modifizierung der beiden Modelle – Vorschlag für ein ganzheitliches Analysemodell

Das folgende Analysemodell, das nach seiner ausführlichen Erläuterung in einem Schaubild zusammengefasst wird, versucht alle im Rahmen dieses Buches aufgegriffenen Untersuchungsaspekte zur Werbung aufzugreifen und in ein zusammenhängendes Raster einzubauen. Damit lassen sich Werbeanzeigen und Werbespots umfassend untersuchen. Das Raster lässt sich durchaus auf einzelne Aspekte einengen (wie z.B. nur Textgrammatik oder nur Wortspiele), doch die verschiedenen Analyse- und Synthesestufen geben auch für solche Ausschnittsuntersuchungen den interpretativen Rahmen ab. Inhalt und Form von verbalem und visuellem Teiltext sowie die handlungstheoretischen Aspekte des Supertextes sollten bei jeder Untersuchung auch noch so kleiner sprachlicher Ausschnitte berücksichtigt werden. Da eine vollständige Beispielanalyse zu umfangreich würde und im Prinzip weit gehend durch die ausführlichen Besprechungen in den vorangegangenen Kapiteln abgedeckt ist, sollte das hier vorgestellte Konzept und seine methodische Eignung von Ihnen selbst an einzelnen Beispielen erprobt werden (siehe Aufgaben).

1) ERSTE ANALYSESTUFE: ERSTE SKIZZIERUNG TEXTEXTERNER FAKTOREN DER TEXTKONSTITUTION. Vor einer Detailanalyse sollte die zu untersuchende Anzeige (stellvertretend immer auch für Fernseh- und Radiospot) in einen ersten pragmatischen Kontext eingebettet werden: Um welche Produktbranche geht es und wie ist die ungefähre Marktsituation, in der das Produkt beworben wird (Konkurrenzdruck, Saisonbestimmtheit u.Ä.)? Was ist das Werbeziel, das mit der Anzeige verfolgt wird? Wer ist der Sender? Wer ist der Empfänger der Werbebotschaft (= Zielgruppe)? In dieser ersten Analysestufe sind also die Punkte aus Kapitel 2 „Markt und Kommunikation" zumindest in einem ersten Überblick abzuklären.

2) ZWEITE ANALYSESTUFE: UNTERSUCHUNG VON AUFBAU UND STRUKTUR SOWIE DER FORMALEN GESTALTUNG DER JEWEILIGEN SEMIOTISCHEN KODES BZW. TEILTEXTE. Geht man wie Hennecke von einem semiotisch komplexen Supertext aus, was gerade bei der Werbung aufgrund der wichtigen Rolle des Bildes sehr sinnvoll ist, bietet sich als erster Analyseschritt am Material die Untersuchung der Form an. Zum einen sind Verteilung, Gliederung und sprachstukturelle Gestaltung des verbalen Teiltextes bzw. Kodes zu beschreiben: Welche Textelemente sind wie in der Anzeige verteilt (siehe Kap. 3; Differenzierung nach Brandt in Primär-, Sekundär- und Tertiärtexte)? Lassen sich ihnen schon auf den ersten Blick klassische Funktionen zuweisen (Slogan, Schlagzeile)? Wie sind diese Texte sprachlich gestaltet hinsichtlich ihrer Lexik, ihrer Phraseologie, ihrer Syntax, der textgrammatischen Verknüpfungsmittel wie Koreferenz und Konnexion, hinsichtlich besonderer Stilmerkmale wie Varietäteneinfluss, rhetorische Figuren oder Sprachspiele (siehe im Wesentlichen 4.3 und 4.4)? Ein weiterer Schritt ist, die paraverbale Umsetzung des verbalen Teiltextes zu beschreiben, nämlich Auffälligkeiten der Interpunktion und Typographie (siehe 4.5). Neben dem verbalen Teiltext ist dann auch der visuelle Kode zu berücksichtigen (siehe 3.6): Welche Bildelemente kommen vor? Wie ist ihre Verteilung? Welchen Zeichentypen lassen sie sich zuordnen ((deiktischen, ikonischen, konventionalisierten Zeichen, Zeichenmetamorphosen)? Wie ist die Farb- und Formgebung?

3) DRITTE ANALYSESTUFE: UNTERSUCHUNG DES INHALTS DER SEMIOTISCHEN TEILTEXTE UND IHRES GEGENSEITIGEN BEZUGS. Wenn als nächster Schritt die Analyse des Inhalts an die Reihe kommt, so lassen sich verbaler und visueller Teiltext hier oft nicht mehr isoliert voneinander betrachten. Semantische Bezüge zwischen Bild und Text, so genannte *intratextuelle* Bezüge, müssen an dieser Stelle durch eine integrative Beschreibung herausgearbeitet werden. Schon die Trennung von Form und Inhalt (oder: von Oberflächen- und Tiefenstruktur) und damit von zweiter und dritter Analysestufe ist im Grunde problematisch. Sie lässt sich gerade bei Lexik, Phraseologie und Sprachspielen oft nicht konsequent durchhalten. Zweck einer solchen methodischen Trennung ist es jedoch vor allem, den/die Analysierenden zu entlasten. Denn je mehr innerhalb eines Schrittes geleistet werden muss, desto größer ist die Gefahr der Verwirrung und Vermischung der unterschiedlichen Ebenen, dass einzelne Details übersehen werden oder die Ergebnisdarstellung unübersichtlich wird. Werden die sprachlichen Strukturen zuerst zumindest ansatzweise herausgearbeitet, so kann die inhaltliche Beschreibung und Interpretation auf sie aufbauen und zuverlässiger auf sie Bezug nehmen. So müssen an dieser Stelle sicherlich bestimmte Aspekte der vorangegangenen Stufe wieder aufgegriffen und mit semantischen Argumenten abgesichert werden. Welche Denotate, Konnotate und Assoziationen können den festgestellten Elementen zugewiesen werden? In welcher Form liegt (auf der verbalen wie der visuellen Ebene) Isotopie vor (siehe 4.3.4)? Wie steht es mit intertextuellen Bezügen von Bildern und Textelementen (siehe 4.4.3)?

4) ERSTE SYNTHESESTUFE: ZUSAMMENSPIEL DER TEXTINTERNEN FAKTOREN BEI DER TEXT- UND SINNKONSTITUTION. Auf der Basis der Ergebnisse der letzten beiden Analysestufen müssen Inhalt und Form unter handlungstheoretischen Aspekten so zusammenge-

führt werden, dass ein ganzheitliches Bild des Supertextes entsteht. Wie wirken einerseits die verschiedenen Kodes, andererseits die einzelnen Elemente in ihrer Form und ihrem Inhalt zusammen? Welchen Teil- und Zusatzhandlungen dienen die Elemente der Teiltexte (siehe 4.2.1)? Welche persuasive Funktionen übernehmen einzelne Teile der Anzeige (siehe 4.2.2)? Welche (formale und inhaltliche) Argumentation liegt demnach dem Supertext zugrunde (siehe 4.2.3)?

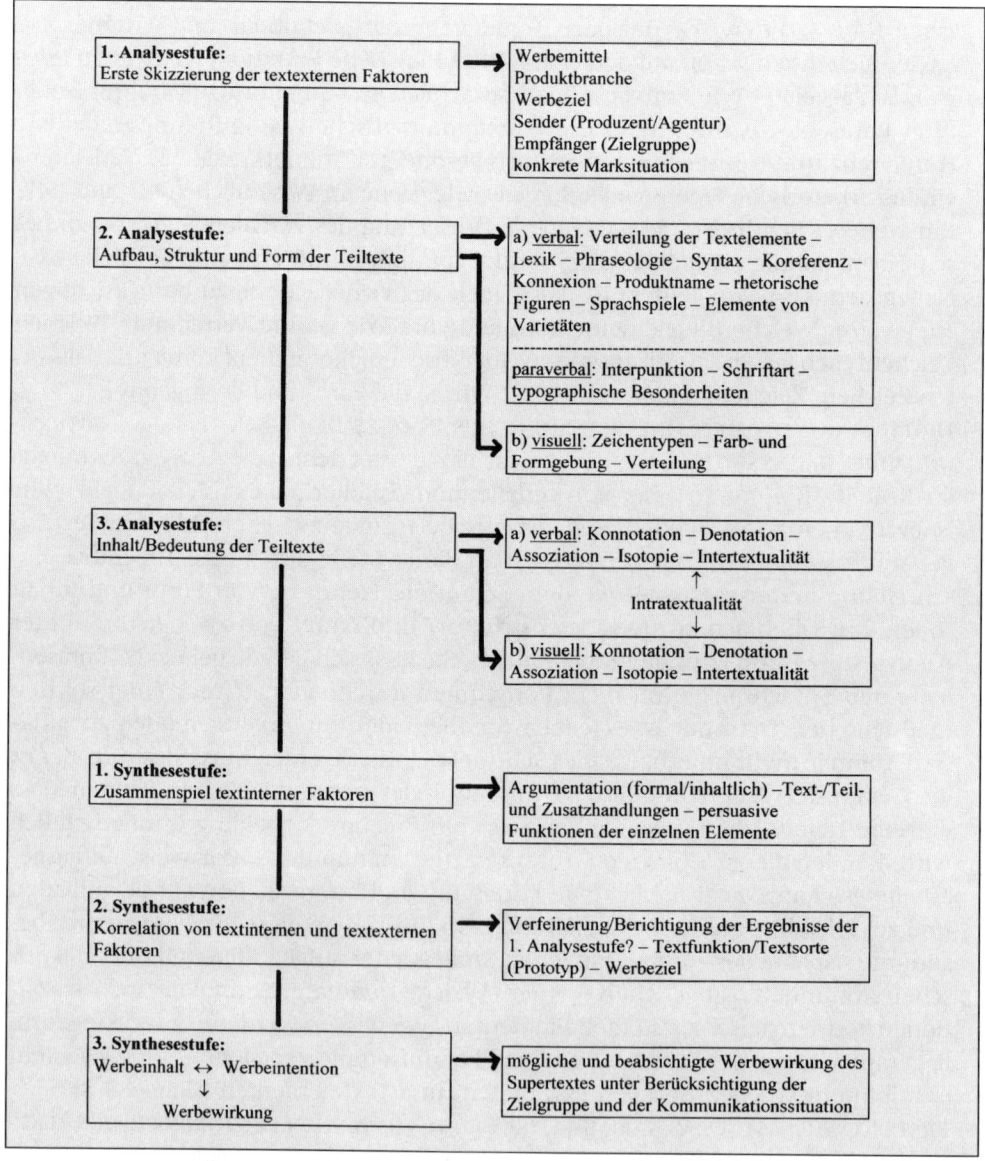

Vorschlag für ein ganzheitliches Analysemodell

5) ZWEITE SYNTHESESTUFE: KORRELATION VON TEXTINTERNEN UND TEXTEXTERNEN FAKTOREN. Wurden die Ergebnisse der Analysestufen in der ersten Synthesestufe textintern aufeinander bezogen, so müssen in einem weiteren Schritt die textexternen Faktoren eingebracht und mit den textinternen abgeglichen werden: Was ist aufgrund von Form, Inhalt und Zusammenspiel der Teiltexte die dominante Texthandlung des Supertextes, welchem Protoptyp innerhalb der Textsorte Anzeige ist er zuzurechnen? Wie verhalten sich die in der ersten Analysestufe skizzierten kommunikativen Rahmenbedingungen zur Werbebotschaft? Können Aussagen über Werbeziel und Senderintention korrigiert oder konkretisiert werden?

6) DRITTE SYNTHESESTUFE: ABSCHLIESSENDE INTERPRETATION VON WERBEINHALT UND WERBEINTENTION MIT AUSBLICK AUF DIE ANZUNEHMENDE WERBEWIRKUNG. Dieser Schritt lässt sich möglicherweise nicht strikt vom vorherigen trennen, dient also ebenfalls vor allem der Übersichtlichkeit: Am Ende einer Untersuchung sollte eine zusammenfassende Interpretation der Anzeige, ihrer Werbebotschaft und ihrem konkreten Werbeziel stehen, und zwar mit dem Blick auf die mögliche und die beabsichtigte Werbewirkung in Abhängigkeit von der Zielgruppe und der Kommunikationssituation.

Ein prinzipielles methodisches Problem ist es, ein allgemein gültiges Analyseraster für alle Fragestellungen und für verschiedene Werbemittel und Produktbranchen zu finden. Das Ziel – auch des obigen Vorschlags – sollte es daher sein, eine Grobstruktur für die Analyse zu finden, die sich flexibel an die unterschiedlichen Ansprüche je nach Fragestellung und Untersuchungsmaterial anpassen lässt.

Literaturtipps

Die ausführlicher besprochenen Analysemodelle, auf denen der hier gemachte Vorschlag wesentlich aufbaut, finden sich bei
BRANDT, Wolfgang (1973): Die Sprache der Wirtschaftswerbung. Ein operationelles Modell zur Analyse und Interpretation von Werbungen im Deutschunterricht. In: Germanistische Linguistik 1–2.
HENNECKE, Angelika (1999): Im Osten nichts Neues? Eine pragmalinguistisch-semiotische Analyse ausgewählter Werbeanzeigen für Ostprodukte im Zeitraum 1993 bis 1998. Frankfurt am Main u.a. (Lang). (= Kulturwissenschaftliche Werbeforschung 1).

(54) Erproben Sie das vorgestellte Analysemodell an der Toblerone-Anzeige (Abb. 9: 108) und der Anzeige von British American Tobacco (Abb. 17: 181) (oder an zwei unterschiedlichen Anzeigen Ihrer Wahl). Vergleichen Sie – wenn möglich – die Ergebnisse mit denen Ihrer Kommilitoninnen und Kommilitonen und diskutieren Sie gemeinsam methodische Probleme und gegebenenfalls Verbesserungsvorschläge.

5.2   Aufbau eines Korpus – ein paar Anmerkungen

Es ist einleuchtend, dass Werbesprache immer an Beispielen untersucht wird, schon allein um eigene Vorurteile oder (auch begründete) Einschätzungen konkret zu überprüfen. Die Frage ist, wie eine solche Beispielsammlung, das so genannte Korpus, auszusehen hat. Reicht die exemplarische Analyse weniger Anzeigen oder Spots? Sollte der Repräsentativität wegen ein ganzer Jahrgang einer Zeitschrift ausgewertet werden? Wie viele -zig oder hunderte Spots und Anzeigen lassen sich statistisch sinnvoll auswerten?

Achim Zielke nimmt zur Korpusfrage kritisch Stellung, indem er eine empirische Arbeit über die Verständlichkeit der Werbesprache (Schuncke 1983) als Beispiel nimmt, in der jeweils 100 Anzeigen von insgesamt elf Produktgattungen untersucht wurden, alles in allem also eine große Menge an Material. Abgesehen von methodischen Schwächen zeigt Zielke auf, dass die zahlenmäßigen Schwankungen innerhalb der Ergebnisse zu Wortarthäufigkeiten und Satzlängen so groß sind, dass diese eigentlich keine allgemein gültigen Aussagen über Anzeigentexte z.B. der Autowerbung, der Kosmetikwerbung, der Süßwarenwerbung usw. zulassen (Zielke 1991: 38–44). Das stimmt mit der grundlegenden Annahme dieses Buches überein, dass zwar Charakteristika der Werbesprache herausgearbeitet werden können, dass aber prinzipielle Aussagen, bestimmte Werbemittel oder Werbemittel für bestimmte Produktgruppen seien immer so und so gestaltet, nicht getroffen werden können (siehe die „Methodische Vorwarnung" unter 4.1). Werbung definiert sich aufgrund des Konkurrenzdrucks und der Rezeptionssituation durch Originalität, Auffälligkeit und Neuartigkeit, so dass es nicht verwundert, wenn sich die Werbemacher selten daran orientieren (im Sinne der gleichförmigen Nachahmung), wie andere Agenturen für Autos oder Kaffee werben.

Das hat Konsequenzen für den Korpusaufbau. Bei den wenigsten Fragestellungen hat es Sinn, riesige Mengen von Material zu untersuchen, nur um später festzustellen, dass sich die verschiedensten Tendenzen nachweisen lassen. Abgesehen davon ist dies bei den meisten Arbeiten Studierender vor der Dissertation auch aus arbeitsökonomischen Gründen nicht möglich. Erst recht nicht sinnvoll erscheint es, strikt jahrgangsweise aus einer Zeitung/Zeitschrift zu sammeln, um Repräsentativität zu erreichen. Je nach Fragestellung kann es viel ergiebiger sein, Material aus verschiedenen Werbeträgern zu sammeln und dann je nach Fragestellung selbst auszuwählen, welche Anzeigen und Spots für die Fragestellung ein möglichst breites Beispielspektrum ergeben. Werden keine ganzheitlichen Analysen angestrebt, die alle oben besprochenen Aspekte berücksichtigen (was bei einer gewissen Gründlichkeit nur für ein sehr kleines Korpus möglich ist), sondern wird Werbung unter einer speziellen Fragestellung untersucht, sollte man deshalb zuerst einmal versuchen, selbst einen Überblick über die vorhandenen Facetten zu bekommen, indem man möglichst viel Werbung in einem ersten Schritt „anschaut". Eine solche noch nicht bis zur Auswertung gehende Beobachtung einer größeren Materialmenge erleichtert die Auswahl der Anzeigen und/oder Spots, die in die Analyse dann konkret einbezogen werden sollen, und stellt auch eine gute Kontrollmöglichkeit für die Ergebnisse dar. Eine kontrollierende Beobachtung macht es möglich, sich in der Analyse selbst auf ein kleineres Korpus zu beschränken, indem man durch die Wahl möglichst unterschiedlicher Beispiele ein breites Spektrum an Möglichkeiten erfasst. Wie groß ein solches Korpus genau zu sein hat und welche Einschränkungen man hinsichtlich des Zeitraums, des Mediums und der Produktbranchen vornimmt, hängt vor allem von der Fragestellung, aber auch vom Anspruch und Umfang der geplanten Arbeit ab. Deshalb können keine zahlenmäßigen Empfehlungen ausgesprochen werden. Sehr umfangreiche Korpora mit hunderten von Anzeigen und/oder Spots lassen sich fast nur noch computergestützt auswerten und bieten sich zum Beispiel für Inhaltsanalysen an, wie sie der Studie von Christa Wehner über den Wertewandel in der Werbung zugrunde liegen (Wehner 1996).

Bei Fernseh- und Radiospots ist außerdem zu beachten, dass nicht nur durch die Aufnahme, sondern besonders durch die Verschriftlichung ein deutlicher Mehraufwand entsteht. (Nicht zuletzt deswegen fehlt es wohl bislang an umfassenden Studien zu diesen Werbeträgern.) Wer sprachliche Phänomene in der Fernseh- und Hörfunkwerbung untersuchen will, muss diese zuerst transkribieren: Was genau wird von wem jeweils gesagt; wo sind Pausen und auffällige Betonungen; wie wird dies mit Bildern, Musik, Geräuschen und eingeblendetem Text kombiniert? Dafür bietet sich – untersucht man nicht gerade Dialekt oder fremdsprachliche Akzente, was eine wesentlich kompliziertere phonetische Transkription erfordern würde – eine an die geschriebene Standardsprache angelehnte Transkription in Tabellenform (mit Spalten für gesprochene Sprache, geschriebene Sprache, Bild, Musik/Geräusche) an, bei der man Gleichzeitiges in Text und Bild auch optisch parallel anordnen kann.

Noch eine kurze Anmerkung zu den Werbeträgern: Wie im Kapitel 2 schon erläutert wurde, richten sich im Fernsehen die Werbeeinblendungen besonders nach dem Programmumfeld. Statt einer Beschränkung auf einen Sender und einen festgelegten Zeitraum bietet sich daher eher die „zappende" Aufnahme an. Nimmt man Werbung in verschiedenen Sendern, zu unterschiedlichen Tageszeiten und in Begleitung verschiedener Sendungen auf, bekommt man am leichtesten ein breites Spektrum von Spots.

Bei Zeitschriften werden häufig SPIEGEL und STERN als Materialbasis gewählt, da besonders der SPIEGEL als Prestigemedium gilt, das häufig von anderen Medien zitiert wird und deshalb auch für die Werbebranche eine besondere Rolle spielt. Der STERN gilt oder galt zumindest lange Zeit für die Werbung als ein Medium, in dem alle besonders kreativen Werbetreibenden vertreten sein wollten. Je nach untersuchter Produktbranche können andere Medien jedoch möglicherweise ergiebiger sein (wie Frauenzeitschriften für Kosmetikwerbung, Jugendzeitschriften für Werbung für Jugendliche usw.). Daher bietet sich auch bei der Anzeigenauswahl eine Kombinationslösung an: Zeitschriften mit breitem Adressantenkreis (wie z.B. den SPIEGEL) ebenso zu nutzen wie Zeitschriften mit einem sehr speziellen Adressatenkreis.

Ein besonderes Problem stellt ein diachron nutzbares Korpus dar, also die Sammlung älterer Werbung, um Entwicklungen und Veränderungen im Zeitverlauf darstellen zu können (zur methodischen Problematik einer solchen historischen Untersuchung siehe 6.1). Ältere Anzeigen lassen sich in alten Zeitschriftenjahrgängen finden, wie sie in Bibliotheken archiviert werden. Auch hier eignet sich besonders – zumindest für die Zeit der Bundesrepublik – der SPIEGEL, der seit 1947 erscheint. Ein Vorteil, die Anzeigen aus Originalzeitschriften zu entnehmen, besteht darin, dass sich wahrscheinlich im redaktionellen Umfeld zugleich Interpretationshilfen für Anspielungen und Werbeaussagen finden lassen.

Zahlreiche Zeitschriftenanzeigen aus der Frühzeit der Werbung enthält beispielsweise die Monographie von Sylvia Bendel (Bendel 1998: insgesamt 1472 vollständig transkribierte Anzeigen des 17. und 18. Jahrhunderts). Zur Untersuchung historischer Werbung bieten sich unter Umständen auch die nach Epochen oder Produktgattungen geordneten Bildbände zur Werbegeschichte an, wie sie vor allem von Michael Weisser, Michael Kriegeskorte oder dem Deutschen Werbemuseum in Frankfurt am Main herausgegeben wurden und werden.

Schwieriger ist die Situation bei Radio- und Fernsehspots. Im Handel erhältlich sind diverse Videokassetten mit Werbespots der 50er und 60er Jahre (z.B. herausgegeben vom oben erwähnten Werbemuseum). Manchmal haben auch Anfragen bei Werbeagenturen Erfolg; allerdings hindert die rechtliche Lage (die Unternehmen verweisen hinsichtlich des Copyrights oft auf die Agenturen und umgekehrt) viele daran, Nachfragen mit konkretem Videomaterial zu unterstützen. Manche Unternehmen bringen jedoch zu Jubiläen oder anderen Anlässen Spotsammlungen heraus (z.B. Volkswagen oder Ford). Einen Versuch ist eine solche Anfrage in jedem Fall immer wert. Eine weitere und ganz andere Möglichkeit, an Fernsehspots der 80er und 90er Jahre zu kommen, ist eine Anfrage beim Spotarchiv an der Universität Mannheim in der Verantwortung von Prof. Dr. Rolf Kloepfer. Es beinhaltet

6862 unterschiedliche, im Werbefernsehen *gesendete Spots* aus sechs europäischen Ländern [...], 431 Spots der sogenannten *Musterrollen,* die uns von Agenturen oder von Spot-Produzenten zur Verfügung gestellt wurden. Sie dienen zur Präsentation führender Produktanbieter der Welt und datieren zum Großteil aus der ersten Hälfte der 80er Jahre. [...] Ferner haben wir *prämierte Spots* (1176) aus internationalen und nationalen Wettbewerben zusammengestellt [...]. Nicht in die Datenbank aufgenommene, aber zur Beschreibung benutzte *spezifische Spotsammlungen* (518) stellen den vierten Teil des Mannheimer Archivs dar (Automobil-, Bier- oder sonstige Sammlungen nach Produkten, Firmen, Agenturen). (Kloepfer/Landbeck 1991: 105; Hervorhebungen im Original)

6. Der Blick über den Tellerrand

6.1 Diachronie – ein Interpretationsproblem

Die Untersuchung historischer Werbung bzw. die Frage nach der Entwicklung einzelner Werbestrategien „von – bis" ist ein reizvolles Forschungsthema und wird – wie gerade neuere Arbeiten (Bendel 1998, Adam-Wintjen 1998) zeigen – immer wieder aufgegriffen.

Einleitend daher ein paar kurze Anmerkungen zur Entwicklungsgeschichte der Werbung:

Auch wenn die Bezeichnungen *Reklame* und *Werbung* jüngeren Datums sind und sich erst seit Mitte des 19. bzw. Anfang des 20. Jahrhunderts nachweisen lassen, so ist das Phänomen „Werbung" doch bereits aus der Antike bekannt, als zumeist durch Ausrufer, in sehr viel begrenzterem Umfang sogar schon durch Wandschriften bestimmte Angebote und Wahlaufrufe publik gemacht wurden. Schriftliche Werbung taucht nach dem Untergang des Römischen Reiches erst wieder im 14. Jahrhundert in Form von Wirtshaus- und Handwerkerschildern auf. Die eigentlichen technischen Voraussetzungen für schriftliche Werbung waren jedoch Papierherstellung (14. Jh.) und der Buchdruck mit beweglichen Lettern (15. Jh.).

Gerold Behrens unterteilt die Werbegeschichte in drei Großphasen, die nichtindustrielle Phase (Antike und Mittelalter), die vorindustrielle Phase (16.–18. Jahrhundert) und die industrielle Phase (seit 19. Jahrhundert) (Behrens 1996: 6). Schon in der vorindustriellen Phase stehen die meisten der heute gängigen Werbemittel zur Verfügung: die physische Warenpräsentation in Auslagen, auf Märkten und Messen; die Markierung durch Warenzeichen und Firmenschilder (auch wenn der Markenartikel im heutigen Sinn erst Ende des 19. Jahrhunderts aufkommt; Sowinski 1998: 5f); die Ankündigung – mündlich durch Ausrufer und Marktschreier, schriftlich durch Mauerankündigungen und Plakate; das persönliche Verkaufsgespräch (Behrens 1996: 7).

Mit der Drucktechnik wurde auch die werbliche Massenkommunikation möglich: Die Buchdrucker, die nicht zünftisch organisiert und daher auf Erfolg auf dem freien Markt angewiesen waren, nützten den Druck als erste für ihre Zwecke. Daher können als Vorläufer der Anzeige Einblattdrucke mit Buchanzeigen, Bücherplakate und -kataloge sowie Titel- und Vorreden in den Drucksachen gelten (Bendel 1998: 24). Die Zeitungsanzeige kommt im 17. Jahrhundert auf, erzielt ihren wirklichen Durchbruch allerdings erst in der zweiten Hälfte des 19. Jahrhunderts (Behrens 1996: 11).

Voraussetzungen für den Aufschwung der Werbung in der industriellen Phase waren Ausweitung der Warenproduktion durch Industrialisierung, Ausweitung der Bildung (= Verringerung des Analphabetismus, zunehmender Bedarf an Druckerzeugnissen), starke Bevölkerungsentwicklung, der Ausbau des Verkehrswesens sowie beständige Neuerungen in der Kommunikationstechnik (Behrens 1996: 12f). Max Kjær-Hansen unterscheidet folgende Hauptperioden der Werbung in der industriellen Phase (Kjær-Hansen [2]1975: 31):

- bis 1939: Pionierjahre der Absatzindustrie, Werbung steckt in den Kinderschuhen (eine detaillierte Periodisierung der Zeit von 1850 bis zum Dritten Reich findet sich bei Reinhardt 1993: 429–448);
- 1940–1950: Kriegs- und Rationierungsjahre, kaum Werbung;
- 1950–1955: intensiver Neubeginn mit Auf- und Ausbau der Verkaufsaktivitäten, Werbung setzt in großem Umfang ein;
- ab 1955: Auf- und Ausbau der Wohlstands- und Konsumgesellschaft, Werbung zunehmend auch für teure, langlebige Luxusgüter.

 Bei einer diachronen Untersuchung von Werbung stellt sich jedoch ein nicht zu vernachlässigendes methodisches Problem: Werbung ist eine Form von Kommunikation, die in ihren Inhalten extrem abhängig ist von Zeitströmungen und modischen Trends, also von der jeweiligen aktuellen gesellschaftlichen Situation. Die angemessene Interpretation vieler Anzeigen und Spots hängt daher davon ab, ob die außersprachlichen Bezüge und Anspielungen richtig erkannt werden. Das ist manchmal schon bei der aktuellen Werbung ein Problem, wenn die Anspielungen so versteckt oder auf einzelne gesellschaftliche Ereignisse bezogen sind, dass sie nicht von allen Rezipienten verstanden werden. Wie viel schwieriger ist es da, Werbung richtig zu interpretieren, deren zeitgenössischen Bezug wir nicht mehr kennen!

Drei Beispiele der aktuellen Werbung sollen dies verdeutlichen.

1) Die Zigarettenmarke Lucky Strike wird in den letzten Jahren mit Plakaten beworben, die entweder wortspielerischen Reiz haben (Abbildung des Lucky-Strike-Emblems: *Werden Sie Kreisträger*), auf andere Werbung anspielen (Zigarettenpackung auf grünem Hintergrund: *Mit der grünen Wand der Sympathie* – Anspielung auf den Slogan der Dresdener Bank *Mit dem grünen Band der Sympathie*) oder eben auf als bekannt vorausgesetzte Ereignisse, die Medienthema waren. So interpretiere ich die Schlagzeile eines Plakats *Nie wieder Angst im Keller* als eine (als Werbeargument nicht unbedingt gelungene) Anspielung auf das autobiographische Buch „Im Keller" von Jan Philip Reemtsma, dem Erben eines „Zigarettenimperiums", in dem er seine Situation und seine Ängste während seiner Entführung schildert und das bei seinem Erscheinen (1996) großes Interesse erregte und viel besprochen wurde. Welche Chance hätte ein Forschender in zwanzig, dreißig Jahren, diesen sehr vagen, aber nachvollziehbaren Bezug noch zu erkennen?!

2) Derzeit begegnen immer wieder Anzeigen der unterschiedlichsten Branchen (und sogar eine Wahlwerbung der SPD), die (unmarkiert) Zitate aus dem legendären Interview mit Giovanni Trappatoni, damaligen Trainer der Fußballmannschaft Bayern München, während des hitzigen Kampfs um die deutsche Meisterschaft 1998 bringen: *wie Flasche leer, ich habe fertig*. Nur weil dieses Interview bereits konserviert ist (z.B. in der „Jahres-Chronik 1998. Der Rückblick" des SPIEGEL), werden sich die Bezüge auch später noch rekonstruieren lassen (allerdings nur, wenn man weiß, wo man suchen muss!).

3) Würden diese Beispiele in einem zukünftigen Interpretationsversuch vor allem Verständnislosigkeit hervorrufen, so würde das dritte Beispiel wahrscheinlich eher zu einer falschen Interpretation führen. Aufgrund des Erfolgs des Films „Comedian Harmonists" Ende 1997 wurden in der Werbung von 1998 und noch 1999 deren Schlager zitiert, so in einer Anzeige (und gesungen in einem entsprechenden Fernsehspot) von Schwäbisch Hall: *Veronika, das Geld ist da.* Ohne das Wissen um den Filmerfolg könnte eine spätere Interpretation lauten, im Jahre 1998 mache sich eine Nostalgie hinsichtlich der zwanziger und dreißiger Jahre bemerkbar. Dass dem nicht so ist, sondern dass stattdessen derzeit eher die siebziger und achtziger Jahre nostalgisch in Mode und Musikgeschmack aufleben, ließe sich nach einem entsprechenden Zeitabstand erst durch das Studium von Lifestyle- und anderen Magazinen erkennen.

Was an diesen Beispielen deutlich werden sollte: Wer sich entschließt, Anzeigen und/oder Fernsehspots der fünfziger, sechziger oder früherer Jahre zu untersuchen, kann zwar Satzlängen, Wortartenhäufigkeiten oder formale Tendenzen der Textgestaltung aufzeigen, sollte sich aber bereits bei der Untersuchung von Wortspielen, Schlüsselwörtern und Argumentationssträngen und vor allem bei der Interpretation seiner Ergebnisse bewusst sein, dass er/sie nur eine bedingte interpretative Kompetenz besitzt, sofern er/sie nicht mehr Zeitgenosse der entsprechenden Epoche ist.

Es bestehen Möglichkeiten, diesem Dilemma zu entgehen, sie sind jedoch mit viel Arbeit verbunden. Eine Interpretation ist sinnvoll dann möglich, wenn genügend Hintergrundwissen vorhanden ist, das durch das intensive Studium von Zeitungen, Zeitschriften, Nachrichtenmagazinen und eventuell zeitgenössischer Spielfilme erarbeitet werden kann. Eine gewisse interpretative Vorsicht ist jedoch auf jeden Fall angeraten. Ein anderes Problem ist der Aufbau eines Korpus, das auch ältere Werbung einschließt. Dazu finden sich einige Tipps und Hinweise im Kapitel 5.2.

Auf der Basis der Ergebnisse von Sylvia Bendel zur Geschichte der Anzeige im 17. und 18. Jahrhundert (Bendel 1998) werden abschließend die wichtigsten Entwicklungslinien der Werbesprache und der Textsorte „Anzeige" kurz skizziert.

Im 17. und 18. Jahrhundert kann man im Grunde noch nicht von einer Sprache der Anzeigenwerbung sprechen, da die frühen Anzeigen im selben Stil abgefasst sind wie Nachrichten, Briefe und Verwaltungsdokumente (Bendel 1998: 146). Was charakteristisch ist, sind die Sprechhandlungen (siehe 4.2.1 zu Textfunktion und Sprechandlungen), die sich vervielfältigen und aus der Mitteilung über ein bestimmtes Angebot gegen 1800 eine selbstbewusster vorgetragene „werbende Nachricht" machen (Bendel 1998: 182). Auch für die historische Anzeige gelten wirtschaftliche und gesellschaftliche Rahmenbedingungen:

> Während die wirtschaftlichen Bedingungen bestimmen, was der Inserent anbieten *kann* und die gesellschaftlichen Konventionen festlegen, was er sagen *muss* (oder im Falle von Tabus nicht sagen *darf*), so bestimmt die persönliche Einschätzung der Situation durch den Anbieter, was er (zusätzlich) sagen *will*." (Bendel 1998: 181; Hervorhebungen im Original)

Drei Teilhandlungen sind für die Anzeige des 17. und 18. Jahrhunderts obligatorisch und bilden quasi ein Grundgerüst: Nennung des Produkts, explizites Anbieten, Nennung des Verkaufsorts (Bendel 1998: 105). Dieses Grundgerüst wird im Lauf der Zeit beständig um neue Sprechhandlungen und Werbeargumente erweitert, wie zum Beispiel die äußere Beschreibung des Produkts, Hinweise auf Gebrauch und Nutzen sowie auf bisherige Erfolge des Produkts bzw. des Unternehmers (Bendel 1998: 181).

Der auffälligste Unterschied zu heute zeigt sich darin, dass sich die gemachten Aussagen nur auf Produkt und Anbieter beziehen. In den frühen Anzeigen finden sich weder Übertragungen auf den Konsumenten noch psychologische Appelle oder die Thematisierung eines Zusatznutzens wie Prestige, Erotik oder Erfolg (Bendel 1998: 198f). Auch lässt sich im 18. Jahrhundert noch keine Tendenz zur Anonymisierung feststellen, sondern im Gegenteil eine Entwicklung „von der Nachricht zum persönlichen, ernstgemeinten und höflich vorgetragenen Angebot des namentlich genannten Anbieters": Neben werbenden Elementen nehmen auch Höflichkeitsfloskeln und Ehrbezeugungen zu (Bendel 1998: 196).

Nicht nur die Produktvielfalt wird größer, auch die Argumentationsmuster verändern sich dementsprechend: Glaube und Magie als Sinnquellen werden verdrängt von Wissenschaft, Rentabilität und Nutzen sowie von den neuen Werten ‚Wohlbefinden', ‚Vergnügen', ‚Natur' und ‚Patriotismus' (Bendel 1998: 196).

Die Zeitschriftenanzeigen des 17. und 18. Jahrhunderts befinden sich immer am Schluss der Zeitung, sind durch Leerzeilen oder Linien vom redaktionellen Teil abgesetzt und selbst typographisch kaum gestaltet (Ausnahme: gelegentlicher Fettdruck einzelner Ausdrücke und ab ca. 1830 Absetzung schlagzeilenartiger Überschriften; Bendel 1998: 7). Spachlich unterscheiden sie sich von heutigen Anzeigen am deutlichsten durch den Satzbau: Statt kurz, einfach und oft unvollständig sind die Sätze lang und komplex, entsprechend dem damaligen Nachrichtenstil der Zeitungen. Es lässt sich im Zeitverlauf zwar eine leichte Tendenz zur Vereinfachung, Verkürzung und Nominalisierung feststellen, die jedoch mit dem heutigen Stil von Anzeigentexten noch nichts zu tun hat (Bendel 1998: 145f). Des Weiteren stellt Bendel als sprachliche Merkmale fest: häufige Verwendung der Modalverben *sollen* und *können* (mit anschließendem Passiv), von Adjektiven und superlativischen Ausdrücken, von Fremdwörtern und substantivischen Komposita (Bendel 1998: 145).

Bendel fasst auch die wichtigsten Erkenntnisse der Untersuchung von Karl-Heinz Hohmeister (1981), dessen Untersuchungszeitraum 1800–1975 unmittelbar an ihren anschließt, knapp und prägnant zusammen, so dass sie hier zitiert werden soll (ausführlicher bei Hohmeister 1981: 271–284; zur Situation ab 1900: ab 276):

> Um die Wende zu unserem Jahrhundert finden die grössten Veränderungen statt: Zur nunmehr umfassenden typografischen Gestaltung tritt die Illustration. Das Vokabular wird nochmals breiter und umfasst zunehmend Abstrakta sowie Marken- und Produktnamen. Die Syntax ist im Gegenzug auf einen Telegrammstil zusammengeschrumpft, in dem nominale Kurzformen unverbunden nebeneinander gestellt werden. Neu sind Fragen, die allerdings noch nicht an den Konsumenten gerichtet sind, sondern in fiktiven Dialogen innerhalb der Anzeige geäussert werden, sowie Aufforderungen im Imperativ, in Infinitivsätzen mit ‚Sie' oder in modalen Konstruktionen mit ‚man'. Neu sind auch Ausdrücke, welche die

Ware emotional aufwerten und/ oder personifizieren und (…) neu ist die Tatsache, dass Aussagen nicht mehr nur über das Produkt, sondern auch über den Konsumenten gemacht werden. (Bendel 1998: 7f)

Zwischen 1900 und 1950 setzt sich die Ansprache homogener Zielgruppen (wie der Hausfrauen, Bücherfreunde oder Gruppen eines bestimmten Alters) durch, bis man um 1950 geradezu auf einen idealisierten und stilisierten Verbrauchertyp stößt, der bis zum Ende des Untersuchungszeitraumes (1975) immer wieder vereinzelt nachzuweisen ist (Hohmeister 1981: 281).

 Literaturtipps

Zur Geschichte der Werbung am ausführlichsten
BUCHLI, Hanns (1962–1966): 6000 Jahre Werbung. Geschichte der Wirtschaftswerbung und der Propaganda. Bd. 1: Altertum und Mittelalter. Bd. 2: Die Neuere Zeit. Bd. 3: Das Zeitalter der Revolutionen. Berlin (de Gruyter).
REINHARDT, Dirk (1993): Von der Reklame zum Marketing. Geschichte der Wirtschaftswerbung in Deutschland. Berlin (Akademie-Verlag).

Allgemein gehaltene sprachwissenschaftliche diachronische Untersuchungen:
ADAM-WINTJEN, Christiane (1998): Werbung im Jahr 1947. Zur Sprache der Anzeigen in Zeitschriften der Nachkriegszeit. Tübingen (Niemeyer). (= Reihe Germanistische Linguistik 197).
BENDEL, Sylvia (1998): Werbeanzeigen von 1622–1798. Entstehung und Entwicklung einer Textsorte. Tübingen (Niemeyer). (= Reihe Germanistische Linguistik 193).
HOHMEISTER, Karl-Heinz (1981): Veränderungen in der Sprache der Anzeigenwerbung. Dargestellt an ausgewählten Beispielen aus dem „Gießener Anzeiger" vom Jahre 1800 bis zur Gegenwart. Frankfurt a.M. (Fischer).

Mehr konstatiert als interpretiert oder kritisch hinterfragt finden sich außerdem Ergebnisse bei
STOLZE, Peter (1982): Untersuchungen zur Sprache der Anzeigenwerbung in der zweiten Hälfte des 18. Jahrhunderts. Eine Analyse ausgewählter Anzeigen in den „Leipziger Zeitungen" von 1741–1801. Göppingen (Kümmerle). (= Göppinger Arbeiten zur Germanistik 375).

 (55) Vergleichen Sie die NSU-Anzeige von 1962 (Abb. 20: 214) mit heutiger Autowerbung.
a) Welche Gemeinsamkeiten und welche Unterschiede stellen Sie in der sprachlichen Gestaltung und der Argumentation fest?
b) Inwiefern ist diese Anzeige „zeitgenössisch"?
c) Versuchen Sie, einen nach heutigen Maßstäben angemessenen neuen Werbetext zu formulieren, der die zentralen Argumente (zeitgenössisch angepasst) aufgreift.

Nur für Damen!

Ihr sehr ergebener Diener

Das ist der Prinz 4 – als Zweitwagen ein Ruhestifter im täglichen Ehedialog über das Recht am Auto; als Wagen für die Frau des Hauses in allen Situationen richtig: vor dem Geschäftshaus, vor dem Club, vor dem – nun ja – Haus der besten Freundin. Und die männlichen Bekannten sagen: „Prima gewählt! Wußte gar nicht, daß Sie so viel von Technik verstehen. Motor, Bremsen, Lenkung – NSU-Klasse durch und durch. Alle vier Gänge natürlich vollsynchronisiert, eine Schaltung für zwei Finger. Und Platz ist in diesem Auto! Und eine Sicht rundum wie aus der Loge. Kompakte Sache, dieser Prinz 4 – gratuliere!"

Fahre Prinz – und ~~Du bist König!~~ *Sie sind Königin!*

Wir schicken Ihnen gern ausführliches Informationsmaterial und wir vermitteln Ihnen, wenn Sie es wünschen, eine unverbindliche Probefahrt. NSU Motorenwerke Aktiengesellschaft Neckarsulm   Abt. M1

30 PS, 120 km/h, 5,7 l/100 km, 435 kg Zuladegewicht..

Abbildung 20: NSU (aus: AUTO MOTOR UND SPORT 10/1962)

6.2   Interkulturalität – die kontrastive Perspektive

In der „Interkulturellen Kommunikation", die sich in den 70er und beginnenden 80er Jahren als eigene Wissenschaftsdisziplin etabliert hat, steht die Kulturabhängigkeit und Kulturspezifität jeglicher Kommunikation im Mittelpunkt.[22] Wertvorstellungen, Traditionen und Konventionen im Denken und Handeln sind kulturell geprägt, weshalb es in der Regel nicht genügt, eine Fremdsprache in ihrem Wort- und Grammatikbestand gelernt zu haben, um interkulturelle Missverständnisse vermeiden zu können. Kulturspezifische Unterschiede in Bedeutungskonzepten und Konventionen der Gesprächsführung oder der Textproduktion müssen bekannt sein, um erfolgreich kommunizieren zu können. (Ein Überblick über Entstehung und Begründung der Interkulturellen Studien mit anschaulichen Beispielen für interkulturelle Missverständnisse findet sich z.B. bei Hess-Lüttich 1994.) Dies betrifft nicht nur so sensible Bereiche wie die internationale Unternehmenskommunikation oder die Politik, sondern auch den Alltag des Einzelnen, der zunehmend in multikulturell geprägten Gesellschaften lebt.

Für die Werbung spielt die Kulturgebundenheit eine besondere Rolle, da ein erfolgreiches Persuasionskonzept auch davon abhängt, inwieweit die möglichen Konnotationen und Assoziationen, die die Rezipienten mit den Werbebotschaften verbinden, kalkulierbar und den Werbemachern bekannt sind. Wendelin Müller stellt aus werbewissenschaftlicher Sicht Überlegungen an, ob und inwieweit interkulturell standardisierte Werbung möglich ist, d.h. *ein* Werbekonzept für *ein* Produkt eines international agierenden Unternehmens, das in *mehreren* Ländern eingesetzt werden kann. **Dagegen** spricht vor allem das Vorhandensein unterschiedlicher kultureller Bedeutungen. So wird die Assoziation ‚orientalisch' im deutschen Kulturkreis z.B. durch Bild- und Textelemente suggeriert, die auf den Nahen Osten anspielen, während im US-Amerikanischen dies nur durch Anspielungen auf den Fernen Osten/Asien möglich wäre (Müller 1997: 20–23). **Dafür** spricht aus Sicht der Werbetreibenden die These von der Globalisierung, die kulturelle Unterschiede verwische und eine interkulturell ähnliche Erfahrungswelt bewirke, auf die auch die Werbung aufbauen könnte (Müller 1997: 6–8).

Müller diskutiert ausführlich verschiedene Ansätze der Wirtschaftswissenschaften und untersucht empirisch mit Hilfe von Assoziationstests die kulturspezifischen Interpretationen emotionaler Werbung. Er kommt zu dem Schluss[23], dass sich trotz des intensiver werdenden Kulturaustauschs kaum eine solche interkulturelle Homogenisierung abzeichne, die eine interkulturell standardisierte emotionale Werbung ermöglichen würde. Besonders der ikonische Kode der Bilder ist selten interkulturell übertragbar, nicht zuletzt wegen des Vergangenheitsbezugs aller Kulturen, der trotz allem

---

22 Da es sich hier um ein Ausblickskapitel handelt, kann nicht weiter auf den komplexen Begriff der Kultur eingegangen werden. Knappe Diskussionen finden sich bei Hennecke 1999: 37–50 und Müller 1997: 24–32; aus Sicht der Germanistik und des Bereichs „Deutsch als Fremdsprache" siehe auch die vielfältigen Literaturhinweise bei Hess-Lüttich 1994.
23 Die folgenden Ausführungen stützen sich bes. auf die kritische Zusammenfassung bei Müller 1997: 215–225.

Kulturaustausch bestehen bleibt. Nur wenige von der Werbung genutzte Prädikate (Prädikat nicht im syntaktischen, sondern im logischen Sinn) lassen aufgrund der internationalen Kulturindustrie interkulturell gültige Assoziationsbereiche erkennen: So wird ‚abenteuerlich‘ sehr häufig mit dem Film bzw. der Figur Indiana Jones assoziiert, ‚futuristisch‘ mit Raumschiff Enterprise, ‚individuell‘ mit dem Marlboro Man, ‚karibisch‘ mit der Rum-Marke Bacardi, ‚magisch‘ mit dem Zauberer David Copperfield oder ‚schlank‘ mit einem Model (Müller 1997: 218). Die Chancen einer Standardisierung sind dagegen bei informativer Werbung größer, und auch Werbung, die nur Erinnerungsfunktion hat, also das Werbeziel der Aktualisierung verfolgt (wie z.B. die international geschalteten Anzeigen für die schwedische Wodka-Marke *Absolut Vodka*), kann leichter standardisiert werden, da sie kaum Bedeutungsinhalte vermittelt.

Die Möglichkeit von interkultureller Standardisierung ist auch abhängig vom Produkt (High-Tech-Produkte lassen sich als so genannte „kulturfreie Produkte" beispielsweise leichter mit einer internationalen Werbestrategie bewerben als Produkte mit einem emotionalen Zusatznutzen; Müller 1997: 19), von der Zielgruppe (Teenager stellen durch die internationalen Trends in Filmen und Musikvideos die am besten standardisiert anzusprechende Zielgruppe dar) und vom jeweiligen Werbeziel (s.o., z.B. Aktualisierungswerbung). Sie ist aber nicht prinzipiell erstrebenswert und widerspricht eigentlich den Grundannahmen des Marketings: der notwendigen Segmentierung von Märkten und der damit immer spezifischer werdenden Marktorientierung und Zielgruppenansprache (Müller 1997: 225).

Die so genannte Inlandsgermanistik hat sich bislang mit interkulturellen Studien zur Werbesprache eher zurückgehalten, größeres Interesse finden solche kontrastiven Fragestellungen in den Arbeiten der Auslandsgermanistik. An dieser Stelle kann es aufgrund der Konzentration auf deutschsprachige Werbung nur um erste Anregungen zur Untersuchung gehen. Prinzipiell bieten sich unter dem Dach der interkulturellen Kommunikation verschiedene Frageperspektiven an:

a) Eine Möglichkeit ist der Vergleich von deutscher Werbung mit nicht-deutscher Werbung. Voraussetzung dafür ist die Kenntnis der Werbung und Werbesprache des Vergleichslandes, weshalb solche Fragestellungen zum Beispiel für ausländische Studierende interessant sind, die die Werbung ihres Heimatlandes zum Vergleich heranziehen können. Gegenstand der Untersuchung kann dann vom Sprachsystem bis zu Text-Bild-Kombinationen und Wertepropagierung alles sein.

Gerade mit Bezug auf die osteuropäischen Länder versprechen kontrastive Untersuchungen spannende Ergebnisse, weil sich dort seit dem Systemwechsel ganz neue Möglichkeiten in einem jetzt nicht mehr sozialistischen Wirtschaftssystem eröffnen. Wirtschaftswerbung kann in den ehemaligen Ostblock-Ländern nicht auf eine jahrzehntelange Entwicklung aufbauen, sondern muss unmittelbar den Ansprüchen und Anforderungen des veränderten Marktes gerecht werden, um mit dem werbeerfahrenen Westen mithalten zu können.

So bieten sich zum Beispiel Vergleiche nach Produktgruppen an: Mariola Sadowska hat in ihrer Magisterarbeit an der Universität Regensburg deutscher Alkohol- und Zigarettenwerbung aus den Jahren 1995–98 entsprechende polnische Anzeigen gegenüber-gestellt, um daran historisch bedingte Besonderheiten der polnischen Werbung aufzu-zeigen. Sie kann folgende Auffälligkeiten und Unterschiede feststellen (Sadowska 1998: 58–64, 85–90): In polnischen Anzeigen tauchen zahlreiche Ausdrücke auf, die auf west-liche Werte und Produktstandards anspielen, um die eigenen Produkte aufzuwerten. Dies führt mitunter sogar zu einer „Depolonisierung" zum Beispiel in der Orthographie. Bei einheimischen Produkten wird trotzdem oft versucht, mit der Vision von Weltläu-figkeit auch die polnische Realität und die polnische Produktherkunft zu verbinden (z.B. in der Anzeige für eine Zigarette (in Übersetzung:) *Polnische Zigarette, weltweiter Geschmack*. Das Bild zeigt zuerst schwarz-weiß ein junges Paar mit einem typischen polnischen Kleinwagen, dann in Farbe das Paar mit einem moderneren Wagen – beides-mal rauchen sie jedoch dieselbe Zigarettenmarke; vgl. Sadowska 1998: 61, XX Nr. 71). Trotz der starken Orientierung am Westen (sichtbar auch in der Übernahme englischer Slogans oder Schlagzeilen) wird also auch der Nationalstolz als Werbestrategie genutzt, indem z.B. Motive und Personen aus der polnischen Geschichte für die Bildgestaltung oder für Produktnamen (z.B. die Namen polnischer Könige) herangezogen werden. Auffällig ist mit Blick auf die Argumentation, dass in polnischen Anzeigen für Zigaretten und Bier häufiger auf die Form oder die Verpackung als auf den Inhalt oder Geschmack des Produkts eingegangen wird, was möglicherweise noch mit der Umstellung des Wirt-schaftssystems zu tun hat. Aus sprachlicher Sicht unterscheidet sich polnische von deut-scher Werbung darin, dass sie nur etwa halb so viele rhetorische Figuren verwendet wie die deutsche, dafür aber die Rezipienten fast in jeder dritten Anzeige per *du* anspricht (was in deutscher Werbung eher selten ist), obwohl das *Du* in Polen weit weniger ver-breitet ist als in Deutschland. Sadowska interpretiert diese Unterschiede dahingehend, dass sich das polnische Werbesystem noch auf einer Entwicklungsstufe befinde, die die westlichen Länder bereits hinter sich gelassen haben, und daher auch sein Publikum erst an diese neue Werbefreiheit gewöhnen müsse (Sadowska 1998: 89f).

Andere Fragestellungen des interkulturellen Vergleichs können sich beispielsweise auf Übersetzungs- und Übertragungsprobleme internationaler Kampagnen (für die polnische Werbung vgl. z.B. Berdychowska 1994) oder auf kulturspezifische Werte-systeme und ihre Spiegelung in unterschiedlichen Werbestrategien beziehen (für die finnische Werbung z.B. Leppälä 1994, Koskensalo [2]2000 – letztere auch zum Überset-zungsproblem).

b) Ein Sonderfall des internationalen Werbevergleichs wäre die Untersuchung der Wer-bung eines internationalen Unternehmens (siehe die obigen Ausführungen zur Stan-dardisierung und die Forschungshinweise zum Übersetzungsproblem), so dass die Werbestrategien für ein und dasselbe Produkt je nach Land miteinander verglichen werden könnten.

In einer finnischen Magisterarbeit (Nordman 2000) wurden zum Beispiel die schwedi-sche, deutsche und US-amerikanische Imagebroschüre des ursprünglich schwedischen Unternehmens Autoliv (Produktion von Sicherheitssystemen für Autos, mit Töchtern in Deutschland und USA) miteinander verglichen. In jeder Hinsicht (Layout und Präsentation, Argumentation, Inhalte, bei der Herstellung beteiligte Abteilungen, Kundenansprache) konnten hier landeskulturbedingte Unterschiede festgestellt werden. So fallen z.B. Selbstdarstellung und werbende Kundenansprache in der schwedischen Broschüre wesentlich zurückhaltender und bescheidener aus als in der deutschen oder US-amerikanischen, während konkrete technische Information eine sehr viel größere Rolle spielt (vgl. Nordman 2000: z.B. 85f). Auch durch solche firmenspezifischen Untersuchungen lassen sich Unterschiede in den nationalen „Werbekulturen" gut herausarbeiten.

c) Eine andere Möglichkeit ist, Ethnostereotype in der deutschen Werbung zu untersuchen, d.h. die sprachlichen, bildlichen (und musikalischen) Mittel, mit denen Produkte ein fremdländisches Image zugewiesen bekommen. Dies sagt nämlich nicht nur etwas über produktspezifische Argumentationsstrategien aus, sondern auch etwas über das Verhältnis der Deutschen zu anderen Kulturen bzw. über das Image einzelner Kulturen in Deutschland.

Zur Vorliebe eines „italienischen Zusatznutzens" und dem Bild von Italienern und Franzosen in der deutschen Werbung hat sich z.B. Marietta Calderón (1998) geäußert. Christoph Platen beleuchtet anhand von Werbebeispielen die Rolle von Romanismen in der deutschen Alltags- und Werbekultur (Platen 1999) und vergleicht in einer anderen Studie das Spanien-Bild, wie es jeweils in deutscher, französischer und italienischer Werbung sichtbar wird (Platen 1995).

 Die Frage nach Ethnostereotypen in der deutschen Werbung ist noch nicht besonders breit und ausführlich bearbeitet. Z.B. ist noch nicht untersucht worden, welche Nationalitäten überhaupt in der deutschen Werbung vorkommen und welche nicht. Inwiefern hängt die Thematisierung von Nationalitäten mit einem eindeutigen Produktbezug oder evtl. eher mit dem sozialen Image der jeweiligen Nationalität zusammen? Stimmt das Werbeimage einer Nationalität (z.B. in der Nahrungsmittel- und Touristikwerbung) mit ihrem tatsächlichen Image innerhalb der deutschen Gesellschaft überein? In einer Zeit, in der die EU-Erweiterung und das „Haus Europa" zentrale Themen in Politik und Gesellschaft sind, kann eine Analyse von Klischees in der Werbung möglicherweise interessante Aufschlüsse über mögliche Konflikte im Zusammenleben der Nationen geben und zu einer kritischen Aufdeckung von Vorurteilen führen. Was schwingt z.B. alles an Vorlieben und Ressentiments in der Ricola-Kräuterzucker-Werbung mit, in der ein kleiner, lustig und zugleich etwas pedantisch wirkender Schweizer einmal auf Finnen (natürlich in der Sauna!), einmal auf sportliche Australier beim Beach-Volleyball trifft? Solche Fragestellungen lassen sich zwar nicht mehr nur sprachwissenschaftlich, sondern besser interdisziplinär beantworten, können sich aber auch auf verschiedene sprachbezogene Aspekte stützen (wie z.B. den Einsatz von Fremdsprachen, vgl. 4.3.1 b).

d) Eine etwas anders gelagerte, weil intrakulturelle Fragestellung, zu der auch eine umfangreiche Studie vorliegt (Hennecke 1999), ist der Vergleich west- und ostdeutscher Werbung.

Aufgrund der jahrelangen Trennung Deutschlands in zwei Staaten mit grundsätzlich unterschiedlichem politischem und gesellschaftlichem System sind selbst zehn Jahre nach der Vereinigung noch kulturelle Unterschiede im Sinne unterschiedlicher Wertvorstellungen und verschiedener Assoziationsspielräume zu spüren. Angelika Hennecke stellt zwar in ihrer Arbeit über Werbung für Ostprodukte (1999) eine Asymmetrie des Marktes und Unterschiede in den Werbekonzepten vor allem für ursprüngliche Ostprodukte fest (dazu unten mehr), beleuchtet aber auch die kontroverse Diskussion in den großen Werbeagenturen, ob und inwieweit gesonderte Ost- und West-Kampagnen für dasselbe Produkt nötig sind. So stoßen beispielsweise Slogans wie *Test the West* für West-Zigaretten oder *Da weiß man, was man hat* für Persil auf Ablehnung oder Unverständnis (Hennecke 1999: 76–83; siehe dazu auch den ZEIT-Artikel von Gunhild Freese „Lauter blaue Socken. Zwei Berliner Werber fordern unterschiedliche Kampagnen für Markenartikel in Ost und West", Nr. 27, 25. Juni 1998: 28). Ostspezifische Werbung ist allerdings nur medienspezifisch möglich, im Fernsehen können aufgrund der überregionalen Ausstrahlung verständlicherweise kaum Differenzierungen vorgenommen werden.

Zur Werbung für ursprüngliche Ostprodukte stellt Hennecke fest, dass es nach anfänglich schüchternen Werbeversuchen zu Beginn der 90er Jahre seit 1993 zu einer Renaissance der Ostprodukte und damit der Etablierung offensiver, selbstbewusster, ostspezifischer Werbestrategien kam. Hennecke findet nach der Analyse einiger ausgewählter Kampagnen (Leckermäulchen-Quark, Waschmittel Spee, Zigarettenmarken fa und Cabinet, Biermarken Landskron und Berliner Pilsner) ihre Ausgangshypothese bestätigt, dass es eine eigenständige Werbung für Ostprodukte gibt, die sich in strukturellen und besonders inhaltlichen Aspekten von westdeutschen Strategien unterscheidet, indem sie sich auf die besonderen Werte, Lebensstile und Einstellungen der Ostdeutschen bezieht und bewusst zur Stärkung eines ostdeutschen Identitäts- und Gemeinschaftsgefühls beiträgt. Werbeargumente sind dementsprechend vor allem Qualität, Tradition (verbunden mit Wiedererkennungswert und Nostalgieappellen), (Regional-)Stolz und ein günstiges Preis-Leistungs-Verhältnis. Nicht selten wird auch offensiv gegen herrschende Vorurteile gegenüber Ostprodukten mittels eines impliziten Vergleichs mit Westprodukten argumentiert (Hennecke 1999: 275–278; dort auch genauer zu Gemeinsamkeiten und Unterschieden). Für die Produkte, die auch in westdeutschen Bundesländern etabliert werden sollen, müssen allerdings neue gemeinsame Werte und Argumente gefunden werden (Hennecke 1999: 279) (zu Werbung im Osten siehe außerdem Läzer 1996 und Schmider 1990).

Der diachrone Vergleich zwischen ehemaliger DDR- und BRD-Werbung wurde bislang vernachlässigt, bietet sich jedoch ebenfalls an, wobei in diesem Fall bei der Interpretation der Unterschiede in einem ganz anderen Maß die verschiedenen politischen und marktwirtschaftlichen Bedingungen berücksichtigt werden müssen.

 Interkulturelle Fragestellungen sind kontrastive Untersuchungen, d.h. es müssen Kenntnisse und Stellungnahmen von mindestens zwei Werbekultur-Systemen zugrunde liegen, um sie vergleichen zu können. Dabei ist grundsätzlich der verwendete Kulturbegriff zu klären und dann natürlich der Aspekt, auf den hin die beiden Systeme miteinander verglichen werden sollen.

Gerne spielten Roy und Charles „regungslos dastehen", heute schon fast eine Viertelstunde. Schließlich ging es um eine ganze Packung P&S.

Finest Virginia Blend.

Die EG-Gesundheitsminister: Rauchen gefährdet die Gesundheit. Der Rauch einer Zigarette dieser Marke enthält 0,9 mg Nikotin und 12 mg Kondensat (Teer). (Durchschnittswerte nach ISO.)

Abbildung 21: P&S-Zigaretten

Was meines Wissens noch überhaupt nicht untersucht wurde, ist die Frage, ob sich in der deutschen Werbelandschaft neben ostdeutschen Besonderheiten vielleicht auch Anzeichen für eine Berücksichtigung der in Deutschland lebenden ausländischen Minderheiten als Zielgruppe finden lassen (ein erstes Beispiel ist mir im Sommer 1999 auf Bahnsteigplakaten an den Münchner S-Bahn-Linien aufgefallen, auf denen die Western Union im Verbund mit deutschen und ausländischen Banken für ihren „Money Transfer" wirbt, und zwar mal mit einem deutschen Text: *Mit uns kommt Ihr Geld sicher nach Hause*, mal mit der türkischen Entsprechung!).

 ## Literaturtipps

Aus werbewirtschaftlicher Sicht umfassend zu den Standardisierungsmöglichkeiten und mit empirischem Material zu Assoziationspotenzialen von Werbewerten und Werbewörtern:
MÜLLER, Wendelin G. (1997): Interkulturelle Werbung. Heidelberg (Physica). (= Konsum und Verhalten 43).

Zur interkulturellen Kommunikation allgemein und bezogen auf Wirtschaftskommunikation siehe den Sammelband von Bungarten, in dem sich auch der oben erwähnte einführende Aufsatz von Hess-Lüttich findet:
BUNGARTEN, Theo (1994): Sprache und Kultur in der interkulturellen Marketingkommunikation. Tostedt (Attikon). (= Beiträge zur Wirtschaftskommunikation 11).

Eine umfangreiche Studie über Differenzen zwischen Ost- und Westwerbung bietet HENNECKE, Angelika (1999): Im Osten nichts Neues? Eine pragmalinguistisch-semiotische Analyse ausgewählter Werbeanzeigen für Ostprodukte im Zeitraum 1993 bis 1998. Frankfurt am Main u.a. (Lang). (= Kulturwissenschaftliche Werbeforschung 1).

 (56) Welche sprachlichen und bildlichen Elemente geben Auskunft darüber, welcher Nationalität die beiden Herren in der Anzeige für P&S-Zigaretten (Abb. 21) sind? Mit welchen nationalen Stereotypen wird hier gespielt?

(57) Interpretieren Sie die in Chemnitz entdeckte Plakatwerbung für Jägermeister mit einer lachenden jungen Frau: *„Ich trinke Jägermeister, weil mein neuer Chef ein echter Stressi ist."*

6.3 Die Zukunft der Werbung – Unternehmenspräsenz im Internet[24]

Werbung im Internet ist bislang vor allem von wirtschaftswissenschaftlicher Seite Gegenstand von Untersuchungen, Wirkungsanalysen und Prognosen geworden (vgl. z.B. Silberer 1997, Friedrichsen 1998, Henn 1999, Walter 1999) – die Sprachwissenschaft beginnt diesen Bereich gerade erst für sich zu entdecken (Handler 1998, Stöckl 1998, Janich 2001c).

---

24 Das folgende Kapitel basiert – stark gekürzt – auf dem Aufsatz „Wirtschaftswerbung offline und online – eine Bestandsaufnahme", Janich 2001c. Dort finden sich auch einige Beispiele in Abbildung.

Die genannte wirtschaftswissenschaftliche Literatur macht verschiedene Vorschläge zur Klassifizierung von Internet-Werbeformen. Aus sprachwissenschaftlicher Perspektive scheint folgender besonders brauchbar und nachvollziehbar zu sein (Friedrichsen 1998, 214–217): Nach Art der Rezeption wird unterschieden zwischen

- Direktwerbung mittels E-Mail und Mailinglisten,
- Abrufwerbung im WWW (wie Websites, Sponsoring von attraktiven Angeboten im Netz und Infotainment durch Online-Magazine) und
- Werbung im Verbund (in Form von so genannten Werbeplacements auf den Webseiten von Suchmaschinen oder Online-Magazinen).

Unter DIREKTWERBUNG fasst man im Allgemeinen die Formen von Werbung zusammen, die an den Rezipienten „direkt", d.h. unmittelbar gerichtet und gesandt werden, also zum Beispiel Werbebriefe aller Art, Telefonanrufe zur Unterbreitung von Angeboten o.Ä. Online sind zwei Formen der Direktwerbung zu unterscheiden, die von der wirtschaftswissenschaftlichen Forschung unterschiedlich bewertet werden: erstens die unaufgefordert zugesandten Werbe-E-Mails an Privatpersonen oder in Newsgroups, zweitens vom Kunden bestellte regelmäßige Produktinformationen im Rahmen von Newsletter-Services und Mailinglisten.[25] Erstere gelten als aufdringlich und imageschädigend. Aufgrund der rechtlichen Situation scheinen sie in Deutschland allerdings kaum eine Rolle zu spielen, Negativbeispiele in der Literatur beziehen sich in der Regel auf die USA. Letztere dagegen besitzen in Deutschland anscheinend eine relativ große Akzeptanz und werden zu ausführlicher Produktinformation, Kundenbindung und Imageförderung genutzt (vgl. Friedrichsen 1998: 215f, Walter 1999: 28f, 77).

 Die Direktwerbung per E-Mail ist sprachwissenschaftlich noch nicht untersucht. Es wäre daher ein ergiebiges Thema, ein Korpus von Werbemails zu analysieren und die Ergebnisse einerseits mit den Erkenntnissen der E-Mail-Forschung (hinsichtlich nicht-kommerzieller E-Mails), andererseits mit klassischen Offline-Werbebriefen zu vergleichen. Auch diese wurden von der Sprachwissenschaft bislang übrigens eher stiefmütterlich behandelt. Eine mögliche Fragestellung wäre zum Beispiel, ob der Gehalt an sachlicher Information bei Werbe-Mails höher ist als bei klassischen Werbebriefen, ob also die Informationsfunktion gegenüber der Appellfunktion überwiegt. Eine damit zusammenhängende Frage ist, ob und inwiefern sich Werbe-Mails von Werbebriefen in ihrer sprachlichen Gestaltung unterscheiden.

Die WERBUNG IM VERBUND ist nicht mit der so genannten „Verbundwerbung" zu verwechseln, also mit Werbung, bei der sich verschiedene Unternehmen zu einer gemeinsamen Aktion zusammenschließen (wie z.B. bei markenunabhängigen Imageanzeigen beispielsweise für Industriezucker (Slogan: *Ohne Zucker iss nich.*) oder für PVC (Slogan: *PVC. Wenn's drauf ankommt*) von PVC plus, einer Initiative der PVC-Branche). „Werbung im Verbund" meint, dass die Werbung (z.B. Anzeigen und Spots) aufgrund des gewählten Werbeträgers im Verbund mit anderen Texten (z.B. Zeitschriftenartikeln,

---

25 Zu den Kommunikationsformen im Internet (E-Mail, Mailinglists, Newsgroups, Chat) und ihren technischen Grundlagen vgl. z.B. Runkehl/Schlobinski/Siever 1998.

Fernsehsendungen) rezipiert wird, die der eigentliche Gegenstand des Interesses sind. Zu den typischen Online-Formen der Werbung im Verbund zählen Banner, Buttons, Micro-Sites und Interstitials.[26] Diese auch Werbeplacements genannten Werbeformen begegnen dem Internetsurfer besonders beim Aufrufen und Nutzen von Suchmaschinen, in Online-Magazinen und auf kommerziellen Websites, aber auch als Sponsoring-Verweise auf nicht-kommerziellen und privaten Homepages (dort meist nicht als fest platzierte Banner, sondern als eigene interaktive Fenster, die separat geschlossen werden können).

Banner (rechteckig, meist am oberen Seitenrand platziert) und Buttons (kleiner, meist am Seitenrand platziert), werden allgemein als die zentrale und eindeutigste Werbeform im Internet betrachtet. Zu differenzieren sind statische (= unbewegte) und dynamische/animierte (= bewegte) Banner bzw. Buttons einerseits, interaktive (mit Hyperlink versehene) und nicht-interaktive Banner bzw. Buttons andererseits (siehe ähnlich Henn 1999: 73, Walter 1999: 17f).

Vergleicht man die Banner mit herkömmlichen Anzeigen (wenn sie statisch sind) bzw. Fernsehspots (wenn sie dynamisch sind), so fällt auf, dass sie aufgrund ihrer geringen Größe und besonders dann, wenn sie als Hyperlink auf die Homepage des betreffenden Unternehmens führen, in der Regel weniger selbst schon Werbung für ein Produkt sind als vielmehr als ein Wegweiser und Klickanreiz fungieren: „Auch Banner machen oft keine Werbung für ein Produkt, sondern eher für eine Web-Seite, auf der dann letztendlich das Produkt beworben wird." (Walter 1999: 51)

Interstitials sind dagegen eine besondere Form der „Werbeunterbrechung", „bei denen eine ganze Bildschirmseite mit statisch oder dynamisch aufbereiteten Werbeinhalten ausgefüllt wird" (Henn 1999: 73):

> Die Einblendung erfolgt i.d.R. im Rahmen der Datenlieferung durch Push-Angebote oder als Zwischenseite vor einer Weiterleitung der Nutzer über einen angeklickten Hyperlink. (…) Den Vorteilen, die Interstitials etwa im Vergleich zu Werbebannern für die Darstellung von Werbeinhalten bieten, sind die möglichen Akzeptanzprobleme seitens der User gegenüberzustellen. Je nach Ausgestaltung können Interstitials von den Nutzern auch als störende Unterbrechung bei der Navigation im WWW empfunden werden. Dies dürfte mit ein Grund dafür sein, daß bisher nur wenige Werbeträger Interstitials als Werbeform anbieten. (Henn 1999: 73f)

 Für die Bannerwerbung gilt inzwischen schon das gleiche wie für Anzeigen und Spots, dass sie so häufig und den Internetnutzern auch schon so vertraut sind, dass sie besonders auffällig oder originell gestaltet werden müssen, um noch einen „Klickanreiz" auszuüben. (Deshalb hat auch die Bannerdichte übrigens bereits nachgelassen. Bei Suchmaschinen erscheinen Banner z.B. meist nicht mehr schon auf der Startseite, sondern erst nach Eingabe von Suchbegriffen.) Strategien der Aufmerksamkeitserregung spielen bei Bannern daher eine ähnlich wichtige Rolle wie in der klassischen Werbung, so dass man Banner und Anzeigen oder besser noch Plakate auf dieser Ebene miteinander vergleichen könnte. Berücksichtigen muss man bei ei-

---

26 Micro-Sites sind im Internet relativ selten zu finden und werden in der Literatur auch nur von Walter (1999: 76f) angeführt.

nem solchen Vergleich allerdings die grundsätzlich unterschiedlichen Spielräume: Bei Bannern bestehen (aufgrund des kleinen Formats einerseits, der Animation andererseits) andere Gestaltungsmöglichkeiten als bei Anzeigen und Plakaten. (Zu strukturellen Merkmalen und der sprachlichen wie visuellen Gestaltung von Bannern vgl. Stöckl 1998 mit englischsprachigen Beispielen.) Interstitials ließen sich zwar aufgrund ihrer bildschirmfüllenden Größe ganz gut mit Printanzeigen vergleichen, haben insgesamt aber wohl mehr Ähnlichkeiten mit Fernsehspots (insbesondere, wenn sie dynamisch gestaltet sind): Auch sie unterbrechen ein gewähltes Programm unaufgefordert mit Werbung.

Die ABRUFWERBUNG im Internet, d.h. die Werbung, die man selbst abrufen/aufrufen muss, indem man auf entsprechende Websites geht, wirft in Definition und Analyse die größten Probleme auf. Man denke sich die Homepage eines Unternehmens, z.B. aus der Automobilbranche: Dort finden sich Informationen zum Unternehmen (evtl. auch zur Unternehmensgeschichte), zu den einzelnen Modellen und ihrer technischen Ausstattung (mit zahlreichen „Klickmöglichkeiten", evtl. mit interaktiver Möglichkeit, sich das Wunschauto hinsichtlich Farbe und Ausstattung zusammenzustellen), Bestellmöglichkeiten, möglicherweise ein Gästebuch, eine Seite zur Mitarbeiterakquisition, eine zur Werbegeschichte[27], ein interaktives Gewinnspiel, (evtl. interaktive) Hinweise auf Sponsortätigkeiten (z.B. Verweis auf *Kultur und Sport* bei Mercedes-Benz) etc. Manche Unternehmen (wie z.B. Milka: www.milka.de und freiöl: www.freioel.de/ home1.htm) bieten außerdem einen Bildschirmschoner zum Herunterladen an. Bei kosmetischen Produkten kann man zusätzlich häufig einen Hauttest machen, es werden Inhaltsstoffe angegeben, eine medizinische Beratung angeboten und eine FAQ-Seite (FAQ = *frequently asked questions*) steht zur Beantwortung häufig gestellter Fragen zur Verfügung (siehe z.B. www.eucerin.de; auch bei Versicherungen sind individuelle Beratungsangebote in der Regel fester Bestandteil der Homepage).

 Für die Werbesprachenforschung nach klassischem Muster ergibt sich spätestens jetzt die Frage, ob die in Kapitel 2.1 vorgelegte Defintion von Werbung (und ihre Abgrenzung zu anderen Bereichen der externen Unternehmenskommunikation) für die Internetpräsenz von Unternehmen überhaupt noch haltbar oder sinnvoll ist (vgl. z.B. Handler 1998: 138f). Welche Elemente einer wie oben beschriebenen Homepage wären denn nun zum Marketing (z.B. die Seiten *Wir über uns*?), welche zur Öffentlichkeitsarbeit (z.B. die Seiten zum Sponsoring?), welche zur Werbung (z.B. die Seiten zu den Produkten?) oder schon zur Verkaufsförderung (z.B. Gewinnspiele?) zu rechnen?! Was macht man mit Gästebüchern, Werbegeschichte und Hauttest? Wird

---

27 Diese Form des Selbstbezugs ist auf kommerziellen Homepages erstaunlich häufig und bietet für den Aufbau eines Werbekorpus ganz neue Möglichkeiten. So kann man sich z.B. auf der Homepage von P&S-Zigaretten aktuelle Plakate, Anzeigen und Spots anschauen (www.superpeople.com/html/a00.html), auf der Homepage von Haribo läuft ein alter Maoam-Spot (www.haribo.de/produkte/index.html), Dr. Oetker präsentiert gleich eine dreißigjährige Werbegeschichte in alten Anzeigen und Spots (www.oetker.de/cgi-bin/wrapper.pl?content=cultcorner/index.html) und Krombacher erklärt ausführlich, wie die Krombacher-Kampagne „Eine Perle der Natur" entstanden ist und umgesetzt wurde (www.krombacher.de/info/kampagne.html).

man dem Medium Internet überhaupt gerecht mit dem Versuch, eine Homepage mit ihren zahlreichen Websites nach diesen Bereichen zu zerlegen? Wo sollte aber dann eine Werbesprachenforschung ansetzen (und wo enden)?

Greift man sich nur die Seiten heraus, die sich unmittelbar mit den zu verkaufenden Produkten oder Dienstleistungen beschäftigen, zeigt sich eindeutig eine neuartige, medienspezifische Kombination von Anzeige, Fernsehspot und Prospekt/Katalog: Die Startseite eines einzelnen Produkts (z.B. eines bestimmten Automodells) stimmt zwecks Wiedererkennung zumindest in ihrer typographischen und bildlichen Gestaltung nicht selten mit entsprechenden Print-Anzeigen überein. Die Website des Renault Twingo (www.renault.de/azl/modelle/twingo/index.htm) wählt z.B. den für Twingo-Anzeigen charakteristischen Schrifttyp; die Schlagzeile der Startseite *Der neue Twingo. Verrückter denn je* entspricht dem Slogan (!) der Anzeigen; auf den Folgeseiten taucht dann auch noch das Twingo-Strichmännchen aus den Anzeigen und Spots auf. Die Informationsmenge, die sich über Links zu dem Produkt abrufen lässt (beim Renault Twingo z.B. unter *Ausstattung, Technische Daten* und *Preise*), entspricht dagegen weit eher der eines Prospekts oder Katalogs. Das Internet bietet zusätzlich die dem Prospekt fremde Möglichkeit der Interaktivität, dass sich nämlich der Interessent fast immer ein Modell (eines Autos oder oft auch eines Computers) nach seinen Wünschen zusammenstellen kann und dann erfährt, welche Kombinationen möglich sind und wie viel ein solches Modell tatsächlich kostet (statt der in Anzeigen und Spots üblichen unverbindlichen Preisempfehlung).

Auch die medialen Möglichkeiten des Fernsehspots, nämlich das bewegte Bild mit Ton, können auf Homepages genutzt werden, wenn sich Animationen mit Blick auf das Produkt anbieten (beim Auto z.B. Demonstration des Fahrverhaltens und verschiedene Ansichten in Bewegung). Nur haben auch sie im Internet schon allein aufgrund der Rezeptionssituation eine andere Funktion als die Unterbrecherwerbung im Fernsehen. Zudem sollte ihr Einsatz wohl überlegt sein, da aufwendige Animationen den Nutzer Zeit und Geld kosten und bei zu langer Ladezeit die Gefahr besteht, dass ein Nutzer die Geduld verliert und abbricht.

Das in dieser Komplexität neue Phänomen der Abrufwerbung bringt es mit sich, dass die Rezipienten erst dazu gebracht werden müssen, das Informations- und Werbeangebot aktiv zu nutzen. Dazu ist es wichtig, entweder eine sehr bekannte Internetadresse zu haben oder über Suchbegriffe und Banner vielfach präsent und leicht auffindbar zu sein. In jedem Fall muss jedoch die Homepage dann so interessant und ergiebig gestaltet sein, dass die Rezipienten Zeit und Kosten nicht scheuen, auf die Seite zurückzukehren. Die ganz andere Nutzungssituation dieser Art von „Werbung" – aktiv und selbstbestimmt statt beiläufig und als Unterbrechung[28] – erfordert andere Gestaltungswege und eine neue Mischung von Information, Unterhaltung und Werbeappell:

---

28 Die Werbung im Verbund, für die eher die Rezeptionssituation der Offline-Werbung zutrifft, dient wie gesagt vor allem dazu, auf die Homepages aufmerksam zu machen.

Die Frage lautet dann nicht: Wie lasse ich den Benutzer vergessen, dass er die Werbung eigentlich nicht haben will? Sondern: Wie bringe ich ihn dazu, sie zu wollen und sogar noch selbst etwas dazu beizutragen? Hier stellt sich den Werbemenschen eine neue Anforderung an ihre Kreativität. (Koenig 1995: 299)

 Bei der Untersuchung von Internet-Werbung ist es aus diesem Grund sehr wichtig, gleich zu Beginn die Werbebausteine in den Blick zu nehmen und zu beschreiben. Durch die veränderte Rezeptionssituation verschiebt sich nämlich nicht nur allgemein die Textfunktion, sondern ändern sich zugleich die Funktionen einzelner Textbausteine, wie sie aus der Offline-Werbung bekannt und in Kapitel 3 beschrieben sind. Außerdem können neue Bausteine mit neuen Funktionen hinzukommen.

Als internetspezifisch kann folgender neuer Werbe-Textbaustein gelten: Besonders auf Bannern und anderen Formen der Werbung im Verbund, aber auch auf Homepages, ist häufig die mehr oder weniger direkte AUFFORDERUNG ZUM AN- BZW. WEITERKLICKEN zu finden. Da diese Aufforderung optisch häufig eine besondere Form hat oder isoliert von anderen Teilen des Textes steht, kann man sie als einen separaten Textbaustein betrachten: So lädt z.B. ein Banner für NetDoktor.de auf der Startseite der Online-Version der Frauenzeitschrift FREUNDIN (www.freundin.de) unterhalb der „Schlagzeile" *Frustrierendes Liebesleben?* einerseits mit einem Feld *Klicken Sie hier* und zum anderen mit einem fiktiven Drop-down-Menü *Frage den Arzt* zum Anklicken ein. Auch fingierte Mauspfeile können diese Appellfunktion übernehmen.

Weiterhin sollte man die INTERAKTIVEN FELDER einer Website, die den Rezipienten durch die Homepage führen, als einen neuen Typ Textbaustein werten. Unterscheiden lassen sich dabei nach der Art der Integration in die Seite a) sozusagen primäre Links, die keine andere Funktion als ihre Interaktivität haben (z.B. Buttons im seitlichen Rahmen, die ähnlich einem Inhaltsverzeichnis zu weiteren Sites führen) und b) eine Art sekundärer Links, die innerhalb der Seite einen Text- oder Bildbaustein mit eigenem Informationswert darstellen und *außerdem* noch interaktiv auf andere Seiten weiterführen (z.B. mit Links unterlegte Schlagzeilen, Produktabbildungen u.Ä.).

Was die bereits in Anzeigen und Spots vorkommenden typischen Werbetextbausteine betrifft, so bekommen sie im Internet zum Teil neue Funktionen oder Platzierungen. Das Aufkommen eigenständiger E-Commerce-Firmen (z.B. computerchannel.de, NetDoktor.de, dr-med.com, winegate.de) kann zum Beispiel dazu führen, dass der PRODUKT- ODER MARKENNAME mit der INTERNETADRESSE zusammenfällt und damit eine doppelte Funktion (Identifikations- *und* unmittelbare Kontaktfunktion) übernimmt.

Am oben genannten Twingo-Beispiel war zu sehen, dass der im restlichen Media-Mix als Slogan fungierende Textbaustein (*Der neue Twingo. Verrückter denn je*) zur SCHLAGZEILE umpositioniert werden kann! Diese hat jetzt nicht mehr (wie in Anzeigen immer) die Aufgabe, in einer Masse von Werbeangeboten durch Sprachspiele, auffällige Typographie oder ein irritierendes Text-Bild-Verhältnis auf sich aufmerksam zu machen. Denn wer auf einer solchen Seite landet, hat sich in der Regel bereits aktiv dafür entschieden, das Informationsangebot wahrzunehmen. Stattdessen soll die Schlagzeile entweder im Sinne einer Corporate Identity die Wiedererkennung und das Produktimage fördern oder – wie bisher auch in Anzeigen – einen positiven Zusatznutzen oder den Kern der Aussage des jeweiligen Website-Textes herausstellen. Die Funktion der Aufmerksamkeitserregung, bisheriger Hauptdaseinszweck der Schlagzeile, wird im Internet dagegen weit gehend von einer neuen Textsorte, dem Banner, übernommen.

Es überrascht aber doch, dass die aus der Print- und Rundfunkwerbung bekannten SLOGANS ansonsten kaum eine Rolle spielen und meist weder auf den Firmenseiten noch auf den produktbezogenen Webseiten auftauchen. Slogans finden sich zwar z.B. auf der Startseite von Audi (Slogan *Vorsprung durch Technik*, hier direkt unterhalb der Schlagzeile *Willkommen bei Audi Deutschland*, www.audi.de/ index_de.html) oder auf der Startseite von Haribo (www. haribo.de: *Haribo macht Kinder froh, und Erwachsene ebenso*); nirgends zu finden aber waren Slogans z.B. bei Mercedes-Benz, BMW, der Versicherungsgesellschaft Axa Colonia, Milka oder Toshiba. Offensichtlich betrachten die meisten Unternehmen die imageprägende und erinnerungsfördernde Funktion des Slogans im Internet, wo Homepages aktiv und gezielt von Interessenten besucht werden, als irrelevant. Ein Grund für das Fehlen des Slogans könnte aber auch der sein, dass sich die Positionierung am Seitenende für Websites nicht eignet, schon gar nicht für „längere" Seiten, bei denen der Slogan erst durch Bildschrimscrollen nach unten überhaupt sichtbar würde.

Für die sprachwissenschaftliche Beschäftigung mit Internetwerbung stellen sich daher zusammenfassend folgende Fragen:

- Wie lassen sich die Werbeformen im Internet strukturell beschreiben und worin liegen ihre Spezifika? Welche internetspezifischen Text- oder Bildbausteine gibt es und wo lassen sich Funktionsverschiebungen bisheriger Bausteine feststellen?
- Lassen sich die Werbeformen im Internet als verschiedene (neue?) Textsorten bestimmen? Wie verschieben sich oder verschwimmen bisherige Textsortengrenzen, welche Rolle spielt das Phänomen der Intertextualität in der Internet-Werbung?
- Welche Konsequenzen haben diese Erkenntnisse für die Definition von „Werbung"? Muss nicht spätestens mit Bezug auf das Internet auch in der Analyse stärker von integrativen Konzepten externer Unternehmenskommunikation ausgegangen werden – mit Konsequenz auch für die Analyse einzelner Texte?
- Welche Unterschiede/Besonderheiten lassen sich in sprachlicher Hinsicht feststellen? Dominiert auf Homepages möglicherweise ein sachlicherer Stil als in der Offline-Werbung, während das „werbende Sprechen" in den Bannern intensiviert wird? (Darauf weisen auch die Ergebnisse von Simone Rossbach hin, die in ihrer Magister- und Staatsexamensarbeit an der Universität Regensburg Banner und Homepages mit Print-Anzeigen verglichen hat; vgl. Rossbach 2000.) Dabei sollte die sprachliche Ausgestaltung immer in Abhängigkeit von der jeweils spezifischen Rezeptionssituation sowie von den Gestaltungsspielräumen gesehen werden.
- Welchen inhaltlichen und strategischen Stellenwert nehmen die einzelnen Werbeformen in der Gesamt-Argumentation einer Unternehmens-Präsentation ein und welche Persuasionspotenziale werden ihnen von der werbetreibenden Wirtschaft

unterstellt? Welche Konsequenzen hat dies für Techniken und Strategien der Aufmerksamkeitserregung?

• Und schließlich: Wie wird das Internet in das Media-Mix einbezogen? Welche Abhängigkeiten und gegenseitigen Bezugnahmen lassen sich zwischen Offline- und Online-Werbung aufzeigen?

 Derzeit fällt besonders auf, wie sich die Popularisierung des Internets und die wichtiger werdende Rolle der unternehmerischen Internetpräsenz auf die Offline-Werbung auswirkt. Webadressen tauchen längst nicht mehr nur in Kleinstdruck am vertikalen Seitenrand von Anzeigen auf, sondern werden deutlich lesbar in Fernsehspots eingeblendet bzw. an zentraler Stelle oder wenigstens gleichberechtigt mit einer telefonischen „Infoline" in Anzeigen platziert. Sie werden aber auch in zunehmendem Maß selbst Gegenstand der Werbebotschaft. Dabei geht es dann seltener darum, nur die Unternehmensadresse bekannt zu machen (sehr viele der größeren Firmen haben sich bereits gut einprägsame Adressen nach dem Muster *www.*firmenname*.de* gesichert), sondern die Rezipienten über originale Einzel-Website-Adressen bereits direkt zu konkreten Angeboten oder Aktionen hinzuführen: So wirbt die Dresdner Bank derzeit für ihre virtuelle Bank mit der mittig zentrierten, groß gedruckten Internetadresse *www.firmenfinanzportal.de* über der Abbildung einer Telefonbuchse. Eine BMW-Anzeige weist an Bildtextbausteinen um die Abbildung eines BMW-Modells herum die Internetadressen *www.stuttgart-hinter-sich-gelassen.de,* *www.ingolstadt-hinter-sich-gelassen.de* und *www.bestes-auto-seiner-klasse.de* auf. Von Viag Interkom gibt es eine Anzeige, in der die Schlagzeile aus der Internetadresse *www.sprache-daten-internet-komplett.de* besteht, die Fluggesellschaft Sabena wirbt ganz ähnlich mit der Schlagzeile *www.e-travel-generation.com.* Damit zeichnet sich ein neues Werbeziel von Offline-Werbung ab, nämlich ‚Propagierung des Informationsangebotes im Internet'. Diese Rückwirkung der Internet-Werbung auf die sprachliche und übrigens vermehrt auch bildliche Gestaltung von Anzeigen und Fernsehspots ist bislang noch überhaupt nicht in den Blick der Werbesprachenforschung genommen worden!

 Literaturtipps

Aus sprachwissenschaftlicher Perspektive gibt es bislang kaum Literatur. Ausführlich zu Bannern mit vor allem englischsprachigen Beispielen:
STÖCKL, Hartmut (1998): Das Flackern und Zappeln im Netz. Semiotische und linguistische Aspekte des „Webvertising". In: Zeitschrift für Angewandte Linguistik (ZfAL) 29, 77–111.

Eine Bestandsaufnahme von Werbeformen und sprachwissenschaftlichen Fragestellungen mit einigen wenigen Beispielen deutschsprachiger Banner und Homepages bietet
JANICH, Nina (2001c): Wirtschaftswerbung offline und online – eine Bestandsaufnahme. In: Thimm, Caja (Hsg.): Unternehmenskommunikation offline/online. Frankfurt/ New York (Lang) (im Druck). (= Bonner Beiträge zur Medienwissenschaft 1).

An wirtschaftswissenschaftlicher Literatur findet sich zum Internet einiges. Auch aus sprachwissenschaftlicher Sicht am instruktivsten sind
FRIEDRICHSEN, Mike (1998): Marketingkommunikation auf dem Weg ins Internet? Werbewirkungsforschung und computervermittelte Kommunikation. In: Rössler, Pa-

trick (Hsg.): Online-Kommunikation. Beiträge zu Nutzung und Wirkung. Opladen/
Wiesbaden (Westdeutscher Verlag). 207–226.
WALTER, Volker (1999): Die Zukunft des Online-Marketing. Eine explorative Studie
über zukünftige Marktkommunikation im Internet. München/Mering (Rainer
Hampp). (= Profession 9).

Weitere Aufsätze z.B. in:
SILBERER, Günter (Hsg.) (1997): Interaktive Werbung. Marketingkommunikation auf
dem Weg ins digitale Zeitalter. Stuttgart (Schäffer Poeschel).

(58) Sammeln Sie die Banner, die Sie auf den Seiten der Suchmaschinen www.yahoo.de, www.fireball.de und www.lycos.de finden, wenn Sie jeweils denselben Suchbegriff eingegeben haben (z.B. „Wein", „Schokolade", „Geld" o.Ä.).

a) Vergleichen Sie die Bannerverteilung und -platzierung: Lässt sich eine Abhängigkeit von Banner/Produkt und Suchbegriff herstellen? Diskutieren Sie (auch an Beispielen von Bannerwerbung auf kommerziellen oder redaktionellen Homepages, z.B. von www.freioel.de, www.hipp.de, www.alete.de, www.freundin.de, www.taz.de usw.) Möglichkeiten und Grenzen einer genaueren Zielgruppenansprache im Vergleich mit klassischen Offline-Werbeträgern.

b) Vergleichen Sie die sprachliche Gestaltung der Banner mit der von Werbeplakaten. Arbeiten Sie Unterschiede und Gemeinsamkeiten heraus hinsichtlich der Textbausteine, der Rezipientenansprache (direkt – indirekt), der Verwendung von rhetorischen Figuren und graphischen Elementen sowie hinsichtlich Syntax und Wortwahl.

6.4   Werbung und Werbesprache in der Kritik

Die König-Brauerei wirbt in allen Medien mit dem Slogan: „König Pilsner, *das* König der Biere." Diese unmögliche grammatische Konstruktion tut nicht nur weh, sondern sie stellt einen Tiefschlag gegen die deutsche Sprache dar. Bitte teilen Sie mir mit, was Sie davon halten, wie so etwas erklärbar ist und warum es von den Medien überhaupt angenommen wird. (Schriftliche Anfrage bei der Sprachberatung der Gesellschaft für deutsche Sprache e.V. in Wiesbaden. Zitiert nach: Sprachdienst 4 (1999): 155)

Diese Anfrage bei einem deutschen Sprachberatungsdienst ist ein Beispiel für die verbreitete so genannte laienlinguistische Kritik (= Sprachkritik von Laien) an der Werbesprache. (Die Antwort der Sprachberatung beginnt bezeichnenderweise auch mit der Aussage: „Die gleiche Frage wurde uns schon mehrfach gestellt; ganz offensichtlich bewegt ‚das König' die Gemüter der Nation.") Ein weiteres Beispiel: Die Initiative „Unwort des Jahres", die mit ihrer Aktion menschenverachtenden und diskriminierenden Sprachgebrauch in der öffentlichen Kommunikation rügt, erhielt an Vorschlägen aus der Bevölkerung für das Unwort des Jahres 2000 auch die bekannten Werbewörter *unkaputtbar* und *durchschnupfsicher*!

Werbesprache ist in jedermanns Alltag so präsent, dass sie für viele als Spiegel des allgemeinen Sprachgebrauchs (oder sogar als dessen negatives „Vorbild") gilt und deswegen ganz besonders genau beobachtet wird. Neben grammatischen Regelverstößen (*Da werden Sie geholfen, Das König der Biere, Deutschlands meiste Kreditkarte, Überallster, Ich gebe alles – ausser meine Schuhe*) und irregulären Wortbildungen (*unkaputtbar, durch-schnupfsicher, frischwärts, festnetzgünstig*) stehen in letzter Zeit wieder vor allem die Angli-zismen im Zentrum der allgemeinen Aufmerksamkeit und Kritik (laienlinguistisch besonders angegangen vom Verein deutsche Sprache e.V., vgl. www.vds.de).

Die Sprachwissenschaft hat sich bislang allerdings kaum in diese Diskussion einge-schaltet bzw. die vorhandenen sprachkritischen Äußerungen von Sprachwissenschaft-lern sind zum größten Teil schon älteren Datums;[29] so z.B. folgendes Zitat von Horst Dieter Schlosser aus seinem Vortrag „Gegenwartsdeutsch – Gefährdungen und Mög-lichkeiten einer unbehüteten Sprache", gehalten auf einer Psychologie-Tagung 1986:

> Und was ist mit der Werbung? [...] Ich teile Ihren Protest gegen die Inflation des Nichtssa-genden, ich teile Ihren Protest gegen arge Formverstöße in Orthographie, Wortbildung, Satzbau... Jedoch gehe ich jede Wette dafür ein, daß man mir keine drei Beispiele nennen kann, in denen die Werbung etwas völlig Unerhörtes, sprachlich völlig Neues kreiert hätte. Das Verhältnis der Werbung zur Sprache ist opportunistisch, d.h. kein einziger Verstoß gegen die guten sprachlichen Sitten hätte in einem Werbetext irgendeine Chance, wenn die Sprachgemeinschaft für ihn nicht bereits prädisponiert wäre. Was man der Werbung vor-werfen kann, wäre also nur, daß sie manchen schon praktizierten Verstoß gegen ein Mini-mum an Sprachpflege vervielfacht, ,penetriert', wie der Fachausdruck der Werbung be-zeichnenderweise lautet. (Schlosser 1986: 92)

 Eine sprachwissenschaftlich fundierte Sprachkritik muss jedoch im Unterschied zu laienlin-guistischer Kritik angeben können, nach welchen Kriterien und mit welcher Begründung sich einzelne sprachliche Phänomene zum Beispiel in der Werbung als negativ bewerten lassen (z.B. bleibt in diesem Zitat unklar, was man unter „guten sprachlichen Sitten" und unter „argen Formverstößen" zu verstehen hat). Diese Kriterien müssen sich in ihrem Geltungsanspruch nicht zuletzt an der spezifischen Kommunikationssituation (Persuasionsabsicht, Adressaten- und Medienspezifität, Besonderheiten der Rezeptionssituation) orientieren. Außerdem sollte bei einer sprachkritischen Untersuchung von Werbesprache nicht von vornherein ausgeschlos-sen werden, dass möglicherweise auch „Gutes" nachweisbar ist (wie z.B. das kreative Spiel mit der Sprache und damit auch die Demonstration sprachlicher Möglichkeiten; vgl. Janich 2001b). Ein weiteres methodisches Problem, das sich in bisheriger Werbesprachenkritik häufig gezeigt hat (Fritz 1994: 78f) und das zu vermeiden ist, wenn man über vortheoretische Alltagsbemerkun-gen hinaus kommen will, ist die Vermischung von *Sprach*kritik und *Sach*kritik: Wie in Werbung geschrieben und gesprochen wird, ist zu unterscheiden von Urteilen über das Phänomen Wer-bung selbst und über ihre Persuasionsabsicht.

Wissenschaftlich fundierte sprachkritische Auseinandersetzungen mit Werbesprache fehlen also weit gehend. Außerdem ist das Verhältnis zwischen Werbesprache und Alltagssprache empirisch noch längst nicht befriedigend geklärt (wer beeinflusst wen wie stark unter welchen Voraussetzungen?), das ja für die Begründung von Sprachkri-tik keine unwichtige Rolle spielt. Wie in verschiedenen Kapiteln dieses Buches bereits festgestellt wurde, tendiert die Werbung zwar in der Regel stärker dazu, vorhandene

---

29 Vgl. die kritischen Äußerungen z.B. bei Stave 1973: 211, Januschek 1976 oder – jünge-ren Datums – bei Bickes 1995: 8.

Tendenzen und Moden aufzugreifen, als das Risiko einzugehen, Eigenes und Neues zu kreieren, das dann womöglich dem Zeitgeist zuwider läuft. Dies scheint auch die Meinung der Werbemacher selbst zu sein.[30] Ob und inwieweit aber die Werbesprache gerade bei Jugendlichen möglicherweise eine Vorbildfunktion in der Weise einnimmt, dass sie spielerisch oder zitierend nachgeahmt wird und durch die Art ihrer Sprachverwendung grammatische Laxheit oder ein englisch-deutsches Sprachgemisch begünstigt (vgl. z.B. Brinkmann/Osburg 1992), ist noch nicht wirklich geklärt.

Werbung ist jedoch nicht nur in sprachlicher Hinsicht Zielscheibe von Kritik (vgl. den Überblick bei Kollmann 1994). Kritisiert wird Werbung auch in Bezug auf ihre Rolle im marktwirtschaftlichen System oder hinsichtlich der von ihr vertretenen und propagierten Werte einerseits, der in ihr aufscheinenden Stereotypisierungen andererseits. Neben ihrer sprachlichen Gestalt und der möglichen Einflussnahme auf den alltäglichen Sprachgebrauch geht es noch weit öfter um ihre Bedeutung in und für die Gesellschaft. Das hat zwar nicht unmittelbar etwas mit Sprachwissenschaft zu tun, sollte aber besonders bei der Ergebnisinterpretation sprachwissenschaftlicher Werbeforschung doch eine Rolle spielen:

- Da gibt es einmal die Kritik am Phänomen Werbung an und für sich, die sich als eine Kritik am herrschenden Wirtschaftssystem äußert (z.B. bei Lütkehaus 2000: „Reklame – Die Pest der Kommerzgesellschaft. Ein Pamphlet").
- Andere kritisieren zwar nicht die Existenz von Werbung an und für sich, aber ihre derzeitige Form. So weist z.B. Ulrich Eicke (1991) der Werbung in einem idealen Konzept der sozialen Marktwirtschaft eine aufklärerische und informierende Aufgabe zu, die sie seiner Ansicht nach in der heutigen Form der weit gehend emotionalen Markenartikelwerbung nicht erfülle und aufgrund der tatsächlich nicht mehr vorhandenen Produktunterschiede, über die man informieren könnte, auch gar nicht erfüllen könne (Eicke 1991: 95–99). Er kritisiert vor allem die Verharmlosung der suggestiven Wirkung der Werbung, die trotz ihrer (selten eingestandenen) Manipulationsabsicht immer noch als Verbraucher-„Information" hingestellt werde. Gerade durch den Glauben an den selbstbestimmten, aufgeklärten Verbraucher oder die Schutzbehauptung, Werbung habe heute doch vorwiegend Kunst- und Kultcharakter, könne die Werbung ungestört ihr persuasives Potenzial entfalten (zu dieser Problematik siehe auch 2.3.3).
- Eine dritte Richtung von Werbekritik ist die Frage nach den Werten, die in der Werbung (nicht selten in der Form von Stereotypen und Klischees) vertreten werden, nach ihrer Angemessenheit und dem Einfluss auf das Wertebild der Gesellschaft. Zur Veranschaulichung zwei Anzeigenbeispiele aus einem SPIEGEL-Heft vom Oktober 2000: Die Uhrenmarke RADO Switzerland wirbt mit einer jungen und schönen Witwe in Schwarz, die – während sie pflichtschuldig eine Träne vergießt – leise in sich hineinlächelt. Eine Zeitskala, die über dem Bild liegt, verzeichnet zwei

---

30 Das ergab sich einerseits bei einem Gespräch mit dem Geschäftsführer der Frankfurter Werbeagentur Lowe & Partners, andererseits weist auch Schlosser auf eine solche Stellungnahme hin (Schlosser 1986: 92).

Punkte: *8.00 h Mann verloren. – 15.00 h Reich geworden.* Dazu der Slogan *Time changes everything. Except a Rado.* Auch wenn die Anzeigenmacher das Klischee der lustigen Witwe vielleicht nur nutzen wollten, um der Vergänglichkeit mancher Beziehungen (die von ihnen ja vielleicht sogar kritisch gesehen wird) die Unvergänglichkeit ihrer Uhr gegenüberzustellen, so ist das hier vermittelte Menschenbild doch nicht besonders sympathisch und moralisch sicherlich zweifelhaft. Da eine solche Haltung in der Anzeige nicht explizit kritisiert wird, kann sie von eher oberflächlichen Lesern durchaus als Identifikationsangebot verstanden werden. VW dagegen wirbt mit dem Foto einer ernst blickenden, jungen Farbigen für die *Generation Golf* mit dem darunter stehenden Zitat: *„Ich habe keine Vorurteile gegenüber Menschen mit einer anderen Hautfarbe. Viele meiner Freunde sind Deutsche."* Hier versucht ein Unternehmen, über die Werbung mittels einer Verschiebung der Perspektive einen Beitrag für mehr Toleranz zu leisten (und sich dabei natürlich zugleich auf der Höhe der Zeit zu zeigen, da Fremdenhass in Deutschland derzeit ein politisch brisantes Thema ist).

Welches Menschenbild vertritt die Werbung? Kann dies überhaupt so differenziert sein, wie es der gesellschaftlichen Realität angemessen wäre?

Elke Hermann hat in ihrer Staatsexamensarbeit an der Universität Regensburg Fernsehspots unter medienethischer und theologischer Perspektive auf das in ihnen vermittelte Menschenbild untersucht (z.B. Geschlechterstereotype, Darstellungen von Alter und Jugend, Werte als Werbebotschaft) und kommt zu dem Schluss:

> Werbung arbeitet nicht mit einem einzigen Menschenbild. Jeder Spot orientiert sich an anderen Visionen von Menschen. Dabei ist entscheidend, welche Konzeption zu dem Bild paßt, das ein Unternehmen von sich und seinen Produkten vermitteln will. Je nachdem, wie ganzheitlich der Auftraggeber seine Unternehmenspolitik sieht, wird auch das Bild vom Menschen im konkreten Werbespot eindimensional oder vielschichtig ausfallen. Demnach kann man nicht sagen, daß <u>das</u> Menschenbild <u>der</u> Werbung grundsätzlich defizitär ist. Gemeinsam ist den neuen Sinnentwürfen, daß sie dezentral, flexibel, auf bestimmte Gruppen bezogen und nur für kurze Zeit verbindlich sind. Zum einen zeichnen sie damit ein Bild der pluralen Gesellschaft, in der das Angebot an Lebensentwürfen unüberschaubar geworden ist; zum anderen taugen sie nicht als Orientierungsgrößen für die langfristige Konzeption einer sinnerfüllten Existenz. (Hermann 1999: 89; Hervorhebungen im Original)

Die Konsequenz dürften aber nicht nur Vorwürfe gegen die Medien und die werbenden Unternehmen sein. Auch das Publikum selbst trage Verantwortung: Der Medienpädagogik und verschiedenen Institutionen wie nicht zuletzt der Kirche falle daher die Aufgabe zu, die Rezipienten in einer zunehmend von Medien geprägten Welt zu kritikfähigen Menschen zu erziehen und ihnen die oft fehlende Orientierung zu bieten (vgl. Hermann 1999: 90–104).

Welche Werte in der Werbung eine Rolle spielen und wie sich diese Werte im Zeitverlauf verschieben, ist nicht nur von theologischer (s.o.) oder soziologischer (vgl. z.B. Bau 1995, Hölscher 1998), sondern auch von kommunikations- und sprachwissenschaftlicher Seite untersucht worden (z.B. Wehner 1996, Cölfen 1999). Die Frage nach „Werbung und Werten" ist für sprachwissenschaftliche Untersuchungen insofern besonders relevant und interessant, als sich beispielsweise Wortschatzbesonderheiten

(Schlüsselwörter, Varietäteninszenierung) und Argumentationsmuster als wertebedingt erklären lassen bzw. umgekehrt Hinweise auf die zugrunde liegenden Werte geben (vgl. 4.2.3). (Insbesondere in kontrastiver Sicht, beim interkulturellen Werbevergleich, spielen die unterschiedlichen Werte eine große Rolle; vgl. 6.2)

Letztendlich geht es bei Kritik der zweiten und dritten Art um die (moralische und soziale) Angemessenheit der Werbestrategien (vgl. grundsätzlich zum Verhältnis von Ethik und Rhetorik in der Wirtschaftskommunikation z.B. Kuhlmann 1994): Welche Wirkung hat eine rein emotionale Argumentation? Welche Chance hat der Verbraucher, mögliche Unwahrheiten in der Werbung zu erkennen? Welche Rolle spielen heutzutage ideologische Strategien (auch hinsichtlich der Sprachverwendung) und inwieweit sind sie als Mittel der Verkaufsförderung akzeptabel (vgl. z.B. Reichertz 1998 zu religiösen Motiven und Anspielungen an liturgische Sprache)? Kann man an Werbung einen moralischen Anspruch erheben?

Dass diese Fragen bei der Beschäftigung mit Werbung prinzipiell eine wichtige Rolle spielen, zeigen zum Beispiel öffentliche Diskussionen um die umstrittene Benetton-Werbung mit Bildern von Kriegsopfern und Aids-Kranken, um den Wahrheitsgehalt einzelner Werbeaussagen (vgl. Eicke 1991: 104–111) oder auch um die Grenzen, wann die inzwischen in Deutschland erlaubte vergleichende Werbung unakzeptabel wird (vgl. das MobilCom-Beispiel Abb. 7: 84; siehe auch unter 4.2.3).

 Literaturtipps

Einen soziologischen Überblick über die Kritik an der Werbung, über ihre Geschichte und ihre Argumente gibt
Kollmann, Tobias (1994): Der Wandel der Werbung im Spiegel der Kritik. Sinzheim (Pro Universitate).

Speziell zur sprachwissenschaftlichen Auseinandersetzung mit dem Sprachkultivierungspotenzial der Werbung auf der einen Seite, berechtigter und unberechtigter Sprachkritik auf der anderen Seite siehe
Janich, Nina (2001b): *We kehr for you* – Werbeslogans und Schlagzeilen als Beitrag zur Sprachkultivierung. In: Zeitschrift für Angewandte Linguistik (ZfAL) 34 (im Druck).

Zur Diskussion „Werbung und Werte" liegen mehrere Studien vor. Bau und Hölscher fragen aus soziologischer Perspektive auch nach der Wirkung der in der Werbung präsenten Menschen- und Weltbilder auf die Gesellschaft. Cölfen und Wehner arbeiten auf der Basis von Inhaltsanalysen weit gehend deskriptiv den Wertewandel in Werbebotschaften heraus (bei Cölfen auch unter Einbeziehung des Text-Bild-Bezuges):
Bau, Axel (1995): Wertewandel – Werbewandel? Zum Verhältnis von Zeitgeist und Werbung. Anpassung ökonomischer und politischer Werbung an veränderte soziokulturelle Orientierungsgrößen in der Bundesrepublik Deutschland. Frankfurt am Main (Haag und Herchen).
Wehner, Christa (1996): Überzeugungsstrategien in der Werbung. Eine Längsschnittanalyse von Zeitschriftenanzeigen des 20. Jahrhunderts. Opladen (Westdeutscher Verlag). (= Studien zur Kommunikationswissenschaft 14).
Hölscher, Barbara (1998): Lebensstile durch Werbung? Zur Soziologie der Life-Style-Werbung. Opladen/Wiesbaden (Westdeutscher Verlag).

CÖLFEN, Hermann (1999): Werbe*weltbilder* im Wandel. Eine linguistische Untersuchung deutscher Werbeanzeigen im Zeitvergleich (1960–1990). Frankfurt am Main u.a. (Lang).

 (59) Diskutieren Sie im Seminar/in Ihrer Arbeitsgruppe Phänomene wie *Ich habe fertig.*, *Da werden Sie geholfen.*, *Deutschlands meiste Kreditkarte*:

a) Warum werden solche Normverstöße in der Werbung verwendet?

b) Welche Rolle könnte das für den alltäglichen Sprachgebrauch spielen?

c) Warum finden Sie solche Werbesätze gut oder schlecht? (Wenn Sie sie negativ beurteilen, fallen Ihnen dann an der Werbesprache andere sprachliche Mittel auf, die Sie als positiv für die Sprachentwicklung einschätzen? Begründen Sie auch diese Einschätzung.)

(60) Diskutieren Sie im Seminar/in Ihrer Arbeitsgruppe folgende Schlagzeile der Direkt Anlage Bank (DAB): Auf der ersten Seite ist die Comicfigur Lucky Luke (= Cowboy, der „schneller zieht als sein Schatten") abgebildet mit der Schlagzeile *Wer ist schneller als er?* Auf der folgenden Seite steht dann die Schlagzeile *Jeder Bürohengst, der den DAB Sekunden-Handel nutzt.* Ist dies ein Fall für die Sprachkritik? Wenn ja, worin unterscheidet sich ein solcher Fall von den Beispielen in Frage (59)?

Lösungsvorschläge zu den Aufgaben

Im Folgenden finden Sie knappe Lösungsvorschläge für einen Großteil der Aufgaben. „Lösungsvorschläge" meint, dass es sich hierbei um stichwortartige Lösungsansätze handelt, die weiter diskutiert werden könnten (wie z.B. die Bestimmung der Isotopieketten und ihrer Klasseme in Frage (34) oder die Text- und Teilhandlungen in Frage (14)). Für die Diskussionsfragen, die sich im Buch finden, werden an dieser Stelle keine Lösungen angeboten. Die Fragestellungen können jeder Zeit auch auf andere Anzeigen übertragen werden.

(1) Werbeziele: <u>Renault Twingo</u>: einerseits Einführungswerbung (eines neuen Modells: *Der neue Twingo*), andererseits (da Twingo bekannt und die Anzeige wenig Produktinformation liefert, was bei Neueinführung zu erwarten wäre) wahrscheinlich vor allem Erhaltungs- und Erinnerungswerbung. – <u>PreussenElektra</u>: Einführungswerbung in Form einer Aktionswerbung (*Geben Sie dem Strom einen Namen!* mit Preisausschreiben), um einen neuerdings zugelassenen privaten Stromanbieter bekannt zu machen. – <u>Sixt Budget</u>: Aufgrund der Aggressivität und der Vergleichswerbung und aufgrund des hart umkämpften Marktes wahrscheinlich am ehesten Stabilisierungswerbung, zugleich Expansionswerbung. – <u>Lucky Strike</u>: Gesamtanzeige = Erinnerungs- und damit Erhaltungswerbung (*Das war '98*). Auch die einzelnen abgebildeten Anzeigen sind wahrscheinlich der Erhaltungs- bzw. der Expansionswerbung zuzurechnen, da weder Neues eingeführt wird noch Indizien einer Marktanteilsbedrohung nachweisbar sind. – Zur argumentativen Untersützung wäre jeweils die konkrete Marktsituation zu überprüfen.

(2) iMac: Low-Involvement-Anzeige, da relativ kurzer und wenig informativer Text, der u.a. auf das Design des Computers abhebt, das ja am ehesten durch das Bild vermittelt wird. Andererseits setzt Computer-Werbung normalerweise auf sachliche Produktinformation und zählt daher zur typischen High-Involvement-Werbung. Dadurch liegt hier Übergang vor, zumindest was die Erwartungen der Rezipienten an den Informationsgehalt der Anzeige betrifft. – <u>Nike Air Max</u>: Low-Involvement-Anzeige trotz des relativ langen Textes, kommuniziert aber weit gehend visuell und spricht auch im Text den Leser vor allem gefühlsmäßig an. – <u>Minolta Dynax</u>: High-Involvement-Anzeige. Der Text ist zwar kaum gegliedert und die Hauptbotschaft („Viel Technik für wenig Geld") wird plakativ durch das Bild vermittelt, aber die Bildbeschriftung entspricht dem Bedürfnis eines interessierten Lesers, Informationen über die technischen Details zu erhalten.

(3) Zielgruppe: <u>Kéralogie</u>: Käufer und Benutzer fallen z.T. auseinander; Benutzer sind Männer, da es um Schutz vor „erblich bedingtem Haarausfall" geht; da Frauen aber wahrscheinlich mehr auf Werbung zur Haarpflege reagieren, sind Frauen mit angesprochen (auch aufgrund des Bildes), die dafür sorgen sollen, dass ihre Partner dieses Angebot nutzen. – <u>United Airlines</u>: Schwerpunkt Münchener (und bayerische) Geschäftsleute, die am ehesten die Anspielung auf das Hörspiel von Ludwig Thoma „Der Münchner im Himmel" verstehen, die sich durch die Dialektanklänge angesprochen fühlen und die das Fliegen für geschäftliche Verbindungen (z.B. München – Washington) nutzen. Auf Geschäftsleute verweist auch der Hinweis *nonstop* und die Bemerkung zu den Laptop-Anschlüssen. – <u>Postbank Giro plus</u>: Aufgrund des Bildes und des Verweises auf McDonald's Jugendliche und junge Erwachsene, die als Erstkunden eine besonders interessante und wichtige Zielgruppe darstellen.

(4) Der Primärsender, nämlich die Daihatsu Deutschland GmbH bzw. im Auftrag deren Werbeagentur, spricht nicht von sich selbst als Sender (wie dies z.B. in Mercedes-Anzeigen mittels *wir* häufig ist), spricht aber die Rezipienten direkt an. Sekundärsender sind Mann und Frau im Bild (10), die als Sprecherin und Sprecher der Topline (3) zu verstehen sind.

(5) Informationsgehalt der <u>Daihatsu-Anzeige</u>: zahlreiche Einzelinformationen zu Produktdetails (wie *Heckspoiler, Spoilerstoßstange vorne mit integrierten Nebelscheinwerfern, Full-Size-Doppelairbags, Zentralverriegelung, geteilt umklappbare Rücksitzlehnen* etc. – insges. ca. 15 Einzelinformationen) – Information über Preis und Finanzierungsmöglichkeiten – Information über Garantien – Informationsangebot zu Händlerstandorten (Tel. und Internetadresse). – Informationsgehalt der <u>Kéralogie-Anzeige</u>: Information über Produktexistenz (neues Forschungsergebnis/Berufung auf Tests) – über Verwendungszweck (gegen erblich bedingten Haarausfall) – über Verwendungsart (Massage bei Friseur + sechswöchige Kur) – Informationsangebot zu entsprechenden Friseurstandorten (Tel. und Internetadresse). – Der Informationsgehalt der Daihatsu-Anzeige ist insgesamt, aber vor allem in Relation zur Textmenge wesentlich größer als der der Kéralogie-Anzeige. Bei letzterer werden einzelne Informationen wiederholt (z.B. die Berufung auf Tests oder die Bewahrung/Erhöhung der Haardichte) bzw. es werden nur scheinbar Informationen gegeben, die dem Verbraucher nichts Brauchbares über das Produkt sagen (wie das Bild des „erstickenden" Haares oder dass es sich bei Aminexil um ein Molekül handelt). Die Unterschiede zwischen den Anzeigen beruhen zum einen auf Produktunterschieden (über ein technisches Gebrauchsgut lässt sich sinnvoll mehr sagen als über ein kosmetisches Verbrauchsmittel, bei dem man nach den Informationen über Verwendungszweck und Wirksamkeit bereits in die Chemie einsteigen müsste – was aus vielerlei Gründen nur in dem hier vorfindlichen oberflächlichen Maß getan wird); zum anderen liegen auch verschiedene Werbestrategien zugrunde: Autowerbung will neben der emotionalen Überzeugung auch aufgrund tatsächlicher technischer Leistungen überzeugen, während Kosmetikwerbung die Wissenschaft mehr zur Stärkung der Glaubwürdigkeit denn als Informant nützt. Pointiert formuliert: Autowerbung will (eingeschränkt) informieren, Kosmetikwerbung wie die vorliegende will beeindrucken.

(6) a) Zusatznutzen ‚Schiebetüren' – b) Die Tippfehler lassen auf den Zusatznutzen ‚große Tastatur' schließen, was aber im Anzeigentext nicht schlüssig aufgegriffen wird, da es dort zwar um ein extra großes Display, sonst aber um das besonders kleine Format geht! – c) Wichtigster Zusatznutzen ‚besonders leises Betriebsgeräusch'. In der Subheadline außerdem die Produktvorteile ‚Kapazität beim Beladen' und ‚sparsamer Verbrauch'. – d) Zusatznutzen ‚(relative) Schnelligkeit' – e) Kein produktbezogener Zusatznutzen; ästhetische (und imagebildende?!) Funktion, um die Rezipienten im Zusammenhang mit der sonstigen Gestaltung emotional anzusprechen. – f) Als Zusatznutzen wird hier das Ungerechtigkeitsgefühl beim Verbraucher in Bezug auf die derzeit viel diskutierte Altersvorsorge genutzt und thematisiert; indirekt wird auf einen viel versprechenden Versicherungsertrag hingewiesen. – g) Zusatznutzen ‚vollverzinkte Karosserie, die jedem Regen trotzt'.

(7) a) dreigliedrig (siehe auch 4.3.1a zu Adjektiv/Adverb), Aussage über das Produkt, zweimal Alliteration (*über*-), Klimax – b) einfacher Satz, Aussage über das Unternehmen, Mehrdeutigkeit bei *Antrieb*, Entkonkretisierung in *Leidenschaft* – c) einfacher Satz, eingeleitet durch *und*, so dass er als Fortsetzung verstanden werden kann, Aussage über Konsumenten (wenn er das Produkt kauft und isst), wortspielerischer Verstoß gegen Kollokationen (kombinator. Verfahren, siehe 4.4.1c) – d) einfacher Satz, am ehesten auf Rezipienten und die Situation nach dem Kauf bezogen, möglicherweise auch auf das Unternehmensimage (= „Lösung für alle Probleme"), semantisch vage – e) zweiteilig (Produktname und Nominalgruppe), auf Nutzen für Konsumenten (Haar) bezogen, Mehrdeutigkeit bei *HauptSache*, markiert durch die Binnengroßschreibung (*Haupt* auch als ‚Kopf') – f) zweiteilig (koordinierte Adverbgruppe, adversativ mit *aber* verbunden), Aussage über Produktnutzung durch Konsumenten (?) (bezogen auf die Häufigkeit des Trinkens von alkoholfreiem Bier?! Passt aber nicht zur Handlung der Fernsehspots, mit denen dieser Slogan eingeführt wurde), Klimax – g) zweiteilig (beinhaltet auch Produktnamen), thematisiert Situation des Konsumenten (und das Produkt), der sich, wenn schon ein Auto, dann einen Van leistet (?), phonetisches Wortspiel *Van/wenn*, Epipher (2x *schon*) – h) dreiteilig (dritter Teil = Produktname), Endreim, bei *Er kann. Sie kann.* außerdem Parallelismus und Epipher (2x *kann*) (siehe 4.4.1b), Aussage über den Konsumenten?! – i) einfacher Satz, einerseits Konsumentenansprache, andererseits indirekt Aussage über den billigen Preis des Kraftstoffs, Mehrdeutigkeit durch Phraseologismus (*sich etwas sparen können*), der hier wörtlich verstanden wird.

(8) *Renault* (Markenname, onymische Übernahme: Unternehmen wurde von Louis Renault gegründet) – *Twingo* (Name des Autotyps, Kurzform des Produktnamens, kompaktes Kunstwort) – *Helios* (Bezeichnung für ein Sondermodell, lexikalische Übernahme des griech. *helios* ‚Sonne, Name des Sonnengottes'): alle drei Namen zusammen bilden den Produktnamen, in dem die (oft nicht mehr wahrgenommene) Information über den Firmengründer steckt. *Twingo* ist aufgrund seines Klangs (unterstützt durch die Werbekonzeption, z.B. die Spotmusik) als ‚jugendlich, spritzig, witzig' konnotiert. *Helios* enthält (zumindest für Griechischkenner) implizit die Information, dass dieses Modell ein Sonnendach besitzt. Die Konnotationen und Assoziationen bei *Helios* (griechische Sprache, griechische Mythologie: Bildung, Klassik) laufen denen von *Twingo* allerdings zuwider.

(9) a) lexikalische Übernahme einer Nominalgruppe (engl. *a lucky strike* ‚Glücksfall, Treffer'), soll nur positive Konnotationen mitliefern, aber keine Produktinformation –

b) Kombination zweier lexikalischer Übernahmen, wenn man *Clausthaler* als reguläre Ableitung aus einem Ortsnamen betrachtet, die normalerweise für Menschen üblich ist ('der aus Clausthal'). Der zweiteilige Produktname gibt demnach Auskunft über die Herkunft des Biers und über die substanzielle Besonderheit, dass es alkoholfrei ist. – c) *Alcatel* = Firmenname, wahrscheinlich modulares Kunstwort, da zumindest *-tel* auf 'Telekommunikation' verweist; *One Touch*™ *Pocket* = spezifizierender Teil des Produktnamens, erster Teil als Trademark geschützt, alle drei Elemente lexikalische Übernahmen; es lassen sich Informationen zur Produktgröße (*pocket* 'Taschenformat') und – solange man das technische Patent nicht näher kennt – eher vage zur Bediensituation (*one touch* 'mit einmaliger Berührung' oder schlicht 'einfach zu bedienen') herauslesen. – d) modulares Kunstwort, wahrscheinlich aufzulösen als <u>Te</u>lekommunikation/<u>Tel</u>efon/ <u>Tel</u>efonieren, <u>Da</u>ten, <u>Fax</u>(en). Gibt keine wirklichen Informationen außer dem Hinweis auf die Branche. – e) modulares Kunstwort, in der der Firmengründername *Lange* enthalten ist; der zweite Teil *-matik* verweist eher unspezifisch auf Technik. – f) lexikalische Übernahme, die durch die angehängte Präpositionalgruppe (*ohne Zucker*) eine Information über eine Produkteigenschaft vermittelt; der Produktnamenkern *Orbit* soll möglicherweise Assoziationen zu 'Frische' und 'Weite des Geschmacks' initiieren; – g) *Nivea* = deformierte Form des lateinischen Worts für 'Schnee' *nix, nivis* mit Assoziationen zu 'weiß' und möglicherweise 'weich', Markenname; *Hair Care* = lexikalische Übernahme eines Fremdworts, Name der Produktserie, gibt Informationen über den Verwendungszweck 'zum Schutz der Haare'; *Styling Gel* = lexikalische Übernahme eines Fremdworts, eigentliche Produktbezeichnung, gibt Auskunft über Zweck (*Styling*) und Konsistenz des Produkts (= *Gel*, kein Spray, Wachs o.Ä.).

(10) a) <u>Topline</u>: *Exclusiv … L'Oréal-Forschung*; <u>Schlagzeile</u>: *Intervention … Haar-Bestand!* (davon ist *Intervention mit Aminexil* der Produktname); <u>Fließtext</u>: *Entdecken Sie jetzt … Sie bewahren damit länger Ihren Haarbestand.*; <u>Bildtext 1a</u>: *Achtung: … bald aus!*; <u>Bildtext 1b</u> (im Bild): *Mikroskopische Aufnahme eines Haarfollikels*; <u>Bildtext 2</u>: *Erwiesene Wirksamkeit*; <u>Add/Zusatz</u>: **in klinischen Studien … erwiesen.*; <u>Einschub 1</u>: *Rufen Sie an:…*(48 Pf./MIN.)*; <u>Einschub 2</u>: *plus 5 % … Aminexil*; <u>Name der Produktserie</u>: *Kéralogie specifique*; <u>Abbinder</u>: *Exclusiv … L'Oréal Paris<K>* (*recherche avancée* könnte dabei Slogan sein). Alle Textbausteine haben die typischen im betreffenden Kapitel beschriebenen Funktionen: Die Schlagzeilen sind Aufhänger und Einleitung zugleich, der Fließtext vermittelt die „Produktinformation", Bildtext 1 erläutert das Bild, Bildtext 2 tut dies im weiteren Sinn. Der Zusatz dient zur rechtlichen Absicherung von Aussagen im Text, Einschub 1 enthält Telefonnummer und Internetadresse zur Vermittlung von konkreten Adressen (von Kéralogie-Friseuren), Einschub 2 könnte man fast als Deranger/Störer betrachten, weil er durch die Überschneidung mit dem Bild besonders hervorgehoben wirkt und eine Akzentuierung der Werbebotschaft bezweckt. Der Abbinder verleiht der Anzeige einen typographischen Abschluss und verweist nochmals auf den Ort/Zugang zum Produkt. Alle Texte sind Primärtexte; Sekundärtext: Aufschrift auf dem Produkt im Bild. – b) <u>Schlüsselbild/Key-Visual</u>: Abbildung des Fläschchens/des Produkts; <u>Blickfang/Catch-Visual</u>: das Paar; <u>Focus-Visual</u>: die Mikroskop-Aufnahme des Haares; alle Bilder sind formreal, statisch und real (wobei das bei der Mikroskopaufnahme für den

Rezipienten nicht unmittelbar nachprüfbar ist). Produktabbildung und Mikroskop-Aufnahme sind Ikone für Produkt und Haar, wobei letztere – aufgrund fehlender Nachvollziehbarkeit des Bildtextes 1a durch den Rezipienten – auch konventionalisiert für ‚Gefahr für die Haare' interpretiert werden kann. Die Abbildung des Paares ist ein konventionalisiertes Ikon, da es nicht um die Ähnlichkeit mit tatsächlichen Personen, sondern um die Kodierung von Assoziationen wie ‚Fürsorge, Zärtlichkeit' geht. Ikonisch ist vielleicht der Teil der Abbildung, in dem man den dichten Haarwuchs des Mannes trotz hoher Stirn bewundern kann.

(11) Einerseits Sekundärtext, da bewusst gestaltet bzw. ganz neu getextet und durchaus zum Lesen gedacht; andererseits hat der Inhalt nichts mit dem Produkt oder der Werbebotschaft zu tun, sondern dient der Illustration, ist eine Anspielung auf eine „echte" Programmseite, die der Twingo dann in den Kofferraum „einlädt". Die Funktion ist Aufmerksamkeitserregung durch die intertextuelle Anspielung (siehe Frage 48) und die damit zusammenhängende Irritation beim ersten Betrachten, andererseits soll ein Leseanreiz geschaffen und aufgrund von Aufwand und Witz Sympathie für diese Produktwerbung (und damit für das Produkt) hervorgerufen werden.

(14) Seite 1 zum Deo-Roller: indirekte Sprechakte/Ironie: nur scheinbar Texthandlungen 1. ‚über Existenz und Beschaffenheit des Produkts informieren' und 2. ‚zum Kauf/Nutzung des Produkts bewegen wollen'. Teilhandlungen zur ersten Texthandlung: ‚Produkt explizit nennen' (*Deo-Roller, Das Modell „Schweiß-Töter"*) + Zusatzhandlung ‚Produktname anführen' (indirekt auf Abb.) – ‚Produkt beschreiben' = Zusatzhandlungen ‚Produkt bildlich zeigen', ‚Produkteigenschaften aufzählen' (*seine manuell freirollende Kugel*) – ‚Anwendungsmöglichkeiten aufzeigen' = Zusatzhandlungen ‚Verwendungssituation nennen' (*wenn es mal wieder schnell gehen muß*), ‚Verwendungsweise beschreiben' (*eignet sich hervorragend für haariges Gelände*). Teilhandlungen zur zweiten Texthandlung: ‚Verkaufsargumente anführen' = Zusatzhandlungen ‚bestimmte Produkteigenschaften und Verwendungsmöglichkeiten herausstellen' (einfache und schnelle Benutzung) – ‚Werte ansprechen' = Zusatzhandlung ‚Werte mit Produkt verbinden' (unentbehrlich für sicheres Auftreten + Zeitersparnis) – ‚allgemeine Empfehlung/Ratschlag an die Konsumenten' zur Stützung der zweiten Texthandlung (*Achtung Faustregel: …*) [Ließe sich diese Teilhandlung mit Bezug auf andere Anzeigen/Spots als eine eigene Texthandlung ausweisen? Vgl. dazu z.B. den ersten Clearasil-Spot bei Aufg. 43]. Die Ironie ist vor allem am Produktnamen „Schweiß-Töter" und an den Verkaufsargumenten/propagierten Werten bzw. dem erteilten Ratschlag erkennbar.

Seite 2 zum Speed-Roller: Die beiden dominanten Texthandlungen beziehen sich inhaltlich auf die erste Seite/den Deo-Roller: Teilhandlungen zur ersten Texthandlung: ‚Produkt explizit nennen' (*Speed-Roller*) + Zusatzhandlung ‚Produktname anführen' (*Mit dem Modell „Splinter" von Herkules*) – ‚Produkt beschreiben' = Zusatzhandlungen ‚Produkt bildlich zeigen', ‚Produkteigenschaften aufzählen' (*durch seinen leistungsstarken Motor, superstarke Scheinwerfer*; Produktdetails am unteren Seitenrand) – ‚Anwendungsmöglichkeiten aufzeigen' = Zusatzhandlungen ‚Verwendungssituation nennen' (*immer, Rendezvous, in jedem Gelände*), ‚Verwendungsmöglichkeiten beschreiben' (*sind Sie … schnell unterwegs, sorgt … für den richtigen Überblick, Verduften kann man immer*).

Teilhandlungen zur zweiten Texthandlung: ‚Verkaufsargumente anführen' = Zusatzhandlungen ‚bestimmte Produkteigenschaften und Verwendungsmöglichkeiten herausstellen' (*Durch seinen leistungsstarken Motor haben Sie locker Zeit für die tägliche Wäsche
und kommen somit bei ihrem Rendezvous immer gut an, den richtigen Überblick*) − ‚Werte
ansprechen' = Zusatzhandlung ‚Werte mit Produkt verbinden' (unentbehrlich für
sicheres Auftreten, Zeitersparnis und Überblick). Auch hier liegt eine gewisse Ironie
darin, dass als zentrales Argument die Zeitersparnis, die dann für die Körperpflege
genutzt werden kann, gebracht wird. Im Gegensatz zu klassischen Anzeigen irritiert
hier die Verdopplung der Texthandlungen durch die Präsentation zweier Produkte,
von denen eines eine Attrappe, die Texthandlungen dazu also nur vorgespielt sind.
Durch die Bezugnahme auf diese indirekten Sprechakte werden die Texthandlungen
im zweiten Teil ebenfalls ironisiert. Somit entspricht die Anzeige zwar formal den Erwartungen an zwei einzelne Anzeigen (die zentralen Text- und Teilhandlungen werden auf zwei Produkte bezogen ausgeführt), aber nicht inhaltlich. Inhaltlich entspricht
den Erwartungen wohl nur der Textblock rechts unten mit den technischen Produktdetails.

(15) Texthandlung ‚über Existenz und Beschaffenheit des Produkts informieren'
(obligatorisch): Teilhandlung ‚Produkt explizit nennen' (*Strom*), Zusatzhandlung ‚Hersteller nennen' (*PreussenElektra*) − Teilhandlung ‚Produkt beschreiben' (hier durch die
nur indirekt zur Nutzung bewegen wollende Zusatzhandlung ‚Verwendungssituation
nennen') (*kommt täglich in Ihre Wohnung*). Texthandlung ‚Verbraucher zur Mitwirkung
bewegen wollen' (dominant): Teilhandlung ‚Neugier wecken' durch Zusatzhandlungen ‚Rätsel aufgeben' (*Wenn jemand* (?) *täglich in Ihre Wohnung kommt, wüssten Sie dann
nicht gern seinen Namen?* + Abb., die aussieht wie zwei leuchtende Augen/Scheinwerfer
o.ä.) und ‚Belohnung nennen' (*1. Preis: ein BMW Z3*) − Teilhandlung ‚Auftrag formulie-
ren/Möglichkeit der Mitwirkung beschreiben' durch Zusatzhandlungen ‚Aufforderung'
(*Geben Sie dem Strom einen Namen! Schicken Sie Ihre Ideen für einen Namen, einen Slogan oder
einen Knüttelvers bitte …*), ‚Begründung' (*Wir auch* [wüssten gern seinen Namen]. *Unser
Strom braucht einen Namen/Denn Strom braucht einen Namen*), ‚Anregungen zur Veranschaulichung' (*Beispiel: Helferlein, Stromi, Blitzi* usw.) und ‚detaillierte Instruktionen er-
teilen' (Informationen im Fließtext zu Termin, Kennwort, Auslosung etc.). Die Texthandlung ‚zum Kauf/Nutzung des Produkts bewegen wollen' ist in dieser Anzeige nur
unterschwellig vorhanden, da es sich um den Prototyp einer Einführungs- und Aktionswerbung handelt. Die Nutzung soll über den Umweg eines Gewinnspiels erreicht
werden.

(16) (Im Folgenden wird das Handlungsmuster der prototypischen Produktanzeige
auf eine Dienstleistung übertragen!) Unter der Teilhandlung ‚Produkt explizit nennen'
fehlt einmal die explizite Zusatzhandlung ‚Hersteller bzw. Anbieter nennen'. Dass es sich
um eine MobilCom-Anzeige handelt, wird nur indirekt ersichtlich aus dem Couponfeld
mit der MobilCom-Adresse (unten rechts). Außerdem wird die Zusatzhandlung ‚Produkt einer Marke zuweisen' durch Farbgebung, Schriftwahl und die mehrfache Erwähnung der Telekom (*Telekom-Kunden, Telekomrechnung* usw.) bewusst so ausgeführt, dass
der Eindruck entsteht, es handele sich um eine Dienstleistung der Telekom. Dies wird

auch nicht klarer durch die Ausgestaltung der Teilhandlung ‚Verkaufsmodalitäten nennen': Dadurch, dass im Coupon sowie indirekt im Text der Telekom (und nicht der MobilCom) ein Auftrag erteilt wird (*Lassen Sie Ihren Anschluß … von der Telekom einstellen.*), wird der Eindruck einer Telekom-Anzeige aufrechterhalten. Bei dieser gezielten Unklarheit stört dann aus Sicht der Telekom natürlich die sehr klare Zusatzhandlung der Teilhandlung ‚Anwendungsmöglichkeiten aufzeigen', in der die ‚Verwendungsweise beschrieben' wird, nämlich dass man ab jetzt eine Vorwahl wählen müsse.

(17) Aufmerksamkeit und Interesse aktivierende Funktion durch parallelen Aufbau (durch Position neben Speed-Roller-Seite; zudem schwarzweiß gegenüber der farbigen Hercules-Abb.), auch durch ungewöhnlichen Produktnamen auf dem Produkt. – Attraktivitätsfunktion durch die Ironie, die zuerst irritierend und dann erheiternd wirkt. – Indirekt Akzeptanzfunktion für Speed-Roller, da dieser Anzeigenteil im Kontrast zu dem ironischen ersten Teil glaubwürdiger, sinnvoller und vergleichsweise seriös erscheint.

(18) (siehe zu Identifizierung der Bausteine Aufg. 10): Topline und Abbinder: Erinnerungsfunktion – Schlagzeile: Aufmerksamkeit wecken – Fließtext: Akzeptanzfunktion, Verständlichkeitsfunktion – Bildtext 1a, 1b und Focus-Visual: Interesse aktivieren/vorstellungsaktivierende Funktion, z.T. sicherlich auch Ablenkungsfunktion – Bildtext 2: Erinnerungsfunktion – Einschub 1: Attraktivitätsfunktion/Akzeptanzfunktion? – Einschub 2: Akzeptanzfunktion (ebenso wie Fußnote vom Fließtext) – Schlüsselbild/Key-Visual: Erinnerungsfunktion – Blickfang/Catch-Visual: vorstellungsaktivierende Funktion.

(19) iMac: a) Argument ‚der iMac macht das Leben interessant/aufregend' (explizit) – konventionalisierte Schlussregel ‚ein aufregendes und interessantes Leben ist ein anzustrebender Wert in unserer Gesellschaft' (implizit) – Konklusion ‚wer den iMAc kauft, hat ein interessantes Leben ohne Langeweile' (z.T. explizit: *Sagen Sie der Langeweile für immer Lebewohl*). – Argumente ‚der iMAc ist leicht zu bedienen' + ‚der iMac ist aufgrund seines Innenlebens/seiner technischen Kapazität sehr schnell' (beide explizit) – konventionalisierte Schlussregel ‚Einfachheit und Schnelligkeit sind erstrebenswerte Eigenschaften eines technischen Geräts' (implizit) – Konklusion ‚wer den iMac kauft, ist schnell (z.B. im Internet) und hat keine Probleme mit der Bedienung' (explizit: *innerhalb kürzester Zeit …, Also, sagen Sie Kompliziertem …*). – Argument ‚der iMac hat ein cooles Design' (explizit) – konventionalisierte Schlussregel/Topos der Person ‚Nur coole Leute haben coole Dinge' (implizit) – Konklusion ‚wer den iMAc kauft, ist cool' (implizit). – Insgesamt basiert die Argumentation nur auf konventionalisierten Schlussregeln und sehr allgemeinen Argumenten, die nicht durch technische Hinweise näher ausgeführt sind (z.B. wie schnell? inwiefern leicht zu bedienen?). – b) Die Gegenargumente, Computer seien *kompliziert, teuer und häßlich*, werden anfangs ausdrücklich thematisiert (*Für alle, die immer noch denken, daß …*), im Text durch obige Argumentation ausgeräumt und zusammenfassend noch einmal aufgegriffen in *Also, sagen Sie Kompliziertem zum Abschied leise Servus. Sagen Sie der Langeweile für immer Lebewohl.* – British American Tobacco: a) explizite Beispielargumentation (nicht Enthymem): Wie wirkt das Plakat auf den Leser? – Es wirkt nicht dahingehend, dass er mehr raucht oder gar anfängt zu rauchen – also ist es plausibel, dass das Plakat nicht gefährlich ist. Diese Beispielargumentation wird durch folgendes Enthymem gestützt: Argumente ‚ein Werbeplakat hat die Aufgabe, Marken bekannt zu machen‘ + ‚Rauchen ist eine persönliche und bewusste Entscheidung‘ (explizit) – alltagslogische Schlussregel von Grund und Folge ‚der Grund für das Rauchen ist nicht die Bekanntheit von Zigarettenmarken‘ (hier hinkt die Argumentation allerdings etwas, denn man macht Marken natürlich bekannt, um sie besser zu verkaufen, d.h. um *ihre Marktanteile zu sichern*!) (mehr oder weniger explizit durch die einleitenden rhetorischen Fragen) – Konklusion ‚Werbung für Zigaretten ist nicht gefährlich (im Sinne von suchtfördernd)‘ (explizit) – b) Die ganze Anzeige reagiert implizit auf den Vorwurf bzw. das Gegenargument gegen Zigarettenwerbung, diese verführe Leute zum Rauchen. Die Thesen der Werbegegner werden in Form von rhetorischen Fragen und durch die Betonung der Selbstbestimmtheit ad absurdum geführt.

(20) Hier liegt eine Sonderform der vergleichenden Werbung vor: Das Produkt wird nicht hervorgehoben, weil es besser als ein anderes ist, sondern weil es laut Aussagen Dritter in der gleichen Reihe mit anderen steht. Mit Hilfe der Autoritätsargumentation (Wahl zum „Auto 1“) wird das Produkt also beworben, weil es Zweiter geworden ist, und dies gegen den Konkurrenten Audi TT und immerhin vor der Mercedes-S-Klasse. Dadurch wird mit einer Imageübertragung der anderen beiden Marken auf den Ford-Focus gerechnet. Dass der zweite Platz und der Sieg der Konkurrenz zugegeben wird, kann (senderbezogen) als überraschende Ehrlichkeit ausgelegt werden und dadurch die Glaubwürdigkeit der Werbung und damit die Akzeptanz insgesamt erhöhen.

(21) In der zweiteiligen Schlagzeile spielen neben dem Produktnamen Verben und Fragepronomen die Hauptrolle: Die Bilder beantworten (einmal durch ihre Beschriftung, einmal durch einen Darstellungseffekt) die Fragen nach dem *Was?*, das durch die Verbbedeutungen näher spezifiziert wird (*können, kosten*). In der Bildbeschriftung des ersten Bildes ist das Substantiv die dominante Wortart, weil technische Eigenschaften, Funktionen und Leistungen benannt werden sollen. Zur genaueren Differenzierung werden ab und zu Adjektiv- bzw. Partizipialattribute vorangestellt (*aufklappendes, einfache, einstellbare, manuelle, schnellere*, Zahladjektive in Ziffernform). Einzelne Wortarten werden zu Verstärkung (z.B. Partikel *noch*), zur Attribuierung zweiten Grades (die Adjektive in Adverb-Position *automatisch* aufklappendes, *individuell* einstellbare) oder zur Einleitung von Attributen (z.B. die Präpositionen *bis* und *mit*) genutzt. Im Fließtext herrscht eine recht gleichmäßige Verteilung der Wortarten. Neben zahlreichen Verben mit wichtiger Eigenbedeutung (also nicht nur Hilfsverben!), die sich zum Teil auf Handlungen und Möglichkeiten des Verbrauchers (*wissen, konzentrieren*), zum Teil auf Eigenschaften der Kamera beziehen (*ermöglichen, belichten, kosten*), stehen Substantive zur Bezeichnung von Produktdetails oder -leistungen (*Kameraprogramm, Autofokus, Motiv, Bild, Mehrfeldmessung, Aufnahme, Verschlußzeit*). Die Bezeichnungen werden wie die Handlungen und Vorgänge durch Adjektive bzw. Adverbien näher bestimmt (*der neue Autofokus, scharfe Bilder, maximale Verschlußzeit*). Prädikativ verwendet kommen zwei Adjektive vor (*sind Sie schneller, Alles wird gut* = Slogan). Wichtig sind außerdem die Pronomina zum Zweck der persönlichen Anrede (*Sie*) und Adverbien, die den Text etwa auflockern sollen (*sonst noch, ganz aufs Motiv, kosten ... Sie nur*). Festzuhalten bleibt, dass es zumindest in diesem Fall große Unterschiede in der Wortartenverteilung auf die einzelnen Anzeigenbausteine gibt.

(22) a) *super + nassreißfest* = Determinativkompositum aus zwei Adjektiven (,besonders nassreißfest'), aufgrund des Reihen bildenden Charakters von *super* auch als explizite Ableitung mit Präfixoid interpretierbar – *nass + reißfest* = Determinativkompositum aus zwei Adjektiven (,in nassem Zustand reißfest') – *reiß + fest* = Determinativkomp. aus Verbstamm und Adjektiv (,zu fest, um zu reißen'). Funktion: auffällige Benennung einer Produkteigenschaft, Stabilität des Produkts wird assoziativ möglicherweise durch die zahlreichen Zischlaute unterstützt. – b) *durchschnupf + sicher* = Determinativkomp. aus Verbstamm und Adjektiv (,sicher gegen Durchschnupfen') – *durch + schnupf* = entweder Determinativkomp. aus Präposition und Verb oder Präfigierung (,hindurch schnupfen'). Das Verb *schnupfen* bedeutet allerdings normalerweise etwas in die Nase hinaufzuziehen, nicht – wie hier – etwas aus der Nase herauszuschnauben. Wahrscheinlich gewählt aufgrund des Klangs und der Bildhaftigkeit. Funktion: ungewöhnliche und auffällige Benennung einer Produkteigenschaft. – c) *un-bar + kaputt* = explizite Ableitung eines Adjektivs mit Präfix und Suffix (,nicht kaputt zu machen'). Das Ungewöhnliche ist hier die adjektivische Basis, die nur selten mit *-bar* abgeleitet wird (z.B. *offenbar, sonderbar*). *-bar* drückt eine Möglichkeit aus, was auch semantisch nicht zu dem einen Zustand ausdrückenden Adjektiv *kaputt* passt. Funktion: umgangssprachliche, auffällige Alternative zu *zerstörbar* o.ä. – *mehrweg + flasche* = Determinativkomp. aus zwei Substantiven; da *Mehrweg* als einzelnes Lexem nicht vorhanden ist, evtl. besser als Zusammenrückung aus Adjektiv und zwei Substantiven interpretierbar (,Flasche, die über mehrere Wege entsorgt werden kann'). Eigentlich analog z.B. zu *Einwegglas* gebildet, aber noch nicht lexikalisiert. Funktion: Im Zusammenhang mit *unkaputtbar* auffällige Nominalgruppe zur Bezeichnung der Produktverpackung. – d) *nass + haftkraft* = Determinativkomp. aus Adjektiv und Substantiv (,Haftkraft, die besonders in nassem Zustand wirkt'?) – *haft + kraft* = Determinativkomp. aus Verbstamm und Substantiv (,Kraft zu haften'). Funktion: auffällige Bezeichnung einer Produktleistung/ Produkteigenschaft, auffällig besonders durch den Reim, obwohl sich die Wortbildungsbedeutung nur schwer erschließen lässt. – e) *Tobleron- + ismus* = explizite Ableitung vom Substantiv mit Suffix. Wörter mit dem Suffix *-ismus* bezeichnen normalerweise Theorien, Richtungen, Geisteshaltungen, Ideologien etc. und haben auch des Öfteren Eigennamen als Basis (,,,tobleronische" Idee' o.ä.). Funktion: Die Frage stellt durch eine auffällige Wortbildung (nach bekanntem Muster) einen Zusammenhang zwischen dem Bild (= Pyramiden) und der Schokolade (= pyramidenähnliche Form) her. Der Witz besteht darin, dass mit Hilfe der Wortbildung (= Ableitung) unterstellt wird, der Pyramidenbau (bzw. die Pyramidenform) sei erst durch die Schokolade und deren Form angeregt worden. – f) *überall + ster* = Flexion: eigentlich unzulässige Steigerung (Superlativ) eines Adverbs. Funktion: Aufmerksamkeit erregende Schlagzeile einmal durch den Normverstoß, zum anderen durch das eigentlich nicht ansprechende Bild. Dieses wird wiederum im Text durch den auf diese Weise doppeldeutigen Phraseologismus *Geschäfte machen* aufgegriffen. Die Alltagserfahrung, dass Hunde über-

allhin Haufen machen, wird als Assoziationsbasis dafür genutzt, dass auch Postämter überall zu finden sind und dass man auch dort Geschäfte machen kann. Darüber, ob diese assoziative Verbindung eine glückliche Wahl ist, lässt sich streiten.

(24) Hier wird mit der Homophonie (= Gleichklang) von engl. *I* ‚ich' und deutsch *Ei* gespielt. Der bekannte englische Satz *I love you* ‚Ich liebe dich' kann durch die verfremdende Schreibung mit Bezug auf das Bild (Eierbecher) dann auch als ‚Ei liebt dich' interpretiert werden. *Ei/I too!* (‚Ich auch') greift dieses Wortspiel auf und könnte mit Blick auf den eiförmigen Männerkopf als ‚Auch (ein) Ei' übersetzt werden. Die Funktion liegt in diesem Fall in der Irritation durch die Kombination von deutschem und englischem Sprachmaterial (Aufmerksamkeit erregende Funktion) und im Witz, der sich durch die Kombination des Wortspiels mit dem Bild ergibt (Attraktivitätsfunktion). Das Englische hat hier wohl weder irgendeine Image- noch eine spezifische Bezeichnungs-/Informationsfunktion.

(25) In der Anzeigenkampagne „McMorning" von McDonald's, für die der abgedruckte Text nur ein Beispiel ist, wird deutsches und englisches Sprachmaterial in ungewöhnlicher Weise vermischt: Finden sich in der Werbung sonst entweder ganze englische Sätze oder Textelemente (wie Slogan oder Schlagzeile) oder einzelne englische Lexeme, so wird in der Schlagzeile fünfmal zwischen Englisch und Deutsch gewechselt. Dadurch wirkt das Ganze wie Kauderwelsch oder jugendsprachliche Sprachspielereien mit einer Fremdsprache. Hinzu kommt, dass *look me in the eyes* ein bekanntes Filmzitat aus „Casablanca" ist (Humphrey Bogart zu Ingrid Bergmann), dessen Erinnerungsfunktion durch das deutsche Anhängsel *Kleines* verstärkt wird (= im Film übersetzt als *Schau mir in die Augen, Kleines*, obwohl es sich um einen engl. Phraseologismus mit der Bedeutung eines Trinkspruchs handelt). Im Zusammenhang mit den englischen Produktnamen und dem amerikanischen Image des Unternehmens ist die Wahl des Englischen nicht verwunderlich. Hier geht es jedoch nicht um die Etablierung neuer Anglizismen in der deutschen Alltagssprache, sondern um ein imagekonformes (= ‚amerikanisch, jugendlich, lustig') Sprachspiel, um durch die Ungewöhnlichkeit der Sprachverwendung die Aufmerksamkeit zu wecken und zum Lesen zu bewegen.

(27) Hochwertwörter aufgrund eines positiven Denotats: *Freiheit* (= zentraler und alter Wertbegriff: frei von Beschränkungen, selbstbestimmt, individueller Spielraum, Selbstverwirklichung) – *grenzenlos* (= frei von Beschränkungen) – *überirdisch* (= himmlisch, besser als auf der Erde/positives Konnotat!) – *innovative* (= neu, ungewöhnlich, kreativ) – *verleiht Flügel* (= idiomatisiert: macht frei, unbeschwert und kreativ) – *Fahrspaß* (= Freude/Genuss beim Fahren, Erlebniswert) – *perfekt* (= uneingeschränkt gut und gelungen) – *nützliche Reisebegleiter* (= auf Bedürfnis ausgerichtet, vertraut, zur Verfügung, wenn benötigt) – *peppigen* (= originell, jugendliches Design) – *grenzenloses Vergnügen* (= Wertbegriff, uneingeschränkte(r) Genuss/Freude) – *noch höher hinaus* (= vermittelt Ausblick/Hoffnung auf noch Besseres) – *Himmel auf Erden* (= Phraseologismus: schon auf Erden so schön und traumhaft wie im Himmel) – *schweben* (= im übertragenen Sinn besondere Qualität des Befindens, wunschlos/euphorisch sein). Als Schlüsselwörter könnte man besonders *Freiheit, Vergnügen/Fahrspaß* sowie *innovativ* ansehen, da damit besondere Werte ausgedrückt werden, die durch die anderen Hochwertwörter semantisch unterstützt und ausgefüllt werden (*Freiheit* z.B. durch *grenzenlos* oder *verleiht Flügel, Vergnügen/Fahrspaß* z.B. durch *Himmel auf Erden* oder *schweben, innovativ* z.B. durch *perfekt* oder *nützlich*.) *Freiheit* und *Vergnügen* beziehen sich dabei auf Gefühlswerte beim Konsumenten, sind demnach Versprechungen, welche Lebensqualitäten durch den Kauf/das Fahren dieses Autos erreicht werden können, während sich *innovativ* auf den technischen Standard und die Qualität des Produkts selbst bezieht.

(28) a) <u>Hochwertwörter</u>: *reichhaltig, Pflege, Kraft, Feuchtigkeit/Feuchtigkeitsversorgung/ Feuchtigkeitshaushalt, schön, 1zigartig/einzigartig, mineralreich, optimal hautverträglich, optimale Regulierung, angeregt, versorgt, stärkt, beugt vor, Geschmeidigkeit, Ausstrahlung, langanhaltend, geschützt* – Neben unspezifisch positiven Ausdrücken wie *schön, einzigartig* und *optimal* beziehen sich alle Ausdrücke auf positive Wirkungen der Creme, die für den Zustand der Haut wünschenswert sind. – b) <u>Schlüsselwörter</u>: *natürlich, gesund, wirkungsvoll/Pflegewirkung, Eigenschutz/geschützt* – Es wird argumentiert, dass durch ein natürliches Produkt (auf der Basis von Thermalwasser) wirkungsvoll Gesundheit und Schutz der Haut erreicht werden. Die übrigen Ausführungen sind auf diese Kernaussagen zu beziehen und illustrieren sie durch detailliertere Ausführungen. – c) <u>Plastikwörter</u>: *Pflegespeicher, Pflege-Wirkstoff, Enzymaktivität* – scheinbar oder tatsächlich Ausdrücke aus der Fachsprache, die aber entweder sehr unklar und unspezifisch sind (wie *Pflegespeicher (NMS)?!, Pflege-Wirkstoff*) oder deshalb unklar bleiben, weil sie ohne Erklärung benutzt werden und vor allem über positive Assoziationen persuasiv wirken sollen (*Enzymaktivität*). – d) Aufwertung durch andere Maßnahmen: <u>argumentativ</u>: durch Hinweise auf Herkunft (*Thermalwasser* statt *„nachgebaute Labor-Version"*); durch Hinweis auf Bewährung in Tests (**Thermal S wurde mit 100 Frauen unter dermatologischer Aufsicht getestet*); durch Hinweise, welchen negativen Erscheinungen wirksam begegnet wird (*beugt Irritationen wirkungsvoll vor, Spannungs- und Reizgefühle werden sofort gemindert*). – <u>typographisch</u>: Hervorhebung wichtiger Passagen und Textelemente. – <u>Bilder</u>: glattes, entspanntes und feuchtes Frauengesicht, "schwebende" Cremedose.

(30) a) <u>Text 1</u>: *Dieses ist der erste Streich – leckt sich jeder die Finger – mit links bedienen – erklärt sich von selbst – einen Absturz zu riskieren – Da war doch noch was … – doch der zweite folgt sogleich – sind sie ein Herz und eine Seele – hat (nur) einen Haken.* <u>Text 2</u>: *muß die Freiheit wohl grenzenlos sein – verleiht … Flügel – unter den Wolken – Wer noch höher hinaus möchte – den Himmel auf Erden.* <u>Klassifikation</u>: <u>geflügelte Worte</u>: *Dieses ist der erste Streich – doch der zweite folgt sogleich* (Wilhelm Busch: „Max und Moritz"; aueinandergerissen, leicht modifiziert: *ist* statt *war*), *unter den Wolken – muß die Freiheit wohl grenzenlos sein* (Liedanfang von Reinhard Mey; auseinandergerissen und umgestellt, ansonsten unmodifiziert); <u>verbale Phraseologismen</u> (bis auf den letzten alle unmodifiziert): *sich die Finger lecken, etw. mit links bedienen* (auch als adverbieller Phraseologismus interpretierbar), *sich von selbst erklären, einen Absturz riskieren, ein Herz und eine Seele sein* (zugleich Zwillingsformel), *einen Haken haben, jmd. Flügel verleihen* (bekannt auch als Werbespruch für das Getränk Red Bull), *(noch) höher/hoch hinaus mögen/wollen* (auch als adverbieller Phraseologismus interpretierbar; leicht modifiziert, wenn er auch in seiner Gestalt nicht so festgelegt ist wie die anderen Beispiele, Grundform *hoch hinaus wollen*); <u>nominale Phraseologismen</u>: *der Himmel auf Erden* (unmodifiziert).

b) Die geflügelten Worte sind ursprünglich nicht idiomatisiert, werden aber durch ihre Übernahme in einen anderen Text gewissermaßen übertragen verwendet. Die meisten anderen Phraseologismen sind idiomatisiert aufgrund metaphorischer Übertragungen. Am ehesten motiviert sind die Wendungen *sich von selbst erklären* und *mit links bedienen*, teilidiomatisiert ist der Phr. *höher hinaus mögen*, was an seiner Steigerungsfähigkeit (hoch/höher) deutlich wird. Je idiomatisierter ein Phr., desto fester ist er in der Regel. Das heißt aber nicht, dass nicht auch ein fester Phr. in einem poetischen oder einem Werbetext aus ästhetischen Gründen oder zwecks Auffälligkeit verändert oder ergänzt werden kann (vgl. Kap. zu Wortspielen, z.B. Erweiterung oder Remotivation von Phr.).

(31) Das Auffällige an der Anzeige ist, dass alle Sätze Fragesätze (und zwar Ergänzungsfragen ohne Fragewort) sind und dass sie außerdem nur zwei verschiedenen Textbausteinen zugerechnet werden können: Die erste Frage bildet die Schlagzeile, der Rest den Fließtext. Es gibt aber weder einen Slogan noch Bildtexte noch einen typographisch hervorgehobenen Produktnamen. Die Sätze im Einzelnen: Satz 1 (*Hast Du ... Walkman?*): Hauptsatz, erweitert durch Akkusativobjekt in Form eines erweiterten Infinitivs; soll Aufmerksamkeit erregen und im Zusammenhang mit den Bildern irritieren insofern, als sich die Frage nach dem beworbenen Produkt stellt (für Batterien? für Walkman?) – Satz 2 (*Haben Dir ... zu spielen?*): Hauptsatz, erweitert durch einen konsekutiven Nebensatz, an den ein finaler erweiterter Infinitiv angeschlossen ist; soll durch Ironie das Leseinteresse aufrechterhalten und Neugier auf Produkt schüren – Satz 3 (*Ist es ... begnügen mußt?*): Hauptsatz mit zwei koordinierten Subjektsätzen; Leseinteresse soll dadurch aufrechterhalten werden, dass Solidarität mit Leser bekundet wird; immer noch keine Auflösung des Rätsels um das Produkt – Satz 4 (*Wären ein paar ... armen Gelenke?*): einfacher Hauptsatz; erste Anzeichen für eine Lösung des Rätsels (= Schuhe), Suggestivfrage: die Notwendigkeit guter Schuhe ist nach den vorangegangenen Fragen unbedingt einzusehen – Satz 5 (*Wußtest Du ... kriegen kannst?*): Hauptsatz mit satzförmigem Akkusativobjekt; Attraktivitätsfunktion durch Ironie, durch *rezeptfrei* außerdem witziger Bezug auf vorheriges *verarztet/Medizin* (Kontextspiel, siehe 4.4.1c) – Satz 6 (*Willst Du ... verpassen?*): zwei koordinierte Hauptsätze, von denen im zweiten Subjekt und Prädikat elliptisch sind; implizite Produktbeschreibung (Luftpolster), Erinnerungsfunktion, da zum zweiten Mal auf Wirkung guter Schuhe Bezug genommen wird, dadurch auch Verständlichkeitsfunktion (wozu? Wirkungsweise), Attraktivitätsfunktion durch remotivierten Phraseologismus (siehe 4.4.1c) *jmdm. einen Dämpfer verpassen* – Satz 7 (*Wirst Du ... länger läuft?*): Hauptsatz mit satzförmigem Akkusativattribut; impliziter Appell zum Produktkauf durch Rückbezug auf Inhalt der Schlagzeile.

(33) Textgrammatische Einheiten: (a) *Macht nichts.* (b) *Es gibt ja den 406 Break.* (c) *Dank seines großzügigen und variablen Innenraumes ist er das ideale Auto für große Fische;* (d) *dank seiner durchzugsstarken Motoren von 66 kW (90 PS) bis zum 6-Zylinder mit 140 kW (191 PS) und serienmäßiger Klimaanlage kommen diese auch frisch zu Hause an:* (e) *der PEUGEOT 406.* (f) *Damit Sie dem nächsten großen Fang gelassen entgegensehen können.* (g) *406 Peugeot* (h) *Mit Sicherheit mehr Vergnügen.* Satzübergreifende Mittel der Textverknüpfung: <u>Explizite Rekurrenz/Koreferenz</u>: Bezugsausdruck 1: *406 Break* – Verweisausdrücke mit voller Referenzidentität: *seines* (Pronomen), *er* (Pronomen), *das ideale Auto* (Synonym), *seiner* (Pronomen), *der Peugeot 406* (Synonym), *406/Peugeot* (Wortwiederholung bzw. Synonym) + Abb. des Autos – Verweisausdruck nach Referenzverkürzung: *6-Zylinder* (nur ein Modell von mehreren). – Bezugsausdruck 2: eigentlich der abgebildete Hecht auf dem Foto (als sprachlicher Ausdruck dann erst *große Fische*) – Verweisausdrücke: (*große Fische* als Synonym zur Abb., je nach Bestimmung des Bezugsausdrucks), *diese* (Pronomen). – <u>Implizite Wiederaufnahme</u>: Bezugsausdruck 1: *406 Break* – Verweisausdrücke aufgrund ontologischer Kontiguität: *großzügigen und variablen Innenraumes, durchzugsstarken Motoren …, serienmäßiger Klimaanlage.* – Bezugsausdruck 2: *große Fische* (oder Abb.) – Verweisausdruck aufgrund kultureller Kontiguität: *dem nächsten großen Fang.* – <u>Struktur-Rekurrenz</u>: (c) *Dank seines …* – (d) *dank seiner …* – <u>Konnexion</u>: *ja* in (b) als begründender Rückbezug auf (a), unterstützt durch den ankündigenden Gedankenstrich – *auch* in (d) als Erweiterung der Begründung, warum ideales Auto für große Fische in (c) – Doppelpunkt in (d) leitet eine Zusammenfassung des bisherigen ein – *damit* in (f) als Begründung für die implizite Kaufaufforderung in (e).

(34) a) <u>Herkules Splinter</u>: Klassem ‚Zeitnot' bzw. ‚schnell sein': *Ruck Zuck, schnell, zeitraubende, Speed-Roller, schnell, (locker Zeit).* – Klassem ‚Sauberkeit, Körperpflege' (eng verknüpft mit erster Isotopiekette, da sich Zeitbedarf auf Zeit für Körperpflege bezieht): *Deo-Roller, herb bis frisch, „Schweiß-Töter", Dusche, Seife, Deo, tägliche Wäsche.* – Klassem ‚Fortbewegung' (nur im zweiten Anzeigenteil: ebenfalls eng mit der ersten Isotopiekette verknüpft, da die Art der Fortbewegung Zeit spart): *Speed-Roller, unterwegs, kommen (gut) an, verduften.* Klassem ‚zum Motorroller gehörig' (könnte man auch als implizite Wiederaufnahme aufgrund ontologischer Kontiguität ansehen): *leistungsstarken Motor, superstarke Scheinwerfer,* alle Ausdrücke im Kleingedruckten. – <u>Kéralogie</u>: Klassem ‚Haar': *Kéralogie-Friseur* (3x), *Haar-Bestand, Haar, „erstickt", fällt bald aus, erblich bedingten Haarausfall, Lebensdauer des Haares, Haardichte, Haarbestand, Haardichte, Kéralogie-Salon.* – Klassem ‚Forschung': *Innovation* (2x), *L'Oréal-Forschung* (2x), *patentiertes Molekül, nachweisbar, Testergebnis, erwiesene Wirksamkeit, Recherche avancée.* – Klassem: ‚Haar bewahrend': *Kéralogie-Friseur* (3x), *Innovation* (2x), *Intervention mit Aminexil* (2x), *bewahrt, revolutionäres Molekül, Lebensdauer verlängert, Massage, 6-wöchige Kuranwendung, bewahren, plus 5 %, Wirksamkeit, Kéralogie-Salon.* Alle drei Isotopieketten sind eng miteinander verwoben (nicht nur durch gemeinsame Elemente): Die Forschungsergebnisse (= das Produkt) sind gut für das Haar.

b) Bei der <u>Herkules-Anzeige</u> handelt es sich um eine sehr untypische Anzeige für ein motorisiertes Fahrzeug. Zwar finden sich die produktspezifischen Isotopieketten ‚zum Motorroller gehörig' und ‚Fortbewegung' als Zweck des Produkts, doch ist das vielfältig thematisierte Argument der Zeitnot weniger gattungstypisch (wenn auch produktbezogen). Völlig aus dem Rahmen fällt die Isotopiekette ‚Körperpflege', die unter „produktferne Story" einzuordnen wäre und dazu dient, den eigenwilligen und der Attraktivität dienenden Vergleich mit dem Deo-Roller zu unterfüttern. Bei der <u>Kéralogie-Anzeige</u> handelt es sich insofern um eine klassische Anzeige, was die Isotopie betrifft, als der Anwendungsbereich (hier das Haar, sonst z.B. die Haut) und die Wirkweise (hier

Wahrung des Haarbestands, sonst z.B. Glättung/Verjüngung/Schutz der Haut) durch längere Isotopieketten vertreten und durch eine Isotopie ‚Forschung' ergänzt werden, die die Legitimation liefert und der Glaubwürdigkeit dient. Das Produkt kommt in den Isotopieketten vor und spielt außerdem durch die mehrgliedrige Koreferenz (die hier nicht untersucht wurde) eine zentrale Rolle.

(36) a) Endreim – b) syntaktischer Parallelismus im ersten Teil, Personifizierung von ‚Haar' und Mehrdeutigkeit (*sich glänzend fühlen/glänzenden Haar*) im zweiten Teil – c) Wiederholung gleicher Morpheme {schnäpp} und {schnapp} (außerdem intertextuelle strukturelle Anspielung auf die Jägermeister-Werbung) – d) Antonomasie (Eigenname *Ka* statt Appellativ *klar*) – e) Synästhesie/Paradoxon (Farben kann man sehen, aber nicht leben) – f) Chiasmus (dadurch wird Spiel mit Homonymie (*weiß/weiß*) erreicht) – g) Kombination von Alliteration (*Vittel weckt Vitalität*) und Wiederholung von Silben {Vit} – h) Hyperbel – i) Antonomasie (Eigenname *Canon* statt Appellativ *können*) – j) Alliteration (*Konsequenz, Kraft, Kontrolle*).

(37) a) Apostrophe: *der Ihnen, Packen Sie, surfen Sie, sagen Sie, in Ihrer Nähre erfahren Sie* – Ausruf/Appell: *Sagen Sie: Hallo iMAc!* – Epipher: *Denn er ist schnell. Verdammt schnell.* – Anapher: *Sagen Sie* (3x) – Parallelismus: *sagen Sie Kompliziertem zum Abschied leise Servus. Sagen Sie der Langeweile für immer Lebewohl.* – als Antithese aufgebaut: *kompliziert, teuer und häßlich* – *interessanter, aufregender und vor allem einfacher* (die jeweils drei Ausdrücke könnten zudem auch als Klimax interpretiert werden) – Ellipse: *Für alle, die … Ein Computer, der … Viel einfacher. Verdammt schnell.* – Personifizierung: *Hallo iMAc, seinem Innenleben, Denn er ist schnell, Sagen Sie Kompliziertem … Servus/der Langeweile … Lebewohl* – Metapher: *durchs Internet surfen.*

b) exordium: *Hallo iMAc.* (= attentum parare) *Für alle, die … sind.* (= captatio benevolentiae) – narratio: *Jetzt gibt's den neuen iMac von Apple.* (+ argumentatio:) *Ein Computer … www.apple.de* – peroratio: *Think different.* Man könnte der peroratio allerdings auch den Einschub *Also, sagen Sie … Hallo iMAc!* zurechnen, da hier keine neuen Argumente oder Sachverhalte kommen, sondern die vorher gebrachten in indirekte Kaufaufforderungen umgesetzt werden.

(38) *Etwas Leichtes raucht der Mensch*: Wortspiel, phraseologisches Verfahren, Veränderung des Phraseologismus durch Ausdrucksersetzung durch ein klangähnliches Wort (= phonetisches Spiel mit Homoiophonie): *raucht* statt *braucht*. Aufgrund der Erwartungen, dass es auch bei Abwandlung normalerweise immer *braucht* heißt, entsteht eine semantische Unverträglichkeit, die eine geringe kognitive Beteiligung erfordert (Schwanken zwischen Irritation und Wiedererkennen). – *Bündnis 19*: Wortspiel, morphologisches Verfahren, in Ziffern umgesetzt (evtl. auch als phraseologisches Verfahren deutbar): statt *Bündnis 90 [Die Grünen]* heißt es *Bündnis 19*. Auch hier semantische Unverträglichkeit, die kognitive Beteiligung muss allerdings höher sein, da nicht nur die Vorlage erkannt werden, sondern auch ein Sinn hergestellt werden muss: Eine Packung enthält 19 Zigaretten. – *Mid-Light-Crisis*: Wortspiel, phonetisches (bzw. morphologisches) Verfahren, zwei Laute werden ausgetauscht, so dass ein neues Wort entsteht: *Light* statt *Life*. Auch hier semantische Unverträglichkeit; der kognitive Aufwand liegt wohl zwischen den beiden vorangegangenen Beispielen, da der Bezug zu

Light-Zigaretten hergestellt werden muss, der jedoch nahe liegt. – *Mit der grünen Wand der Sympathie*: Wortspiel, phraseologisches Verfahren, Veränderung des Phraseologismus durch Ausdrucksersetzung durch ein klangähnliches Wort (= phonetisches Spiel mit Homoiophonie): *Wand* statt *Band* (= intertextuelle Anspielung auf den Slogan der Dresdener Bank *Mit dem grünen Band der Sympathie*), semantische Unverträglichkeit, geringe kognitive Beteiligung, sofern der ursprüngliche Slogan bekannt ist, Funktion ist in erster Linie eine Signalwirkung, da Lucky-Strike-Plakate normalerweise einen grauen Hintergrund aufweisen. – *Prêt-à-fumer*: Wortspiel, morphologisches Verfahren: ein Wortbildungselement wird ersetzt: *fumer* statt *porter* ('zum Rauchen bereit' statt 'zum Tragen (von Kleidung) bereit'; zugleich intertextuelle Anspielung auf einen Filmtitel) – *Rauchen mit Köpfchen*: Referenzspiel durch Text-Bild-Anspielung (dabei zugleich phraseologisches Verfahren): der Phraseologismus *etwas mit Köpfchen tun* wird remotiviert durch die Abbildung des Lucky-Strike-Signets (= Indianerkopf), semantische Verdichtung, die einen gewissen kognitiven Aufwand erfordert, um den Bildbezug und damit die Doppeldeutigkeit zu erkennen.

(39) a) Sprachspielkombination: *kurz & klar*: Wortspiel, phraseologisches Verfahren: Abwandlung der Paarformel *kurz und knapp* durch Ausdrucksersetzung, so dass nun der Schnaps und damit die Schnapsgläser gemeint sind (*ein Kurzer, ein Klarer* sind umgangssprachliche Ausdrücke für 'ein Glas Schnaps'); *für William's Birne*: Referenzspiel, Text-Bild-Anspielung: die Bezeichnung für den Obstschnaps *Williamsbirne*, den man aus den abgebildeten Gläsern trinken könnte, wird remotiviert und meint jetzt den 'Kopf von William'. Unterstützt wird diese Merhdeutigkeit durch die Abbildung eines Männerkopfes – b) Wortspiel, morphologisches Verfahren: Ersetzung von {grund} durch {mund} – c) Wortspiel, phraseologisches Verfahren: durch Ausdrucksersetzung wird der Phraseologismus *von der Hand in den Mund (leben)* auf den McFarmer bezogen – d) Wortspiel, phonetisches Verfahren: Spiel mit Homoiophonie von *Canon/können*. – e) Wortspielkombination: einerseits phonetisches Verfahren: Spiel mit Homophonie von <S> und *Ess* (= Anspielung auf Mercedes); andererseits orthographisches Verfahren: Spiel mit der Orthographie, lautliche Form der Initiale <S> wird ausgeschrieben – f) Wortspiel, kombinatorisches Verfahren: paradoxe Wortkombination (rhetor. Figur der Synästhesie) – g) Wortspiel, phonetisches Verfahren: Spiel mit Homophonie von *mehr/Meer* – h) Wortspielkombination: einerseits phonetisches Verfahren: Spiel mit Homoiophonie *rot/road*, andererseits kombinatorisches Verfahren: Spiel mit den Antinomien im Engl.: *in/on* und *on/off* – i) Wortspiel, graphisches Verfahren: ein Teil des Produktnamens wird durch typographische Hervorhebung zur Intarsie: *verMALLE[brin]deit* – j) Wortspiel, phonetisches (bzw. morphologisches) Verfahren: Austausch eines Lautes ergibt neues Wort: *Gern-* statt *Fern-*; Anspielung auf Werbeträger Fernsehzeitschrift – k) Wortspiel: morphologisches Verfahren: Spiel durch Wortbildung/Kontamination: aus *Information* und *Intellektuell* wird die Wortkreuzung *Infolektuell* – l) *PFFT*: Wortspiel, phonetisches Verfahren: Spiel durch Lautverschriftung; *KNET*: Wortspiel, morphologisches Verfahren: Spiel mit ungrammatischer Wortform (Comicsprache) – m) Wortspiel, phraseologisches (und zugleich syntaktisches) Verfahren: durch Umstellung des Phraseologismus *die Faxen dicke haben* entsteht aufgrund der bei beiden Wörtern vorlie-

genden Homophonie eine völlig andere Bedeutung – n) Wortspiel, kombinatorisches Verfahren, Spiel mit der Antinomie *lockerer Lebenswandel – feste Hände*.

(40) Es handelt sich bei der Toshiba-Anzeige um ein kotext- und bildunterstütztes Referenzspiel, und zwar um eine Kontextkombination: Für ein Notebook wird mit Ausdrücken geworben, die alle auf ‚schnelle Bewegung' abzielen, die also eher in einer Autowerbung zu erwarten wären. In der Schlagzeile ist der Phraseologismus *Gas geben* doppeldeutig verwendet, verdeutlicht durch das Bild, in dem das Notebook als Gaspedal dargestellt ist. Unterstützung im Kotext durch die Ausdrücke *morgens schneller zur Arbeit kommen, Gas geben, Beweglichkeit, Ausstattung, unter jeder Haube steckt reichlich Leistung, Ziele schnellstens erreichen.*

(41) a) <u>Minolta Dynax 505si</u>: Der Eindruck von Fachlichkeit wird vor allem durch die Substantive (z.T. fremdsprachig wie *Autofokus-Sensoren*, z.T. sehr komplexe Wortbildungen wie bei *14-Segment-Wabenfelder-Belichtungsmessung*, z.T. mit Buchstabenkurzwörtern erweitert wie in *TTL-Blitzsteuerung*) in der Bildbeschriftung sowie durch die Angabe technischer Daten in Ziffernform (wie *30s bis 1/4.000s*) geweckt. – <u>Kéralogie-Anzeige</u>: Ein Eindruck von Fachlichkeit entsteht hier auch durch das Bild, nämlich durch die Mikroskopaufnahme des Haares und durch die abgebildete Produktverpackung, die aufgrund der Fläschchenform wie ein Arzneimittel aussieht. Der Wortschatz wirkt besonders durch fremdsprachige Elemente (*Molekül, Intervention, Aminexil, Innovation*) fachlich (obwohl eigentlich nur wenige Fachwörter wie *Haar, patentiertes Molekül* oder *Aminexil* als chemischer Kunstname auftauchen). Im Textaufbau wird das wissenschaftlich wirkende formale Mittel der legitimierenden Fußnote genutzt, die Argumentation wirkt fachlich durch den Hinweis auf Testergebnisse der Forschung und die vermeintlich konkreten Angaben zur Wirksamkeit (= 5 % mehr Haardichte nach sechs Wochen Kur). – <u>Thermal S</u>: Fachlichkeit läuft hier im Gegensatz zur Kéralogie-Anzeige überhaupt nicht über das Bild, sondern – auf den ersten Blick – am ehesten über die Textmenge (auch hier wieder eine Fußnote). Neben Fachwörtern wie *Haut, Enzymaktivität, Regulierung des Feuchtigkeitshaushalts* oder *nichtfettende Konsistenz* finden sich auch diverse pseudofachsprachliche Ausdrücke wie *Pflegespeicher (NMS)* (?!), *Pflege-Wirkstoff, Pflege-Wirkung*. Argumentativ verhält sich die Anzeige ähnlich wie die Kéralogic-Anzeige (Betonung der Forschung, Zahlenangaben zur Wirksamkeit: *Feuchtigkeitsversorgung 24 Stunden lang*).

(42) a) Die Ausdrücke *IT-Entscheider* (IT = Informationstechnologie), *im Unternehmen, sichere Verwaltung im Netzwerk-Betrieb, ermöglichen dem Netzwerk-Administrator* weisen daraufhin, dass mit dieser Anzeige Fachleute angesprochen werden sollen, die beruflich mit der Netzwerk-Verwaltung in Unternehmen betraut sind. Daher unterscheidet sich auch das Fachlichkeitskonzept, es ist adressatenspezifisch: Da die Angesprochenen Fachleute sind, ist der ganze Anzeigentext gespickt mit Fachwörtern und technischen Daten, bei denen man davon ausgehen kann, dass Fachleute mit ihnen etwas anfangen können und dass sie für diese interessant sind. Dementsprechend muss eine solche Anzeige aber auch so gehalten sein, dass sie dem verständigen Blick des Fachmannes standhält. Pseudo-Fachlichkeit würde hier das Gegenteil von der gegenüber Laien ansonsten angestrebten Glaubwürdigkeit bewirken. Adressatenspezifität heißt demnach, ganz bestimmte Produkte ganz bestimmten Leuten dadurch verkaufen zu wollen, dass man diese Produkte entsprechend dem Wissensstand und dem Wortschatz der Adressaten bewirbt und diesen – wie hier – damit zugleich signalisiert, dass man sie als Fachleute erkennt und durch die Sprachwahl und die Auswahl der wissenswerten Informationen entsprechend würdigt.

b) Fremdsprachigkeit (*mobile computing, Integration, System-Management-Umgebung* etc.) – Buchstabenkurzwort-Bildung (*IT-Entscheider, PC-Probleme, NLX-Architektur, Wake-on-LAN* etc.) – komplexe Wortbildungen (*Instant-Access-Door, Manageability-Funktionen, Desktop Management Interface* etc.) – Ziffern- und Buchstabenkombinationen (*32–256 MB SDRAM, Pentium® II Prozessoren, Client Manager 3.2* etc.) – Nominalisierungen aus Verben (*Zugriff, Integration, Verwaltung, Netzwerk-Betrieb* etc.).

(43) Jugendsprachliche Mittel: sprechsprachliche Verkürzungen und Verschleifungen (*gibts … jetzt 'n neues, Machstes, wirst se, ich wasch'/ess'/nehm'*) – Hauptsatzkonstruktion nach *weil* (*weil ich wasch mich täglich*) – unvollständige Sätze/Ausrufe (*Aber Warnung:, Mann*) – Wortwahl (*Doppelhammer, Süßkram, null Probleme, krieg(en)* statt *bekommen*) – Anglizismen/englische Aussprüche (*It works!*, Produktnamen!) – Gesprächspartikeln (*einfach, gar*). Nicht ins Bild passen Formulierungen, wie sie in typischer Kosmetikwerbung, die für Erwachsene zugeschnitten ist, verwendet werden, wie *Nachts werden die Entzündungen … porentief bekämpft, abdeckende Creme, dringt in die Pore ein und entfernt Schmutz und Bakterien selbst dort, wo Wasser und Seife nicht hinkommen.* Die Adressatenspezifik ist in diesem Fall nicht wirklich durchgängig durchgehalten. Aus jugendlicher Sicht könnte besonders stören, dass beim zweiten Spot der sehr konventionelle Satz typischerweise vom erwachsenen Off-Sprecher kommt. Andererseits wird damit eine Anbiederung vermieden, wenn nur die im Spot auftretenden Jugendlichen jugendsprachlichen Stil verwenden.

(45) United Airlines: bairisch; Dialektverwendung ergibt sich aus der intertextuellen Anspielung auf die Mundartdichtung „Ein Münchner im Himmel" von Ludwig Thoma, wird aber insofern thematisch genutzt, als beispielhaft die Verbindung *München – Washington* herausgegriffen wird. – McRöschti: schwyzerdytsch, passt zur Produkt- und Werbestrategie der Länderwochen, in denen Hamburger-Versionen oder andere landestypische Gerichte auch regional geprägte Namen erhalten. – McDonald's-Plakat: hessisch (bzw. Frankfurter Stadtdialekt), Bezug zum Ort, in dem geworben wird.

(48) a) Referenztext: Seite einer Fernseh-Programmzeitschrift, Gattungsreferenz/Textmustermontage mit sprachlichen und bildlichen Anspielungen; durch lexikalische Substitution stark verfremdet – b) Referenztext: Hörspiel „Ein Münchner im Himmel" von Ludwig Thoma, der folgendermaßen „frohlockt": *Halleluja, sag i, Halleluja!*, bildliche Anspielung auf einen Einzeltext, Übernahme der syntaktischen Struktur mit lexikal. Substitution (*Halleluja > United*) – c) Referenztext: *Nach Hause telefonieren*, charakteristischer Ausspruch der Filmfigur E.T. im Film „E.T. der Außerirdische" von Steven Spielberg, unmarkiertes, aber durch bildliche Anspielung (Auto vor Mond erinnert an das Filmplakat) unterstütztes Zitat – d) Referenztext: *Einer für alle. [Alle für einen.]*, Motto der drei Musketiere von Alexandre Dumas, unmarkiertes Zitat (allerdings unvollständig) – e) Referenztext: *Der Mensch denkt, Gott lenkt.* (zugrunde liegt der

Vulgatatext einer Stelle in den Sprüchen Salomos/Altes Testament; findet sich so oder ähnlich in allen europäischen Sprachen), Übernahme der syntaktischen Struktur (allerdings mit Umstellung, die durch den Reim nicht so auffällt) mit lexikal. Substitution (*Gott > Mercedes*) – f) Referenztext: *Märchen von einem, der auszog, das Fürchten zu lernen*, Titel eines Volksmärchens (Brüder Grimm), partielle Übernahme der syntaktischen Struktur mit lexikal. (Satzglied-)Substitution (Fem. statt Mask., *das Fürchten zu lernen > um geraucht zu werden*) – g) Referenztext: *Es kann nur einen geben.* Motto der Highlander im gleichnamigen Film mit Christopher Lambert und Sean Connery, unmarkiertes Zitat – h) Referenztext: *Veronika, der Lenz ist da*, Liedtitel der Comedian Harmonists, Übernahme der syntaktischen Struktur mit lexikal. Substitution (*Lenz > Geld*) – i) Referenztext: alle Fernsehspot, die die Wirkweise eines herkömmlichen Produkts (Putzlappen oder auch Waschmittel u.a.) mit der des beworbenen Produkts vergleichen, Gattungsreferenz/Textmustermischung mit sprachlichen und bildlichen Anspielungen – j) Referenztext: *Vorsprung durch Technik*, Slogan von Audi, Übernahme der syntaktischen Struktur mit lexikal. Substitution (*Technik > Fakten*) – k) Referenztext: *Alle Tiere sind gleich. Einige sind gleicher.* Einer der Grundsätze der „Animal Farm" von George Orwell, Übernahme der syntaktischen Struktur mit lexikal. Substitution (*Tiere > Kameras, einige > eine*) – l) Referenztext: *Seine Waschkraft macht ihn so ergiebig*, Slogan des Waschmittels „Weißer Riese", Übernahme der syntaktischen Struktur mit lexikal. Substitution (Fem. statt Mask., *Waschkraft > Geschmack*) – m) Referenztext: *Nicht ohne meine Tochter*, Buchtitel von Betty Mahmoody, Übernahme der syntaktischen Struktur mit lexikal. Substitution (*Tochter > Coca-Cola*) – n) Referenztext: *Du sollst nicht begehren Deines Nächsten Haus, Weib … noch alles was sein ist.* Gebot aus dem Dekalog, Übernahme der syntaktischen Struktur mit lexikal. Substitution (*Haus, Weib … > Marktanteil*), außerdem Umkehrung der Negation zu einer Aufforderung – o) Referenztext: *Hier bin ich Mensch, hier darf ich's sein.* Aus Goethes „Faust I", Szene „Vor dem Tore", Übernahme der syntaktischen Struktur mit lexikal. Substitution (*darf ich's sein > kauf ich ein*).

(49) Ein Zitat könnte bei dem in Anführungsstrichen gesetzten Satz am unteren Anzeigenrand vorliegen, markiert durch die Anführungsstriche. Andererseits ist kein Zitatspender angegeben und der Text ist optimal auf die Werbebotschaft zugeschnitten, so dass zu vermuten ist, dass es sich hier um die Inszenierung eines Zitats handelt (es scheint so, als ob hier ein unabhängiger Sekundärsender spricht). Die Abbildung eines Lucky-Strike-Plakats auf einer Litfasssäule lässt sich ebenfalls als ein (Selbst-)Zitat interpretieren (Lucky Strike ist ein Produkt des Unternehmens British American Tobacco). Die Referentialität ist in beiden Fällen sehr hoch, einmal durch die typographische Markierung, einmal durch eine farbige und zentral platzierte Abbildung. Die Strukturalität ist besonders beim Plakat hoch, da das Plakat nicht alleine, sondern in einer typischen Umgebung – auf einer Litfasssäule – abgebildet ist. Die Selektivität spielt bei der Plakatabbildung ebenfalls eine wichtige Rolle, da nicht irgendein Plakat abgebildet ist, sondern eines mit einer Schlagzeile, die wie die Gesamtanzeige das Thema Werbung und Verhaltensbeeinflussung aufgreift. In Bezug auf Kommunikativität und Autoreflexivität ist diese intertextuelle Anzeige sicher eine Ausnahme, denn sie thematisiert nicht nur eine eigene Werbebotschaft, sondern auch ihren Entstehungs- und Wirkungszusammenhang sowie die Absichten, die mit Werbung für Zigaretten prinzipiell verfolgt werden. Der Verbraucher wird explizit und intensiv in die Diskussion einbezogen. In diesem Sinn ist auch die Dialogizität in gewissem Sinn sehr hoch. Es besteht zwar keine semantische Spannung zwischen abgebildetem Plakat und Anzeige, aber die Frage nach der Gefährlichkeit der Litfasssäule bindet das intertextuelle Element unlösbar in die Gesamtanzeige ein.

(50) Die Anzeige ist typographisch sehr stark gestaltet: Produktname und Slogan stehen in einer anderen Schriftart als der übrige Text: sachlich, ohne Serifen in Versalien, während der Haupttext durch die rundliche Serifen-Schrift verbindlicher wirkt. Variiert wird auch sehr stark in der Schriftgröße, so dass sich eine Unterscheidung verschiedener Textelemente einerseits, eine optische Gliederung des Fließtextes andererseits ergibt. Dominant in den Zwischenüberschriften sind die Ziffern *1* (in *1zigartig*) und *24* (*... Stunden lang*). Die unterschiedlichen Schriftgrößen, unterstützt noch durch Farbgebung (die groß gedruckten Elemente sind blau, ist im Druck leider nicht zu erkennen), hierarchisieren die Information sogar noch innerhalb der Überschriften. Hinzu kommen als Mittel der typographischen Hervorhebung und der semantischen Betonung Fett- und Kursivdruck: Fettdruck wird in der Schlagzeile genutzt, im Fließtext werden die zentralen Werbeaussagen kursiv markiert. Zur Interpunktion: Die Zeichensetzung (Punkt und Komma) erfolgt normgerecht nach den alten Rechtschreibregeln, der Punkt wird zudem in Teilüberschriften oder der Bildbeschriftung zur Abgrenzung kleinster Aussageeinheiten genutzt (*1zigartig. – 50 ml DM 27,75 unverbindliche Preisempfehlung. Bei Ihrem Apotheker.*). Auffällige Interpunktionszeichen werden sehr sparsam eingesetzt: Ausrufe- und Fragezeichen kommen nicht vor, ein Doppelpunkt leitet eine Zusammenfassung ein (*Das Ergebnis:*), ein Bindestrich wird zur Heraushebung eines Satzgliedes genutzt (*– auch für empfindliche Haut*). Ein Asteriskus (*) wird – ähnlich wie in sehr vielen Kosmetikanzeigen – zum Verweis auf eine Fußnote über dermatologische Tests genutzt. Klammersetzung wird an einer typischen Stelle (= zusätzliche Information) genutzt, auch wenn der Inhalt der Klammer unverständlich bleibt: *Natürliche Pflegespeicher (NMS)*. Durch das bekannte Interpunktionsmuster geht der Rezipient davon aus, dass es sich bei *NMS* z.B. um eine (fachliche?!) Kurzbezeichnung für die *natürlichen Pflegespeicher* handelt, auch wenn er mit *NMS* nichts anfangen kann. Zwei Ausdrücke stehen in Anführungszeichen: Bei *„nachgebaute Labor-Version"* soll offensichtlich eine Distanzierung ausgedrückt werden, bei *„Pflege-Wirkstoff"* ist die Motivation für die Anführungszeichen noch weniger ersichtlich. Insgesamt wirkt die Anzeige übersichtlich und gut gegliedert. Zu diskutieren wäre, ob so viel Abwechslung und verschiedene typographische Mittel nicht übertrieben wirken.

(51) Die Anzeige ist geprägt davon (und das macht auch ihre Auffälligkeit aus), dass die Abbildung eingerahmt ist von doppelten Anführungsstrichen. Statt eines Ausdrucks wird also ein Bild „zitiert", dessen Interpretation dem Betrachter überlassen bleibt. Um das Interesse am Produkt und die Attraktivität der Anzeige zu erhöhen, werden in der Schlagzeile Begriffe als Interpretaionsmöglichkeiten angeboten und aufgrund der Auswahl mit Fragezeichen versehen. Das Fragezeichen ersetzt hier durch seine klare Funktion vollständige Sätze. Der Slogan ist mit typischer Interpunktion versehen: Ein Komma trennt den Subjektsatz normgerecht vom Hauptsatz, der mit einem Punkt endet, was in diesem Fall den scheinbaren Tatsachencharakter eines Satzes unterstreicht, der eigentlich eine Behauptung darstellt.

(53) Toblerone: a) reziprok monosemierend bezügl. der Schlagzeile (da der Fließtext nicht unbedingt für das Verständnis notwendig ist, könnte man auch schon von bild-zentrierter Werbung sprechen) – b) visuelle Analogie zwischen Schokolade und Pyramiden (= Sonderfall des Bild-Bild-Bezugs), visuelle Assoziation + Konnexion zur Image-Übertragung (Weltwunder), durch die zwei Bilder außerdem visuelle Repetition – WMF: a) bilddominante Werbung, der Text verleiht dem Ganzen nur einen besonderen Witz (wobei der Text bei „Williams Birne" eine wichtigere Rolle zur Erklärung des Bildes spielt, der Bezug Eierkopf – Eierbecher wird auch ohne Text klar) – b) visuelle Assoziationen mit aufmerksamkeitserregender und Attraktivitätsfunktion, bei den Eierbechern aufgrund von Ähnlichkeit, bei „Williams Birne" auf Grund eines allgemeinen Wissenszusammenhangs (*William* = Männername, *Williams Birne* = Schnaps, Gläserform = Schnapsgläser) – Süddeutsche Zeitung: a) reziprok monosemierend (weder Bild noch Text geben alleine einen Sinn, der Witz entsteht erst durch das Zusammenspiel) – b) visuelle Addition bzw. eigentlich schon Determination – P&S: a) textdominante Werbung: Text allein verständlich, aber anschaulicher und damit witziger durch das Bild; das Bild alleine wäre völlig unverständlich – b) visuelle Argumentation (Beweis durch Augenschein).

(55) a) Es gibt auch heute durchaus Auto-Anzeigen und -Spots, die die Zielgruppe Frauen direkt ansprechen, doch werden erstens trotz allem mehr technische Details angeführt, zweitens sind die Nutzungssituationen z.T. andere (Frau fährt z.B. anstelle des auf dem Beifahrersitz ruhig schlafenden Mannes; Frau betrachtet ihr Auto als den zuverlässigsten Partner (auch mal statt Mann) und hat wie ein Mann Freude am Autofahren an und für sich; Frau ist Managerin und fährt ein entsprechendes Auto). Allerdings kommen Situationen wie Einkauf und gemeinsame Fahrt mit der Freundin ebenfalls noch vor. Die Rolle des Mannes als Kommentator der Kaufentscheidung ist heute nicht mehr zu finden. Die Wortwahl wirkt weniger sachlich als heutige Werbetexte, Ausdrücke wie *Nur für Damen, Ihr ergebener Diener* wären heute undenkbar, da sie aufgrund gesellschaftlicher Veränderungen zu altertümlich klingen. Ungewöhnlich ist, dass die Anzeige in der Autozeitschrift AUTO MOTOR UND SPORT abgedruckt ist, was für eine Mehrfachadressierung spricht (Mann soll seiner Frau so ein Auto kaufen), wie sie heute ebenfalls (zumindest in der Autowerbung) nicht mehr anzutreffen ist.

b) Als „zeitgenössisch" könnte man z.B. den Verweis auf die Ehe, besonders auf die Auseinandersetzungen um das Auto, ansehen, dann aber vor allem die Unterstellung, Frauen verstünden nichts von Technik (die Produktbeschreibung ist als wörtliche Rede eines Mannes gestaltet). Außerdem werden als Nutzungssituationen durch Bild und Text das Einkaufen, das Freundinnen-Besuchen und die Fahrt zum „Club" angesprochen, was angesichts der heutigen Emanzipation ebenfalls undenkbar wäre. Aus heutiger Sicht ist bereits unklar, was man unter „Club" zu verstehen hat. Zeitgenössisch ist möglicherweise auch die Strategie, *Du bist König* durchzustreichen zugunsten eines betont höflichen *Sie sind Königin*, als ob es ein besonderer Fall wäre, wenn eine Frau ein Auto besitzt.

(56) Am eindeutigsten wird die britische Nationalität durch die Verwendung der Vornamen *Roy* und *Charles*. Im Bild wird dies von der konservativen Kleidung, dem Regenschirm sowie möglicherweise auch durch den schmiedeeisernen Zaun, der in dieser und ähnlicher Form zumindest in London häufig anzutreffen ist, unterstützt. Inhaltlich wird die Nationalität außerdem durch das Spiel „regungslos dastehen" erkenntlich (wobei es sich bereits um ein Stereotyp handelt): Spätestens seit MONTY PYTHONS FLYING CIRCUS ist die Skurrilität und Exzentrik der Engländer berühmt-berüchtigt (man denke z.B. an den hierzu passenden Monty-Python-Sketch über das „Ministery of Silly Walks"). Ein anderes Stereotyp – der englische Regen – wird durch den Regenschirm versinnbildlicht, ein weiteres in der Kleidung aufgegriffenes Stereotyp ist der britische Konservatismus. Wahrscheinlich sind auch die Vornamen mit ihren Anspielungen auf das britische Königshaus (Kronprinz CHARLES und die ROYalities) sehr gezielt gewählt.

(57) Nach der Wiedervereinigung kamen die Spitznamen *Ossi* und *Wessi* für die jeweiligen Bewohner der neuen und alten Bundesländer auf. Im Osten kam es aufgrund der Spannungen mit den alten Bundesbürgern zudem zur Wortbildung des *Besserwessi*. In zahlreichen Unternehmen, Universitäten und Verwaltungsbehörden wurden Ostdeutsche aufgrund ihrer politischen Vergangenheit entlassen, viele dieser Stellen wurden mit Westdeutschen besetzt, die mit der freien Marktwirtschaft und dem demokratischen System aufgewachsen sind. Der Jägermeister-Spruch spielt auf diesen Wechsel in den Führungsstellen (*neuer Chef*), auf die eingeschüchterte bis trotzige Reaktion der Ostdeutschen (*Ich trinke Jägermeister, weil …*) sowie über den Reim (*ein echter Stressi*) auf die Wortbildungen *Wessi* und *Besserwessi* an. In jedem Fall wird ein solches Plakat nur in den neuen Bundesländern zu finden sein und sicherlich zum Amusement und zur Genugtuung der ostdeutschen Bürger beitragen.

(60) Der *Bürohengst* ist durchaus ein Fall für die Sprachkritik, unterscheidet sich aber auch ganz entscheidend von den Beispielen aus Frage (59). Denn hier geht es nicht wie bei (59) um eine Sprachkritik, die sich unmittelbar auf das Verhältnis zwischen Werbesprache und Alltagssprache (im Sinn eines schädlichen Einflusses zum Beispiel) bezieht, sondern auf die beabsichtigte Werbewirkung. Da die Anzeige ja ein positives Image der DAB erreichen oder verstärken will, sollte sich dieses positive Image auch in der Sprachwahl niederschlagen. *Bürohengst* ist aber im Deutschen eine eindeutig negativ konnotierte Bezeichnung für jemanden, der in einem Büro arbeitet (mit der Unterstellung, dass er nur im Büro ein „toller Hengst" ist). Wenn also „Bürohengste" diejenigen sind, die einen Service von DAB nutzen, spricht das nicht gerade für den Service und lädt vor allem auf keinen Fall dazu ein, sich diesem Kundenkreis anzuschließen oder sich mit ihm zu identifizieren. Die wahrscheinlich witzig gemeinte semantische Verknüpfung zwischen Lucky Luke/Cowboy und (*Büro-*)*Hengst* hat also in diesem Fall mit Blick auf das Werbeziel eher negative Nebenwirkungen und zeugt von fehlender Sprachreflexion bei den Textern.

Verzeichnis der Abbildungen

Abbildung 1:	Renault Twingo	28
Abbildung 2:	PreussenElektra	30
Abbildung 3:	Daihatsu Cuore	44
Abbildung 4:	Sixt Budget	61
Abbildung 5:	Kéralogie Specifique	67
Abbildung 6:	Herkules Splinter	83
Abbildung 7:	MobilCom	84
Abbildung 8:	iMac	100
Abbildung 9:	Toblerone	108
Abbildung 10a:	WMF (Eierbecher)	118
Abbildung 10b:	WMF (Schnapsgläser)	119
Abbildung 11:	Thermal S	123
Abbildung 12:	Nike Air Max	133
Abbildung 13:	Ausschnitt aus einer Opel-Anzeige	151
Abbildung 14:	Lucky Strike	158
Abbildung 15:	Minolta Dynax 505si	165
Abbildung 16:	United Airlines	173
Abbildung 17:	British American Tobacco	181
Abbildung 18:	Clubmaster Fellows	189
Abbildung 19:	Süddeutsche Zeitung	190
Abbildung 20:	NSU 1962	214
Abbildung 21:	P&S-Zigaretten	220

Verzeichnis der Schaubilder

Formen von Werbung	20
Stufenmodell zur Werbewirkung	22
Leistungsprofil einiger Werbeträger	26
Werbung als Kommunikation nach Schweiger/Schrattenecker	33
Das „Elemente-Modell" – Werbung als Kommunikation nach Brandt	33
Funktionen von Produktnamen	53
Formen der Entlehnung	109
Verteilung von vollständigen/unvollständigen Sätzen in textarmen/textreichen Anzeigen	131
Formen der Intertextualität	174
Semiotisch-pragmalinguistisches Analysemodell nach Hennecke	201
Vorschlag für ein ganzheitliches Analysemodell	204

Literaturverzeichnis

1. Nachschlagewerke

BÜCHMANN, Georg (^{32}1972): Geflügelte Worte. Der Zitatenschatz des deutschen Volkes. 32. Aufl. Vollständig neubearbeitet von Gunther Haupt und Winfried Hofmann. Berlin (Haude & Spenersche Verlagsbuchhandlung).

BUSSMANN, Hadumod (^{2}1990): Lexikon der Sprachwissenschaft. 2., völlig neu bearbeitete Aufl. Stuttgart (Kröner).

DUDEN. Redewendungen und sprichwörtliche Redensarten. Wörterbuch der deutschen Idiomatik (1992). Bearbeitet von Günther Drosdowski und Werner Scholze-Stubenrecht. Mannheim u.a. (Dudenverlag). (= Duden Bd. 11).

DUDEN. Zitate und Aussprüche. Herkunft und aktueller Gebrauch (1993). Bearbeitet von Werner Scholze-Stubenrecht. Mannheim u.a. (Dudenverlag). (= Duden Bd. 12).

ENZYKLOPÄDIE PHILOSOPHIE UND WISSENSCHAFTSTHEORIE (1980). Unter ständiger Mitwirkung von Siegfried Blasche u.a., in Verbindung mit Gereon Wolters hsg. von Jürgen Mittelstraß. Band 1: A–G. Mannheim/Wien/Zürich (Bibliographisches Institut).

ETYMOLOGISCHES WÖRTERBUCH DES DEUTSCHEN (^{3}1997). Erarbeitet unter der Leitung von Wolfgang Pfeifer. Ungekürzte, durchgesehene Ausgabe. 3. Aufl. München (dtv).

FISCHER LEXIKON PUBLIZISTIK (1989). Das Fischer Lexikon: Publizistik. Massenkommunikation. Hsg. von Elisabeth Noelle-Neumann, Winfried Schulz und Jürgen Wilke. Frankfurt am Main (Fischer).

HARS, Wolfgang (1999): Lexikon der Werbesprüche. 500 bekannte deutsche Werbeslogans und ihre Geschichte. Frankfurt am Main (Eichborn). (= Eichborn Lexikon).

LEWANDOWSKI, Theodor (^{6}1994): Linguistisches Wörterbuch. 3 Bände. Heidelberg (Quelle & Meyer).

MARKENG (^{17}1995): Gesetz über den Schutz von Marken und sonstigen Kennzeichen (Markengesetz – MarkenG). Vom 25. Oktober 1994. In: Wettbewerbs- und Kartellrecht. Textausgabe mit ausführlichem Sachverzeichnis und einer Einführung von Wolfgang Hefermehl. 17., neubearbeitete Aufl. München (Becktexte im dtv). 35–100.

RÖHRICH, Lutz (1991–1992): Das große Lexikon der sprichwörtlichen Redensarten. 3 Bde. Freiburg/Basel (Herder).

ROOM, Adrian (^{2}1984): Dictionary of Trade Name Origins. London (Routledge).

ROTHFUSS, Volker (1991): Wörterbuch der Werbesprache. Stuttgart (Rothfuss).

WERBUNG IN DEUTSCHLAND 1999. Hsg. vom Zentralverband der deutschen Werbewirtschaft. Bonn (Edition ZAW).

2. Literatur

ADAM-WINTJEN, Christiane (1998): Werbung im Jahr 1947. Zur Sprache der Anzeigen in Zeitschriften der Nachkriegszeit. Tübingen (Niemeyer). (= Reihe Germanistische Linguistik 197).

ADAMZIK, Kirsten (1994): Zum Textsortenbegriff am Beispiel von Werbeanzeigen. In: König, Peter-Paul/Wiegers, Helmut (Hsg.): Satz – Text – Diskurs. Akten des 27. Linguistischen Kolloquiums, Münster 1992. Bd. 2. Tübingen (Niemeyer). (= Linguistische Arbeiten 313). 173–180.

ANDERSSON, Bo (1997): Ist ein ‚Muh!' ein relevantes Argument? Überlegungen zur Argumentation in der Werbung. In: Ders./Müller, Gernot (Hsg.): Kleine Beiträge zur Germanistik. Festschrift für John Evert Härd. Uppsala (Uppsala University Library). 17–32.

ANDRINGA, Els (1979): Text, Assoziation, Konnotation. Königstein im Taunus (Athenäum). (= Empirische Literaturwissenschaft 6).

ANTHONSEN, Julia/GOTTSCHLICH, Mirja/KIEL, Torben/MICHEL, Robert (1998): „Keine Macht dem Drögen!" Kommerzielle und politische Werbung für Jugendliche. In: Schlobinski, Peter/ Heins, Niels-Christian (Hsg.): Jugendliche und ‚ihre‘ Sprache. Sprachregister, Jugendkulturen und Wertesysteme. Empirische Studien. Opladen/Wiesbaden (Westdeutscher Verlag). 147–178.

ANTOS, Gerd/TIETZ, Heike (Hsg.) (1997): Die Zukunft der Textlinguistik. Traditionen, Transformationen, Trends. Tübingen (Niemeyer). (= Reihe Germanistische Linguistik 188).

AUSTIN, John L. (^{2}1979): Zur Theorie der Sprechakte. (How to do things with Words.) 2. Aufl. Stuttgart (Reclam). [Erstmals 1962].

BAJWA, Yahya Hassan (1995): Werbesprache – ein intermediärer Vergleich. Diss. Universität Zürich.

BARBOUR, Stephen/STEVENSON, Patrick (1998): Variation im Deutschen. Soziolinguistische Perspektiven. Berlin/New York (de Gruyter). (= Studienbuch).

BAU, Axel (1995): Wertewandel – Werbewandel? Zum Verhältnis von Zeitgeist und Werbung. Anpassung ökonomischer und politischer Werbung an veränderte soziokulturelle Orientierungsgrößen in der Bundesrepublik Deutschland. Frankfurt am Main (Haag und Herchen).

BAUMGART, Manuela (1992): Die Sprache der Anzeigenwerbung. Eine linguistische Analyse aktueller Werbeslogans. Heidelberg (Physica). (= Konsum und Verhalten 37).

BEHRENS, Karl Christian (Hsg.) (^{2}1975a): Handbuch der Werbung mit programmierten Fragen und praktischen Beispielen von Werbefeldzügen. 2. Aufl. Wiesbaden (Gabler).

BEHRENS, Karl Christian (^{2}1975b): Begrifflich-systematische Grundlagen der Werbung – Erscheinungsformen der Werbung. In: Behrens (Hsg.) (^{2}1975a): 3–10.

BEHRENS, Gerold (1996): Werbung. Entscheidung – Erklärung – Gestaltung. München (Vahlen). (= Vahlens Handbücher der Wirtschafts- und Sozialwissenschaften).

BENDEL, Sylvia (1998): Werbeanzeigen von 1622–1798. Entstehung und Entwicklung einer Textsorte. Tübingen (Niemeyer). (Reihe Germanistische Linguistik 193).

BERDYCHOWSKA, Zofia (1994): Sprachliche und kulturelle Aspekte der (internationalen) Produktvermarktung in einem Reformland. In: Bungarten (Hsg.) (1994): 9–23.

BICKES, Hans (1995): Sprachbewertung – Wozu? In: Biere, Bernd Ulrich/Hoberg, Rudolf (Hsg.): Bewertungskriterien in der Sprachberatung. Tübingen (Narr). (= Studien zur deutschen Sprache 2). 6–27.

BIDLINGMAIER, Johannes (^{2}1975): Festlegung der Werbeziele. In: Behrens (Hsg.) (^{2}1975a): 403–416.

BLEICKER, Ulrike (1983): Produktbeurteilung der Konsumenten. Eine psychologische Theorie der Informationsverarbeitung. Würzburg/Wien (Physica). (= Konsum und Verhalten 5).

BLUMENTHAL, Peter (1983): Semantische Dichte. Assoziativität in Poesie und Werbesprache. Tübingen (Niemeyer). (= Konzepte der Sprach- und Literaturwissenschaft 30).

BRANDT, Wolfgang (1973): Die Sprache der Wirtschaftswerbung. Ein operationelles Modell zur Analyse und Interpretation von Werbungen im Deutschunterricht. In: Germanistische Linguistik 1–2.

BRANDT, Wolfgang (1979): Zur Erforschung der Werbesprache. Forschungsansätze. Neuere Monographien. In: Zeitschrift für Germanistische Linguistik 7, 66–82.

BRECHTEL-SCHÄFER, Jutta (1972): Analyse der Fernsehwerbung in der BRD – anhand einer Untersuchung der Werbeeinblendungen im ZDF und im Hessischen Regionalprogramm in der Zeit vom 12.2.–7.3.1970. Diss. Universität Marburg.

BRINKER, Klaus (^{4}1997): Linguistische Textanalyse. Eine Einführung in Grundbegriffe und Methoden. 4., durchgesehene und ergänzte Aufl. Berlin (Schmidt). (= Grundlagen der Germanistik 29).

BRINKMANN, Bettina/OSBURG, Anke (1992): Der Einfluß der englischen Allgemein- und Werbesprache auf den Wortschatz von Kindern im Vorschulalter in der ehemaligen DDR und der alten Bundesrepublik – Ein innerdeutscher Vergleich. In: Dies. u.a. (Hsg.): Ein Staat – eine Sprache? Empirische Untersuchungen zum englischen Einfluß auf die Allgemein-, Werbe- und Wirtschaftssprache im Osten und Westen Deutschlands vor und nach der Wende. Frankfurt am Main u.a. (Lang). (= Europäische Hochschulschriften. Reihe 21: Linguistik 114). 183–328.

BROICH, Ulrich/PFISTER, Manfred (Hsg.) (1985): Intertextualität. Formen, Funktionen, Anglistische Fallstudien. Tübingen (Niemeyer). (= Konzepte der Sprach- und Literaturwissenschaft 35).

BUCHLI, Hanns (1962–1966): 6000 Jahre Werbung. Geschichte der Wirtschaftswerbung und der Propaganda. Bd. 1: Altertum und Mittelalter. Bd. 2: Die Neuere Zeit. Bd. 3: Das Zeitalter der Revolutionen. Berlin (de Gruyter).

BUNGARTEN, Theo (Hsg.)(1994): Sprache und Kultur in der interkulturellen Marketingkommunikation. Tostedt (Attikon). (= Beiträge zur Wirtschaftskommunikation 11).

BURGER, Harald (1998): Phraseologie. Eine Einführung am Beispiel des Deutschen. Berlin (Schmidt). (= Grundlagen der Germanistik 36).

BURGER, Harald/BUHOFER, Annelies/SIALM, Ambros (1982): Handbuch der Phraseologie. Berlin/New York (de Gruyter).

BUSCHMANN, Matthias (1994): Zur „Jugendsprache" in der Werbung. In: Muttersprache 104, 219–231.

CALDERÓN, Marietta (1998): *La vita può essere bella*, und was nationale Stereotype in Werbewelten dazu beitragen können. In: Rainer, Franz/Stegu, Martin (Hsg.): Wirtschaftssprache. Anglistische, germanistische, romanistische und slavistische Beiträge. Gewidmet Peter Schifko zum 60. Geburtstag. Frankfurt am Main u.a. (Lang). (= Sprache im Kontext 6). 203–214.

CHRISTEN, Helen (1985): Der Gebrauch von Mundart und Hochsprache in der Fernsehwerbung. Fribourg (Schweiz) (Universitätsverlag). (= Germanistica Friburgensia 8).

CÖLFEN, Hermann (1999): Werbe*weltbilder* im Wandel. Eine linguistische Untersuchung deutscher Werbeanzeigen im Zeitvergleich (1960–1990). Frankfurt am Main u.a. (Lang).

DERIETH, Anke (1995): Unternehmenskommunikation. Eine theoretische und empirische Analyse zur Kommunikationsqualität von Wirtschaftsorganisationen. Opladen (Westdeutscher Verlag). (= Studien zur Kommunikationswissenschaft 5).

DICHTER, Ernest (1961): Strategie im Reich der Wünsche. Düsseldorf (Econ).

DIECKMANN, Walther (1981): K. O. Erdmann und die Gebrauchsweisen des Ausdrucks ‚Konnotationen' in der linguistischen Literatur. In: Ders.: Politische Sprache – Politische Kommunikation. Vorträge, Aufsätze, Entwürfe. Heidelberg (Winter). (= Sprachwissenschaftliche Studienbücher. 1. Abteilung). 78–136.

DITTGEN, Andrea Maria (1989): Regeln für Abweichungen. Funktionale sprachspielerische Abweichungen in Zeitungsüberschriften, Werbeschlagzeilen, Werbeslogans, Wandsprüchen und Titeln. Frankfurt am Main u. a. (Lang). (= Europäische Hochschulschriften. Reihe 1: Deutsche Sprache und Literatur 1160).

ECO, Umberto (1972): Einführung in die Semiotik. München (Fink). (= Theorie und Geschichte der Literatur und der schönen Künste. Texte und Abhandlungen 32).

EICKE, Ulrich (1991): Die Werbelawine. Angriff auf unser Bewußtsein. München (Knesebeck & Schuler).

ERDMANN, Karl Otto (1966): Die Bedeutung des Wortes. Aufsätze aus dem Grenzgebiet der Sprachpsychologie und Logik. Darmstadt (Wiss. Buchgesellschaft). [Unveränd. Nachdruck der 4. Aufl. Leipzig 1925. 1. Aufl. Leipzig 1900].

EWALD, Petra (1998): Zu den persuasiven Potenzen der Verwendung komplexer Lexeme in Texten der Produktwerbung. In: Hoffmann, Michael/Keßler, Christine (Hsg.): Beiträge zur Persuasionsforschung unter besonderer Berücksichtigung textlinguistischer und stilistischer Aspekte. Frankfurt am Main u.a. (Lang). (= Sprache. System und Tätigkeit 26). 323–350.

FINK, Hermann (1997): Von *Kuh-Look* bis *Fit for Fun*. Anglizismen in der heutigen deutschen Allgemein- und Werbesprache. Frankfurt am Main u.a. (Lang). (= Freiburger Beiträge zum Einfluß der angloamerikanischen Sprache und Kultur auf Europa 3).

FISCHER, Ludwig (1968): Alte und neue Rhetorik. Überlegungen zur rhetorischen Analyse von Werbetexten. In: Format. Zeitschrift für verbale und visuelle Kommunikation 17, 2–10.

FIX, Ulla (1997): Kanon und Auflösung des Kanons. Typologische Intertextualität – ein ‚postmodernes' Stilmittel? Eine thesenhafte Darstellung. In: Antos/Tietz (Hsg.) (1997): 97–108.

FLEISCHER, Wolfgang/BARZ, Irmhild (²1995): Wortbildung der deutschen Gegenwartssprache. 2., durchgesehene und ergänzte Aufl. Tübingen (Niemeyer). (= Studienbuch).

FLUCK, Hans Rüdiger (⁵1996): Fachsprachen. Einführung und Bibliographie. 5., überarbeitete und erweiterte Aufl. Tübingen/Basel (Francke).

FORGÁCS, Erzsébet/GÖNDÖCS, Ágnes (1997): Sprachspiele in der Werbung. In: Studia Germanica Universitatis Vesprimiensis 1, 49–70.

FÖRSTER, Uwe (1982/1995): Moderne Werbung und antike Rhetorik. In: Der Sprachdienst 5 (1995), 154–167. Erstmals erschienen in: Sprache im technischen Zeitalter 81 (1982), 59–73.

FREESE, Gunhild (1998): Lauter blaue Socken. Zwei Berliner Werber fordern unterschiedliche Kampagnen für Markenartikel in Ost und West. In: ZEIT 27, 25. Juni 1998, 28.

FRIEDRICHSEN, Mike (1998): Marketingkommunikation auf dem Weg ins Internet? Werbewirkungsforschung und computervermittelte Kommunikation. In: Rössler, Patrick (Hsg.): Online-Kommunikation. Beiträge zu Nutzung und Wirkung. Opladen/Wiesbaden (Westdeutscher Verlag). 207–226.

FRITZ, Thomas (1994): Die Botschaft der Markenartikel. Vertextungsstrategien in der Werbung. Tübingen (Stauffenburg). (= Probleme der Semiotik 15).

GAEDE, Werner (²1992): Vom Wort zum Bild. Kreativ-Methoden der Visualisierung. 2., verbesserte Aufl. München (Langen-Müller/Herbig).

GALLERT, Klaus (1998): Markenzeichen aus semiotischer Sicht – Analyse und Generierungsmöglichkeiten. Frankfurt am Main u.a. (Lang). (= Europäische Hochschulschriften. Reihe V: Volks- und Betriebswirtschaft 2226).

GEIGER, Susi/HENN-MEMMESHEIMER, Beate (1998): Visuell-verbale Textgestaltung von Werbeanzeigen. Zur textlinguistischen Untersuchung multikodaler Kommunikationsformen. In: Kodikas/Code. Ars Semeiotica 21, 55–74.

GIPPER, Helmut (1979): Fachsprachen in Wissenschaft und Werbung. Erkenntnisgewinn und Irreführung. In: Mentrup, Wolfgang (Hsg.): Fachsprachen und Gemeinsprache. Jahrbuch 1978 des Instituts für deutsche Sprache. Düsseldorf (Schwann). (= Sprache der Gegenwart 46). 125–143.

GREULE, Albrecht (1980): Erbwort – Lehnwort – Neuwort. Grundzüge einer genetischen Lexikologie des Deutschen. In: Muttersprache 90, 263–275.

GREULE, Albrecht (1991): Möglichkeiten und Grenzen der textgrammatischen Analyse. In: Informationen Deutsch als Fremdsprache (Info DaF) 4, 384–392.

GREULE, Albrecht/JANICH, Nina (1997): Sprache in der Werbung. Heidelberg (Groos). (= Studienbibliographien Sprachwissenschaft 21).

GROSSER, Wolfgang/HUBMAYER, Karl (1998): „Wieso Sabine? – Time to think." Auswirkungen von ‚Global Advertising' auf den deutschen Werbediskurs. In: Kettemann, Bernhard/Stegu, Martin/Stöckl, Hartmut (Hsg.): Mediendiskurse. *verbal*-Workshop Graz 1996. Frankfurt am Main u.a. (Lang). (= Sprache im Kontext 5). 29–43.

HANDLER, Peter (1998): (T)Raumschiff Enterprise im Cyberspace: Web-Sprache und Unternehmenskommunikation im Internet. In: Rainer, Franz/Stegu, Martin (Hsg.): Wirtschaftssprache. Anglistische, germanistische, romanistische und slavistische Beiträge. Gewidmet Peter Schifko zum 60. Geburtstag. Frankfurt am Main u.a. (Lang). 129–153.

HANTSCH, Ingrid (1974): Textformanten und Vertextungsstrategien von Werbetexten. Ein systematisches Analyserepertoire. In: Nusser (Hsg.) (1975): 160–166.

HANTSCH, Ingrid (1973): Zur semantischen Strategie in der Werbung. In: Sprache im technischen Zeitalter 42, 93–114. Wiederabgedruckt in: Nusser (Hsg.) (1975): 137–159.

HARTWIG, Heinz (1963): Werbe-Sprache oder Reklame-Jargon? In: Wirtschaft und Werbung 17, 420–423.

HASELOFF, Otto Walter (1968): Sprache, Motivation und Argumentation. Vortrag, gehalten auf dem 5. Berliner Emnid-Colloquium am 27. und 28.10.1966 (unveröffentlicht). Zitiert nach: Teigeler, Peter (1968): Verständlichkeit und Wirksamkeit von Sprache und Text. Karlsruhe (Nadolski). (= Effektive Werbung 1).

HEINEMANN, Wolfgang/VIEHWEGER, Dieter (1991): Textlinguistik. Eine Einführung. Tübingen (Niemeyer). (= Reihe Germanistische Linguistik 115).

HELLER, Eva (1984): Wie Werbung wirkt: Theorien und Tatsachen. Frankfurt am Main (Fischer).

HEMMI, Maria (1994): „Es muß wirksam werben, wer nicht will verderben". Kontrastive Analyse von Phraseologismen in Anzeigen-, Radio- und Fernsehwerbung. Bern u.a. (Lang). (= Zürcher germanistische Studien 41).

HENN, Burkhard (1999): Werbung für Finanzdienstleistungen im Internet. Eine Studie zur Wirkung der Bannerwerbung. Wiesbaden (DUV/Gabler). (= Gabler Edition Wissenschaft: Interaktives Marketing).

HENNECKE, Angelika (1999): Im Osten nichts Neues? Eine pragmalinguistisch-semiotische Analyse ausgewählter Werbeanzeigen für Ostprodukte im Zeitraum 1993 bis 1998. Frankfurt am Main u.a. (Lang). (= Kulturwissenschaftliche Werbeforschung 1).

HERBIG, Albert F. (1992): „Sie argumentieren doch scheinheilig!" Sprach- und sprechwissenschaftliche Aspekte einer Stilistik des Argumentierens. Frankfurt am Main u. a. (Lang). (= Arbeiten zu Diskurs und Stil 2).

HERINGER, Hans Jürgen (1989): Lesen lehren lernen. Eine rezeptive Grammatik des Deutschen. Tübingen (Niemeyer).

HERMANN, Elke (1999): Mensch und Werbung. Die Beziehungen des Menschen zu kommerziellen Fernsehwerbespots und ihre ethischen Dimensionen. Staatsexamensarbeit an der Universität Regensburg.

HERSTATT, Johann David (1985): Die Entwicklung von Markennamen im Rahmen der Neuproduktplanung. Frankfurt am Main/Bern/New York (Lang). (= Europäische Hochschulschriften. Reihe 5: Volks- und Betriebswirtschaft 597).

HERZOG, Ulrich (1991): Text in der Praxis. Essen (Stamm).

HESS-LÜTTICH, Ernest W.B. (1994): Sprache und Kultur: Probleme interkultureller Kommunikation in Wirtschaft und Gesellschaft aus germanistischer Sicht. In: Bungarten (Hsg.) (1994): 69–94.

HÖLSCHER, Barbara (1998): Lebensstile durch Werbung? Zur Soziologie der Life-Style-Werbung. Opladen/Wiesbaden (Westdeutscher Verlag).

HOFFMANN, Hans-Joachim ([2]1981): Psychologie der Werbekommunikation. 2., neubearbeitete Aufl. Berlin/New York (de Gruyter). (= Sammlung Göschen 2093).

HOHMEISTER, Karl-Heinz (1981): Veränderungen in der Sprache der Anzeigenwerbung. Dargestellt an ausgewählten Beispielen aus dem „Gießener Anzeiger" vom Jahre 1800 bis zur Gegenwart. Frankfurt a.M. (Fischer).

HOLTHUIS, Susanne (1993): Intertextualität. Aspekte einer rezeptionsorientierten Konzeption. Tübingen (Stauffenburg). (= Stauffenburg Colloquium 28).

HÜBNER, Hartmut (1996): Rhetorik in der Werbung. Eine produktionsorientierte Untersuchung von Persuasionsstrategien anhand von Werbetextratgebern. Magisterarbeit an der Universität Regensburg.

HUTH, Rupert/PFLAUM, Dieter ([6]1996): Einführung in die Werbelehre. 6., überarbeitete und erweiterte Aufl. Stuttgart/Berlin/Köln (Kohlhammer).

JACOBI, Helmut ([2]1975): Die Planung der Werbestrategien (Werbeobjekt – Werbesubjekt – Werbemittel- und Werbeträgerplanung). In: Behrens (Hsg.) ([2]1975a): 435–468.

JÄCKEL, Michael (Hsg.) (1998): Die umworbene Gesellschaft. Analysen zur Entwicklung der Werbekommunikation. Opladen/Wiesbaden (Westdeutscher Verlag).

JANICH, Nina (1997a): „Werbesprache" – ein Forschungs- und Werkstattbericht. In: Convivium. Germanistisches Jahrbuch Polen. Hsg. vom DAAD. Bonn. 411–424.

JANICH, Nina (1997b): Wenn Werbung mit Werbung Werbung macht … Ein Beitrag zur Intertextualität. In: Muttersprache 107, 297–309.

JANICH, Nina (1998a): Fachliche Information und inszenierte Wissenschaft. Fachlichkeitskonzepte in der Wirtschaftswerbung. Tübingen (Narr). (= Forum für Fachsprachen-Forschung 48).

JANICH, Nina (1998b): *Probiotisch* – Die Biotechnologie prägt einen neuen Naturbegriff. Eine fachsprachlich-semiotische Untersuchung von Lebensmittelwerbung. In: Kodikas/Code. Ars Semeiotica 21, 99–110.

JANICH, Nina (1999): Werbung als Medium der Popularisierung von Fachsprachen. In: Niederhauser, Jürg/Adamzik, Kirsten (Hsg.): Wissenschaftssprache und Umgangssprache im Kontakt. Frankfurt am Main u.a. (Lang). (= Germanistische Arbeiten zu Sprache und Kulturgeschichte 38). 139–151.

JANICH, Nina (2001a): Fachliches in der Werbung. Formen des Wort- und Wissenstransfers. In: Wichter, Sigurd/Antos, Gerd (Hsg.): Wissenstransfer zwischen Experten und Laien. Umrisse einer Transferwissenschaft. Frankfurt am Main u.a. (Lang). 257–274.

JANICH, Nina (2001b): *We kehr for you* – Werbeslogans und Schlagzeilen als Beitrag zur Sprachkultivierung. In: Zeitschrift für Angewandte Linguistik (ZfAL) 34 (im Druck).

JANICH, Nina (2001c): Wirtschaftswerbung offline und online – eine Bestandsaufnahme. In: Thimm, Caja (Hsg.): Unternehmenskommunikation offline/online. Frankfurt/New York (Lang) (im Druck). (= Bonner Beiträge zur Medienwissenschaft 1).

JANUSCHEK, Franz (1976): Sprache als Objekt. „Sprechhandlungen" in Werbung, Kunst und Linguistik. Kronberg im Taunus (Scriptor). (= Monographien Linguistik und Kommunikationswissenschaft 25).

JOLIET, Hans (1990): Anzeigen wirksam gestalten, texten, plazieren. Das aktuelle Standardwerk der Anzeigenwerbung. Landsberg am Lech (Moderne Industrie).

KALVERKÄMPER, Hartwig (1993): Das fachliche Bild. Zeichenprozesse in der Darstellung wissenschaftlicher Ergebnisse. In: Schröder, Hartmut (Hsg.): Fachtextpragmatik. Tübingen (Narr). (= Forum für Fachsprachen-Forschung 19). 215–238.

KARRER, Wolfgang (1985): Intertextualität als Elementen- und Struktur-Reproduktion. In: Broich/Pfister (Hsg.) (1985): 98–116.

KELLER, Rudi (1995): Zeichentheorie. Zu einer Theorie semiotischen Wissens. Tübingen/Basel (Francke). (= UTB 1849).

KEMMETER, Karin (1997): Die Isotopie als Mittel der Textverflechtung in der Werbung. Staatsexamensarbeit an der Universität Regensburg.

KESSLER, Christine (1998): Diskurswechsel als persuasive Textstrategie. In: Hoffmann, Michael/ Dies. (Hsg.): Beiträge zur Persuasionsforschung unter besonderer Berücksichtigung textlinguistischer und stilistischer Aspekte. Frankfurt am Main u.a. (Lang). (= Sprache. System und Tätigkeit 26). 273–291.

KIENPOINTNER, Manfred (1992): Alltagslogik. Struktur und Funktion von Argumentationsmustern. Stuttgart/Bad Cannstatt (Frommann-Holzboog). (= problemata 126).

KJÆR-HANSEN, Max (^{2}1975): Heutige Bedeutung der Werbung. In: Behrens (Hsg.) (^{2}1975a): 25–36.

KLOEPFER, Rolf/LANDBECK, Hanne (1991): Ästhetik der Werbung. Der Fernsehspot in Europa als Symptom neuer Macht. Unter Mitarbeit von Ute Werner. Frankfurt am Main (Fischer).

KLOTZ, Volker (1963): Slogans. In: Nusser (Hsg.) (1975): 96–104.

KOCH, Peter/OESTERREICHER, Wulf (1985): Sprache der Nähe – Sprache der Distanz. Mündlichkeit und Schriftlichkeit im Spannungsfeld von Sprachtheorie und Sprachgeschichte. In: Romanistisches Jahrbuch 36, 15–39.

KOENIG, Aaron (1995): Wie die Werber ins Netz gehen. In: Bollmann, Stefan (Hsg.): Kursbuch Neue Medien. Trends in Wirtschaft und Politik, Wissenschaft und Kultur. Mannheim (Bollmann). 296–300.

KOLLMANN, Tobias (1994): Der Wandel der Werbung im Spiegel der Kritik. Sinzheim (Pro Universitate).

KOSKENSALO, Annikki (²2000): Finnische und deutsche Prospektwerbung. Linguistische Analysen kulturspezifischer Marketingkommunikation. 2., verbesserte und überarbeitete Aufl. Tostedt (Attikon). (= Beiträge zur Wirtschaftskommunikation 21).

KREUTZER, Eberhard (1969): Sprache und Spiel im „Ulysses" von James Joyce. Bonn (Bouvier). (= Studien zur Englischen Literatur 2).

KROEBER-RIEL, Werner (³1991): Strategie und Technik der Werbung. Verhaltenswissenschaftliche Ansätze. 3. Aufl. Stuttgart/Berlin/Köln (Kohlhammer).

KROEBER-RIEL, Werner (1993): Bildkommunikation. Imagerystrategien für die Werbung. München (Vahlen).

KROEBER-RIEL, Werner (⁶1996): Konsumentenverhalten. 6., überarbeitete und ergänzte Aufl. München (Vahlen).

KRÜGER, Cordula Andrea (1978): Semantische Strategien in der Werbung und ihre pragmatische Bedeutung. Diss. Universität Hamburg.

KUHLMANN, Wolfgang (1994): Rhetorik und Ethik. In: Armbrecht, Wolfgang/Zabel, Ulf (Hsg.): Normative Aspekte der Public Relations. Grundlagen und Perspektiven. Eine Einführung. Opladen (Westdeutscher Verlag). 35–50.

LAGE-MÜLLER, Kathrin von der (1995): Text und Tod. Eine handlungstheoretisch orientierte Textsortenbeschreibung am Beispiel der Todesanzeige in der deutschsprachigen Schweiz. Tübingen (Niemeyer). (= Reihe Germanistische Linguistik 157).

LANGER, Gudrun (1995): Textkohärenz und Textspezifität. Textgrammatische Untersuchung zu den Gebrauchstextsorten Klappentext, Patienteninformation, Garantieerklärung und Kochrezept. Frankfurt a.M. u.a. (Lang). (= Europäische Hochschulschriften. Reihe 21: Linguistik 152).

LÄZER, Rüdiger (1996): ‚Schön, daß es das noch gibt' – Werbetexte für Ostprodukte. Untersuchungen zur Sprache einer ost-west-deutschen Textsorte. In: Reiher, Ruth/Ders. (Hsg.) (1996): Von „Buschzulage" und „Ossinachweis". Ost-West-Deutsch in der Diskussion. Berlin (ATV). 206–228.

LEPPÄLÄ, Kirsi (1994): Kulturelles Wissen in der Werbung. In: Bungarten (Hsg.) (1994): 130–135.

LINDNER, Rolf (1977): „Das Gefühl von Freiheit und Abenteuer". Ideologie und Praxis der Werbung. Frankfurt am Main/New York (Campus). (= Campus Studium: Kritische Sozialwissenschaft).

LINKE, Angelika/NUSSBAUMER, Markus (1997): Intertextualität. Linguistische Bemerkungen zu einem literaturwissenschaftlichen Textkonzept. In: Antos/Tietz (Hsg.) (1997): 109–126.

LÖFFLER, Heinrich (³1990): Probleme der Dialektologie. Eine Einführung. 3., durchgesehene und bibliographisch erweiterte Aufl. Darmstadt (Wiss. Buchgesellschaft). (= Germanistische Einführungen).

LÖFFLER, Heinrich (²1994): Germanistische Soziolinguistik. 2., überarbeitete Aufl. Berlin (Schmidt). (= Grundlagen der Germanistik 28).

LÜTKEHAUS, Ludger (2000): Reklame – Die Pest der Kommerzgesellschaft. Ein Pamphlet. In: Schiewe, Jürgen (Hsg.): Welche Wirklichkeit wollen wir? Beiträge zur Kritik herrschender Denkformen. Schliengen (Edition Argus). 77–88.

MÖCKELMANN, Jochen/ZANDER, Sönke (³1975): Form und Funktion der Werbeslogans. Untersuchung der Sprache und werbepsychologischen Methoden in den Slogans. 3. Aufl. Göppingen (Kümmerle). (= Göppinger Arbeiten zur Germanistik 26).

MÖHN, Dieter/PELKA, Roland (1984): Fachsprachen. Eine Einführung. Tübingen (Niemeyer). (= Germanistische Arbeitshefte 30).

MOSER, Klaus (1990): Werbepsychologie. Eine Einführung. München (Psychologie-Verlags-Union).

MUCKENHAUPT, Manfred (1986): Text und Bild. Grundfragen der Beschreibung von Text-Bild-Kommunikationen aus sprachwissenschaftlicher Sicht. Tübingen (Niemeyer).

MÜLLER, Wendelin G. (1997): Interkulturelle Werbung. Heidelberg (Physica). (= Konsum und Verhalten 43).

NÖTH, Winfried (1975): Wortassoziationen als linguistisches Problem. In: Orbis 24, 5–37.

NORDMAN, Jenni (2000): Kulturunterschiede in der Marketingkommunikation am Beispiel von Betriebsbroschüren des Unternehmens Autoliv in Deutschland, Schweden und den USA. Magisterarbeit an der Åbo Akademi Universität (Turku, Finnland).

NUSSER, Peter (Hsg.) (1975): Anzeigenwerbung. Ein Reader für Studenten und Lehrer der deutschen Sprache und Literatur. München (Fink). (= Kritische Information 34).

OTTMERS, Clemens (1996): Rhetorik. Stuttgart/Weimar (Metzler). (= Sammlung Metzler. Realien zur Sprache 283).

PACKARD, Vance (1992): Die geheimen Verführer. Der Griff nach dem Unbewußten in jedermann. Düsseldorf (Econ). [Erstmals 1957: The hidden persuaders].

PALM, Christine (1995): Phraseologie. Eine Einführung. Tübingen (Narr). (= Narr Studienbücher).

PLATEN, Christoph (1995): Pasión por la vida. Spanien-Werbung in Deutschland, Frankreich und Italien. In: Schmitt, Christian/Schweickard, Wolfgang (Hsg.): Die romanischen Sprachen im Vergleich. Akten der gleichnamigen Sektion des Potsdamer Romanistentages (27.–30.9. 1993). Bonn (Romanistischer Verlag). 266–288.

PLATEN, Christoph (1997): „Ökonymie". Zur Produktnamen-Linguistik im Europäischen Binnenmarkt. Tübingen (Niemeyer). (= Beihefte zur Zeitschrift für Romanische Philologie 280).

PLATEN, Christoph (1999): „Vivan Los Wochos!" Romanismen in der bundesdeutschen Alltagskultur. In: Bierbach, Mechtild/Gemmingen, Barbara von (Hsg.): Kulturelle und sprachliche Entlehnung: Die Assimilierung des Fremden. Akten der gleichnamigen Sektion des XXV. Deutschen Romanistentages im Rahmen von Romania I in Jena vom 28.9.–2.10. 1997. Bonn (Romanistischer Verlag). (= Abhandlungen zur Sprache und Literatur 123). 138–154.

POHL, Inge (1994): Neologismen des ostdeutschen Wortschatzes im Beschreibungsbereich von Markennamen und Firmennamen. In: Sommerfeldt, Karl-Ernst (Hsg.) (1994): Sprache im Alltag. Beobachtungen zur Sprachkultur. Frankfurt am Main u. a. (Lang). (= Sprache. System und Tätigkeit 13). 99–123.

PÖRKSEN, Uwe (^{4}1992): Plastikwörter. Die Sprache einer internationalen Diktatur. 4. Aufl. Stuttgart (Klett-Cotta).

REICHERTZ, Jo (1998): Werbung als moralische Unternehmung. In: Jäckel (Hsg.) (1998): 273–299.

REINHARDT, Dirk (1993): Von der Reklame zum Marketing. Geschichte der Wirtschaftswerbung in Deutschland. Berlin (Akademie-Verlag).

ROHEN, Helena (1981): Bilder statt Wörter. In: Zeitschrift für Germanistische Linguistik 9, 308–325.

RÖMER, Ruth (^{6}1980): Die Sprache der Anzeigenwerbung. 6. Aufl. (unveränderter Nachdruck der 2., revidierten Aufl.). Düsseldorf (Schwann). (= Sprache der Gegenwart 4). [Erstmals 1968].

ROSSBACH, Simone (2000): Werbung im Internet – Untersuchung von Gestaltungsmerkmalen im Vergleich zur klassischen Printanzeige. Staatsexamens- und Magisterarbeit an der Universität Regensburg.

RUNKEHL, Jens/SCHLOBINSKI, Peter/SIEVER, Torsten (1998): Sprache und Kommunikation im Internet. Ein Überblick. Wiesbaden/Opladen (Westdeutscher Verlag).

SABBAN, Annette (1998): „Fühlen Sie sich nur nicht angesprochen!" Inszenierte Negativität in der Werbung. In: Wirrer, Jan (Hsg.): Phraseologismen in Text und Kontext. Phrasemata I. Bielefeld (Aisthesis). (= Bielefelder Schriften zu Linguistik und Literaturwissenschaft 11). 73–95.

SABINSKY, Markus (1996): Textkohärenz und Werbung. Textgrammatische Verflechtungsstrategien in Werbeanzeigen. Staatsexamensarbeit an der Universität Regensburg.

SADOWSKA, Mariola (1998): Die Sprache in der deutschen und der polnischen Anzeigenwerbung im Vergleich. Magisterarbeit an der Universität Regensburg.

SAUER, Nicole (1998): Werbung – wenn Worte wirken. Ein Konzept der Perlokution, entwickelt an Werbeanzeigen. Münster u.a. (Waxmann). (= Internationale Hochschulschriften 274).

SAUSSURE, Ferdinand de (^{2}1967): Grundfragen der allgemeinen Sprachwissenschaft. Hsg. von Charles Bally und Albert Sechehaye. 2. Aufl. Mit neuem Register und einem Nachwort von Peter von Polenz. Berlin (de Gruyter).

SCHLOBINSKI, Peter/KOHL, Gaby/LUDEWIGT, Irmgard (1993): Jugendsprache. Fiktion und Wirklichkeit. Opladen (Westdeutscher Verlag).

SCHLOSSER, Horst Dieter (1986): Gegenwartsdeutsch. Gefährdungen und Möglichkeiten einer unbehüteten Sprache. In. Petri, Harald (Hsg.): Sprache – Sprachverfall – Sprache im Wandel – Was wird aus unserer Sprache? Bochum (Brockmeyer). (= Schriftenreihe Praktische Psychologie 10). 70–94.

SCHMIDER, Ekkehard (1990): Werbedeutsch in Ost und West. Die Sprache der Konsumwerbung in beiden Teilen Deutschlands – ein Vergleich. Berlin (Spitz).

SCHMITZ, Ulrich (1999): AUSFAHRT waschen. Über den progressiven Untergang der Flexionsfähigkeit. In: Osnabrücker Beiträge zur Sprachtheorie (OBST) 60, 135–182.

SCHÖBERLE, Wolfgang (1984): Argumentieren – Bewerten – Manipulieren. Eine Untersuchung in linguistischer Kommunikationstheorie am Beispiel von Texten und von Text-Bild-Zusammenhängen aus der britischen Fernsehwerbung. Heidelberg (Groos). (= Sammlung Groos 22).

SCHUNCKE, Michael (^{2}1986): Schlüsselworte erfolgreicher Anzeigen. 2000 Anzeigen und was sie gebracht haben. 2., überarbeitete Aufl. Bonn (Rentrop).

SCHÜTTE, Dagmar (1996): Das schöne Fremde. Anglo-amerikanische Einflüsse auf die Sprache der deutschen Zeitschriftenwerbung. Opladen (Westdeutscher Verlag). (= Studien zur Kommunikationswissenschaft 16).

SCHWEIGER, Günter/SCHRATTENECKER, Gertraud (^{4}1995): Werbung. Eine Einführung. 4., völlig neu bearbeitete und erweiterte Aufl. Stuttgart/Jena (Fischer). (= UTB 1370).

SCHWITALLA, Johannes (1997): Gesprochenes Deutsch. Eine Einführung. Berlin (Erich Schmidt). (= Grundlagen der Germanistik 33).

SEARLE, John R. (^{5}1992): Sprechakte. Ein sprachphilosophischer Essay. 5. Aufl. Frankfurt am Main (Suhrkamp). (= Suhrkamp Taschenbuch Wissenschaft 458). [Erstmals 1969: Speech Acts].

SEYFARTH, Horst (1995): Bild und Sprache in der Fernsehwerbung. Eine empirische Untersuchung der Bereiche Auto und Kaffee. Münster/Hamburg (LIT). (= Marburger Studien zur Germanistik 18).

SILBERER, Günter (Hsg.) (1997): Interaktive Werbung. Marketingkommunikation auf dem Weg ins digitale Zeitalter. Stuttgart (Schäffer Poeschel).

SOWINSKI, Bernhard (1991): Stilistik. Stiltheorien und Stilanalysen. Stuttgart (Metzler). (= Sammlung Metzler 263).

SOWINSKI, Bernhard (1998): Werbung. Tübingen (Niemeyer). (= Grundlagen der Medienkommunikation 4).

SPANG, Kurt (1987): Grundlagen der Literatur- und Werberhetorik. Kassel (Edition Reichenberger). (= Problemata Semiotica 11).

SPILLNER, Bernd (1985): Zur Kompositabildung in der deutschen Werbesprache. In: Collectanea Philologica. Festschrift Helmut Gipper zum 65. Geburtstag. Hsg. von Günther Heintz und Peter Schmitter. Bd. 2. Baden-Baden (Koerner). (= Saecula Spiritualia 15). 715–723.

STAIGMILLER, Peter (1989): Aspekte der linguistischen Operationalisierung werblicher Kommunikation. Diss. Universität Dortmund.

STAVE, Joachim (1963): Melodie aus Wolfsburg. Anmerkungen zu einem Werbetext. In: Muttersprache 73, 235–242.

STAVE, Joachim (1973): Bemerkungen über den unvollständigen Satz in der Sprache der Werbung. In: Muttersprache 83, 210–224.

STEINBACH, Horst-Ralf (1984): Englisches im deutschen Werbefernsehen. Interlinguale Interferenzen einer werbesprachlichen Textsorte. Paderborn u.a. (Schöningh). (= Schriften der Ge-samthochschule Paderborn: Reihe Sprach- und Literaturwissenschaften 2).

STÖCKL, Hartmut (1997): Werbung in Wort und Bild. Textstil und Semiotik englischsprachiger Anzeigenwerbung. Frankfurt am Main u.a. (Lang). (= Europäische Hochschulschriften. Rei-he XIV: Angelsächsische Sprache und Literatur 336).

STÖCKL, Hartmut (1998): Das Flackern und Zappeln im Netz. Semiotische und linguistische Aspekte des „Webvertising". In: Zeitschrift für Angewandte Linguistik (ZfAL) 29, 77–111.

STOLZE, Peter (1982): Untersuchungen zur Sprache der Anzeigenwerbung in der zweiten Hälfte des 18. Jahrhunderts. Eine Analyse ausgewählter Anzeigen in den „Leipziger Zeitungen" von 1741–1801. Göppingen (Kümmerle). (= Göppinger Arbeiten zur Germanistik 375).

STÖRIKO, Ute (1995): „Wir legen Word auf gutes Deutsch." Formen und Funktionen fremdspra-chiger Elemente in der deutschen Anzeigen-, Hörfunk- und Fernsehwerbung. Viernheim (Cubus). [Diss.].

STRASSNER, Erich (1983): Rolle und Ausmaß dialektalen Sprachgebrauchs in den Massenmedi-en und in der Werbung. In: Besch, Werner u.a. (Hsg.): Dialektologie. Ein Handbuch zur deutschen und allgemeinen Dialektforschung. 2. Halbbd. Berlin/New York (de Gruyter). (= Handbücher zur Sprach- und Kommunikationswissenschaft 12). 1509–1525.

TIETZ, Bruno/ZENTES, Joachim (1980): Die Werbung der Unternehmung. Reinbek bei Hamburg (Rowohlt).

TODOROV, T. (1965): Les poètes devant le bon usage. In: Revue d'esthétique 18, 300–305.

WALTER, Volker (1999): Die Zukunft des Online-Marketing. Eine explorative Studie über zu-künftige Marktkommunikation im Internet. München/Mering (Rainer Hampp). (= Profes-sion 9).

WEBER, Verena (1980): Form und Funktion von Sprachspielen. Dargestellt anhand des poeti-schen Werks von Jacques Prévert. Diss. Universität Regensburg.

WEHNER, Christa (1996): Überzeugungsstrategien in der Werbung. Eine Längsschnittanalyse von Zeitschriftenanzeigen des 20. Jahrhunderts. Opladen (Westdeutscher Verlag). (= Studien zur Kommunikationswissenschaft 14).

WILLEMS, Herbert/JURGA, Martin (1998): Inszenierungsaspekte der Werbung. Empirische Ergeb-nisse der Erforschung von Glaubwürdigkeitsgenerierungen. In: Jäckel (Hsg.) (1998): 207–230.

WURM, Susanne (1998): Der bairische Dialekt in der Werbung. Staatsexamensarbeit an der Universität Regensburg.

YANG, Wenliang (1990): Anglizismen im Deutschen. Am Beispiel des Nachrichtenmagazins DER SPIEGEL. Tübingen (Niemeyer). (= Reihe Germanistische Linguistik 106).

ZIELKE, Achim (1991): Beispiellos ist beispielhaft oder: Überlegungen zur Analyse und zur Krea-tion des kommunikativen Codes von Werbebotschaften in Zeitungs- und Zeitschriftenanzei-gen. Pfaffenweiler (Centaurus). (= Reihe Medienwissenschaft 5).

Register

Abbinder 48f, 59
Ablenkungsfunktion 86
Abrufwerbung 222, 224ff
Absatzwerbung 20
Abweichung 147
Add/Addition 58f
Addition, visuelle 194
Ad-hoc-Bildung = Okkasionalismus
Adjektiv 103f
Adverb 103
AIDA-Formel 22
Akt, illokutionärer 74
–, perlokutionärer 74
–, propositionaler 74
Akzeptanzfunktion 86
Alliteration 142f
Ambiguität 153f
Analogie, visuelle 193
Analysemodell 198ff, bes. 202ff
Analysestufe 199, 202ff
Anapher 142, 150
Anastrophe 142
Anführungszeichen 186
Anglizismus 112ff
Anspielung 174f
Antithese 143, 152
Antonomasie 144
Antonymie 152
Apostrophe 144
Appellativ 51
Appellfunktion 53
Argument 87, 95ff
Argumentatio 141
Argumentation 80, 87ff
–, moralische 88
–, rationale 88
–, taktische 88
–, visuelle 193
–, zweckrationale 88
–, zweiseitige 94
Argumentationsstrategie 95ff
Argumentationsverfahren 88ff
Assoziation 102
–, visuelle 193f
Asyndeton 143
Attraktivitätsfunktion 86

Aufmerksamkeitserregung 46, 85f
Augenblicksbildung = Okkasionalismus
Ausdrucksform = Kode
Ausdrucksfunktion 53
Ausruf 144
Ausrufezeichen 184f
Äußerungsakt 74
Autoreflexivität 178
Autorität 81, 92f

Banner 223f
Bedeutung 101, 112f
Beispielargumentation 88f
–, illustrative 89f
–, induktive 89f
Benennungsmotiv 56f
Bezugsausdruck 134f
Bild 60ff
Bildbruch 178, 192
Bildtext 59
blend = Wortkreuzung
Blickfänger 62
Body Copy = Fließtext
Briefing 41
Button 223

Catch-Visual = Blickfänger
Chiasmus 142, 150
Claim = Abbinder
Copy = Fließtext
Coupon 59

Darstellungsfunktion 53
Defensivzeichen 52
Deixis 135
Denotat(ion) 101
Deonymisierung 52
Deranger 59
Derivation 105
Determination, visuelle 195
Diachronie 209ff
Dialekt 127, 169ff
Dialogizität 178
Diaphora 143
Dichte, semantische 102
Dienstleistung 20

Direktwerbung 222
Dispositio 140
Doppelpunkt 183
Drillingsformel 127

Ego-hic-nunc-Origo 135
Eigenname 51
Einführungswerbung 21, 27
Einklinker 59
Einordnungsschluss 91
Einschub = Einklinker
Einzeltextreferenz 174f
Ellipse 143
Elocutio 140f
E-Mail, kommerzielle 222
Empfänger 35
Endreim 143
Enthymemargumentation 88ff
Entkonkretisierung 145
Entlehnung 109f
Epipher 142, 150
Erhaltungswerbung 21, 27
Erinnerungsfunktion 86
Erinnerungswerbung 21, 27
Ethnostereotyp 218
Euphemismus 144
Exordium 140
Expansionswerbung 21

Fachsprache 159ff
Fachwort 160f
Fehler 147
Festigkeit 125
Figur, rhetorische 139, 141ff
Firmenname 52, 228
Fließtext 47f
Focus-Visual 62
Frage, rhetorische 143
Fragezeichen 184f
Fremdwort 109f
Funktiolekt 159
Funktion, persuasive 85ff
Funktionsverbgefüge 103, 127

Gattungsreferenz 152, 176f
Gebrauchsgut 20
Gedächtnisbild 60
Gedankenstrich 183f
Gegensatzschluss 91
Gemination 142
Glaubwürdigkeit 93, 162
Gradation, visuelle 194

Headline = Schlagzeile
High-Involvement-Anzeige 25
Hochwertwort 120, 122
Homepage 224ff
Homoiophonie 149
Homophonie 149
Hybridbildung 109f
Hyperbel 144
Hyperlink 223, 226
Hypostasierung 145

Identifizierungsfunktion 53
Idiomatizität 125
Ikon 63
Illokution 74
Imagebildung 21, 27
Imagery-Strategie 62
Index 63, 65
Information 23, 37f, 48
Insert = Einklinker
Inszenierung 36f, 161f, 166
Intention 34, 74f
Intentionalität 34
Interaktivität 225f
Interkulturalität 215ff
Internet 221ff
Internetadresse 54, 226, 228
Interpunktion 151, 182ff
Interstitial 223f
Intertextualität 126f, 152, 174ff
Intro(duction) = Vorspann
Ironie 145
Isotopie 136f
Isotopieebene 136f
Isotopiekette 136

Jingle 68f
Jugendsprache 164ff

Katachrese = Bildbruch
Kausal-Relation, visuelle 194
Kausalschluss 91
Key-Visual = Schlüsselbild
Klammer 186f
Klassem 136
Klimax 143
Kode 199ff
–, semiotischer 63ff
Kohärenz 134f
Kohäsion 134
Kollokation 125, 152
Komma 184

Kommunikation, interkulturelle 215ff
Kommunikationsbedingung 35
Kommunikationsmodell 32ff
Kommunikativität 177f
Komparation 103f, 149
Komposition 105
Konklusion 89, 94
Konnektor 135
Konnexion 135
–, visuelle 195
Konnotat(ion) 101, 122
Kontamination = Wortkreuzung
Kontext 154f
Kontextkombination 153
Kontextspiel 152
Kontiguität 136, 193
Konzeptform 54f
Koreferenz 134ff
Korpus 206ff
Kotext 154
Kunstwort 55f
Kurztext 48

Langtext 48
Lasswell-Formel 32
Lehnschöpfung 109f
Lehnübersetzung 109f
Lehnübertragung 109f
Lehnwort 109
Lekt 159
Lexikalisierung 105
Litotes 144
Longcopy = Langtext
Low-Involvement-Anzeige 25

Manipulation 37f
Markengesetz 52
Markenname 52, 226
Markenschutz 52
Marktforschung 24
Massenkommunikation 34
Media-Mix 29, 228
Medium 35
Mehrdeutigkeit 128, 154
Mehrfachadressierung 24
Meinungsführer 33f, 35
Metapher 144
–, visuelle 66
Metonymie 144
Micro-Site 223
Modellbildung 126
Modifikation 128, 150f

Morphem 104f
Motivation 23, 106
Mündlichkeit, konzeptionelle 36, 159

Narratio 140f
Negativität, inszenierte 94
Neologismus 105, 150
Nominalisierung 103, 127
Normabweichung, visuelle 195

Okkasionalismus 105, 186
Ökonomasie 52
Online-Werbung 221ff
Onomatopöie 149
Opinion Leader = Meinungsführer
Organon-Modell 53
Ost-West-Differenzen 218ff
Oxymoron 143

Paarformel = Zwillingsformel
Parallelismus 142, 150
Paronomasie 143
Partikel 104
Perlokution 74f
Peroratio 140f
Personifikation 144, 153
Persuasion 85ff
Phänotext 174
Phraseologie 124ff
Phraseologismus 124ff, 150f
–, adverbieller 126f
–, nominaler 126
–, verbaler 125ff
Plastikwort 121f
Plausibilität 88f
Polysyndeton 142
Primärsender 34f
Primärtext 60, 69
Produktionsprozess 40ff
Produktname 51ff, 226
Produzent 33f, 40f
Propaganda 19f
Proposition 74
Prototyp 77ff
Pseudofachsprache 161ff
Public Relations 20, 224
Punkt 182f, 185f

Rechtsverbindlichkeit 52, 59
Referentialität 177
Referenzauflösung 135
Referenzerweiterung 135

Referenzidentität 134ff
Referenzspiel 152f
Referenztext 174
Referenzvereinigung 135
Referenzverkürzung 135
Reim = Endreim
Rekurrenz = Wiederaufnahme
Remotivation 151
Repetition, visuelle 194
Rhetorik 139ff
Routineformel 126

Satz 130, 134
–, unvollständiger 131f
Satzart 131f
Satzlänge 130f
Scheinentlehnung 109f
Schlagzeile 43ff, 226f
Schlüsselbild 62
Schlüsselwort 120ff
Schlussregel 89ff
–, alltagslogische 91
–, konventionalisierte 91ff, 98
Schriftlichkeit, konzeptionelle 36, 159
Schutzhindernis 52
Sekundärsender 34f
Sekundärtext 60, 69
Selektivität 177
Semiotik 63ff
Sender 35
Shortcopy = Kurztext
Slogan 48ff, 227
Soziolinguistik 159
Sprache, gesprochene 159
Sprachkritik 229ff
Sprachspiel 139, 146ff
Sprechakt 74f
–, indirekter 74f, 81, 131f
Sprichwort 126
Stabilisierungswerbung 21, 27
Stimulus-Response-Modell 22
Strategie 75, 95ff
Streckform 103, 126f
Strukturalität 177
Struktur-Rekurrenz 135
Subheadline 45
Subline = Zwischenüberschrift
Substantiv 103f
Substitution, lexikalische 150, 175
Subsystem = Varietät
Supertext 200, 202ff
Syllogismus 88

Symbol 63f
Symbolisierung, visuelle 195f
Symploke 142
Symptom 64f
Synästhesie 144
Synekdoche 144
–, visuelle 194
Syntax 130ff
Synthesestufe 199f, 203ff

Teilhandlung 78ff
Tertiärtext 60, 69
Testimonial(werbung) 93
Text-Bild-Bezug 188ff
Textbody = Fließtext
Textfunktion 76ff
Textgrammatik 134ff
Texthandlung 78ff
Textmerkmal, kontextuelles 77
–, strukturelles 77
Textmustermischung = Textmustermontage
Textmustermontage 152, 176f
Textsorte 76ff, 152
Texttypologie 76
Textverflechtung = Textgrammatik
Topik 89ff
Topline 45
Topos 90ff
– der Analogie 91f
– der Autorität 92f
– des Beispiels 91
– der Person 92
Transkription 172, 207
Trope/Tropos 144
Typographie 151, 187ff

Übernahme 54, 111ff
Unternehmenskommunikation 224ff
Unverträglichkeit, semantische 155
USP = Zusatznutzen

Varietät 36, 157ff
Varietätenmodell 36, 159
Verb 103f
Verbrauchsgut 20
Verdichtung, semantische 155
Verflechtungsmittel = Vertextungsmittel
Verfremdung 195
Vergleich, phraseologischer 126
Vergleichsschluss 91
Versalien 187
Verschleierungsfunktion 86

Verständlichkeit 86, 115, 160f
Verständlichkeitsfunktion 86
Vertextungsmittel 134ff
Vertextungsstrategie 137
Verweisausdruck 135
Vorspann 48

Website 224ff
Werbeagentur 33f, 41, 59
Werbe-E-Mail 222
Werbeform 20
Werbegeschichte 209ff
Werbeinhalt 35, 200
Werbekommunikation 33ff
Werbekonzeption 41
Werbekritik 231ff
Werbelied 68f
Werbemittel 25ff
Werbeplanung 23ff, 41
Werbesprache (Merkmale)   36f, 71ff
Werbespruch 126
Werbeträger 25ff
Werbewirkung 14, 21ff
Werbeziel 21, 228
Werbung (Def.)   16f
–, interkulturelle 215f
–, strategische 27
–, taktische 27
Werbung im Verbund 222ff
Werte 97f, 114, 212, 231
Wiederaufnahme, explizite 134f
–, implizite 135

Wirtschaftswerbung 19f
Wissenschaftlichkeit, inszenierte 162f
Wort, geflügeltes 126, 178
Wortart 103ff
Wortbedeutung = Bedeutung
Wortbildung 104ff, 150
Wortbildungsbedeutung 106
Wortkreuzung 54f, 150
Wortspiel 149ff
–, (ortho-)graphisches 151f
–, kombinatorisches 152
–, morphologisches 149f
–, phonetisches 149
–, phraseologisches 150f
–, syntaktisches 150

Zeichen 63ff
–, deiktisches 65
–, ikonisches 63ff
–, indexikalisches 63f
–, konventionalisiertes 63ff
Zeichenfunktion 53
Zeichenmetamorphose 65
Zeichensetzung = Interpunktion
Zeugma 143
Zielgruppe 23ff, 33, 35, 57
Zitat 174f
Zusatz mit Rechtscharakter 59
Zusatzhandlung 78ff
Zusatznutzen 45f
Zwillingsformel 126f
Zwischenüberschrift 48